全球碳中和进展评估系列丛书

全球碳中和进展评估2025

——国际视野与中国行动

王　灿　张诗卉　蔡闻佳　著

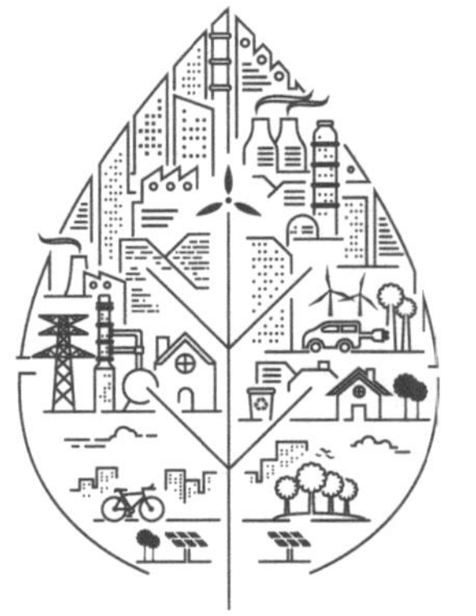

科学出版社

北　京

内 容 简 介

积极应对气候变化并实现碳中和，已从目标设定阶段转入执行落地阶段。截至2025年4月，全球已有164个国家或地区明确提出碳中和承诺，《联合国气候变化框架公约》的所有缔约方均已出台了应对气候变化的相关法律。在《全球碳中和进展评估——指标、方法与应用》分析框架的基础上，本书一方面基于AI等新兴技术新增、改进或替代部分指标，从目标、技术、气候投融资和国际合作四大维度共计170项三级指标全面、系统地追踪各国碳中和进展；另一方面，针对全球碳中和目标与实际成效的执行差距，对碳中和政策、可再生能源、碳中和技术前沿、气候投融资开展一系列基于模型的专题研究。本书致力于弥合碳中和目标与行动之间的关键差距，围绕加速全球气候治理、推动公正转型与可持续发展提出系统性建议。

本书可供“双碳”相关领域的产业、科研、政策、新闻等从业者追踪并定量了解全球和中国碳中和与低碳转型的最新进展。

审图号：GS京（2025）1592号

图书在版编目（CIP）数据

全球碳中和进展评估. 2025 : 国际视野与中国行动 / 王灿，张诗卉，蔡闻佳著. -- 北京 : 科学出版社，2025. 9. -- （全球碳中和进展评估系列丛书）. -- ISBN 978-7-03-083019-7

Ⅰ. X511

中国国家版本馆CIP数据核字第2025937FR9号

责任编辑：陈会迎/责任校对：贾娜娜

责任印制：赵 博/封面设计：有道设计

科学出版社 出版

北京东黄城根北街16号

邮政编码：100717

http://www.sciencep.com

涿州市般润文化传播有限公司印刷

科学出版社发行 各地新华书店经销

*

2025年9月第 一 版 开本：720×1000 1/16

2025年11月第二次印刷 印张：21 1/2

字数：433 000

定价：228.00元

（如有印装质量问题，我社负责调换）

序 言

气候变化是国际社会普遍关注的重大全球性挑战，事关人类未来和各国可持续发展。今年夏季以来，全球多地遭遇高温热浪袭击，我国也出现大范围持续高温天气，引发社会广泛关注，再次凸显了采取有效措施应对气候变化的重要性和紧迫性。

党的十八大以来，以习近平同志为核心的党中央将应对气候变化摆在国家治理更加突出的位置。2020 年，党中央作出实现碳达峰碳中和的重大战略部署，并将其纳入生态文明建设整体布局。党的二十大报告强调，“加快发展方式绿色转型”“积极稳妥推进碳达峰碳中和”。党的二十届三中全会进一步强调，协同推进降碳、减污、扩绿、增长，积极应对气候变化，加快完善落实绿水青山就是金山银山理念的体制机制。

2025 年是我国提出碳达峰碳中和目标的五周年。近年来，我国积极推进绿色低碳转型，取得了举世瞩目的成就：构建了全球最系统完备的碳减排顶层设计和政策体系，将碳达峰碳中和纳入生态文明建设整体布局和经济社会发展全局；产业结构优化升级加快推进，战略性新兴产业和绿色产业蓬勃发展，建成全球规模最大的清洁煤电供应和钢铁生产体系；能源绿色低碳转型成效显著，截至 2024 年，我国清洁能源消费量占能源消费总量比重增长至 28.6%，煤炭占能源消费比重下降至 53.2%；绿色交通体系持续完善，新能源汽车产销量占全球比重超过 70%，连续 10 年位居全球第一；城乡建设绿色低碳水平稳步提升，2024 年全国新建绿色建筑面积占城镇新建建筑面积的比例超过 97%；自然生态系统固碳增汇能力不断增强，森林覆盖率连续增长；全民绿色低碳生活方式逐渐普及，形成了全社会共同参与的浓厚氛围；推动全球风电和光伏发电成本在 2014～2024 年分别下降超过 60%和 80%，为全球碳减排和绿色转型作出了巨大贡献。

当前，地缘冲突、能源安全、绿色经济复苏等多重挑战交织叠加，新兴低碳技术成熟度不足、新型能源体系安全性有待提升、战略性矿产资源约束日益凸显，这些都给我国实现碳达峰碳中和目标带来了新的压力。继木柴、煤炭、油气带动经济社会数次动力转换之后，清洁能源正成为新一轮全球动能转换的核心引擎。在此背景下，我国必须坚定不移依靠绿色科技创新，加速推进这一历史进程。

绿色创新不仅要着力解决清洁能源在规模、成本、可获得性、可持续供应和智能化等方面的现实难题，还需要在减碳、无碳、负碳、能源管理、适应、低碳消费和非二氧化碳温室气体减排等七大关键技术领域实现突破。这些技术的广泛应用将推动众多产业的系统性变革。产业演进往往呈“U”形曲线，其中处于两端的创意（尤其是颠覆式创新）和市场是“双碳”产业转型的关键。创意能够重塑产业生态，市场能够带来规模效应，只有同时抓住创意与市场，才能真正掌握“双碳”创新的主动权。从长远看，还需进一步加强平台建设。平台不仅连接整个产业链，更贯穿从创意孕育到市场化成功的全过程，涵盖创意设计、商业策划、专利维护、金融支持、市场开拓等关键环节，是一套多要素联动的系统性工程。同时，要注重创新软实力建设，推动逆向创新、智力资本、创新方法和创新工具的积累，为绿色低碳转型提供更深层次的支撑。

从更宏观的角度看，中国式现代化为实现“双碳”目标带来了新机遇。党的二十届三中全会指出，中国式现代化是人与自然和谐共生的现代化。实现中国式现代化不仅要大力发展生产力，同时也要改善生产关系。只有生产力和生产关系形成良性互动才能有效推进现代化进程。必须要深化生态文明体制改革，整体、系统地协调经济、社会、文化、制度、科技创新等多种要素。例如，在当前阶段，要在应对气候变化的立法层面、能源革命的深度层面、提倡生态自觉的社会层面、打破条块分割的执行层面作出系统性改变，加快建设人与自然和谐共生的美丽中国。

在机遇和挑战复杂交织的背景下，科学客观、全面深入、系统及时地评估碳中和进展尤为重要。“全球碳中和进展评估系列丛书”立足系统化评估框架，依托坚实的数据基础和先进的模型方法，聚焦目标设定、政策落实、技术创新、资金支持与国际合作等方面的最新进展，深入剖析各国目标承诺与现实行动之间的差距与机遇。本书兼具科学性、前瞻性和实践性，不仅为政策制定和战略研判提供了重要依据，也为社会公众、企业和国际社会全面理解我国及全球碳中和进程提供了有益参考。

作为继《全球碳中和进展评估——指标、方法与应用》之后的系列研究成果，《全球碳中和进展评估 2025——国际视野与中国行动》在延续系统性研究的基础上，进一步拓展了国际比较视野，体现了我国在碳中和进程研究中的持续努力。本书延续了对各国碳中和目标、技术、资金、国际合作等维度的系统性评估框架，对量化指标体系进行了进一步更新和完善；同时设立若干专题研究，运用模型工具对碳中和政策的成效与影响开展分析评估，深入识别各国碳中和进程中蕴含的机遇与挑战。本书充分考虑了不同国家发展阶段、产业结构、能源结构、资源禀赋和技术能力的差异，力求对全球碳中和进展及各国的努力与贡献作出公平、客观、实事求是的评价，希望为服务国家战略决策、推动国内绿色低碳转型、深化国际交流合作提供有益参考和科学支撑。

应对气候变化、实现碳达峰碳中和是一场跨越代际的接力赛，也是一项全人类共同的事业。我们期待“全球碳中和进展评估系列丛书”始终秉持科学、客观、开放的理念，为国内外各方增进理解与互信、凝聚共识与行动提供参考，成为连接对话、激发创新、催生行动的重要桥梁。新征程上，我们要完整准确全面贯彻新发展理念，加快构建新发展格局，全面推动高质量发展，把推动经济社会发展绿色化、低碳化作为实现高质量发展的关键环节，协同推进降碳、减污、扩绿、增长，坚持生态优先、节约集约、绿色低碳的发展道路，加快建设人与自然和谐共生的美丽中国。让我们携手并肩，坚定不移推进碳达峰碳中和，共同守护地球家园的可持续未来。

刘燕华

科学技术部原副部长、国家气候变化专家委员会名誉主任

2025 年 9 月

前言

截至 2025 年 4 月，全球已有 164 个国家或地区明确提出碳中和承诺，《联合国气候变化框架公约》的所有缔约方均已出台了应对气候变化的相关法律。积极应对气候变化、落实碳中和目标，已成为全球共识。2023 年 12 月，第 28 届联合国气候变化大会（COP28）对《巴黎协定》的落实情况进行了首次全球盘点，并呼吁到 2030 年将全球可再生能源装机容量提升至三倍。

本书面向国际学术前沿，关注和解答全球碳中和进程中的重大科学问题。《全球碳中和进展评估 2025——国际视野与中国行动》是“全球碳中和进展评估系列丛书”继《全球碳中和进展评估——指标、方法与应用》之后的首次应用成果。本书立足于当前日益严峻和紧迫的气候危机，应用并拓展了系列丛书首次建立的评估框架，聚焦全球在碳中和政策目标和实际行动方面的显著进步，识别各国在气候目标承诺与气候行动实施之间的差距，并探讨如何有效弥合这一差距。本书充分考虑各国在发展阶段、产业结构、能源结构、资源禀赋、技术能力上的差异，对全球碳中和进展以及各国的努力和贡献，做出公平、客观、实事求是的评价。

从气候目标向气候行动的焦点转移已成为新趋势，积极应对气候变化并实现碳中和，已从目标设定阶段转入执行落地阶段。然而，当前以可再生能源发电为代表的碳中和技术发展部署与具有雄心的碳中和目标之间仍有较大差距。在《全球碳中和进展评估——指标、方法与应用》分析框架的基础上，本书一方面基于人工智能等新兴技术新增、改进或替代部分指标，从目标、技术、气候投融资和国际合作四大维度，通过共计 170 项三级指标，全面、系统地追踪各国碳中和进展；另一方面，为进一步识别已有行动和全球碳中和目标之间的执行差距，本书在专题研究中新增了可再生能源和气候立法两部分的分析内容。本书致力于弥合碳中和目标与行动之间的关键差距，围绕加速全球气候治理、推动公正转型与可持续发展提出系统性建议。

全书分为三篇五章。方法篇（第 2 章）阐述了本次评估的指标体系与度量方法。在《全球碳中和进展评估——指标、方法与应用》介绍的方法体系基础上，本书的方法学实现了三点关键创新。第一，指标体系得到进一步优化。为更精准地刻画各国进展，新增了“碳中和目标的法律行动”1 项二级指标，并引入了包括“碳中和目标的法律状态”“农业行业碳中和目标”“废弃物行业碳中和目标”“碳中和目标雄心指数”“各国财政预算分别用于减缓、适应行动的规模”“绿色贸易壁垒数量”在内的 7 项三级指标。这些新增指标显著增强了对各国在目标设定、资金投入和国际合作维度进展评估的深度与广度。第二，数据获取与处理能力实现技术突破。本书借助人工智能等新兴技术，对全球海量公开数据进行深度挖掘，构建了新的数据库来支撑部分关键指标的度量，有效提升了数据追踪的及时性与准确性。第三，研究视角聚焦于转型保障。为深入探讨支撑全球碳中和转型的核心要素，本书在专题研究中新增了可再生能源和气候立法的分析内容，重点剖析了从目标到行动的关键保障措施。

应用篇（第 3 章至第 4 章）是本书的主体，系统评估了全球在“目标与政策”和“行动与成效”两个维度的实际进展，并揭示了目标雄心与行动落实之间的显著差距。在目标层面，全球碳中和承诺持续扩大，从 2023 年到 2024 年新增了 19 个发展中国家，有效缩小了发达国家和发展中国家在目标设定上的差距。然而，从目标到行动的转化仍存在严重瓶颈。评估发现，全球仅有 72 个国家建立了较为完整的碳中和政策体系，多达 119 个国家尚未出台专门的气候投融资政策，资金支持体系的缺失成为普遍性挑战。同时，关键碳中和技术的部署高度集中于少数国家，技术鸿沟依然巨大。特别是在可再生能源领域，按当前趋势推算，到 2030 年全球可再生能源装机容量也仅能达到 2022 年的 1.7～2.7 倍，距离 COP28 提出的三倍目标仍有显著差距。这种目标与行动之间的脱节，在量化评估中表现得尤为突出：2024 年全球碳中和“行动得分”的中位数仅为 25 分（满分 100 分），远低于“目标得分”的 65 分。这警示我们，各国必须大幅提升政策执行力度，并通过加强信息披露、精准评估技术与资金需求，促进减排技术和气候资金在全球的公平有效扩散。

观点篇（第 5 章）则聚焦于“执行差距”，围绕碳中和政策、可再生能源、碳中和技术前沿和气候投融资四大关键领域，开展了一系列基于模型的专题研究，深入剖析了当前全球面临的挑战与机遇。在碳中和政策领域，该篇评估了全球气候目标的法律保障体系，并构建了中国制造业低碳政策强度指数。在可再生能源领域，该篇对全球三倍装机目标的可达性进行了评估，并分析了国际投资对发展中国家的推动作用。在碳中和技术前沿领域，该篇系统分析了全球温室气体减排新兴技术的发展态势，并探讨了人工智能在工业脱碳及助力实现“双碳”目标中的关键机制。在气候投融资领域，该篇则深入研究了中国气候投融资试点与转型金融体系建设面临的挑战与对策。这些专题研究旨在为各国弥合目标与行动间的差距、制定更有效的转型战略提供前沿洞见与科学依据。

“全球碳中和进展评估系列丛书”提出的评估方法自 2023 年以来已在全球碳中和进展评估领域得到广泛应用，并在实践中不断更新与优化，形成了系统、全面、公开的成果。截至 2025 年已经连续编写并发布了全球碳中和进展年度评估的中英文报告。历年的评估报告与相关数据已在全球碳中和进展追踪网站（https://www.cntracker.tsinghua.edu.cn/）上公开，网站提供分国家和专题的碳中和进展可视化内容，同时汇集了报告、观点、案例和新闻等丰富成果。专题研究成果已陆续发表于国内外权威学术期刊（如 *Scientific Data*、*iScience*、*Environmental Science and Ecotechnology* 和《能源与气候变化》），所有相关成果均可通过全球碳中和进展追踪网站便捷获取。网站首页新增了一个基于大语言模型的智能问答模块（碳中和 GPT），对报告文本和数据库进行深度知识挖掘，生成定制化的全球碳中和进展问答内容，能够更好地满足不同类型读者的多样化需求。

本书的顺利完成，离不开研究团队日以继夜的辛勤努力。感谢清华大学的董馨阳、安康欣、沈鉴翔、甄紫涵、李明煜、张尚辰、范淑婷、戴静怡、关钰生、夏成琪、钟函颖、宫再佐、孙晋婕、张天翼、叶文鑫、许竣媛、李子琛、梁嵩润、程浩生、李捷、苏杨、廖维一、洪聪恺、李钰凯、曹媛、史欣、马仲琪；中国石油大学（北京）的郑馨竺、高艺荧、任悦、张玲；腾讯的许浩、吕学都、傅剑锋、林珊珊、仝玉娟、周滢垭、郭丰庆、邓泽岚、王映潼。

此外，本书研究工作在不同阶段得到了许多专家学者的大力支持和宝贵意见，曹颖、陈志华、陈敏鹏、陈济、高翔、侯芳、何东全、梁希、蒋佳妮、马佳、孙新章、谭显春、王谋、王克、张贤、张九天、张为师、赵静、仲平等专家对评估指标体系和方法学给出了中肯意见，杜祥琬院士、王金南院士、张来斌院士、贺克斌院士及高世楫、朱黎阳、黄晶、马爱民、孙桢、刘强、张晓华、张建宇、房伟权、Dimitri de Boer（龙迪）、张海滨、朱旭峰、刘文玲等专家对全球碳中和进展评估结果的有效呈现提出了很好的建议，腾讯可持续社会价值事业部（Sustainable Social Value Organization，SSV）碳中和实验室为书稿的编写提供了技术支持。当然，书中存在的疏漏之处全部由作者承担。

本书的出版得到了国家自然科学基金项目（72348001、72140002、72374210、72204137）、国家社会科学基金重大项目（21&ZD104）、教育部哲学社会科学研究重大课题攻关项目（23JZD042）的资助。

目　录

观 点 篇

第1章 绪 论

1.1 背 景

在全球平均温度纪录屡创新高，极端天气事件强度、频度、广度不断增加的背景下，积极应对气候变化并实现低碳转型已成为全球共同的目标。截至2024年5月，全球已有148个国家或地区明确提出碳中和承诺；《联合国气候变化框架公约》（United Nations Framework Convention on Climate Change，UNFCCC）的所有198个缔约方（包括197个国家和欧盟）均已出台了应对气候变化的相关法律。2023年《联合国气候变化框架公约》第28次缔约方大会（28th Conference of the Parties，COP28）进行了首次全球盘点，呼吁到2030年将全球可再生能源装机容量增长至三倍。同时，以大语言模型为代表的AI（artificial intelligence，人工智能）技术也为低碳转型带来了新的机遇和挑战。

《全球碳中和进展评估——指标、方法与应用》对截至2023年9月的全球碳中和目标、政策与行动进展进行了全面分析，涵盖了目标、技术、资金、国际合作等多个维度，评估了各国碳中和转型的成效，并总结了不同类型国家的转型特点。在此基础上，《全球碳中和进展评估2025——国际视野与中国行动》综合了来自国际机构、行业和区域统计年鉴、行业报告、政府网站、专利数据库、科研数据库、多边机构数据库等多种来源的统计和文本数据，构建了由目标、技术、气候投融资和国际合作四大维度共计16项一级指标、54项二级指标、170项三级指标构建的数据库，全面系统地追踪各国碳中和行动的进展。数据库已在网站上公开（https://www.cntracker.tsinghua.edu.cn）。

1.2 内容及意义

本书针对全球碳中和目标与实际成效的执行差距开展了一系列基于模型的深入分析。这些评估不仅为指标体系提供了重要数据来源，也为专题研究奠定了科学基础，进一步丰富了碳中和进展的评估维度。例如，在目标制定方面，除了考察目标类型、年份和覆盖范围外，本书通过模型评估了各国碳中和目标的减排力度，判断其是否符合全球 2℃/1.5℃目标的要求。通过分析排放、人口、GDP（gross domestic product，国内生产总值）等历史和预测数据，模型预测了各国未来的排放路径，并结合责任能力、人均主义、国家主义等共 1542 种公平分配方案，评估各国目标下的减排路径是否符合全球气候目标要求，并量化其雄心指数。此外，本书对可再生能源进行了专题研究，利用 Richardz（理查兹）模型和 MCMC（Markov chain Monte Carlo，马尔可夫链蒙特卡罗）贝叶斯推断方法预测了各国 2030 年可再生能源装机容量；通过投入产出模型评估了光伏等可再生能源发电产品关税上调对全球贸易的影响；基于学习曲线模型分析了低碳技术创新的外溢效应；基于投入产出模型评估了发展中国家接受国外可再生能源领域直接投资的社会和经济效益。

为了量化各国碳中和进展，本书延续了《全球碳中和进展评估——指标、方法与应用》的“目标-政策-行动-成效”的指标体系，基于模型评估、数据挖掘与更新、专题评估等方式更新了指标数据库，系统追踪各国碳中和的最新进展，识别碳中和目标与减排成效之间的执行差距，分析各国面临的机遇与挑战，并提出加速全球气候治理、实现公正转型和可持续发展的政策建议（图 1-1）。本书对上述数据库中的各项指标进行归一化处理和加权汇总，形成四项百分制评分，分别反映各国在目标制定、政策设计、零碳行动和减排成效方面的表现。其中，目标类指标分数满分代表最理想的状况；政策和行动类指标分数满分代表目前全球最领先国家的进展；成效类指标分数满分代表考虑各国降碳难度差异后全球碳减排进度或速度最领先国家的进展（表 1-1）。

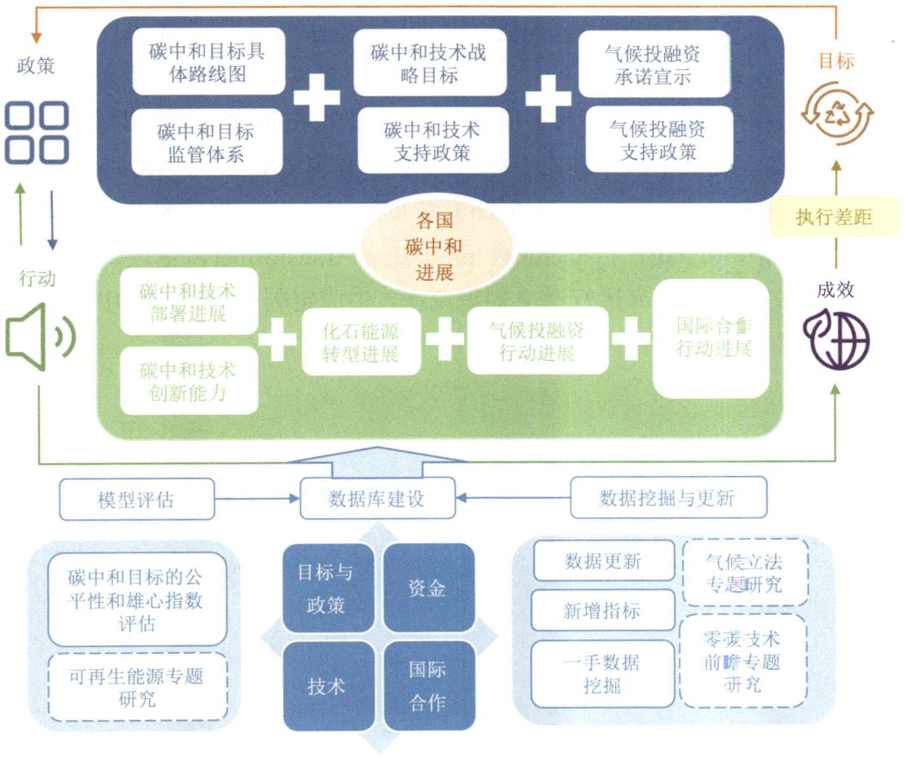

图 1-1　本书的分析框架

表 1-1　各国碳中和进展指数量化标准

指标类型	分数	分数含义和示例
目标	100	最理想的状况：例如，碳中和承诺覆盖全部的温室气体；碳达峰年份和碳中和年份差距为 10 年及以下
	0	无碳中和承诺
政策	100	目前最佳实践国家的进展：例如，各类碳中和技术均有出台支持政策；有气候相关金融风险评估和披露制度
	0	无碳中和政策
行动	100	目前最佳实践国家的进展：例如，单位碳排放量的电动汽车保有量全球第一；单位碳排放量的 CCUS 项目数全球第一；人均绿色债券发行量全球第一
	0	无碳中和行动
成效	100	考虑各国降碳难度差异后的最佳实践国家的进展：例如，历史最高碳强度是全球平均水平 3 倍的国家碳强度下降幅度超过 80%；碳强度的年平均下降速度满足碳中和目标的需求
	0	碳强度不变或上升

注：CCUS 即 carbon capture，utilization and storage，碳捕集、利用与封存

相比于《全球碳中和进展评估——指标、方法与应用》，本书的内容有三点重大革新：一是改进指标体系；二是基于 AI 等新兴技术挖掘一手数据，改进或替代了部分指标使用的数据库，增加了进展追踪的准确性；三是对碳中和政策、可再生能源、碳中和技术前沿、气候投融资开展专题研究。同时，数据网站（https://www.cntracker.tsinghua.edu.cn）首页新增了一个基于大语言模型的智能问答模块[碳中和 GPT（generative pre-trained transformer，生成式预训练变换器）]，对文本和数据库进行深度知识挖掘，生成定制化的全球碳中和进展问答内容，能够更好地满足不同类型读者的多样化需求。

方法篇

第2章 指标体系与度量方法

2.1 建立指标体系

为破除碳中和进展盘点的“唯目标论”，需要将各国碳中和目标与行动置于系统、一致和客观的评价指标体系中进行实时追踪盘点。为此，本书在引入发展中国家公平视角评估各国碳中和目标的力度的基础上，系统评估支撑碳中和目标实现的技术、资金和国际合作支撑体系的进展，形成包含全球碳中和目标、技术、资金和国际合作四大专题的指标体系。为全面、系统、一致、客观地对各指标加以定量评价，本书确定如下系统性评估框架开展碳中和进展评估，包括指标体系建立、度量方案确定、多源数据筛选、数据质量控制以及碳中和进展指数评价，如图 2-1 所示。

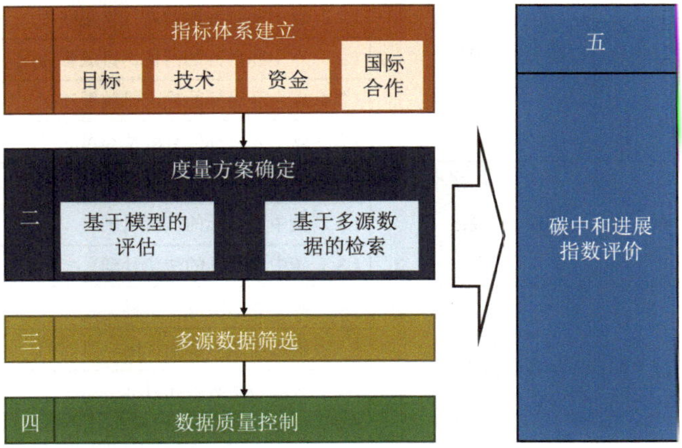

图 2-1 指标体系系统评估流程图

指标体系建立环节通过结合碳中和各专题进展的关键组成，形成多层级金字塔式的指标体系，尽可能保证各指标间的独立性和指标体系的完整性，以综合反映各国碳中和进展状况。

如表 2-1 所示，碳中和目标进展具体区分了目标性质、覆盖范围、监管体系、具体路线图以及公平性与一致性五类一级指标；碳中和技术进展在识别排放源和技术体系的基础上，确定了可再生能源发电技术、电动汽车技术、节能技术、绿氢技术、生物燃料技术、CCUS 技术和碳汇开发技术等七项技术及各自在目标雄心、部署进展、政策支持、创新能力四个维度上的进展，形成一级和二级指标体系；碳中和资金进展则以政策进展和行动进展作为一级指标，用于识别各国在气候投融资政策与行动方面的多类绩效表现；碳中和国际合作进展以对外援助和技术转移合作壁垒两方面的行动作为一级指标，用于识别各国在碳中和国际合作中的进展情况。在此基础上，各组次级指标体系同样根据进展评估需求被建立，服务于一级指标不同层次的需求。

表 2-1　碳中和目标专题指标体系

专题	一级指标	二级指标
目标	1.1 碳中和/净零排放目标	1.1.1 碳中和目标类型
		1.1.2 碳中和目标年份
	1.2 碳中和目标的覆盖范围	1.2.1 碳中和目标的行业覆盖度
		1.2.2 碳中和目标的温室气体覆盖度
		1.2.3 碳中和目标的消费侧排放覆盖度
		1.2.4 碳中和目标的领土排放覆盖度
		1.2.5 碳中和目标的有效性和可靠性
	1.3 碳中和目标的监管体系	1.3.1 碳中和目标的法律完备性
		1.3.2 碳中和目标的监管机制
		1.3.3 碳中和目标的法律行动
	1.4 碳中和目标的具体路线图	1.4.1 碳中和的阶段性目标
		1.4.2 国家级碳中和路线图
		1.4.3 区域级别碳中和目标
		1.4.4 行业层面碳中和目标
	1.5 碳中和目标的公平性与一致性	1.5.1 碳中和目标的公平性
		1.5.2 碳中和目标与 2℃/1.5℃目标的一致性

续表

专题	一级指标	二级指标
技术	2.1 可再生能源发电技术	2.1.1 目标雄心
		2.1.2 部署进展
		2.1.3 政策支持
		2.1.4 创新能力
	2.2 电动汽车技术	2.2.1 目标雄心
		2.2.2 部署进展
		2.2.3 政策支持
		2.2.4 创新能力
	2.3 节能技术	2.3.1 目标雄心
		2.3.2 部署进展
		2.3.3 政策支持
		2.3.4 创新能力
	2.4 绿氢技术	2.4.1 目标雄心
		2.4.2 部署进展
		2.4.3 政策支持
		2.4.4 创新能力
	2.5 生物燃料技术	2.5.1 目标雄心
		2.5.2 部署进展
		2.5.3 政策支持
		2.5.4 创新能力
	2.6 CCUS 技术	2.6.1 目标雄心
		2.6.2 部署进展
		2.6.3 政策支持
		2.6.4 创新能力
	2.7 碳汇开发技术	2.7.1 目标雄心
		2.7.2 部署进展
		2.7.3 政策支持
		2.7.4 创新能力
资金	3.1 政策进展	3.1.1 各国在其国际气候承诺中提及气候投融资的情况
		3.1.2 各国可持续金融政策进展
		3.1.3 各国气候行动相关财政预算
		3.1.4 各国气候相关金融风险监管进展
		3.1.5 各国碳定价机制进展

续表

专题	一级指标	二级指标
资金	3.2 行动进展	3.2.1 国际气候资金落实情况与发达国家出资目标
		3.2.2 各国绿色债券发行规模
		3.2.3 各国在 GEF 和 GCF 的气候融资贡献
国际合作	4.1 对外援助	4.1.1 对外技术转让项目情况
	4.2 技术转移合作壁垒	4.2.1 国际技术转移阻碍

注：GEF 即 Global Environment Facility，全球环境基金；GCF 即 Green Climate Fund，绿色气候基金

相比于《全球碳中和进展评估——指标、方法与应用》，本书新增了 1 项二级指标（指标 1.3.3 碳中和目标的法律行动），7 项三级指标（指标 1.3.3 下属的碳中和目标的法律状态；指标 1.4.4 下属的农业行业碳中和目标、废弃物行业碳中和目标，指标 1.5.1 下属的碳中和目标雄心指数；指标 3.2.1 下属的各国财政预算分别用于减缓、适应行动的规模；指标 4.2.1 下属的绿色贸易壁垒数量），完善了对目标、资金和国际合作维度的进展评估；同时本书基于 AI 等新兴技术挖掘一手数据，改进或替代了部分指标（指标 1.1、指标 1.3.3、指标 1.4.3、指标 3.1.1、指标 3.1.3、指标 3.2.1）使用的数据库，增加了进展追踪的准确性。

2.2 确定并实施度量方案

度量方案确定环节用来明确测量各类指标的技术方法和各类数据源。在确定数据度量方案后，指标才能用来进行进展评价。在此阶段，首先，研究人员广泛检索各类数据源，根据数据源的完整性和可得性明确指标的度量方案。其次，部分指标需要基于模型进行量化评估，研究人员明确模型量化评估的技术路线和应用过程。在这一过程中，各组次级指标可被具体表征为文本、0-1 变量、整数和浮点数等，最大限度满足指标需求和数据源可用性。再次，多源数据筛选过程用于确定各指标最佳度量方案，研究人员针对各指标，根据不同数据源质量进行筛选，部分指标可能会融合各类数据源形成新的次一级指标，以实现各指标最佳和全面度量。最后，数据质量控制过程用于最大限度保证指标体系数据质量的可靠性和严谨性，通过数据收集专题工作组人员、数据库工作组人员和外部人员的多级审查，提升数据质量并避免错误遗漏，同时跨专题进行数据比对校准，防止专题间数据存在潜在冲突，保证数据库的准确度和内部一致性。

本书绝大多数指标基于网上资料进行收集整理，其中，部分指标的各国信息源基于 Google 等搜索引擎分别检索。

以“碳中和目标与 2℃/1.5℃目标的一致性”为例，该指标基于全球碳排放权分配模型计算而来，使用分类变量“是-否-无目标”进行衡量。使用的数据集来源如下。①二氧化碳排放。二氧化碳历史和未来基准情景（business-as-usual，BAU）排放数据都来自 MATCH 数据库。②人口。人口的历史和未来预测数据都来自联合国发布的《世界人口展望》2017 年修订版，采用标准预测中人口总量的中位值。③GDP。GDP 历史数据来自世界银行，预测数据来自 IFS（International Financial Statistics，国际金融统计）数据库中的 ForecastGDPP2011OECDSSP2 版本预测，即经济合作与发展组织（Organisation for Economic Co-operation and Development，OECD）在共享社会经济路径 2（shared socioeconomic pathway 2，SSP 2）情景下进行的预测版本。涉及 GDP 的全部数据均采用购买力平价（purchasing power parity，PPP）转换系数版本。④实现《巴黎协定》温升控制目标的全球排放路径。本书采用 du Pont 等（2017）发布的 2℃和 1.5℃两种温升情景下全球成本最优的排放路径，这两套路径也是基于 IPCC AR5[①]数据库经筛选构建的。⑤国土面积。采用世界银行数据库中 2018 年各国国土面积数据。

全球碳排放权分配模型构建方法简述如下。根据气候谈判及国家环境法，分配模型考虑了四类公平原则：责任、能力或（和）基本需求原则、人均主义原则、国家主义原则及多阶段公平原则。分配模型充分考虑这四类公平原则，并考虑关键参数的不同选择，最终生成由多套全球碳排放公平分配方案组成的全球碳排放分配模型（图 2-2）。

① 即 Intergovernmental Panel on Climate Change Fifth Assessment Report，联合国政府间气候变化专门委员会第五次评估报告。

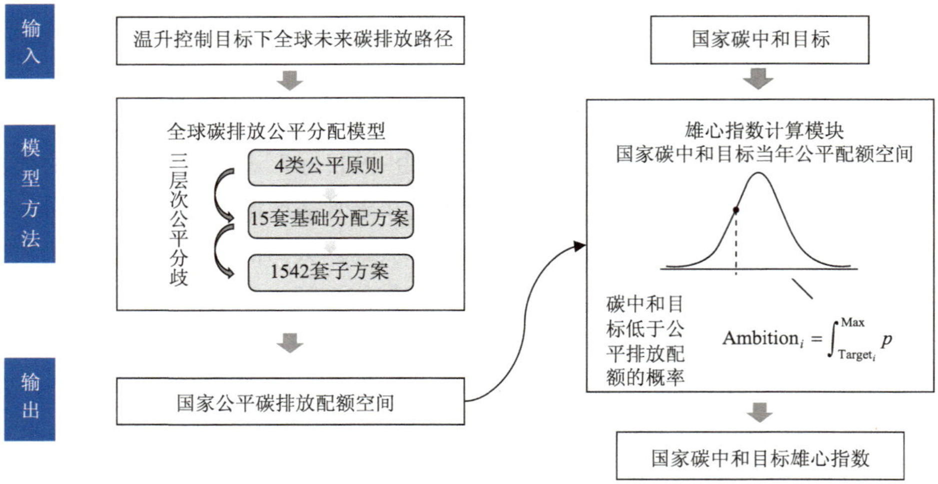

图 2-2　全球碳排放权分配模型的搭建方法

应 用 篇

第3章 全球碳中和进展评估方法应用：目标与政策

3.1 目标制定

3.1.1 目标类型和年份

1. 碳中和目标类型

截至2024年9月，所统计的198个国家或地区碳中和目标类型如图3-1所示。其中，110个（55.6%）提出“净零排放”目标，26个（13.1%）提出“排放减量目标（绝对量）”，24个（12.1%）提出“碳中和”目标。

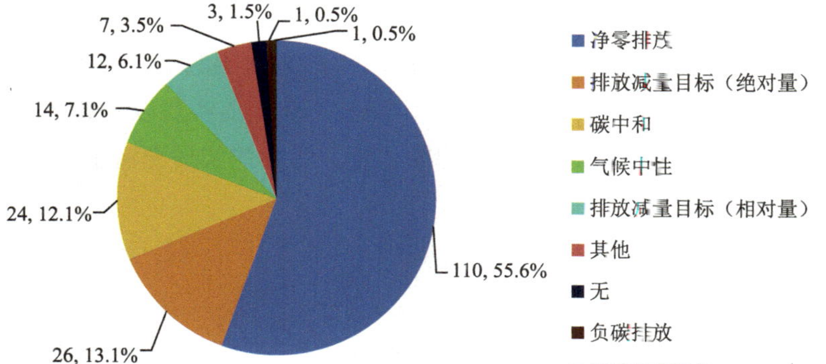

图3-1 碳中和目标类型

相比于《全球碳中和进展评估——指标、方法与应用》，本书将各个国家或地区的目标类型进一步细化，在“碳中和”“净零排放”“气候中性”三种类型的基础上增加以下类型（本节下述内容在讨论“碳中和目标”时，指的是前述三种类型，而以下类型不包含在“碳中和目标”范围之内）。①“负碳排放”。

"负碳排放"是指国家或地区通过二氧化碳去除技术去除的二氧化碳大于其在一年内的排放量。②"排放强度目标"。"排放强度目标"是指国家或地区的排放强度［排放强度的定义为排放的量除以经济指标，如 GDP（或地区生产总值）、人均收入、税收等］达到其提出的水平。③"排放减量目标"。"排放减量目标"是指国家或地区的排放量达到某一水平，通常会设置基年或基础情景，其中绝对量减排目标指的是规定了排放量减少的绝对数值，相对量减排目标指的是规定了排放量相对于基年或基础情景减少的比例。④"其他"。"其他"包含不符合上述描述的目标类型。⑤"无"。"无"即无目标。

《全球碳中和进展评估——指标、方法与应用》中，提出碳中和目标的国家或地区为 133 个；截至本书数据整理时间（2024 年 9 月），提出碳中和目标的国家或地区为 148 个，有 4 个国家更改了原来的碳中和目标（1 个改为了"负碳排放"，3 个改为了"排放减量目标"，从碳中和目标变为非碳中和目标），即共有 19 个国家新增了碳中和目标。在新增的碳中和目标中，有 15 个国家设定的目标为"净零排放"，有 3 个为"碳中和"，有 1 个为"气候中性"。这 19 个国家全部为发展中国家。其中，最不发达国家有 11 个，占 57.9%；内陆发展中国家有 2 个，占 10.5%；小岛屿发展中国家有 7 个，占 36.8%。

2. 碳中和目标年份

截至 2024 年 9 月，碳中和目标实现的年份如图 3-2 所示，全球碳中和目标实现年份总体滞后，仅有 14 个国家承诺在 2050 年前实现碳中和（其中包括 1 个国家宣称已实现碳中和目标），《巴黎协定》目标的实现充满了挑战。

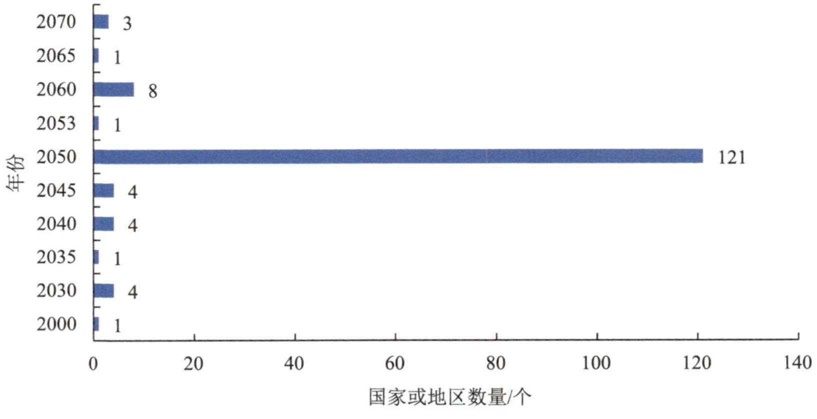

图 3-2　碳中和目标实现的年份

新增碳中和目标的年份分布如图 3-3 所示。可以发现，16 个国家将目标定在 2050 年实现；剩余 3 个国家分别定在 2000 年（宣称已实现碳中和目标）、2030 年和 2060 年。

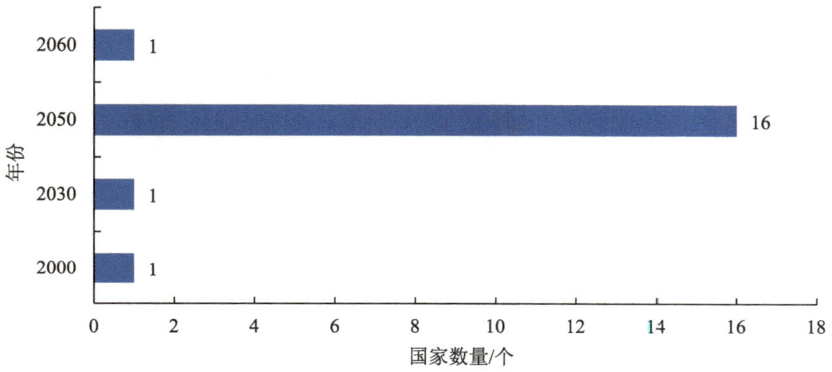

图 3-3　2024 年新增碳中和目标年份分布

3.1.2　目标覆盖范围

1. 碳中和目标的行业覆盖度

本节统计各国或地区碳中和目标所覆盖的行业，重点考察国际航空业和国际航运业两项。各国或地区碳中和目标范围的行业覆盖度如图 3-4 所示。截止到数据获取时间（2024 年 9 月），在 148 个承诺碳中和目标实现的国家或地区中，只有 19 个国家或地区的碳中和目标覆盖了国际航空业，比《全球碳中和进展评估——指标、方法与应用》中的 9 个增加了 10 个；35 个国家将国际航空业的碳排放排除在外，94 个国家在这方面未做出明确的说明。碳中和目标中明确涵盖国际航运业的有 12 个国家，相较于《全球碳中和进展评估——指标、方法与应用》中的 6 个增加了 6 个；37 个国家或地区的碳中和目标不考虑国际航运业，99 个国家对此未做出明确说明。

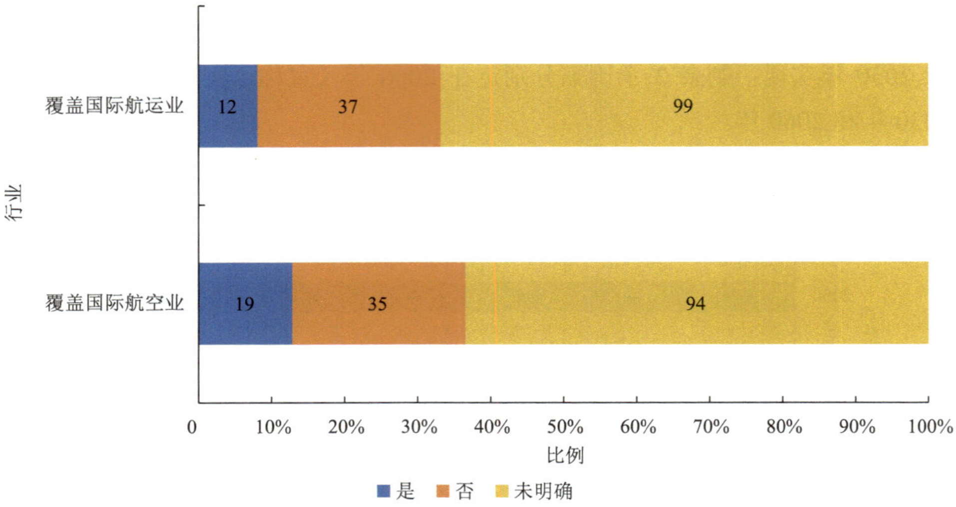

图 3-4　各国或地区碳中和目标范围的行业覆盖度

新增碳中和目标的 19 个国家中，仅有 1 个国家提出覆盖国际航空业，约占 5.3%；尚无国家明确提出覆盖国际航运业的碳排放。

2. 碳中和目标的温室气体覆盖度

本节统计各国或地区碳中和目标对温室气体种类的覆盖度，作为衡量各国或地区净零目标完善程度的一个维度。各国或地区碳中和目标的温室气体覆盖度如图 3-5 所示。截止到数据统计时间（2024 年 9 月），105 个国家或地区的碳

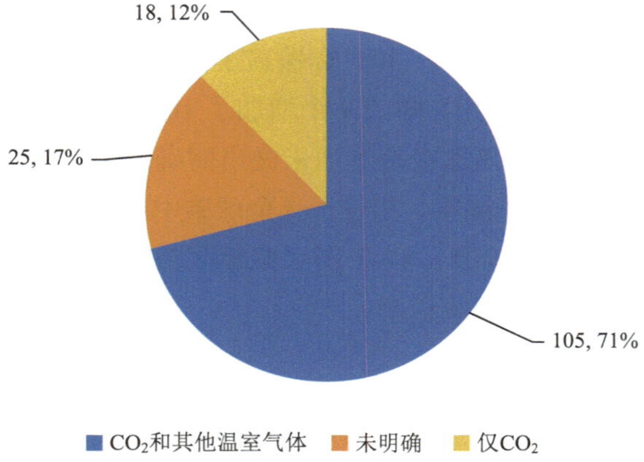

图 3-5　各国或地区碳中和目标的温室气体覆盖度

中和目标所覆盖的温室气体为 CO_2 和其他温室气体，与《全球碳中和进展评估——指标、方法与应用》相比增长了 6 个；只考虑 CO_2 的国家为 18 个，与《全球碳中和进展评估——指标、方法与应用》相比增长了 12 个。

新增碳中和目标的 19 个国家中，6 个国家提出了覆盖除 CO_2 以外的温室气体，约占 31.6%。

3. 碳中和目标的消费侧排放覆盖度

本节所讨论的消费侧排放指进口货物所包含的排放量，由于生产活动是由进口国地理边界内的消费活动所引起的，因此将消费侧排放作为间接排放方式。

各国或地区碳中和目标的消费侧排放覆盖度如图 3-6 所示。在本章讨论的目标制定方面，全球各国或地区（统计的 198 个国家或地区）对消费侧排放覆盖的比例较低。仅有 14 个国家在政策文件中明确覆盖消费侧排放，相比于《全球碳中和进展评估——指标、方法与应用》增加了 2 个，有 32 个国家或地区将其排除在外。覆盖消费侧排放的国家主要为太平洋部分岛国、欧盟部分国家和非洲几国。此外，新增碳中和目标的 19 个国家中，没有国家提出覆盖消费侧排放。

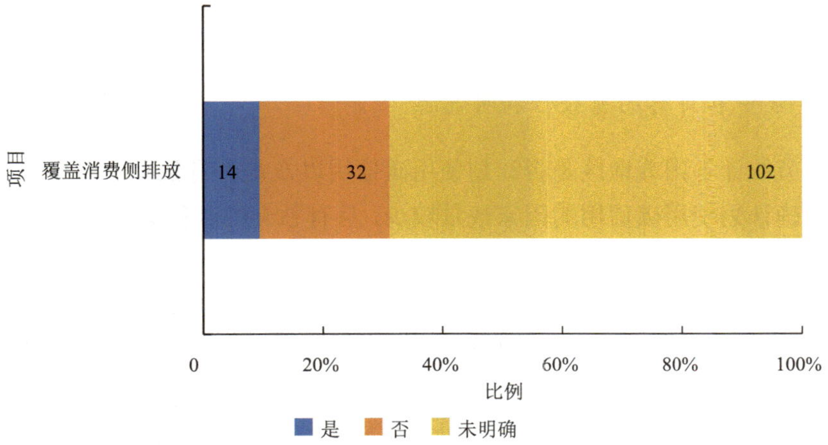

图 3-6　各国或地区碳中和目标的消费侧排放覆盖度

4. 碳中和目标的领土排放覆盖度

本节统计了全球范围内各国或地区对全领土排放的覆盖情况。

各国或地区碳中和目标的全领土排放覆盖度如图 3-7 所示。在有碳中和目标的国家或地区中，大部分国家或地区没有明确碳中和目标是否涵盖国家或地区的全领土排放。只有约四成国家（58 个）提到对全领土排放的覆盖。

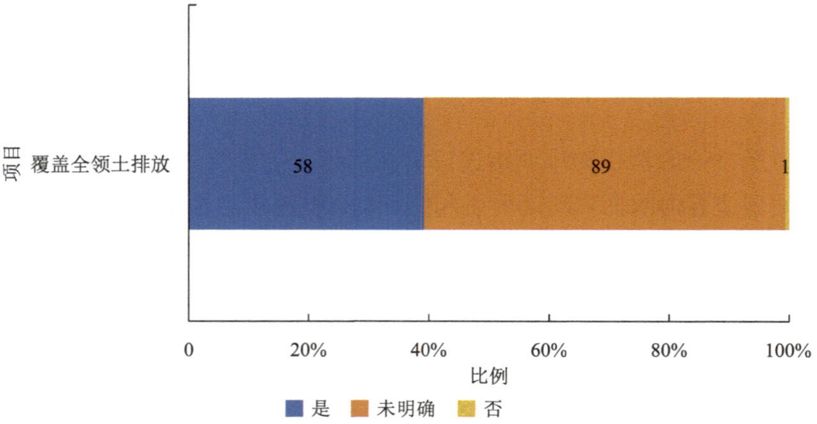

图 3-7 各国或地区碳中和目标的全领土排放覆盖度

此外，新增碳中和目标的 19 个国家中，有 4 个国家提出覆盖全领土排放，约占 21.1%。

5. 碳中和目标的有效性和可靠性

本节统计各国或地区是否计划使用碳信用以及是否有独立的碳移除目标。

明确计划使用碳信用的国家数量较少，且有独立的碳移除目标的国家较少，碳中和目标的可靠性和有效性仍有待提升。全球碳中和目标有效性和可靠性如图 3-8 所示。截止到数据获取时间（2024 年 9 月），在提出碳中和目标的 148 个国家或地区中，仅有 29 个国家明确提出计划使用碳信用（相比于《全球碳中和进展评估——指标、方法与应用》增加了 7 个），不使用的国家或地区为 96 个（相比于《全球碳中和进展评估——指标、方法与应用》增加了 75 个），23 个国家未明确是否计划使用碳信用。在独立的碳移除目标方面，全球有 118 个国家或地区没有独立的碳移除目标（相比于《全球碳中和进展评估——指标、方法与应用》增加了 4 个），仅有 16 个国家有独立的碳移除目标（相比于《全球碳中和进展评估——指标、方法与应用》增加了 5 个）。

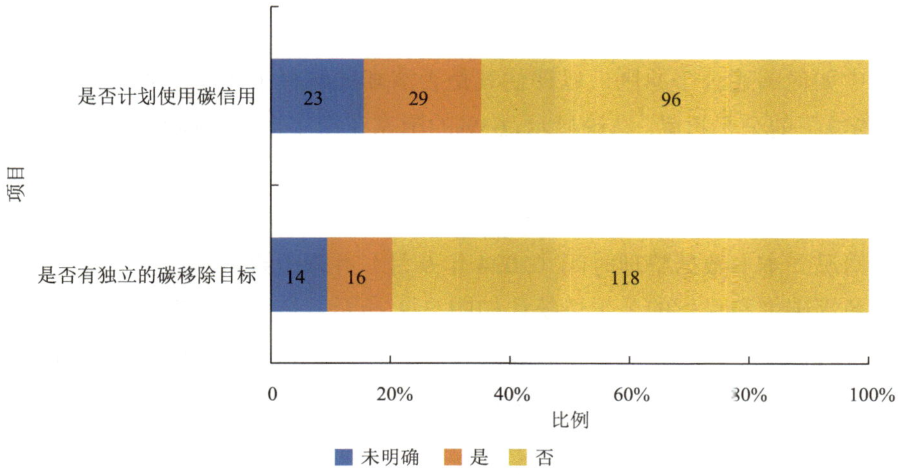

图 3-8　全球碳中和目标有效性和可靠性

此外，新增碳中和目标的 19 个国家中，仅有 1 个计划使用碳信用，约占 5.3%；仅有 2 个有独立的碳移除目标，约占 10.5%。

3.1.3　目标的公平性和一致性

1. 碳中和目标的公平性

公平一直是联合国气候谈判的核心。《联合国气候变化框架公约》指出，“各缔约方应当在公平的基础上，并根据它们共同但有区别的责任和各自的能力，为人类当代和后代的利益保护气候系统”。《巴黎协定》提出了建立差异化的自主贡献目标的模式，这一模式赋予各缔约方更大的自主权，避免了对各方应承担的责任进行简单的统一评估。然而，在传达这些贡献时，各方仍应证明其目标“反映其尽可能大的力度，同时体现其共同但有区别的责任和各自能力，考虑不同国情”。这意味着各缔约方在确定目标时，不仅需要符合科学的要求和全球共同利益，还需要考虑到各缔约方的发展水平、历史责任、经济能力以及其他国情，根据公平概念来确定和证明其目标是否合理。

因此，本节将对全球 197 个国家碳中和目标文件进行汇总分析，以确定其中是否提及了公平原则。具体而言，主要关注各国政府在其碳中和目标文件中对公平概念的表述和涵盖程度。特别地，将重点关注主要国家在其碳中和目标文件中如何阐述公平原则，以评估其是否清晰地解释了其碳中和目标符合《巴黎协定》下的公平贡献。结论显示，63%的国家在净零排放目标文件中提及公平，较《全球碳中和进展评估——指标、方法与应用》上升 10 个百分点。但在提及净零排放目标本身公平性的国家中，部分国家并未清楚解释本国目标是否公平，这一情况到本书数据整理时间（2024 年 9 月）并未改善。

各国碳中和目标的公平性统计如图 3-9 所示。截止到数据统计时间（2024 年 9 月），125 个国家在净零排放目标文件中提及公平，62 个国家（占比约 31%）未在净零排放目标文件中提及公平，有 10 个国家仍未明确。相较于《全球碳中和进展评估——指标、方法与应用》，有 33 个国家由未提及公平或未明确转为提及公平，其中包括 5 个欧盟国家，1 个金砖国家（印度），4 个 OECD 国家（除欧盟国家外）（瑞士、英国、日本、土耳其），5 个小岛屿发展中国家及最不发达国家。从提及公平的国家占比来看，欧盟国家及 OECD 国家（除欧盟国家外）这两种类型国家进步较为明显，欧盟国家中提及公平的国家比例由 54%上升至 65%，OECD 国家（除欧盟国家外）中提及公平的国家比例由 57%上升至 79%。小岛屿发展中国家及最不发达国家进步最缓，提及公平的国家比例由 61%上升至 62%。

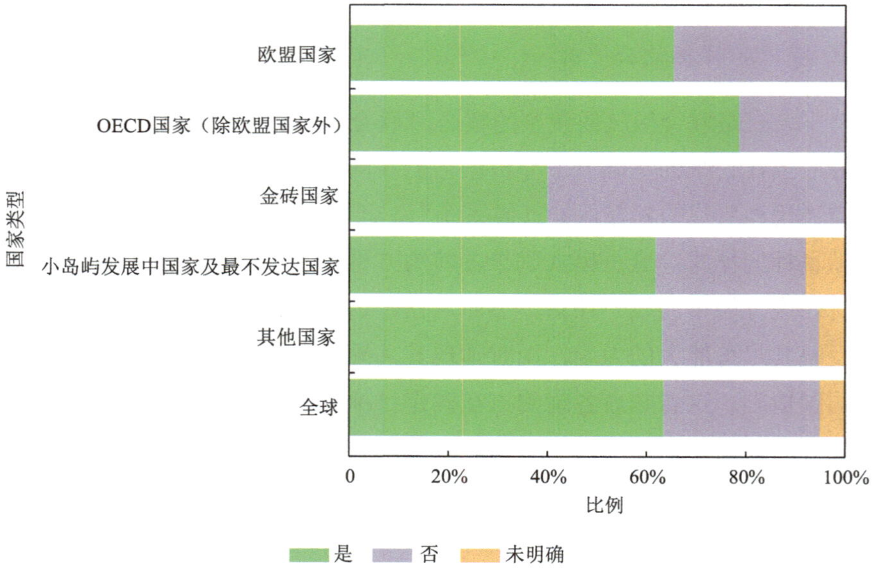

图 3-9 各国碳中和目标的公平性统计

资料来源：Net Zero Tracker

2. 碳中和目标与 2℃/1.5℃目标的一致性

本节旨在基于模型评估，系统评价全球 197 个国家的净零排放承诺与《巴黎协定》2℃/1.5℃目标的一致性。评估模型与《全球碳中和进展评估——指标、方法与应用》中的相同。①分配方案设计。以基于责任、能力或（和）基本需求原则，人均主义原则，国家主义原则及多阶段公平原则四种公平原则，选取文献中普遍报道的 15 种碳排放分配方案，以确保评估的全面性和公正性。②排放空间计算。使用模型计算各国在不同分配方案下的允许排放空间，确定在 2℃和 1.5℃温控目标下的排放限额。③净零排放承诺对比。将基于公平原则分配的 2℃/1.5℃温控目标下减排责任与各国实际的净零排放承诺进行对比，评估其与《巴黎协定》温控目标的一致性。

通过全球碳排放权的公平分配模型，本节对国家净零排放目标与《巴黎协定》目标的一致性进行评价。碳中和目标的一致性统计如图 3-10 所示。相较于《全球碳中和进展评估——指标、方法与应用》，满足 1.5℃目标的国家占比由 46%上升至 52%；未明确情况的国家在 2023 年约占 67%，在 2024 年下降至约 30%。满足 2℃目标的国家占比由 63%上升至 70%。

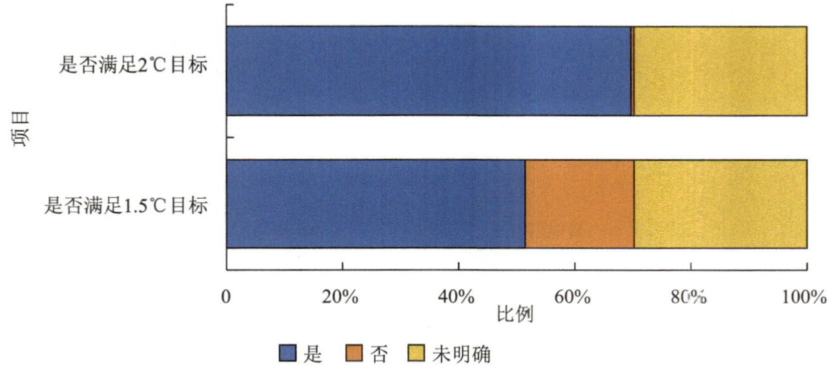

图 3-10　碳中和目标的一致性统计

资料来源：模型计算

如图 3-11 所示，对于 1.5℃目标，全球所有国家达到目标的比例超过了 50%，欧盟国家达到目标的比例约为 35%，金砖国家达到目标的比例为 80%；对于 2℃目标，全球所有国家达到目标的比例在 70%左右，欧盟国家达到目标的比例超

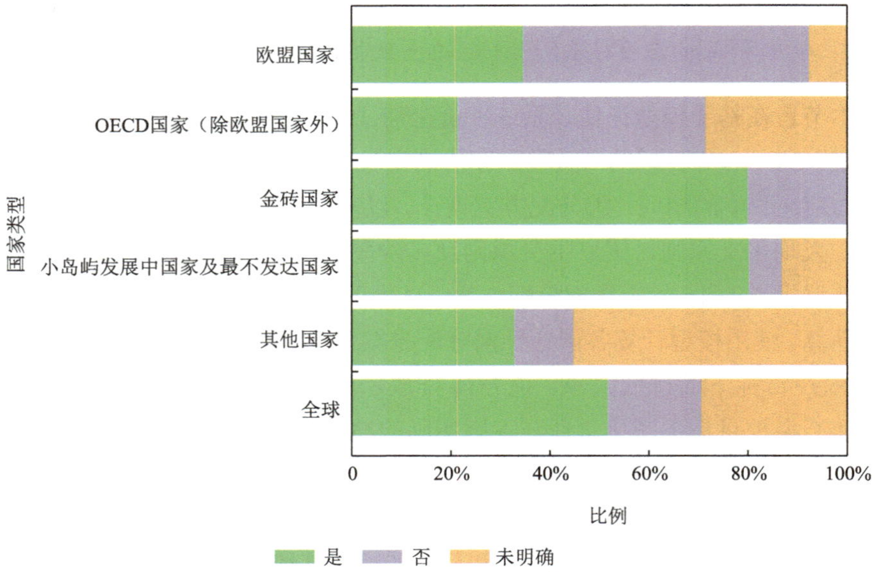

（a）是否满足1.5℃的目标

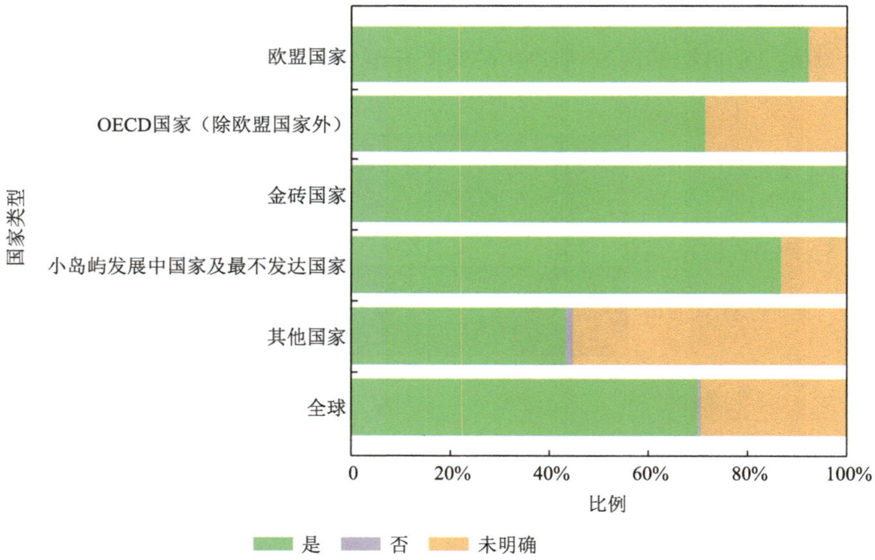

（b）是否满足2℃的目标

图 3-11 各国 2024 年碳中和目标的一致性统计

资料来源：模型计算

过了 90%，金砖国家全部达到目标。相较于 2023 年数据，从国家集团的角度来看，对于 1.5℃目标，欧盟国家和其他国家进展最为明显，但欧盟国家达到目标一致性的比例仍然较低。欧盟国家 2023 年达到目标的比例约为 27%，在 2024 年上升至约 35%。小岛屿发展中国家及最不发达国家 2023 年达到目标的比例约为 76%，在 2024 年增加到了约 80%。金砖国家及 OECD 国家（除欧盟国家外）均没有出现变化。其他国家 2023 年达到目标的比例为 25%，而在 2024 年增加至约 33%。

本节将公平原则进一步细分为四个维度，分别为责任、能力或（和）基本需求原则，人均主义原则，国家主义原则及多阶段公平原则，构建各国的国家自主贡献（nationally determined contributions，NDC）目标及碳中和目标在各公平原则下的雄心指数。

公平原则对国家的倾向性大体上可分为两类：责任、能力或（和）基本需求原则及人均主义原则（简称为历史责任与减排能力原则），国家主义原则及多阶段公平原则。在历史责任与减排能力原则下，发展中国家的雄心指数较高，而发达国家的雄心指数较低，这反映了发展中国家对于应对气候变化所承担的历史责任以及其有限的减排能力。而在国家主义原则及多阶段公平原则下，发达国家的雄心指数较高，这表明了这些国家当前的目标更加重视自身国家利益和发展战略。

此外，大多数国家的碳中和目标雄心指数较 NDC 有较大的提升。这表明国际社会对于实现碳中和目标的雄心正在逐步增强，各国在气候行动上的努力也在不断加强。具体而言，大多数发展中国家在各原则下均有所进步，反映了其对于实现全球气候目标的积极态度和努力。而发达国家在历史责任与减排能力原则下进步不大，说明其减排目标相较于历史排放责任和国家财富能力而言尚显不足。

图 3-12 对主要国家进行了比较，美国、日本、英国及法国趋势相近，在除责任、能力或（和）基本需求原则外的其他公平原则下，净零排放目标的雄心指数均较高，责任、能力或（和）基本需求原则下净零排放目标的雄心指数较低，NDC 目标的雄心指数在除国家主义原则外均处于较低水平。中国在责任、能力或（和）基本需求原则下雄心指数较高。印度净零排放目标的雄心指数较 NDC 提升不明显，在责任、能力或（和）基本需求原则下净零排放目标雄心指数提升，其他原则下净零排放目标雄心指数均下降。巴西在责任、能力或（和）基本需求原则下净零排放目标和 NDC 目标的雄心指数均为较低水平，其他原则下净零排放目标的雄心指数很高。

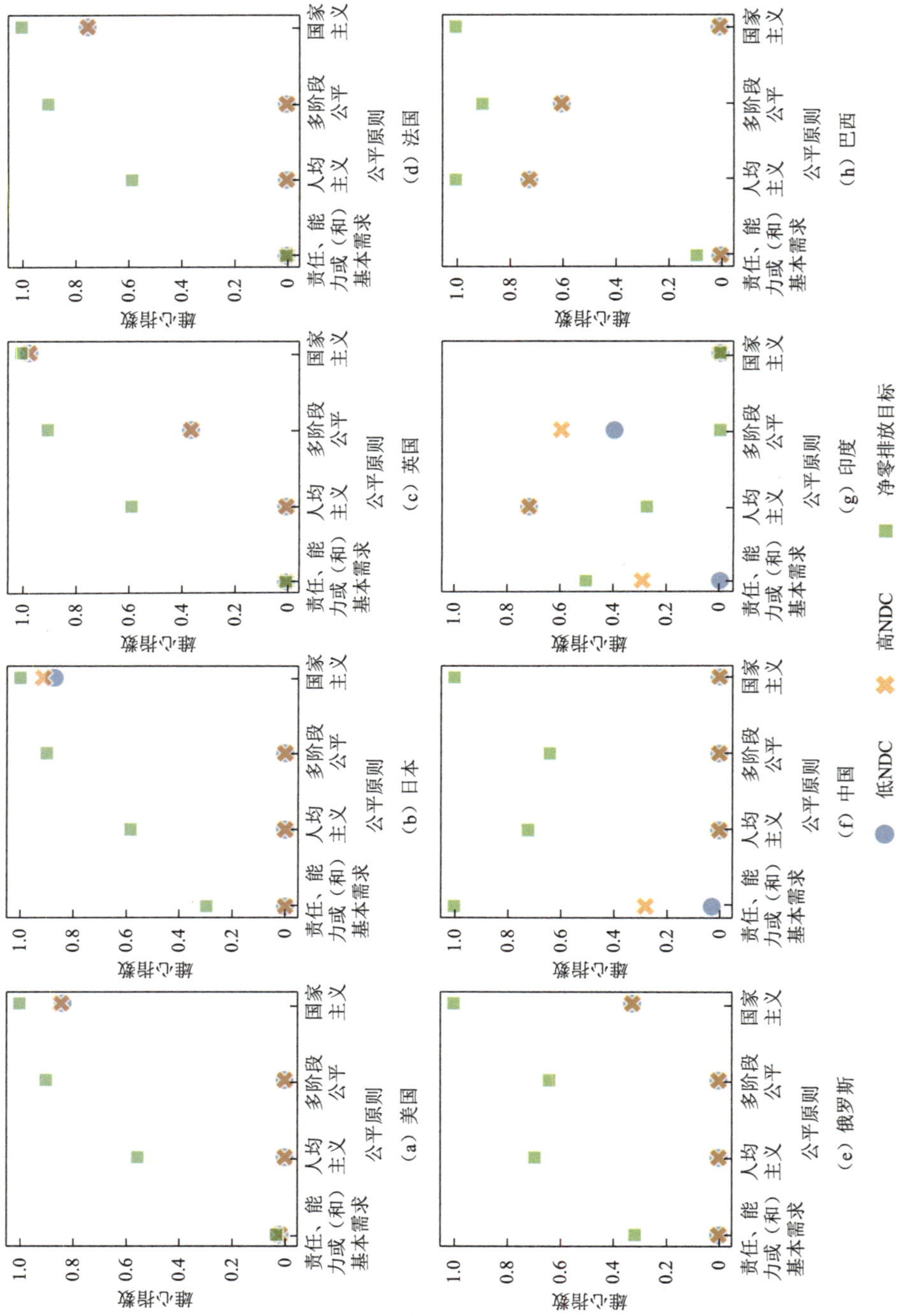

图 3-12 主要国家 NDC 及碳中和目标公平原则下雄心指数

3.2　政策设计

3.2.1　碳中和技术战略目标

1. 碳中和技术的目标雄心总结

全球不同国家以官方文件的形式针对各类碳中和技术及相关产业提出了国家层面的战略发展目标，图 3-13 为针对各类碳中和技术已提出战略目标的国家在全球 GDP、人口和碳排放中所占的比例，并且区分了 2023 年前提出目标和 2023 年新增目标的国家所占比例。

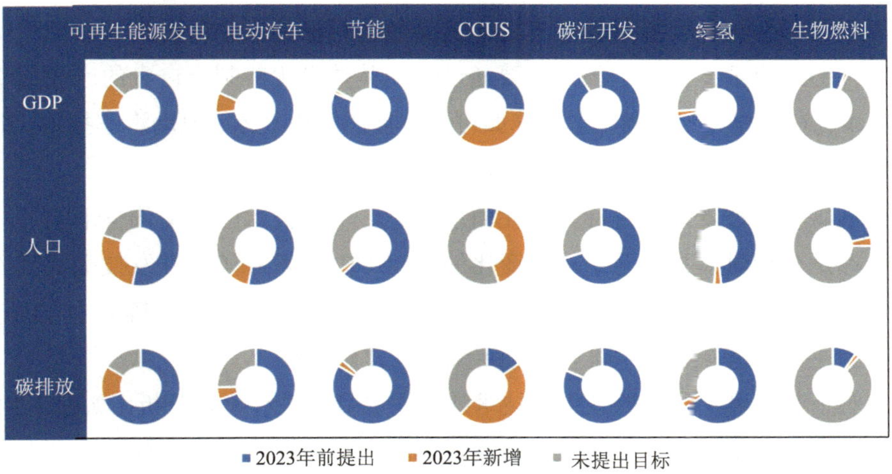

图 3-13　提出碳中和技术目标的国家所占的 GDP、人口和碳排放比重

已明确碳中和技术发展战略目标的国家在全球 GDP、人口和碳排放上覆盖比例较大，尤其是可再生能源发电技术、电动汽车技术、节能技术和碳汇开发技术。此外，绿氢技术的覆盖比例超过一半。相对而言，生物燃料技术的覆盖度最低，说明生物燃料的发展规模仍处于较低水平。生物燃料技术极大程度地依赖当地的生物质资源供给，因此仅在拥有特定生物质资源的国家中会得到足够的重视，如巴西、印度、泰国等国家。

如图 3-13 所示，从 2023 年新增目标的国家占全球 GDP、人口和碳排放的比例来看，CCUS 技术的覆盖度最高，2023 年提出 CCUS 战略目标的国家覆盖了全球 30%以上的 GDP、人口、碳排放（其中包含中国、英国、日本等已有目标国家的更新），从战略目标维度反映了 CCUS 技术在 2023 年的快速发展。此外，可再生能源发电技术、电动汽车技术在高覆盖度的基础上，2023 年持续保持较高的增长速度，相关战略目标仍在不断提出。节能技术的发展已经较为成熟，且由于其含义宽泛，在国家技术战略目标中难以明确地定量，故 2023 年新增目标占比较低。绿氢技术、生物燃料技术 2023 年新增目标的占比也较低，很多国家尚未具备发展绿氢技术、生物燃料技术的成熟条件。

从碳中和技术的目标雄心来看，发展中国家和发达国家的偏好存在一定的模式差异。许多发展中国家会依靠当地的资源优势，对资源依赖型技术（如生物燃料技术）提出目标，体现在提出该类技术目标的国家所占的人口比重明显高于 GDP 比重；而发达国家主要通过依托其技术优势制定自身的产业战略方向，体现在提出科技依赖型技术（如可再生能源发电技术、电动汽车技术、绿氢技术）目标的国家所占的 GDP 比重明显高于人口比重。

从碳中和技术战略目标定量化角度来看，节能技术的定义依赖于能效，且其指标是个相对值，甚至是动态变化的；CCUS 技术和碳汇开发技术多数处于试点阶段，其技术包含资金投入、成本下降、项目数量、减碳量等多个方面，因此，上述三项碳中和技术难以进行定量化的比较分析。

对于其他可定量化的碳中和技术战略发展目标进行比较分析，如图 3-14 所示，各国提出定量化的技术战略发展目标主要集中在可再生能源发电技术和电动汽车技术领域。2023 年，提出可再生能源发电占比目标、电动汽车占比目标和绿氢部署产能目标的国家分别新增 23 个、15 个、7 个，占所有提出定量化目标战略国家的 20%以上。同时，提出可再生能源发电占比 100%的目标和电动汽车占比 100%的目标的国家较多，16 个国家提出了可再生能源发电占比 100%的目标，28 个国家提出了电动汽车占比 100%的目标。

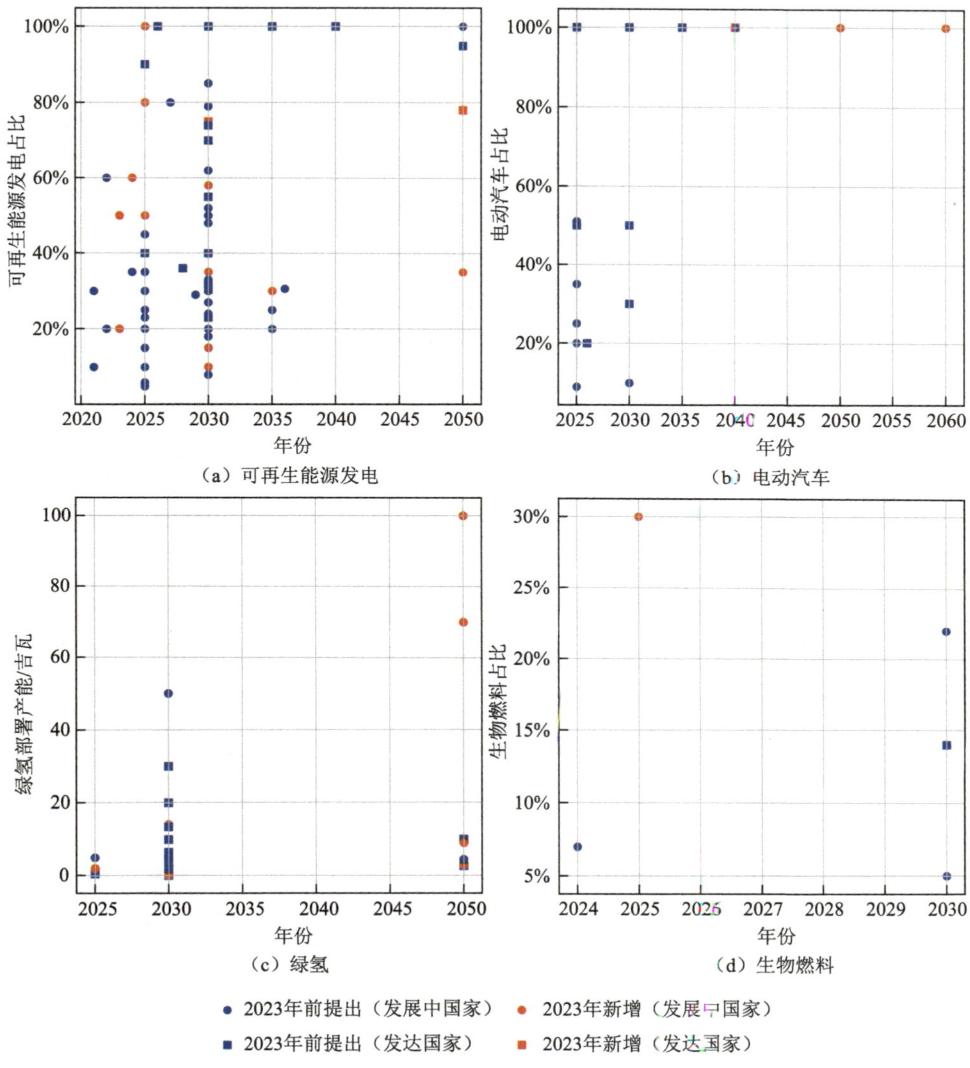

图 3-14　碳中和技术战略达成时间与目标数值

图中相同比例的点可能存在重合情况

从国家类别来看，2023 年提出新的碳中和技术目标集中在发展中国家，体现出发展中国家碳中和技术目标的雄心和战略部署的步幅加快，且从已公布的具体碳中和技术战略的达成时间和目标数值来看，总体上发展中国家的碳中和技术战略目标雄心并不逊于发达国家。但是从总量上来看，提出碳中和技术战略目标的发达国家数量远高于发展中国家。

2. 可再生能源发电技术

碳中和技术中的排头兵是可再生能源技术。可再生能源技术是指利用自然资源和自然过程，如风能、太阳能、水力能、生物质能和地热能等，生产出清洁的、可持续的能源的科学技术。可再生能源技术具有低碳排放、无污染、可再生性强等优势，被广泛应用于生产和生活领域，尤其是在电力方面，可以优化电力结构，促进电力部门低碳转型。IRENA（International Renewable Energy Agency，国际可再生能源机构）的《全球可再生能源展望：能源转型 2050》报告显示，到 2050 年全球与能源相关的碳排放需以每年 3.8%的速度下降，才能使全球平均温升控制在 2℃以内，可再生能源在终端能源消费占比应增至 66%，而能源强度改善速度每年需提高 3.2%。可见，可再生能源在满足排放目标的能源转型中占据了重要地位。

目前常见的低碳技术有光伏发电、风能发电、水力发电、生物质技术等，但可再生能源的部署高度依赖于当地的资源禀赋，因此各地的可再生能源分布差异较大。但是普遍来讲，光伏和风能正日益成为成本最低的电力来源，在未来几年内大多数可再生能源的成本将极有可能具备竞争优势。可以预见，随着科技不断发展，可再生能源技术将得到不断的改进和提高，为人类提供更为清洁、便捷、高效的电力来源。

目前，全球只有极少数国家做到了电力部门零碳排放，大多数国家仍然处于刚开始转型的探索阶段，尚未达到大规模应用可再生能源的程度。但是，很多国家已经针对可再生能源的应用提出了雄心勃勃的目标，并且对此颁布了一定的支持政策。

可再生能源装机容量和发电量是衡量可再生能源发电的重要基础指标，近 2/3 的国家已提出相关目标。REN21（Renewable Energy for the 21st Century，21 世纪可再生能源政策网络）的可再生能源全球状况报告显示，截至 2022 年 6 月全球已有 133 个国家提出了可再生能源装机容量或发电量目标，其中，107 个国家提出了未来可再生能源发电占比目标。从涵盖的国家数可以看出，作为重要能源脱碳手段，发展可再生能源在全球得到了广泛的共识。

2022 年新增的可再生能源发电战略目标主要集中在发电占比、具体技术占比、装机目标等定量指标上。可再生能源发展对于发电量大国很关键，因可再生能源本身的不稳定、不连续的特性以及巨大的用电需求量而更具挑战性，可再生能源装机容量或发电量目标在一定程度上反映了该国对于发展可再生能源的态度。图 3-15 展示了 2022 年全球 107 个国家提出可再生能源发电占比目标的情况。大部分国家提出的是 2030 年以内的短期目标。具体的可再生能源发电占比目标数值在 10%~100%，体现了各国可再生能源发电技术发展水平的差异。2022 年新增的可再生能源发电占比目标多为发展中国家，体现了目前发展中国家对可再生能源发电技术的目标雄心与迅速发展。

在 17 个已经提出 100%可再生能源发电目标的国家当中，有 5 个国家是 2022 年新增的，具体为厄瓜多尔（2030 年）、尼泊尔（2030 年）、图瓦卢（2025 年）、英国（2035 年）、瓦努阿图（2030 年）。提出 100%可再生能源发电目标的国家中，发展中国家数量占据份额更高，这在一定程度上是因为各国发电量需求的差异使得可再生能源在不同国家推广面临着不同的挑战。

3. 电动汽车技术

交通部门是实现碳减排的先驱。在碳中和目标大力推广的背景下，电动汽车因具有不直接使用化石燃料和减少碳排放的优势备受关注。电动汽车作为一种新型能源车辆，以车载电源为驱动力，通过电机驱动车轮转动。其主要结构包括电力驱动及控制系统、传动装置和工作装置，其中电力驱动及控制系统是电动汽车的核心。目前电动汽车技术相对成熟，已经可以与传统的燃油汽车平价竞争。当前世界各国正在致力于发展和普及电动汽车，减少燃油汽车的数量，从而有效降低对传统化石能源（如石油）的需求，增加电力资源的使用，以促进可再生能源发电占比日益提高，缓解碳排放问题。

在电动汽车战略目标上，全球有超过 50 个国家提出了电动汽车销量或保有量的目标，有超过一半的国家提出汽车完全电动化（或淘汰燃油汽车）的愿景。2030 年新增目标的国家几乎都提出了雄心勃勃的电动化占比的目标。提出电动汽车销量目标的国家主要集中在欧美、东亚和东南亚地区，欧洲（尤其是北欧）、美国和中国的目标雄心较大。目前电动汽车市场发展较好的国家在目标设置上更为激进，在交通领域迫切的碳减排压力之下，可靠性较高的电动汽车替代仍需要更多国家明确的战略目标支持。

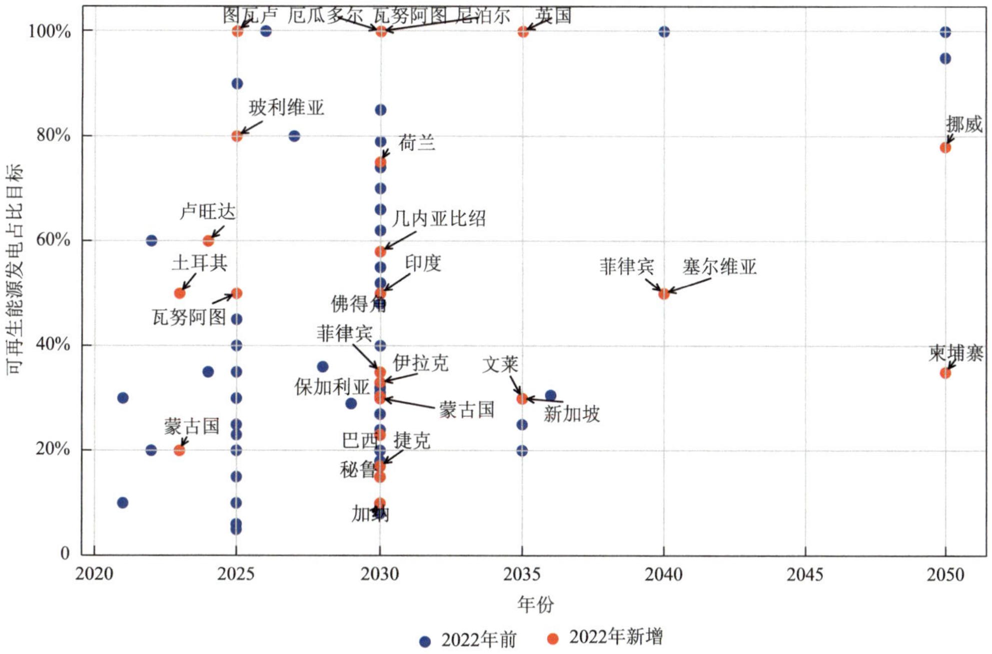

（a）可再生能源发电占比目标

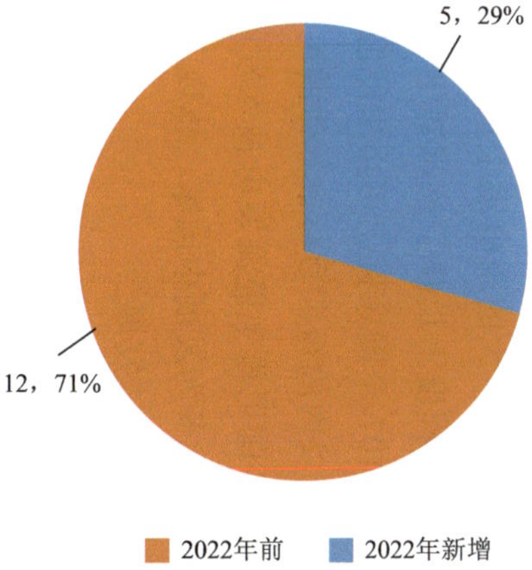

（b）100%可再生能源发电目标国家占比

图 3-15　可再生能源发电占比目标和 100%可再生能源发电目标国家占比

图中相同比例的点可能存在重合情况

新提出电动汽车销售量和保有量目标的国家增加了 80%，其中新增国家几乎都提出了雄心勃勃的 100%零排放汽车销售量或禁售燃油车的销售占比目标。根据 IEA（International Energy Agency，国际能源署）的全球电动汽车数据库，绝大多数国家的销量目标以占比的形式呈现，在 30 个 100%电动汽车销售量或禁售燃油车目标的国家中，有 18 个国家于 2023 年提出电动汽车 100%零排放销售量或禁售燃油车的目标，其平均时间节点为 2038 年。15 个国家提出了在 2040 年实现电动汽车 100%零排放销售量或禁售燃油车的目标。厄瓜多尔提出实现电动汽车 100%零排放销售量或禁售燃油车的目标时间最早，为 2025 年；巴西提出实现目标的时间最迟，为 2060 年。中国提出 2035 年电动汽车在轻型乘用车销售中的份额达到 100%（其中纯电动汽车不少于 50%）。瑞士提出 2025 年电动汽车（包括混合动力电动汽车）的市场占比达 50%。

4. 节能技术

节能技术在近年引起了全球决策者更多的关注与重视，体现在相关政策的更新与加强。全球呼吁需要更有雄心的节能与能效目标，当前的目标并不能满足未来的需求，但节能技术的市场部署与研究创新进展依然良好。

全球能源与气候危机的发酵推动了能源转型，节能问题在近年引起了更多的关注。2023 年在迪拜召开的 COP28 上，各国联合承诺到 2030 年将能源效率提高一倍，以满足能源相关排放在 2050 年达到净零的目标，从而最终实现《巴黎协定》将全球温升控制在 1.5℃的目标。而据 IEA 的研究，尽管能效政策的势头正盛，但全球能效提升的实际进展并不理想，2023 年全球能源强度的增长率仅为 1.3%，低于 2%的长期趋势。

能效目标雄心仍然呼吁全球有更多的进展，并需要各国统一其目标的指标标准。在检索欧盟委员会网站及查阅分国别目标等工作的基础上，本节对全球主要能耗国家（能耗排名前 25 名）以及欧盟国家的节能与能效的目标雄心的进展进行了追踪与更新。主要能耗国家中，已经提出目标的国家并没有对目标进行更新，仅有埃及在其国家能源效率行动计划（National Energy Efficiency Action Plan，NEEAP）的第二版中更新了到 2030 年能耗减少 18%的目标。在主要能耗国家中，仍有 7 个国家没有明确提出节能或者能效的目标雄心。而这些国家占据了超 1/4 的全球能耗（图 3-16）。全球能效目标雄心的另一大进展是欧盟提出了 2030 年预期最终能源消费减少 11.7%的目标，每年的节能率从 0.8%增加到

1.3%（2024~2025 年）和 1.5%（2026~2027 年），从 2028 年起增加到 1.9%。这相当于 2024~2030 年年度平均节能 1.49%。不过欧盟国家对此的响应并不积极，仅有塞浦路斯、希腊、卢森堡与荷兰更新了其长期能效的目标雄心。

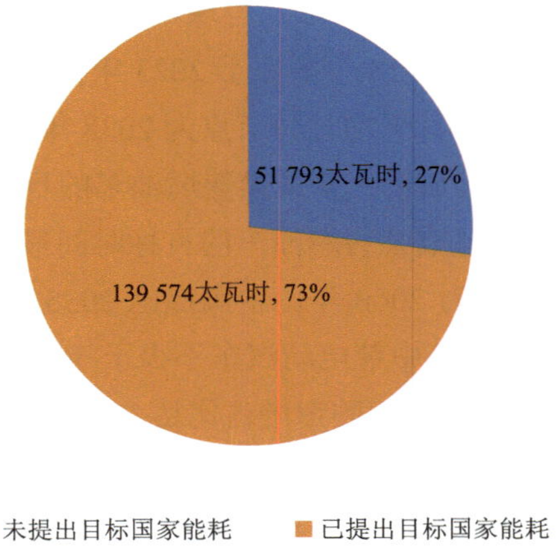

图 3-16　主要能耗国家中未提出目标国家和已提出目标国家能耗占比

在 2023 年举办的 COP28 上，近 200 个国家联合做出承诺，到 2030 年将全球可再生能源装机容量增加两倍以及将全球能源效率提高一倍。根据 IEA 的估算，这就需要 2030 年前全球能源效率的平均年增长率达到一倍，即从 2022 年起全球能效的提高从每年的 2%增长到每年 4%。结合这一目标审视当前的全球情况，一方面是目标雄心不足，绝大部分国家仍然没有提出长期目标，特别是部分能耗大国；另一方面是已经提出的目标存在标准不统一、进展难追踪、横向不可比等问题。在这些目标中，有以节能百分比计或以绝对量计的指标，也有针对单位 GDP 能耗的指标；有明确根据基年划定的指标，也有根据基线情景划定的指标；有单独针对目标年提出的量化指标，也有针对逐年进步率提出的量化指标。目标的指标体系混杂，给全球目标雄心的评估、横向的比较分析以及追踪各国的进展带来了较为严峻的挑战。

5. 绿氢技术

2023 年全球绿氢产业迅速发展，中国在其中占据着主导地位。绿氢是未来零碳能源体系的重要组成部分。一方面，绿氢可以在交通、工业、电力、建筑等多个领域替代传统的化石能源，满足绿电难以满足的原料需求、工业热需求；

另一方面，在高比例可再生能源的电力系统中，绿氢将发挥其消纳、调峰的重要作用，显著提高电力系统灵活性，保障绿电的有效供给。此外，氢能的多元应用还将提升能源结构的多样化，提升能源安全水平。相关产品也将打开广阔的市场空间，为经济高质量发展持续注入新动能。2023 年全球氢能发展目标持续更新，发展中国家在其中扮演了重要角色。在此背景下，2022 年至 2023 年绿氢产能迅速增长，中国成为全球绿氢产业发展的主要贡献者和重要引领者。2023 年至 2026 年，中国拥有着最高的绿氢增长潜力。同时，2022 年至 2023 年各国也积极开展氢能政策部署，日本、韩国、美国等的政策支持力度较高，全球范围内，亟须进一步推进国际氢能合作。在技术创新方面，目前中美两国在氢能技术创新中持续保持引领地位，日韩两国也拥有显著的氢能技术创新优势。

全球范围内，各国的量化目标以中短期目标（2030 年）为主。绿氢的主要制备方式是通过电解槽技术使用绿电电解水制氢，电解槽装机目标是衡量各国绿氢发展雄心的关键指标。截至 2022 年底，已经有 20 余个国家提出了量化的电解槽装机目标，以发达国家为主。基于澳大利亚联邦科学与工业研究组织（Commonwealth Scientific and Industrial Research Organisation，CSIRO）的 HyResource 数据库，我们梳理了各国在近几年提出的电解槽装机目标，图 3-17 展示了相关结果。在 2023 年，有 15 个国家提出或更新了电解槽装机目标，其中，发展中国家处于主体地位，占比超过 65%。值得注意的是，新西兰、土耳其、乌拉圭等国颁布了具体的氢能发展路线图，详细设定了中短期和长期目标。尽管如此，目前各国所提目标仍以中短期为主。在所有量化目标中，短期目标（2025 年目标）占 17.24%，中短期目标（2030 年目标、2035 年目标）占 53.45%，长期目标（2040 年目标、2045 年目标、2050 年目标）仅占 29.31%。在所有已公布具体的电解槽装机目标的国家中，印度对中短期目标展示了最强的雄心，其 2023 年公布的国家绿色氢能路线图指出，印度的电解槽装机规模将在 2030 年达到约 500 万吨/年（对应 30 吉瓦的电解槽装机容量）。此外，日本在长期目标方面表示出了最强的雄心，提出 2050 年前后绿氢产能将达到约 2000 万吨/年（对应 120 吉瓦的电解槽装机容量）。需要说明的是，当前全球氢能发展目标仍然需要进一步明确，近 1/3 的发达国家仍然没有出台相关的路线图或规划，大多数发达国家也未提出明确的量化目标。同时，仅有 14 个国家设定了长期的电解槽装机目标，美国、中国等主要的经济体也仍然没有明确的长期目标，这意味着全球氢能战略目标的明晰程度还需进一步提高。

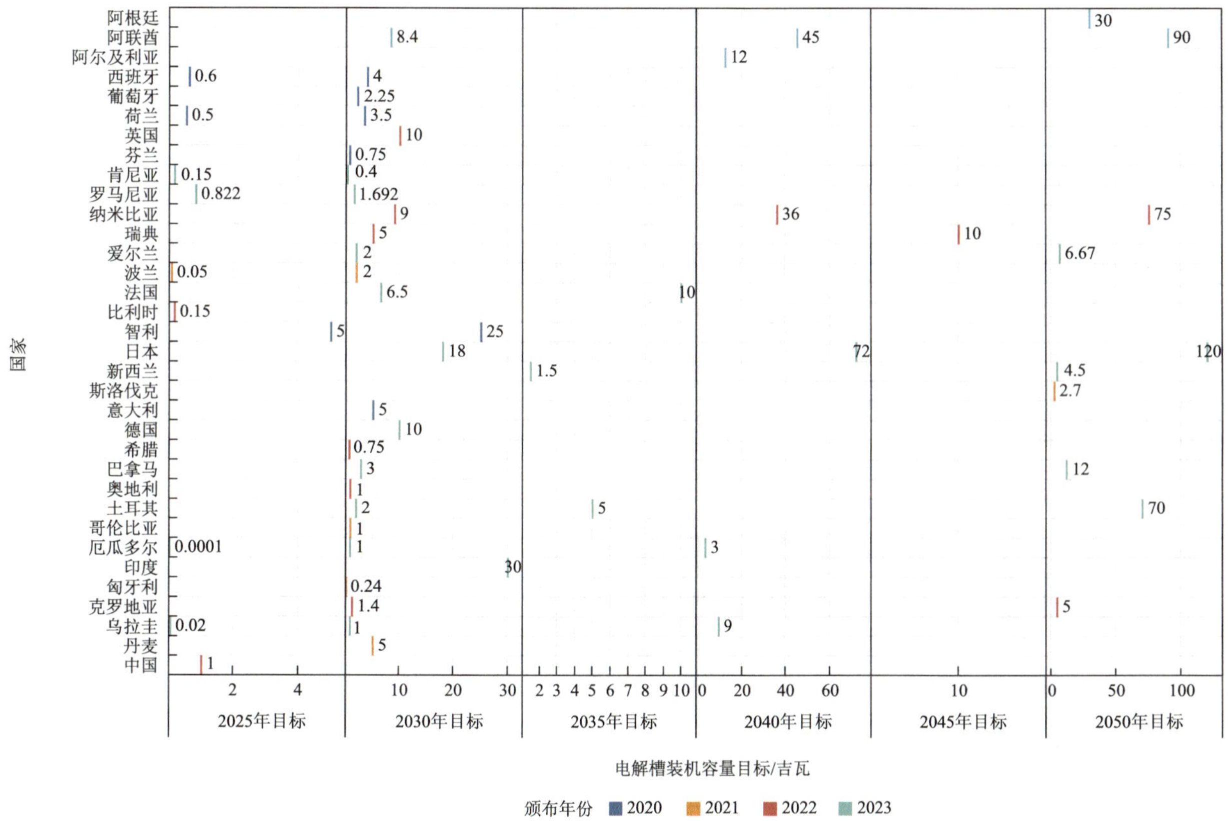

图 3-17 各国电解槽装机目标

部分国家的绿氢技术目标以产量（百万吨/年）进行设定，使用“16.67 万吨绿氢对应 1 吉瓦电解槽产能”进行换算；由于“蓝氢”也属于清洁氢范畴，图中未体现清洁氢相关目标，仅体现“绿氢”对应的电解槽产能目标；对于“范围性”目标，取中位数进行量化

6. 生物燃料技术

生物燃料技术为碳中和的有机能源解决方案。生物燃料技术是一种利用生物质能，通过物理转换（固体成型燃料）、化学转换（直接燃烧、气化、液化）、生物转换（发酵转换成甲烷）等形式将其转换为固态、液态和气态燃料加以高效利用的科学与技术。生物燃料技术可以利用多种可再生有机资源，如植物油等，来生产汽油、柴油、汽油和柴油的混合物等，与传统的煤炭和石油燃料技术相比，更易于操作，具有更高的能源密度，并且可以有效减少温室气体排放。生物质能源化利用技术包括：直接燃烧利用（发电或供热）、制成型燃料、制气态燃料（沼气、生物天然气等）、制液态燃料（生物乙醇、生物柴油等）。生物质能源化利用呈现以下发展趋势：多元化分布式应用；生物天然气、成型燃料、生物液体燃料形成燃料乙醇、混合醇、生物柴油等能源衍生替代产品，扩展到航空燃料、化工基础原料等应用领域。随着国际社会对保障能源安全、保护生态环境、应对气候变化等问题的日益重视，加快开发利用生物质能等可再生能源已成为世界各国的普遍共识和一致行动，也是全球能源转型及实现应对气候变化目标的重大战略举措。生物基材料、生物质燃料、生物基化学品是涉及民众生活质量和国家能源与粮食安全的重大战略产品。根据世界生物质能协会（World Bioenergy Association，WAB）的《2023 年全球生物质能统计报告》（Global Bioenergy Statistics Report 2023），可再生能源对全球热量生产的贡献在 2000~2020 年翻了一番，其中 96%的可再生热能来自生物质能。OECD 发布的《面向 2030 生物经济施政纲领》战略报告，预计 2030 年全球将有大约 35%的化学品和其他工业产品来自生物制造。生物质能源已成为位居全球第一的可再生能源。

仅有欧盟国家设定了生物质燃料市场占有率目标，多数国家设定的是生物燃料掺杂比例目标。生物质燃料市场占有率目标反映了国家对该技术部署的雄心，2023 年 3 月底，经过长达两年的密集谈判和磋商，欧盟委员会、欧洲议会和欧盟理事会就新的《可再生能源指令》（Renewable Energy Directive，RED）（即 REDⅢ）达成一致，对 REDⅡ（2018 年）进行了几项重大修改，其中包括将附件 9“A 部分”的先进生物燃料在交通领域占比目标下限从 3.5%提升至 5.5%。大多数欧盟国家都响应了《可再生能源指令》，如芬兰设置了 2030 年先进生物燃料在交通领域占比 10%的目标，意大利设置了 8%的目标，荷兰设置了

7%的目标。生物质掺杂比例目标反映了对生物质燃料品质要求的雄心，该目标制定受技术水平、资源条件、国际形势等因素制约。根据美国农业部（United States Department of Agriculture，USDA）网站发布的信息，印度尼西亚在生物柴油混杂目标上最具雄心，2021 年，在技术成熟的前提下，已实现 2025 年 30%的生物柴油掺杂目标；2023 年，实施了 35%的生物柴油掺杂规定。印度尼西亚生物燃料生产商协会（Indonesia Biofuel Producer Association，APROBI）数据显示，2023 年印度尼西亚全年生物柴油总产量增长 13%。

7. CCUS 技术

CCUS 是指将二氧化碳从工业、能源等排放源或大气中分离，直接加以利用或封存，以实现碳减排的工业过程，是全球低碳发展的重要技术选择。该技术被称为碳中和的“最后一公里”，一方面是因为其技术水平尚未成熟，被普遍认为在零碳之路的中后期才能够大规模部署发力；另一方面是因为其在碳中和技术路线中的重要托底作用，具体体现在三个方面：首先，CCUS 是化石能源零排放利用的必要技术，可以在能源系统深度脱碳的基础上保证其灵活性和可靠性；其次，CCUS 为钢铁、水泥等难减排行业的深度脱碳提供了经济可行方案；最后，该技术大类之下的某些技术（如生物质捕集、直接空气捕集等）可以形成负排放，可用于抵消部分难以消除的碳排放。

虽然目前在全球范围内已有上百个 CCUS 项目在运行，但整体仍处于工业示范阶段，其产业化应用的主要障碍在于成本高昂。当前技术研发的重点在于降低各环节的成本和创造可以帮助项目盈利的碳利用技术。

CCUS 技术大类涵盖了捕集、运输、利用、封存等环节的诸多细分技术。捕集环节包括化学吸收捕集、吸附捕集、膜分离捕集、直接空气捕集等技术。运输环节主要包括管道运输、船舶运输、卡车和铁路运输。在利用上，二氧化碳可以作为商品，通过直接或间接利用发挥作用。在封存方面，按照封存地或封存形态差异，二氧化碳封存主要包括地质封存、海洋封存、矿化封存三大类。

8. 碳汇开发技术

全球森林碳汇整体分布存在显著的空间异质性，美洲、欧洲地区碳汇存量丰富，亚洲地区具有较大上升空间。植物通过光合作用吸收空气中的二氧化碳，并固定到植物体内和土壤中，这一过程称为碳汇。但植物呼吸作用或枯死的有机物降解也将释放二氧化碳。地球大气、水及森林植被中的碳元素周而复始地在有机和无机形态间的转换，形成了相对稳定的地球碳循环过程。森林植被与森林土壤形成了森林碳循环的微生态系统，而森林固碳则是森林植被与森林土壤共同作用的结果。利用碳汇开发技术增加森林碳储量通常有三种方式：第一种，通过增加森林面积或减少毁林，提高生态资源总量，从而增加二氧化碳吸收总量。这也是鼓励植树造林提高碳汇的理论依据。第二种，提高森林碳汇仅有“量”的提高还不够，还应有“森林生态功能”这个“质”的提高。中幼林倘若缺乏科学抚育和养护，生态功能将会降低甚至丧失，并且伴随森林演替、成熟，过熟林激增，森林整体固碳能力将有所下降。为此，亟须通过森林经营促进其生长而吸收更多的碳，并积极进行抚育和间伐控制树木死亡率以及遏制枯死森林的自然降解。第三种，森林碳汇产业模式是增加碳汇、解决气候变化问题的高效路径。森林碳汇产业模式将通过“森林生态抚育、资源增加—生态资源能源化利用，实现收入—分布式资源生产—绿色资源供给—资源收入为生态功能提高提供资金”产业模型的建立，实现产业发展，获取良性盈利。这将为生态抚育、生态功能提高提供稳定、持续的资金支持，彻底解决森林抚育养护、森林更替改造等严重缺乏资金投入的问题。

2021 年，占全球森林面积 90%以上的国家的 140 多位领导人在《关于森林和土地利用的格拉斯哥领导人宣言》中承诺共同努力，到 2030 年制止和扭转森林丧失和土地退化现象。宣言中提到，这些国家将加强共同努力，以便养护森林和其他陆地生态系统并加快恢复，通过改革国内外贸易与发展政策，促进可持续发展和可持续商品的生产及消费，使各国互利，并避免造成森林砍伐和土地退化，减少脆弱性，增强抵御能力，改善农村生计，包括增强社区权能、发展有利可图的可持续农业等。

2023 年 3 月 1 日至 2 日，代表主要森林盆地的 20 多个国家在非洲加蓬利伯维尔举行“同一个森林峰会”，致力于寻求保护热带森林的解决方案，并制定了“利伯维尔计划”。该计划的主要目标包括：森林国家与国际社会之间达成公平协议，以协调环境目标与经济发展；森林国家与国际社会将达成公平协议，协调环境保护目标与经济发展需求；实施保护关键碳汇和生物多样性储备的标志性举措，包括预算 1 亿欧元的“积极保护伙伴关系”计划，以及建立“生物多样性信用”机制以奖励模范国家；推出“同一个森林愿景”科学项目，旨在测算碳固存净平衡，并在 2023 年至 2028 年内精准绘制亚马孙、非洲和亚洲三大森林盆地的碳汇及生物多样性储备分布图；制定面向三大森林盆地企业领袖的“10by30”战略，计划到 2030 年通过热带森林可持续开发活动创造 1000 万个就业岗位，同时推动企业做出实质性承诺。这些国家共同提出的未来森林发展目标强调了可持续性及与经济发展的协调关系，也为未来多个国家间共同开展森林碳汇治理、提出更具有雄心的森林碳汇目标做出榜样。

3.2.2 各国气候投融资承诺宣誓

如图 3-18 所示，可持续金融政策已覆盖了全球近一半的国家，覆盖的 GDP、人口或二氧化碳排放量已超过 80%。气候金融风险评估、气候金融风险披露以及碳定价机制覆盖国家数量、GDP、人口和二氧化碳排放量占比均有待提高。但总体而言，全球气候资金规模与《巴黎协定》目标下的资金需求仍存在巨大差距，气候投融资政策体系仍然未能系统有效驱动金融资源支持气候行动。

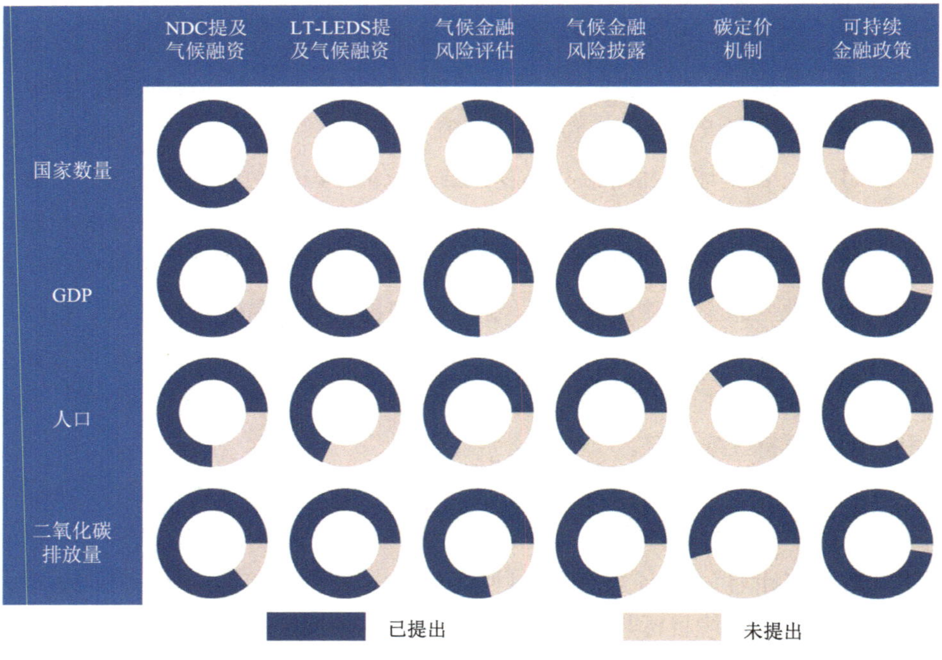

图 3-18 各类气候投融资政策进展覆盖国家数量、GDP、人口、二氧化碳排放量占比

LT-LEDS 即 long-term low-emission development strategies，长期低排放发展战略

《巴黎协定》引入了 NDC 机制，规定各缔约方需要自行设定关于气候变化缓解和适应的目标及行动计划，并促进向低碳经济转型。此外，这些承诺需要每五年更新一次，以增强实施力度。《巴黎协定》还鼓励各缔约方制定与公布各自的 LT-LEDS，适应不同的情况。NDC 和 LT-LEDS 构成了国际气候承诺的关键组成部分。在此框架下，资金是实现气候目标的关键支持手段。对发展中国家而言，由于本国的资源限制，履行这些承诺需要额外的资金、技术支持和能力建设。相对地，经济更发达的国家不仅拥有更强的经济金融能力，还承担着在气候行动中走在前列的责任，并为发展中国家提供必要的国际气候资金。因此，在 NDC 和 LT-LEDS 的文件中对资金问题的详细表述，反映了各缔约方对气候资金投入的关注程度。

本节基于《巴黎协定》缔约方提交的最新 NDC 和 LT-LEDS 文件，对提及气候投融资的文本信息进行梳理，从涵盖范围、融资机制、融资规模、融资去向等方面分析各缔约方对气候投融资的整体重视程度。

总体而言，大多数缔约方在 NDC 和 LT-LEDS 中认可气候融资在支持气候行动中的重要性。截止到 2024 年 5 月，共 194 个缔约方已经提交了 NDC 文件，36 个缔约方更新了 NDC 文件，以增强气候雄心和行动力度。其中，与 2023 年相比没有变化的是包括印度、日本、巴西、阿根廷、沙特阿拉伯在内的 21 个国家，这些国家未明确在 NDC 中提及气候融资。截至 2024 年 5 月，有 71 个缔约方提交了 LT-LEDS 文件，其中 13 个缔约方第一次提交了其 LT-LEDS 文件。不发达国家和小岛屿国家更加注重气候融资的需求和国际资金的获取，而许多发达国家则主要关注国内资金的筹措。同时，关于资金的确切数额、来源与使用方向以及相关工具和机制，各国的阐述往往不够明确。

从气候融资范围看，在提交 NDC 的缔约方中，69%的缔约方（主要是欠发达国家和小岛屿国家）指明需要将国际资金支持作为气候融资的一部分。相比之下，22%的缔约方（包括多数发达国家和一些发展中国家）将气候融资的需求限定在国内资金范围内。此外，只有 7%的缔约方表明其融资策略包括对其他缔约方实施 NDC 的资金支持，并且，许多发达国家还没有承诺对国际气候资金支持的具体措施。考虑到发展中国家在实现碳中和目标过程中所面临的巨大融资需求，发达国家积极参与和支持国际气候融资显得尤为重要。这不仅是为了支持全球气候行动的有效性，也是为了确保全球碳排放减少目标的实现。

从气候融资需求看（图 3-19），提交 NDC 的缔约方中，47%的缔约方提供了资金支持需求的量化估计，这些资金需求估算通常以 NDC 实施周期内的资金总量形式呈现。其中，27%的缔约方在其新的或更新的国家（地区）发展报告中首次提供了最新的财政资助需求数量估计数。大多数缔约方将依赖国际资助的有条件行动的数量估计数与可能由国内供资的无条件行动的数量估计数区分开来。提交 LT-LEDS 的缔约方中，有 85%的缔约方提到了实施 LT-LEDS 的资金需求，26%的缔约方提供了核算出的资金需求，26%的缔约方定性描述了其资金需求，33%的缔约方仅提供了关于需求的一般性说明。有的缔约方在 LT-LEDS 中明确提出了气候融资的资金需求，如亚美尼亚提出将通过统筹各类资金来源和融资工具，营造有利于气候行动的投资环境，吸引 53.75 亿美元至 72.25 亿美元的资本投资；阿曼实现净零排放路径额外增加约 1900 亿美元的资本投资，主要用于电力和氢能基础设施建设，如电网升级和扩展、氢气管道和储存、电动汽车充电基础设施以及大规模部署长时储能。

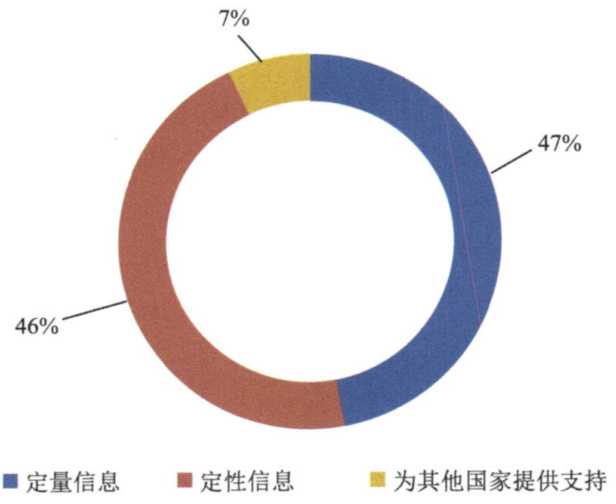

图 3-19 NDC 中提及气候投融资的情况

从气候融资机制来看，提交 NDC 的缔约方中，有 38%的缔约方提供了关于缓解和适应专题或部门资金支持需求的信息，如指定公共支出用途、建立气候基金或支持性金融体系等。提交 LT-LEDS 的缔约方中，有 57%的缔约方提供了资料，说明各自政府为通过经济政策措施、融资机制或金融工具增加资金流动所做的努力，其中，约一半缔约方制定了财政政策。一些缔约方在 NDC 和 LT-LEDS 中明确了支持气候融资的具体机制。例如，德国计划通过燃料排放交易法、高效建筑联邦资金计划、电动汽车推广等多种政策和措施，间接地引导资金流向气候行动领域，并鼓励私人部门参与气候投融资；欧盟提出 InvestEU（投资欧洲）计划，该计划将在利用私人投资进行转型方面发挥重要作用。

从气候融资用途看，各缔约方在 NDC 和 LT-LEDS 中均列举了一些融资需求较大的领域。可再生能源、能源效率、运输和林业都需要减缓气候变化领域的资金，而与水、农业、沿海保护和复原力有关的活动需要适应气候变化领域的资金。有一些缔约方明确提出了气候资金的用途和支持的领域，如阿曼提及获取的资金将会用于能源领域、工业领域、交通领域、建筑领域、技术研发和地区发展等方面。

尽管在多数缔约方的 NDC 和 LT-LEDS 中提及了气候融资相关信息，但通过仔细分析这些文本内容可以发现，各缔约方对气候融资的关注程度存在显著差异。特别是，一些缔约方的 NDC 文件中虽然提到了气候融资，但对于融资的需求规模、资金来源、资金使用途径以及具体的融资机制等关键细节尚未做出充分、明确的说明。例如，德国的 NDC 文件中侧重于气候行动目标、政策和措施，气候投融资的具体机制和规模并未提及。此外，关于气候融资是否应包括国际资金的问题，各缔约方尚未形成一致意见。发展中国家特别强调了国际融资的需求与重要性，然而一些发达国家并未考虑将国际融资支持纳入其气候融资范畴。鉴于“自主贡献”的原则，建议对发展中国家在其 NDC 和 LT-LEDS 文件中进行辅导，帮助它们明确提出气候资金的定量或定性需求及其使用目的。这样做将促进发达国家与国际金融机构更有效地根据这些需求提供融资支持，从而加强全球气候行动的协调和效果。

3.2.3　碳中和目标具体路线图

1. 碳中和的阶段性目标

本节统计各国或地区碳中和的中短期目标，中短期目标的各种目标类型的分类与 3.1.1 节中的“碳中和目标类型”部分一致。

全球纳入统计的 198 个国家或地区中，150 个国家或地区设立了中短期目标，占所有国家或地区的 75.8%，相比于《全球碳中和进展评估——指标、方法与应用》增加了 3 个；48 个国家没有设立，占所有国家或地区的 24.2%。全球提出碳中和承诺的 148 个国家或地区中，20 个将中短期目标的年份设定为 2025 年（相比于《全球碳中和进展评估——指标、方法与应用》增加了 4 个），122

个将中短期目标的年份设定为 2030 年（相比于《全球碳中和进展评估——指标、方法与应用》增加了 7 个），此外设置为 2020 年、2021 年、2030 年、2050 年的各有 1 个，有 2 个没有设置时间。

全球提出碳中和承诺的 148 个国家或地区中，95.3%的国家或地区（141 个，相比于《全球碳中和进展评估——指标、方法与应用》增加了 17 个）设立了中短期目标，仅 4.7%（7 个）的国家没有设立。其中，78.4%的国家或地区（116 个，相比于《全球碳中和进展评估——指标、方法与应用》增加了 12 个）将中短期目标年份设定为 2030 年，12.1%的国家将中短期目标年份设定为 2025 年，8.1%的国家没有设定中短期目标年份，需要进一步落实中短期应对气候变化的措施。

纳入统计的所有国家或地区中，中短期目标的类型分布如图 3-20 所示。全球大部分国家或地区的中短期目标为排放减量目标，其中 69 个国家或地区为绝对量的排放减量目标，占比 34.8%；51 个国家为相对量的排放减量目标，占比 25.8%。此外，分别有 4 个和 1 个国家设置了排放强度和净零排放的中短期目标，有 25 个国家设置的中短期目标不属于上述类型。

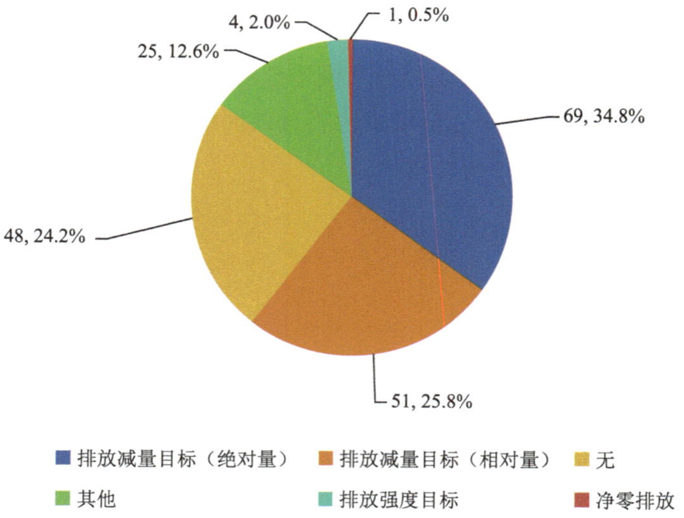

图 3-20　中短期目标类型分布

2. 国家级碳中和路线图

本节主要统计国家级别的碳中和路线图。截止到数据统计日期（2024 年 9 月），纳入统计的所有国家或地区中，119 个国家或地区（占全体国家或地区总数的 60.1%）具有国家级别的详细计划，相比于《全球碳中和进展评估——指标、方法与应用》增加了 4 个；提出碳中和目标的 148 个国家或地区中，86 个国家或地区（占碳中和目标国家或地区总数的 58.1%）具有国家级别的详细计划，相比于《全球碳中和进展评估——指标、方法与应用》增加了 8 个。

一个详细的国家级路线图应该包括以下几个要素：①对目标所涵盖的所有排放范围的措施。例如，如果目标涵盖了所有的气体，但该计划只涉及碳排放的对应措施，这将无法实现目标中的气候雄心。此要点有 67 个国家或地区的详细计划符合，占具有详细计划国家或地区的 56.3%，占所有国家或地区的 33.8%。②关于这些措施在一定时间内减排多少的详细规划。例如，改用可再生能源将每年节省多少吨（具体数字）的排放。此要点有 81 个国家或地区的详细计划符合，占具有详细计划国家或地区的 68.1%，占所有国家或地区的 40.9%。③关于该措施的具体应用以及应用规模的信息。例如，如果发展电动汽车，电动汽车的市场占有率应为多少；如果安装了太阳能光伏装置，装机容量是多少。此要点有 72 个国家或地区的详细计划符合，占具有详细计划国家或地区的 60.5%，占所有国家或地区的 36.4%。④是否会定期评估详细计划的实施情况，以及是否会对计划进行更新与调整。此要点有 60 个国家或地区的详细计划符合，占具有详细计划国家或地区的 50.4%，占所有国家或地区的 30.3%。

3. 城市与区域级别碳中和

城市与区域级别碳中和规划是指次国家级行为体为自身制定的碳中和目标、政策与路线图。碳中和是全球实现《巴黎协定》温控目标的必然要求与必经阶段。在 2021 年达成的《格拉斯哥气候协议》强调 2021 年至 2030 年是应对气候变化的关键十年，落实各国碳中和目标，将承诺转化为行动至关重要。虽然全球各国在 2016 年至 2021 年纷纷提出碳中和目标和规划，但是国家级的碳中和目标较为宏观，无法客观反映该国各地区的碳中和行动。从自下而上（bottom-up）的角度看，各国需要有次国家级碳中和规划对全国碳中和目标进行支撑。因此，次国家级的碳中和规划是落实国家级碳中和目标的关键因素。

基于 Net Zero Tracker 的数据，本节统计了全球 25 个最大的排放体所有二级行政区（地区级）和全球所有人口超过 50 万人的三级行政区（城市级）的次国家级行为体落实碳中和规划的情况，覆盖了全球约 85%的排放量和全球 70%的人口，涵盖了全球所有的大排放体和具有代表性的小型排放体样本，具有全面性和代表性。本节重点在于衡量全球次国家行为体在碳中和规划方面的进展。

全球次国家级行为体积极提出、更新碳中和规划，整体目标朝更具雄心的方向迈进。相比于《全球碳中和进展评估——指标、方法与应用》，截止到本书数据整理时间（2024 年 9 月），已经提出碳中和规划的 655 个次国家级行为体中有 104 个（15.9%）更新了碳中和规划。碳中和规划的内容可以分为三个主要维度：碳中和规划的目标类型、目标年份和目标状态（效力）。如图 3-21 所示，在更新碳中和规划的次国家级行为体中近半数不止更新了碳中和规划的一个维度。总量上，2023 年全球有 62 个城市与区域首次提出碳中和规划，提出规划的城市与区域个数上升 9.5%。

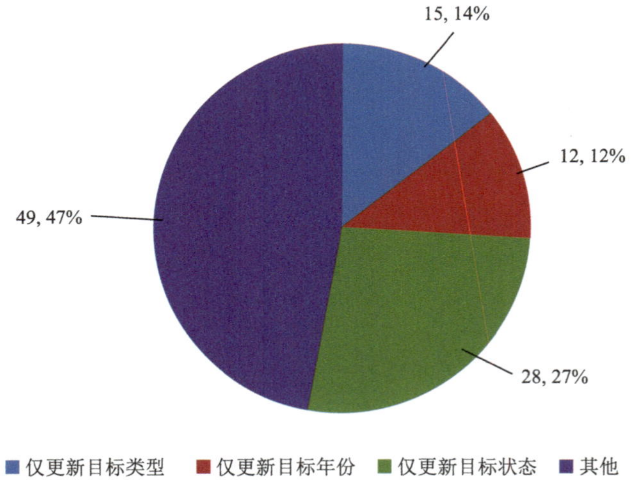

图 3-21 次国家级行为体更新碳中和规划的形式

从碳中和规划的雄心上看，整体上次国家级行为体的碳中和规划雄心有所提升。所有更新规划的次国家级行为体有 77.1%的碳中和规划更具有雄心。如图 3-22 所示，在更新单一维度的次国家级行为体中只有 20%下调了自身的目标，而其中有 33%是延后了实现碳中和规划目标的年份。

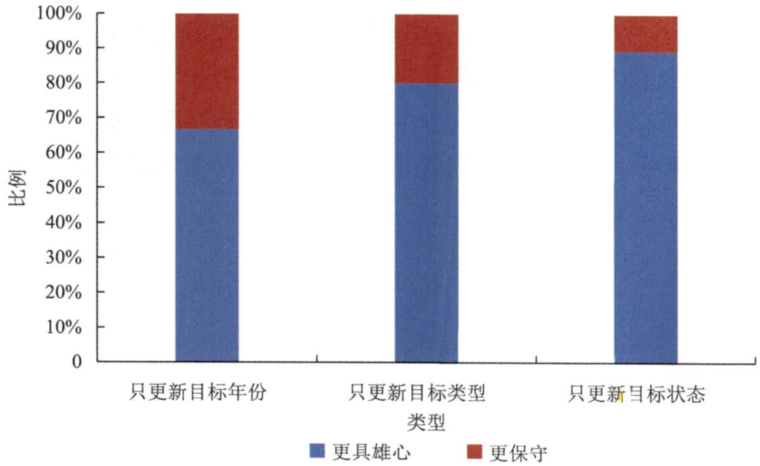

图 3-22　更新单一维度的次国家级行为体的碳中和规划进步情况

统计发现，同时更新碳中和规划不同维度的次国家级行为体偏好同向改变规划的不同维度。如图 3-23 所示，更新多个维度的次国家级行为体中有 59.2% 的目标相比之前从目标类型和目标状态上都更具雄心。所有不同向改变规划维度的次国家级行为体都是目标类型更具雄心但是状态有所下降，这占到总数的 16.3%。

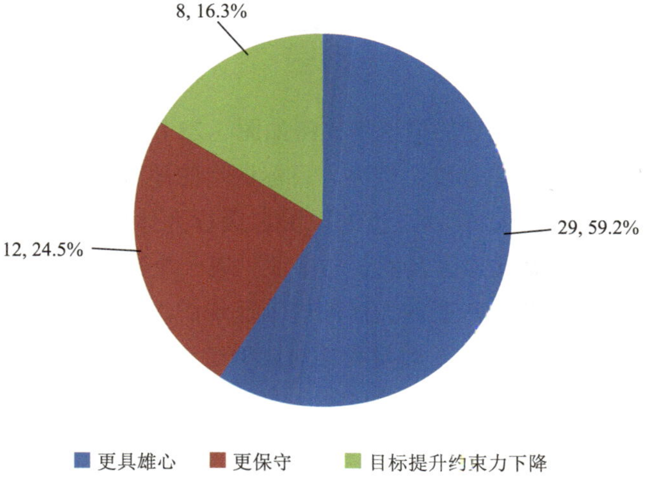

图 3-23　更新多个维度的次国家级行为体碳中和规划进步情况

发展中地区主要为新增目标，发达地区主要为更新目标，目标退步的地区主要集中在南亚和大洋洲。如图 3-24 所示，东亚和拉丁美洲与加勒比地区是新增次国家级行为体碳中和目标的主要来源。北美洲和欧洲地区是更新次国家级行为体碳中和目标的主要来源，东亚地区在更新和新增碳中和目标上都表现积极。

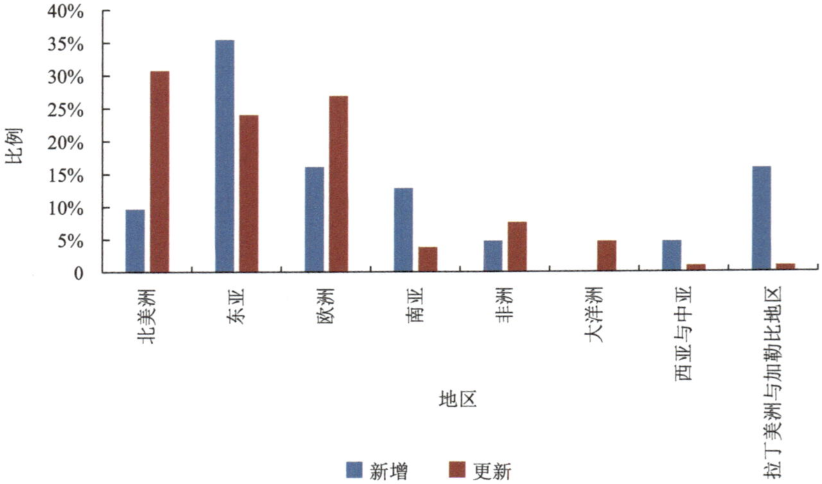

图 3-24　各地区新增/更新碳中和规划的比例

各地区碳中和目标规划的进退步比例如图 3-25 所示。东亚地区多维度表现突出，更新规划多且规划进步比例高。目标退步的地区较为集中，主要在南亚和大洋洲。北美洲和东亚规划进步的次国家级行为体比例高，分别为 84%和72%。拉丁美洲与加勒比地区及西亚与中亚只有一个次国家级行为体更新了规划，从规划对比中剔除。南亚和大洋洲规划退步的次国家级行为体比例高，分别占到了 75%和 40%。从绝对数量和相对比例综合分析，欧洲目标退步的次国家级行为体也较多，达到了 7 个（25%）。

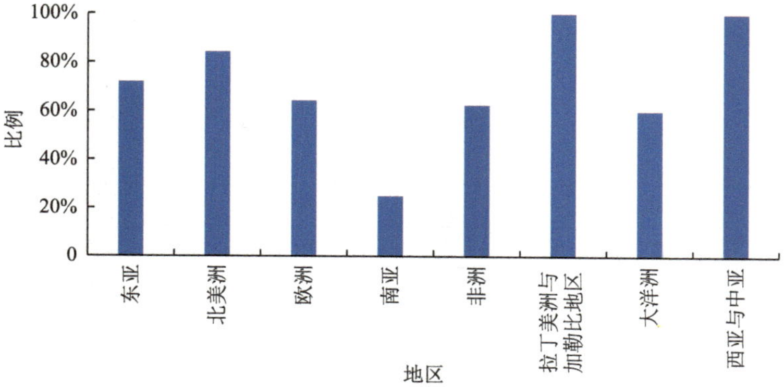

（a）目标进步比例

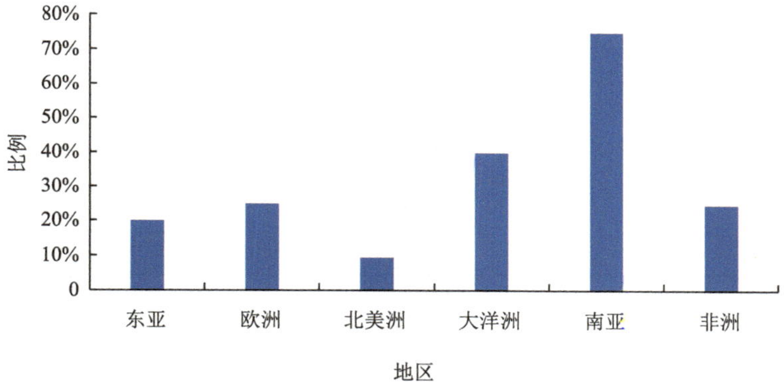

（b）目标退步比例

图 3-25 各地区碳中和目标规划的进退步比例

4. 行业层面碳中和目标

如表 3-1 所示，本节的统计范围覆盖了 G20 中的 17 个国家和欧盟，涵盖了气候行动追踪组织（Climate Action Tracker，CAT）提供的数据。在行业目标方面，本节详细分析了能源供应、交通运输、工业、建筑业、农业、土地利用和林业、废物处理共七大行业类别。所有研究国家或地区都在交通运输和能源供应方面设定了明确目标，这两个行业是全球碳中和目标努力的重点。在交通运输行业，电动汽车的推广是普遍的目标；而在能源供应行业，大多数国家或地区的目标集中在可再生能源的增长上。此外，部分国家或地区还涉及了其他行业的碳中和目标，但这些目标的涉及范围较小。相比 2023 年，部分国家或地区的目标出现延迟或放宽的情况。

表 3-1 行业目标数据覆盖情况

国家或地区	三级指标						
	交通运输	工业	农业	土地利用和林业	废物处理	建筑业	能源供应
中国	○			○		○	○
俄罗斯	○			○			○
加拿大	○		○	○		○	○
南非	○						○
印度	○			○			○
印度尼西亚	○	○					○
土耳其	○						○
墨西哥	○		○	○	○		○
巴西	○			○			○
德国	○				○	○	○
日本	○	○				○	○
欧盟	○						○
沙特阿拉伯	○			○			○
澳大利亚	○	○	○		○		○
美国	○	○				○	○
英国	○	○		○		○	○
阿根廷	○		○	○	○	○	○
韩国	○					○	○

如表 3-2 所示，在全球范围内，各国或地区在能源供应方面的碳中和目标体现了对可再生能源开发利用的加强以及对化石燃料依赖的调整。多个国家或地区设定了提高可再生能源在能源结构中的占比目标，显示了全球对可再生能源依赖度增加的趋势。例如，阿根廷计划到 2025 年使可再生能源发电占比达到 20%，并到 2030 年开发 2.6 吉瓦的风电和太阳能发电。澳大利亚的目标是到 2030 年，可再生能源发电在电力结构中所占比例达到 82%。巴西计划到 2031 年实现能源结构转型，使可再生能源满足 48%的一次能源需求和 84%的电力供应。美国的目标是到 2025 年可再生能源的发电量达到 25 吉瓦，最迟在 2035 年实现无

碳电力系统。英国的目标是到 2035 年实现 100%清洁电力。沙特阿拉伯计划到 2030 年，50%的电力来自可再生能源。中国的目标是到 2025 年非化石能源占一次能源消费比重达到 20%左右，可再生能源发电占比达到 50%，风电和太阳能发电装机容量达到 1200 吉瓦。

表 3-2　能源供应目标总结

国家或地区	内容或占比	年份
可再生能源发电占比		
巴西	84%	2031
澳大利亚	82%	2030
德国	80%	2030
沙特阿拉伯	50%	2030
中国	50%	2025
欧盟	45%	2030
日本	38%	2030
印度尼西亚	23%	2025
阿根廷	20%	2025
其他		
墨西哥	支持化石燃料	
土耳其	光伏发电 52.9 吉瓦，风电 29.6 吉瓦	2035
俄罗斯	将 GDP 能源强度降低 30%	2030
加拿大	净零电网	2035
美国	净零电网	2035
英国	净零电网	2035
南非	限制发电排放	
韩国	能源结构调整	2030
印度	可再生能源装机增加 2 倍	2030

一些国家在减少对化石燃料的依赖和增加其他能源的使用上设定了明确目标。韩国计划到 2030 年将对化石燃料进口的依赖降低到 70%以下，同时将核能在电力结构中的份额提高到至少 30%。加拿大则承诺到 2030 年将来自石油和天然气行业的甲烷排放减少 45%~50%，到 2035 年实现净零排放电网。俄罗斯承诺到 2030 年将其 GDP 的能源强度降低 30%。南非设定了 2024 年后发电的总体

排放限制为每年 275 吉吨二氧化碳当量。相比之下，墨西哥支持化石燃料而非可再生能源，显示出与全球减碳趋势相反的倾向。

如表 3-3 所示，在全球范围内，各国或地区针对交通运输领域的碳中和目标主要集中在推广电动汽车、建设充电基础设施、提高电动汽车市场份额上。此外，还包括设定逐步禁售化石燃料汽车的时间表。

表 3-3 交通运输目标总结

国家或地区	目标总结	年份
	电动汽车	
阿根廷	政府行政车辆 100%替换为电动汽车	2030
澳大利亚	电动汽车占新车销售市场份额 10%	2030
德国	电动汽车保有量达 1500 万辆	2030
俄罗斯	电动汽车产量占汽车总产量 10%	2030
韩国	电动汽车保有量达 113 万辆	2025
日本	新车销售 100%为电动汽车	2035
沙特阿拉伯	利雅得市 30%车辆为电动汽车	2030
土耳其	电动汽车保有量达 100 万辆	2030
印度	私家车中电动汽车销售份额提高到 30%	2030
印度尼西亚	电动汽车占新车销售 25%	2030
	其他	
巴西	禁售化石燃料动力新车	2060
加拿大	新车销售 100%为零排放汽车	2035
美国	新车销售 50%为零排放汽车	2030
墨西哥	汽车产量 50%为零排放汽车	2030
南非	公共汽车中清洁能源车占比 5%	2025
欧盟	新型乘用车和货车 100%零排放	2035
英国	全面淘汰汽油/柴油新车销售	2035
中国	新能源汽车占新车销售 40%	2030

多个国家或地区设定了增加电动汽车销售比例、建设充电站和提高电动汽车市场份额的目标，显示了全球向电动汽车过渡的共同趋势。例如，阿根廷计划安装超过 86 000 个充电站和 2500 个快速充电站，并到 2030 年通过电动汽车或油电混合动力车替代现有行政车辆。俄罗斯的目标是到 2030 年至少设立 72 000

个充电站，电动汽车产量占汽车总产量的 10%。澳大利亚的目标是到 2030 年将电动汽车在乘用车领域的市场份额提高到 10%。美国发布了《美国国家交通脱碳蓝图》，旨在到 2030 年所有新车中 50%为电动汽车。中国的目标是到 2030 年新能源汽车市场份额达到 40%。日本的目标是最迟到 2035 年，电动汽车在所有新车销售中的比例达到 100%，其中包括非插电式混合动力汽车。印度的目标是到 2030 年，私家车中电动汽车销售份额提高到 30%。沙特阿拉伯计划到 2030 年利雅得 30%的车辆为电动汽车。

一些国家或地区设定了逐步禁售燃油车的时间表。巴西计划到 2060 年禁止销售燃油汽车。英国在 2021 年《联合国气候变化框架公约》第 26 次缔约方大会（26th Conference of the Parties，COP26）之前确认其目标是到 2030 年逐步淘汰汽油及柴油汽车的销售，但之后又将停售日期推迟到了 2035 年。欧盟的目标是到 2035 年实现新型乘用车和货车的零排放。

在土地利用与林业方面，多数国家采取了植树造林、提高森林覆盖率等措施来增加碳汇和减少温室气体排放。阿根廷计划到 2030 年将森林面积增加至 160 万公顷，并通过减少土地使用排放量（27 兆吨二氧化碳当量）实现温室气体的抵消。巴西致力于在 2028 年之前实现亚马孙地区零非法森林砍伐。俄罗斯预计到 2050 年，其碳汇量将达到 1200 兆吨二氧化碳当量，较 2030 年的 539 兆吨二氧化碳当量有显著增加。加拿大的旗舰计划是在 2021 年至 2031 年种植 20 亿棵树。墨西哥承诺到 2030 年无条件地将林业部门的温室气体排放减少到 50%。沙特阿拉伯计划到 2030 年种植 4.5 亿棵树，并在未来几十年内种植 100 亿棵树。印度设定了到 2030 年额外碳汇 2.5~3.0 吉吨二氧化碳当量的目标。英国计划到 2025 年植树 3 万公顷。中国则设定了到 2025 年每年造林 36 000 平方千米的目标。

在农业领域，各国通过减少化肥使用、优化牲畜管理、提供资金支持等方式减少农业排放，以达到碳中和目标。阿根廷通过植树造林（2018~2030 年面积达 138 万~200 万公顷）和减少牲畜养殖的温室气体排放来控制农业部门的碳排放。澳大利亚在 2023~2026 年为低碳农业推广计划提供 2000 万澳元资金支持。加拿大计划到 2030 年使化肥使用产生的排放量比 2020 年的水平减少 30%。

在工业领域，各国采取了多样化的措施来减少碳排放。例如，澳大利亚计划将特定工业部门的净排放量从 2021~2022 年的 138 吉吨二氧化碳当量减少到

2030 年的不超过 71 吉吨二氧化碳当量。美国通过《美国创新与制造法案》颁布了应对 HFCs（hydrofluorocarbons，氢氟碳化物）排放的法律。日本钢铁联合会宣布到 2050 年实现二氧化碳净零排放目标。英国设定了到 2035 年将工业排放量相对于 2018 年水平减少 2/3 的目标。

在建筑业领域，各国关注提高能效和推广零能耗建筑。阿根廷的目标是到 2030 年使住宅能效标签计划惠及 600 万个家庭。德国规定从 2024 年起新供暖系统需要 65%的可再生能源。韩国计划到 2025 年使所有新建筑满足零能耗建筑标准。英国到 2035 年将禁止安装新的燃气锅炉。中国正推进太阳能和地热能在新建建筑中的应用，提升可再生能源在电力结构中的占比。

在废物处理领域，各国采取了减少废物产生和提升废物处理效率的策略。阿根廷计划到 2030 年消除露天垃圾填埋场。澳大利亚设定了到 2030 年将人均废物产生总量减少 10%的目标。德国的 2019 年气候行动计划针对废物行业提出了三项额外措施，包括支持小型垃圾填埋场曝气项目等。墨西哥承诺到 2030 年无条件地将废物行业的温室气体排放减少 30%。

在全球各国努力实现碳中和目标的背景下，部分国家的政策退步情况值得关注。英国、墨西哥和德国的退步政策具体反映了国内政治、经济与国际形势的复杂互动。英国政府将新汽油和柴油汽车的停售日期从 2030 年推迟到 2035 年。墨西哥政府削弱支持可再生能源的政策，并转而优先考虑化石燃料，取消了推动 65 个新太阳能和风力发电厂建设的政策工具。德国放宽了供暖系统改革的政策，原来设定的全国新建供暖系统自 2024 年起需要使用至少 65%可再生能源的要求，在部分地区推迟到了 2028 年。

3.2.4 碳中和目标监管体系

1. 碳中和目标的法律完备性

各国或地区的碳中和目标在法律地位上存在差异。在此部分评估中，各国或地区碳中和目标的法律地位分为四类：①法律，即将碳中和目标纳入立法；②政策文件，包括各国或地区政府在国（地区）内政策中写入碳中和目标，或在向《联合国气候变化框架公约》秘书处提交的 LT-LEDS 中提出碳中和目标；③宣示/承诺，如政府首脑在演讲中宣布碳中和目标；④拟议，即碳中和目标仍在讨论中。同时，仍有部分国家无碳中和目标或自称已实现碳中和目标。

全球碳中和目标的状态以政策文件和拟议为主，相比于《全球碳中和进展评估——指标、方法与应用》，整体有很大进步。如图 3-26 所示，截止到数据获取时间（2024 年 9 月），有 35 个国家或地区以法律的形式确立了碳中和目标，占比为 17.7%，相比于《全球碳中和进展评估——指标、方法与应用》翻了一倍。政策文件国家数量为 85 个，占比为 42.9%，相比于《全球碳中和进展评估——指标、方法与应用》增加了 44 个。此外，有 15 个国家宣示/承诺了碳中和目标，占比为 7.6%；有 55 个国家的碳中和目标处于拟议状态，占比为 27.8%；有 6 个国家宣称已经实现了碳中和目标。

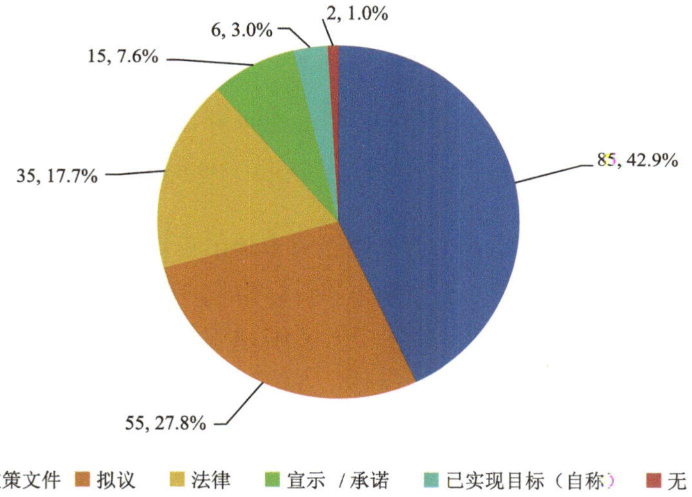

图 3-26　碳中和目标的法律状态

2. 碳中和目标的监管机制

本节主要统计面向碳中和目标的审查报告制度与问责制度。在审查报告方面，分类内容主要为年度报告、非年度报告、无报告机制三种情况；在问责制度方面，分类内容为是、否、未明确。

如图 3-27 所示，在提出碳中和目标的 148 个国家或地区中，有 144 个国家或地区以年度报告或者非年度报告的形式来追踪碳中和进程。其中，108 个国家为非年度报告，36 个国家或地区为年度报告。全球（统计的 198 个国家或地区中）有 187 个国家或地区具有报告机制，年度报告和非年度报告的国家或地区分别是 45 个与 142 个，相较于《全球碳中和进展评估——指标、方法与应用》分别增加了 7 个与 54 个，此外有 11 个国家无报告机制。

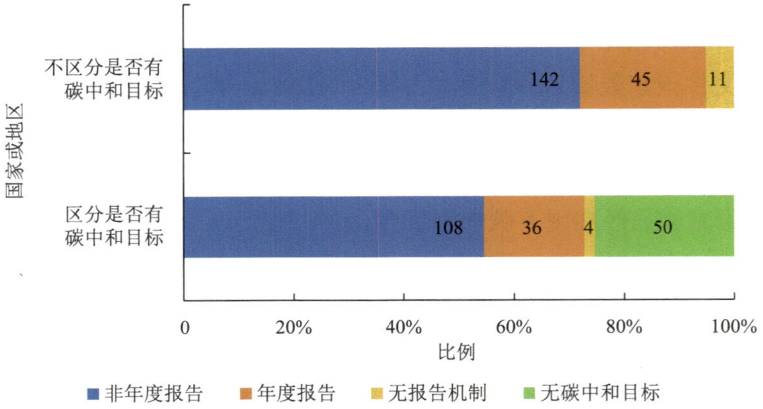

图 3-27　碳中和目标的审查报告制度

然而，大部分的国家尚未明确是否对于碳中和目标采取问责制度，明确的国家中也仅有一小部分表示有与碳中和目标相关的问责制度。如图 3-28 所示，在全球（统计的 198 个国家或地区中）仅有 18 个国家存在相关的问责制度，相较于《全球碳中和进展评估——指标、方法与应用》增加了 9 个；在提出碳中和目标的国家或地区中，仅有 13 个国家有与碳中和目标相关的问责制度，全球落实碳中和行动仍存在较大不确定性。

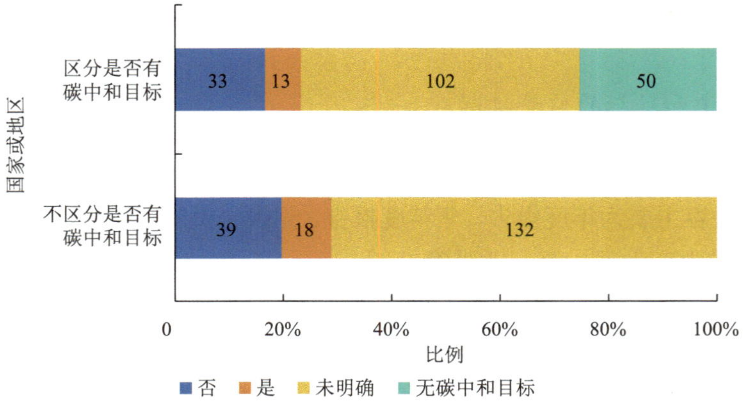

图 3-28　碳中和目标的问责制度

此外，新增碳中和目标的 19 个国家中，没有国家提出使用年度报告，使用非年度报告的国家有 17 个，占 89.5%，拥有报告制度的比例与全球平均水平接近；仅有 1 个国家提出了问责制度，占 5.3%。

3. 气候变化法律数量

本节为在《全球碳中和进展评估——指标、方法与应用》基础上新增的内容，统计了各国气候变化的法律数量，数据来自世界气候变化法律（Climate Change Laws of the World）数据库。如图 3-29 所示，全球大部分国家气候变化的法律数量在 10~30 部，所有国家的平均数量约为 30 部。

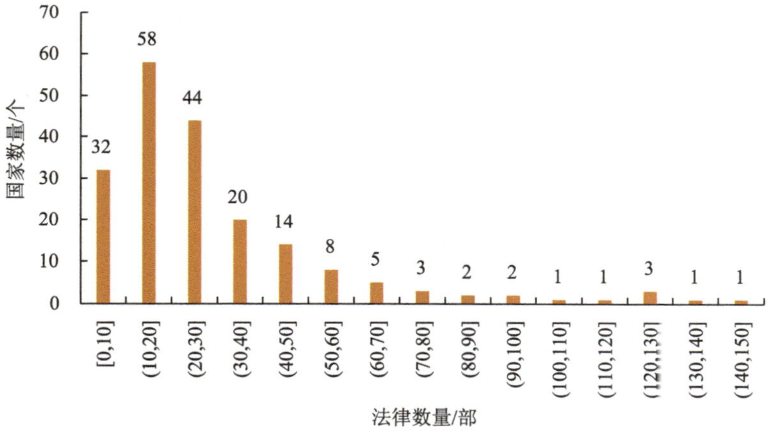

图 3-29　气候变化的法律数量

如图 3-30 和图 3-31 所示，分国家类型来看，发达国家的气候变化法律比发展中国家更加完善。发展中国家的分布趋势与全球整体情况相近，集中在 10~30 部的区间内，平均值为 22.8 部；发达国家在各个区间的分布相对较为均匀，在 20~60 部的区间内较为集中，平均值为 48.9 部。

4. 气候变化诉讼案件数量

本节为在《全球碳中和进展评估——指标、方法与应用》基础上新增的内容，统计了各国或地区气候变化相关的诉讼案件数，数据来自气候变化诉讼数据库（Climate Change Litigation Databases）。这项数据在一定程度上能够反映国家或地区内部气候变化法律活动的积极程度，但数据的差异会来源于行政手段

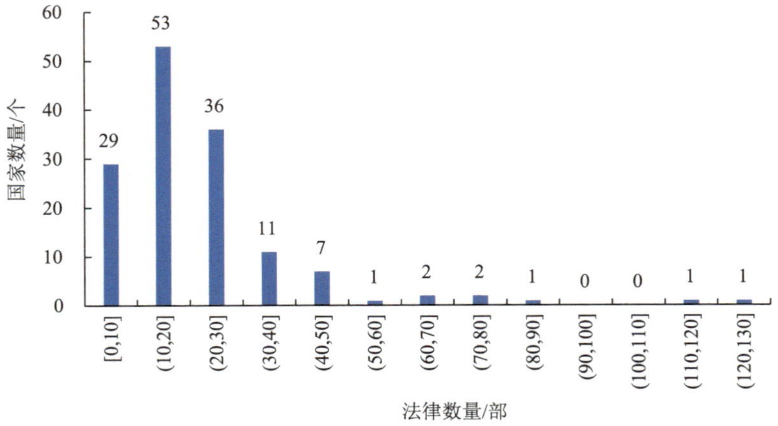

图 3-30　发展中国家的气候变化法律数量

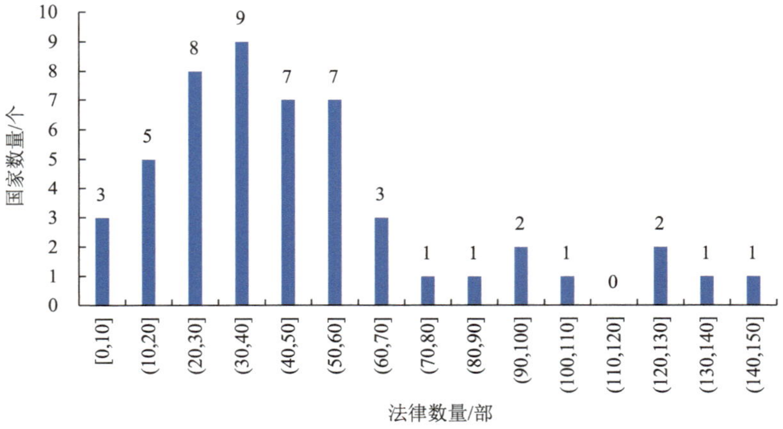

图 3-31　发达国家的气候变化法律数量

的差异。例如，有些国家或地区的气候变化相关的利益维护不会进入到司法程序，而某些国家或地区气候变化相关的司法程序会相对活跃，并且源数据库在对不同国家或地区的信息获取上也存在差异，对于美国（数据库单位所在的国家）的诉讼案件统计较多，截至数据统计日期（2024 年 9 月）达到了 1746 件，而对其他国家或地区的诉讼案件统计较少。

如图 3-32 所示，在数据库中，145 个国家没有诉讼案件被统计。统计到的有诉讼案件的 53 个国家或地区中，平均诉讼案件数量为 48 件，绝大多数国家（43 个，81.1%）的案件数量在 20 件及以下。

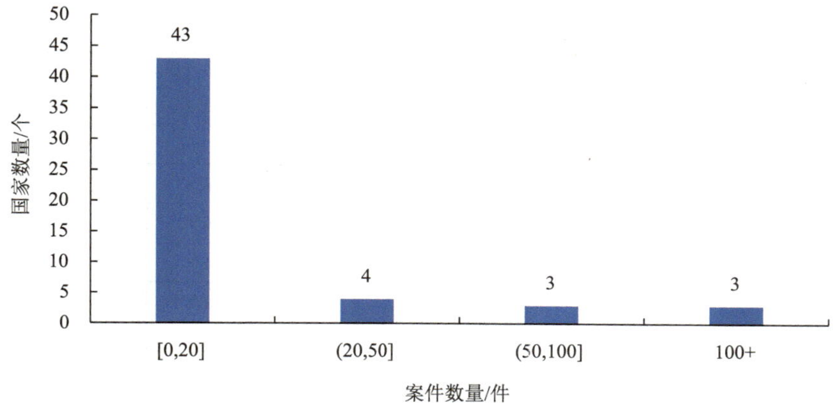

图 3-32　气候变化诉讼案件数量

3.2.5　碳中和技术支撑政策

1. 碳中和技术的政策支持总结

政策支持方面，全球主要技术应用国家正积极组合各类强制型、激励型、配套型政策以推动各类技术发展。其中，强制型政策涵盖立法、标准、命令等多个层面，激励型政策主要为补贴、税收、基金、贷款等绿色金融手段及试点/合作项目部署，电动汽车技术、绿氢技术辅以相应配套型政策。部分发达国家主要技术应用支持政策如表 3-4 所示。

表 3-4　主要技术应用支持政策一览表（部分发达国家）

国家	可再生能源发电技术	电动汽车技术	节能技术	绿氢技术	生物燃料技术	CCUS 技术	碳汇开发技术
美国	×	×○	▲×	×○	▲×	▲×	×
日本	▲×	×○	▲×	×○	▲×	▲×	×
加拿大	▲×	▲×○	▲×	○	▲	▲×	×
韩国	×	▲×	▲×	×○			×
德国	×	×○	▲×	×○	▲×	×	
英国	▲×	▲×○	▲×	×○		×	
意大利	×	×	▲×	×○	▲×		
西班牙	▲×	×	▲×	○	▲×		

续表

国家	可再生能源发电技术	电动汽车技术	节能技术	绿氢技术	生物燃料技术	CCUS 技术	碳汇开发技术
澳大利亚	×		▲×	×O	×	▲×	×
挪威	×	×		O	▲×	×	
瑞典	×	×O			▲×		
荷兰	×	▲×O		×O	▲×	×	
葡萄牙	×	×			▲×		
冰岛		▲×O				▲	
芬兰	×	×O			▲×		
新西兰	×	×					×
瑞士	×	×O			▲×		
波兰	×	×O		O	▲×		
法国	×	×O	▲×	×O	▲×		
奥地利	×			×O	▲×		×
比利时	×			×O	▲×		
捷克	×				▲×		
新加坡	×						
丹麦	×					×	
斯洛文尼亚	×						×
斯洛伐克	×						×

注：▲表示强制型政策；×表示激励型政策；O 表示配套型政策

可再生能源发电技术的政策覆盖度最广，128 个国家提出可再生能源发电技术推动支持政策。2023 年，66 个国家更新或修订了可再生能源发电政策，63 个国家新增了可再生能源发电政策。其中，投资补贴、投资或生产税收抵免等财政激励政策的新增数量最多。节能技术的政策覆盖度次之，28 个国家提出节能技术推动支持政策，涉及交通、工业、建筑三个领域。2023 年，9 个国家新增了交通行业节能政策，8 个国家新增了工业行业节能政策，7 个国家新增了建筑行业节能政策。电动汽车技术、碳汇开发技术的政策覆盖范围较广。绿氢技术、生物燃料技术、CCUS 技术等资源/经济依赖型技术仅在少数国家进行强有力的政策组合推动。

对主要技术应用国家进行支持政策对比发现，发达国家重视度较高，发展中国家居中，而发展中国家中仅中国在各个技术上均推行了支持政策（表 3-5）。

此外，国家间在技术选择、政策模式上存在差异性。在技术选择上，美国、中国、加拿大等经济体量大国在各个技术上均推行了支持政策。欧洲发达国家倾向于推进交通领域技术发展，重点支持电动汽车技术、绿氢技术、生物燃料技术发展。依赖于当地资源条件，部分东南亚及非洲国家倾向于推行生物燃料技术及碳汇开发技术支持政策。在政策模式上，中国和美国倾向于强制型和激励型政策并重，欧洲国家倾向于激励型政策。

表 3-5　主要技术应用支持政策一览表（部分发展中国家）

国家	可再生能源发电技术	电动汽车技术	节能技术	绿氢技术	生物燃料技术	CCUS 技术	碳汇开发技术
中国	×	▲×○	▲×	×○	▲×	▲×	×
印度	×	×○	▲×	×○	▲×		
俄罗斯	×		▲				
巴西	×		▲×	○	▲×	▲	
伊朗	×					×	
沙特阿拉伯	×		▲			×	
墨西哥	×		▲×	×			×
土耳其	×		▲×	×○			×
印度尼西亚	×		▲×		▲×		
越南	×						
南非	×		▲×			×	
泰国	×		▲×		▲×	×	
保加利亚	×				▲×		×
智利	×			×○			
阿根廷	×			×○	▲×		×
马来西亚					▲×	×	
哥伦比亚	×				▲		
菲律宾	×				▲×		×
秘鲁	×				▲×		
巴林	×					×	
埃及	×			×○		×	
伊拉克						×	
肯尼亚	×						×

续表

国家	可再生能源发电技术	电动汽车技术	节能技术	绿氢技术	生物燃料技术	CCUS技术	碳汇开发技术
喀麦隆	×						×
摩洛哥	×						×
阿尔及利亚	×			O			×

注：▲表示强制型政策；×表示激励型政策；O 表示配套型政策

如图 3-33 所示，对不同技术类别政策推动模式进行对比发现，不同技术类别政策推动模式存在差异性。可再生能源发电技术、电动汽车技术倾向于以税收减免、补贴、投资等绿色金融政策方式推进发展，少数国家搭配强制型政策或配套型政策来促进技术推行。2023 年，有 17 个国家新增了可再生能源投资或生产税收抵免政策，有 8 个国家新增了电动汽车税收减免政策。节能技术、生物

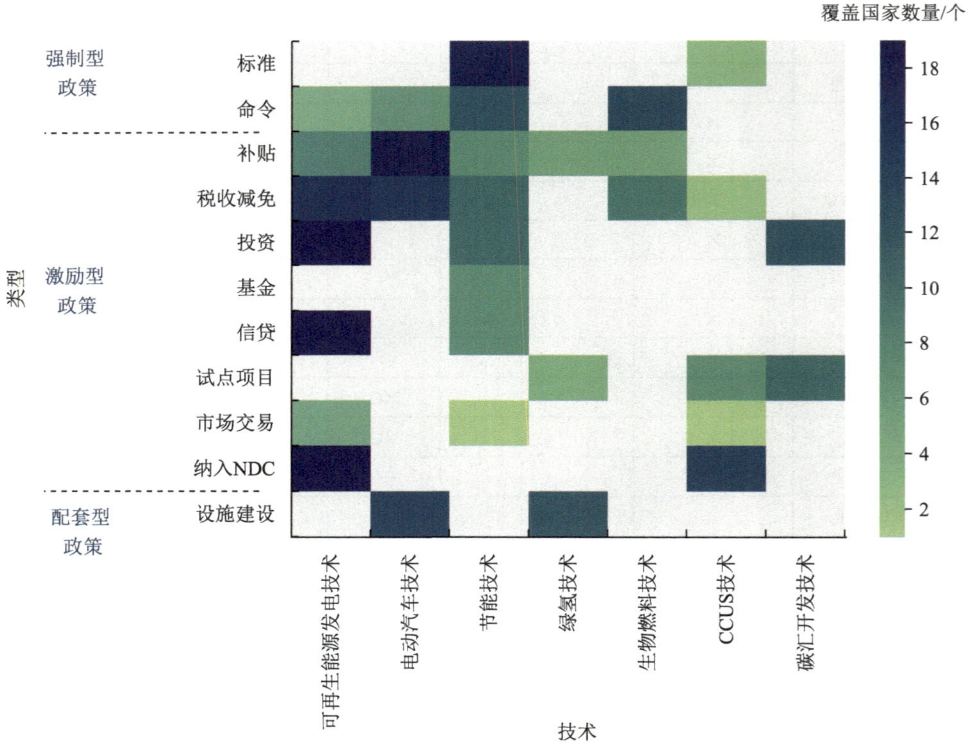

图 3-33 不同技术类别政策推动模式（GDP 排名前 20 的国家）

燃料技术倾向于以强制型政策推动和激励型政策驱动，节能技术主要采用国家标准和命令的形式，生物燃料技术则以生物燃料掺杂要求驱动发展。CCUS 技术、绿氢技术、碳汇开发技术倾向于推进试点项目激励技术发展，并辅以相应的标准、补贴及设施建设。2023 年，美国、中国等 CCUS 技术发展较为成熟的国家对具体的运行中或计划中的项目给予了大额资金支持。

2. 可再生能源发电技术政策支持

全球 198 个国家或地区中超过一半的国家提出推动可再生能源发电的支持政策，以补贴、税收减免、投资等绿色金融促进政策为主，其中近 30 个国家提出了化石燃料禁令政策，禁令时间集中在 2030 年及以后，电力部门关注度最高。不同技术条件下的可再生能源往往由于技术、规模或安装的其他特征不同而发展困难，而多样化的可再生能源的激励手段有助于解决这些问题。因此，可再生能源政策的多样化代表了一个国家或地区对于可再生能源的重视程度和发展可再生能源的市场条件。当前，可再生能源支持政策以电价补贴、可交易的可再生能源证书（Renewable Energy Certificates，RECs）、税收减免、公共金融手段等激励型政策为主。目前，可再生能源技术政策覆盖度最广，全球已有 135 个国家出台了与可再生能源激励相关的政策。

国家或地区对于可再生能源和可再生能源发电的政策目标，在一定程度上反映了其对于可再生能源的政策支持力度。图 3-34 概括了 2022 年可再生能源政策目标和可再生能源发电政策目标在全球的分布情况。在可再生能源发电相关政策目标中，能源相关政策和能源发电相关政策在空间上的分布较为一致。非洲、中亚和俄罗斯相关政策目标覆盖度较低。2022 年，除了挪威和英国，其他新增的可再生能源发电政策目标均分布在发展中国家。对于可再生能源或可再生能源发电的政策目标进行更新或修订的国家有安哥拉、玻利维亚、中国、以色列、约旦、帕劳、罗马尼亚、乌兹别克斯坦，均为发展中国家。

可再生能源发电技术的支持政策主要包括零碳政策、NDC 目标中对分布式可再生能源的提及、具体技术的制度法规和财政激励政策。表 3-6 对于可再生能源发电的制度法规和财政激励政策的具体含义进行了说明。从具体的支持政策和法规来看，2022 年宣布了大约 80 项新的可再生能源政策（主要以财政/金融激励形式），而监管政策的新增有限，跨行业的政策总数达到 454 项。在宣布相关支持政策的 49 个国家中，超过一半的国家位于欧洲。

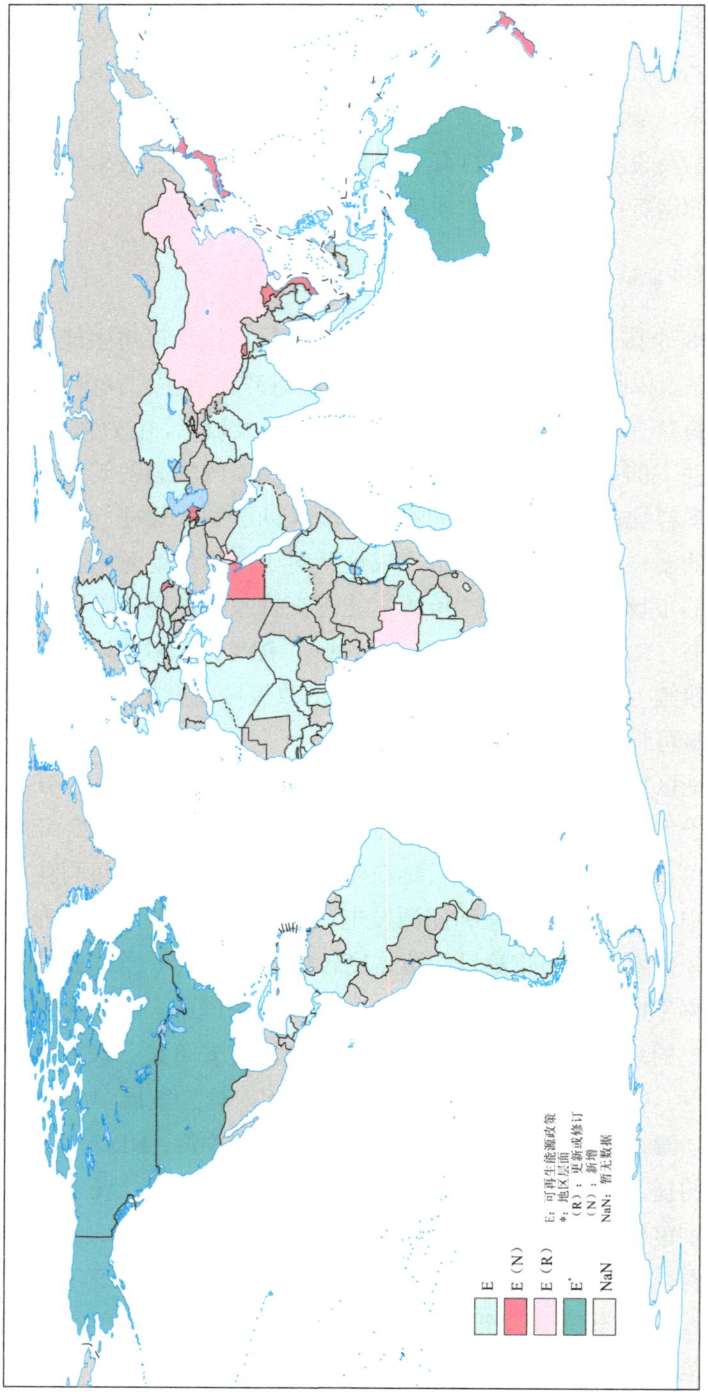

（a）可再生能源政策目标全球分布

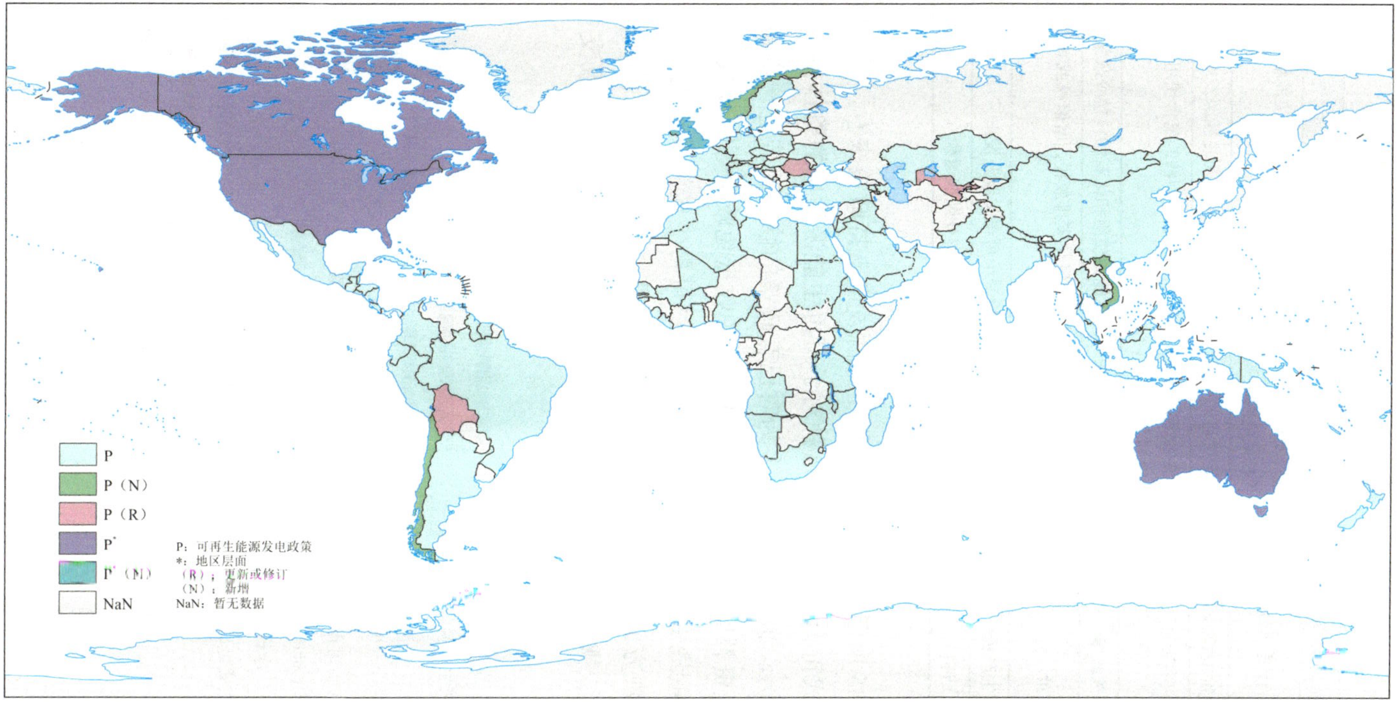

（b）可再生能源发电政策目标全球分布

图 3-34　2022 年可再生能源政策与可再生能源发电政策目标全球分布

表 3-6　可再生能源发电制度法规和财政激励政策

项目	政策	含义
制度法规	净计量/计费政策	屋顶太阳能或其他分布式能源所有者将多余电能输送到电网，并在需要时从电网中购买电能
	上网电价/保费支付政策	设定优惠的电力价格和提供额外的可再生能源发电补贴
	生物燃料混合/可再生交通政策	将生物燃料与传统燃料（如汽油和柴油）混合使用，推动交通领域生物燃料的使用
	供热相关政策	在供热领域颁布可再生能源使用和化石燃料禁令政策
财政激励	减税政策	降低销售税、能源税、二氧化碳排放税、增值税或其他税收来促进可再生能源发电目标的实现
	投资或生产税收抵免政策	鼓励私人企业或个人投资于可再生能源发电
	投资补贴相关政策	公共投资、贷款、补助、资本补贴或退税

如图 3-35 所示，从具体的可再生能源发电支持政策来看，零碳政策、NDC 中提及分布式可再生能源政策这种对于可再生能源发电的整体推动政策数量最多也最为成熟，2022 年的更新多为对已有政策的修订。若进一步细分支持政策的类型，其投资补贴相关政策、投资或生产税收抵免政策等财政激励政策在 2022 年新增的数量最多，体现了各国在财政上对可再生能源发电的支持力度加大，而在制度法规方面，供热相关政策新增数量最多。相对而言，针对某一领域或技术的制度法规推行起来难度更大，需要更多的投入，以提高支持政策的有效性。

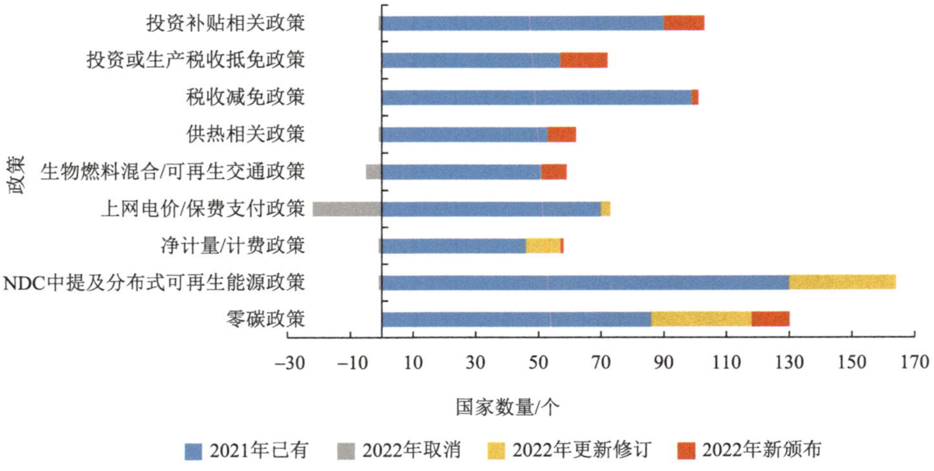

图 3-35　2022 年颁布可再生能源发电政策的国家数量变化

2022 年，有 22 个国家取消了上网电价/保费支付政策，说明相关政策的推进并不理想。上网电价/保费支付政策的取消是由多种因素造成的，如能源市场竞争激烈、监管不到位等政策实施中的阻力，以及电网容量不足、能源存储技术不够成熟等技术限制，从而导致上网电价政策的实施效果不佳。另外，也有 5 个国家取消了生物燃料混合/可再生交通政策。在实际推行过程中面临的生物燃料供应链不稳定、成本过高、技术成熟度不足等挑战可能成为取消这些政策的原因。

3. 电动汽车技术政策支持

以税收减免、补贴等政策推进电动汽车发展是主流，少数国家或地区搭配强制型政策或配套型政策来加速其电气化战略目标的实现。目前全球已有 50 多个国家或地区发布了关于发展电动汽车的战略目标，尽管不同国家或地区激进程度有所差异，但无一例外地都体现了政府对于电动化趋势的重视和支持。为了达成这些战略目标，需要相应的激励政策予以支持。基于 IEA 的政策数据库，表 3-7 汇总了电动汽车销量排名前 20 的国家的激励政策，并将其分为命令管理、补贴类型、税收减免以及配套措施四大类相关政策。中国、美国和英国形成了较为全面的电动汽车部署推动政策体系。各国都在需求侧积极提出具体的电动汽车补贴和税收减免政策并且有具体的行动，而在供给侧的补贴政策推动上较弱，如对电动汽车产业的投资。各国的政策通常更倾向于设定目标和提出指导原则，而不是直接推动电动汽车的销售或者实施传统燃油车的禁令。2023 年，较多的国家（法国、日本、瑞士、丹麦、印度）在电动汽车充电桩建设方面部署了相关的政策；英国、加拿大的激励政策侧重在电动汽车销售方面；英国在电动汽车投资方面推动了政策部署；美国、丹麦、奥地利在电动汽车税收减免方面推动了政策部署。挪威由于较高的电动汽车渗透率，正在逐步取消高端电动汽车的增值税优惠。综合来看，这些激励政策的实施为电动化趋势的发展提供了有力的支持。随着技术的不断革新和政策的不断完善，电动汽车将成为未来汽车产业的主流趋势。

表 3-7 电动汽车技术主要应用国家支持政策一览表

国家	燃油/电动汽车销售	补贴		税收减免	充电桩建设
		电动汽车投资	购买电动汽车		
中国	2	2	4	4	2
美国	3	3	4	2→3	3
德国	1	1	2	3	2
英国	2→3	2→4	3	2	3
法国	3	2	3	0	0→2
挪威	1	0	0	0	0
瑞典	1	3	2→4	0	3
韩国	1	0	2	2	0
意大利	0	2	2	0	0
加拿大	2→3	3	2	3	2
荷兰	1	0	3	4	0
日本	1	0	4	4	0→1
比利时	4	0	4	4	2
西班牙	1	0	1	3	2
瑞士	1	1	0	0	0→2
丹麦	1	2	0	2→4	2→3
印度	3	4	1	0	2→3
奥地利	2	0	3	2→3	2
以色列	2	0	0	0	0
葡萄牙	1	0	2	4	0

注：0 表示无；1 表示强调；2 表示具体行动；3 表示具体政策；4 表示具体行动+政策；→表示 2022~2023 年的变化

4. 节能技术政策支持

对于节能技术的政策支持各国存在显著的差异，从全球整体角度来看仍需继续完善政策体系。基于 IEA 的政策数据库，表 3-8 总结更新了全球能耗前 20 名国家的工业部门、交通部门和建筑部门在节能技术方面所颁布的强制型政策和激励型政策，发现各国政策体系与更新情况存在显著差异。

表 3-8 节能技术主要应用国家支持政策一览表

国家	强制型政策			激励型政策							
	国家标准/规范	立法	能效等级/标签/节能认证	信贷	投资	基金	政府拨款预算	减税	补贴	赠款	市场交易
中国	B, T, I	B, T, I	B	B, T, I		I	B, I	T	B, T		
美国	B, T, I	B		B, I	B, T, I		B, I				
俄罗斯	I										
印度	T, I	I	B			B, I					I
日本	B	I	B, T				B, I	T	B, T, I		
加拿大	B, T		T, I		B, T, I	B, I			I		
德国	B		T	I	B, T, I	I	T, I	B, T	B, T, I	I, T	
巴西	B, I	I		T, B	I, B	B	T, I, B				
韩国	B, T, I		B, I		T						
法国	B, I	T, I	B	T	B, I, T	B	T	B	T		
沙特阿拉伯	I										
英国	B, I	B	T	I	B, I	I, B, T	B	T, I	B		
墨西哥	B, T	I	B, T, I	I	I	I		T			
印度尼西亚	T, I	I	B, T, I	B	B, T		B, T	T	B, T		
意大利		B	B	B	B, I	I, T	T, I	B	B, T		
土耳其		I	I					T			
澳大利亚	B, T, I		B	T	T, B	T	T, B		I	I	
西班牙	B	T	B, T		T, I		B		I, T, B		
泰国	B		B				B, I, T	T	T		
南非	B, I		B					I	I	I	

注：B 指建筑行业；T 指交通行业；I 指工业行业；红色表示更新

整体来看，各国的政策以多样化的激励政策为主，激励型政策的政策类型显著多于强制型政策，特别是德国、法国等欧洲国家。从更新情况来看，大部分国家的政策覆盖度都有所提升，如德国加强了对工业行业和交通行业激励型政策的关注，巴西加强了对建筑行业的激励型政策的关注，印度尼西亚同时新增了建筑和交通领域的强制型政策和激励型政策，在工业领域新增了强制型政策。但仍有一些国家没有进行政策的更新，如俄罗斯、印度、日本等。通过对比 2023 年与 2024 年各行业词频的变化，发现建筑行业从 51 次增长至 68 次，交通行业从 38 次增长至 57 次，工业行业从 53 次增长至 65 次，这反映了建筑与公共设施节能改造在全球范围内引起了更多更广泛的关注，成为政策热点。此外，政策的更新情况还反映出更新较少或者完全没有更新的国家，往往也是原先政策基础较差的国家；而政策基础较好的国家更倾向于提升政策对于行业的覆盖度以及政策类型的多样性。这一趋势表明，全球仍然需要进一步完善节能技术的支持政策体系，特别是当前政策基础较薄弱的国家。

5. 绿氢技术政策支持

2023 年，各国积极开展氢能政策部署，日本、韩国、美国等政策支持力度较高，全球范围内，亟须进一步推进国际氢能合作。基于澳大利亚联邦科学与工业研究组织的 HyResource 数据库，我们整理了主要国家氢能相关政策的支持力度，如表 3-9 所示。2022 年，提出国家级氢能战略或路线图的国家数在 50 个左右，在 2022 年至 2023 年期间，有 20 多个国家新提出了国家级氢能发展战略或路线图，新增国家中以发展中国家为主。整体上，日本、韩国、美国等国的氢能政策支持力度较高，侧重于生产补贴、技术研发、基础设施建设等方面。由于日本、韩国等国氢能经济发展较早，相关战略、政策至目前已相对完善。此外，美国和西欧部分国家则在近期对氢能支持力度较高，美国甚至针对低碳氢提供了最多每千克 3 美元的税收抵免，这可能使美国的低碳氢成本跃居世界最低。目前，各国政策中对国际氢能合作的支持相对薄弱，仅有个别国家实施了相关行动，亟须进一步加强。

表 3-9 主要国家氢能相关政策的支持力度

国家		对清洁氢生产提供补贴	鼓励生产氢基衍生物	推进氢基础设施建设	推进绿氢技术投资研发	推进国际氢能合作	推进氢能监管、标准体系建设
主要国家	阿根廷	3	1	4	1	0	4
	澳大利亚	2	0	1	1	0	0
	智利	2	2	2	3	0	1
	中国	1	1	3	2	1	1
	法国	2	1	2	2	0	2
	德国	1	0	2	2	3	4
	意大利	4	1	2	4	0	1

续表

国家		对清洁氢生产提供补贴	鼓励生产氢基衍生物	推进氢基础设施建设	推进绿氢技术投资研发	推进国际氢能合作	推进氢能监管、标准体系建设
主要国家	日本	4	3	4	4	2	3
	挪威	0	1	2	1	0	2
	韩国	4	2	4	4	0	3
	英国	1	0	2	1	0	1
	美国	4	1	4	4	1	1
新提出的国家	巴西	0	0	2	2	0	0
	厄瓜多尔	1	1	2	2	2	2
	埃及	2	2	1	1	0	0
	印度	2	0	1	1	0	2
	爱尔兰	1	1	0	1	0	0
	以色列	1	1	2	1	1	1
	肯尼亚	1	1	1	1	0	0
	斯里兰卡	1	2	2	1	0	1
	土耳其	2	0	1	1	0	0
	阿尔及利亚	0	1	1	1	1	0

注：0 表示无相关政策；1 表示在政策规划中进行强调；2 表示做出了具体行动；3 表示出台了具体政策；4 表示做出了具体行动并出台了相关政策

6. 生物燃料技术政策支持

生物燃料技术主要的应用国家或地区推动生物燃料发展，强制型、激励型政策强有力组合驱动市场快速发展，生物燃料掺杂要求是扩大生物燃料使用的主要驱动因素。环境保护等因素促使各国或地区在政策和法规等方面对生物燃料给予支持。多年来，生物燃料支持政策一直是运输部门最常见的可再生能源政策，支持生物燃料的生产和使用是道路运输中激励采用可再生能源政策的主要措施。基于美国农业部网站发布的信息，如表 3-10 所示，整体来看，生物燃料的主要生产/消费国（地区）在强制型掺杂要求和激励型税收减免、生产补贴等方面都部署了相关政策，部分国家或地区还为其进行了环境可持续性认证。

表 3-10　生物燃料技术主要应用国家或地区支持政策一览表

国家或地区	掺杂要求	税收减免	税收保护	生产补贴	环境可持续性认证
欧盟	4	0	4	0	2
美国	4	4	4	4	0
印度尼西亚	4	0	4	4	2
巴西	4	4	4	4	0
阿根廷	4	4	4	0	2
中国	4	4	0	0	0
泰国	4	4	0	4	0
日本	0	4	4	0	2
马来西亚	4	0	0	4	2
澳大利亚	0	4	4	0	0
加拿大	4	0	0	0	0
哥伦比亚	4	0	0	0	0
菲律宾	4	4	0	0	2
印度	4	4	4	0	0
秘鲁	4	0	4	0	0

注：0 表示无相关政策；1 表示在政策规划中进行强调；2 表示做出了具体行动；3 表示出台了具体政策；4 表示做出了具体行动并出台了相关政策

其中，生物燃料掺杂要求是扩大生物燃料使用的主要驱动因素。基于 REN21 发布的报告（图 3-36 和图 3-37），截至 2021 年，从国家层面上，共有 45 个国家制定燃料乙醇掺杂比例要求，其中发达国家 16 个；共有 32 个国家制定生物柴油掺杂比例要求，其中发达国家 17 个。整体来看，多个国家积极推动生物燃料发展，运用生物燃料掺杂要求不断驱动生物燃料的推广使用。印度尼西亚通过一系列政策措施，将在交通部门使用棕榈油强制掺混生物柴油的比例从 2013 年的 10%一路提升至 2023 年的 35%，并于 2020 年提前实现其原定的 2025 年 30%目标。泰国也于 2021 年实现其 2024 年 7%的生物柴油掺杂目标。然而，受到原材料、价格等因素影响，仍有少数国家降低了现有要求，如阿根廷为了控制燃料价格，将国家生物柴油混合规定从 10%降至 5%；印度尼西亚由于缺乏供应，将其乙醇混合授权从 5%降至 2%。

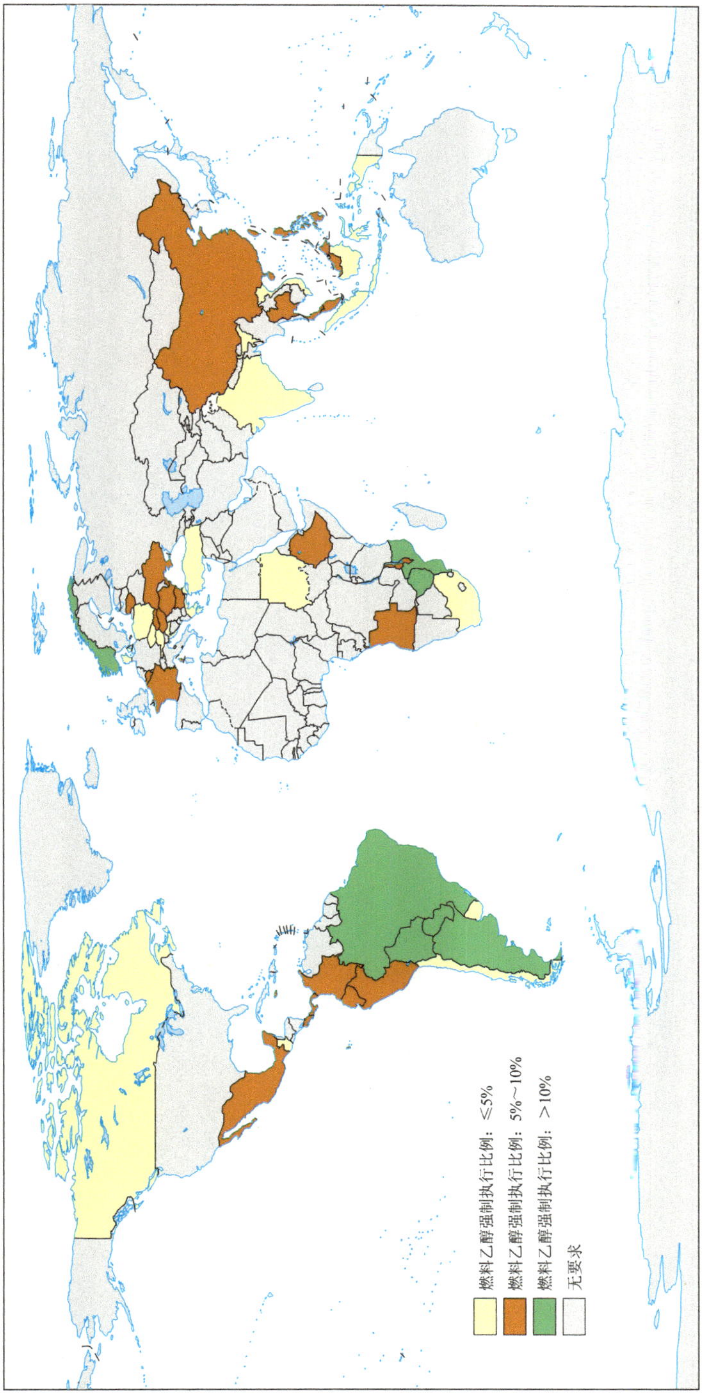

图 3-36　截至 2021 年燃料乙醇掺杂比例要求

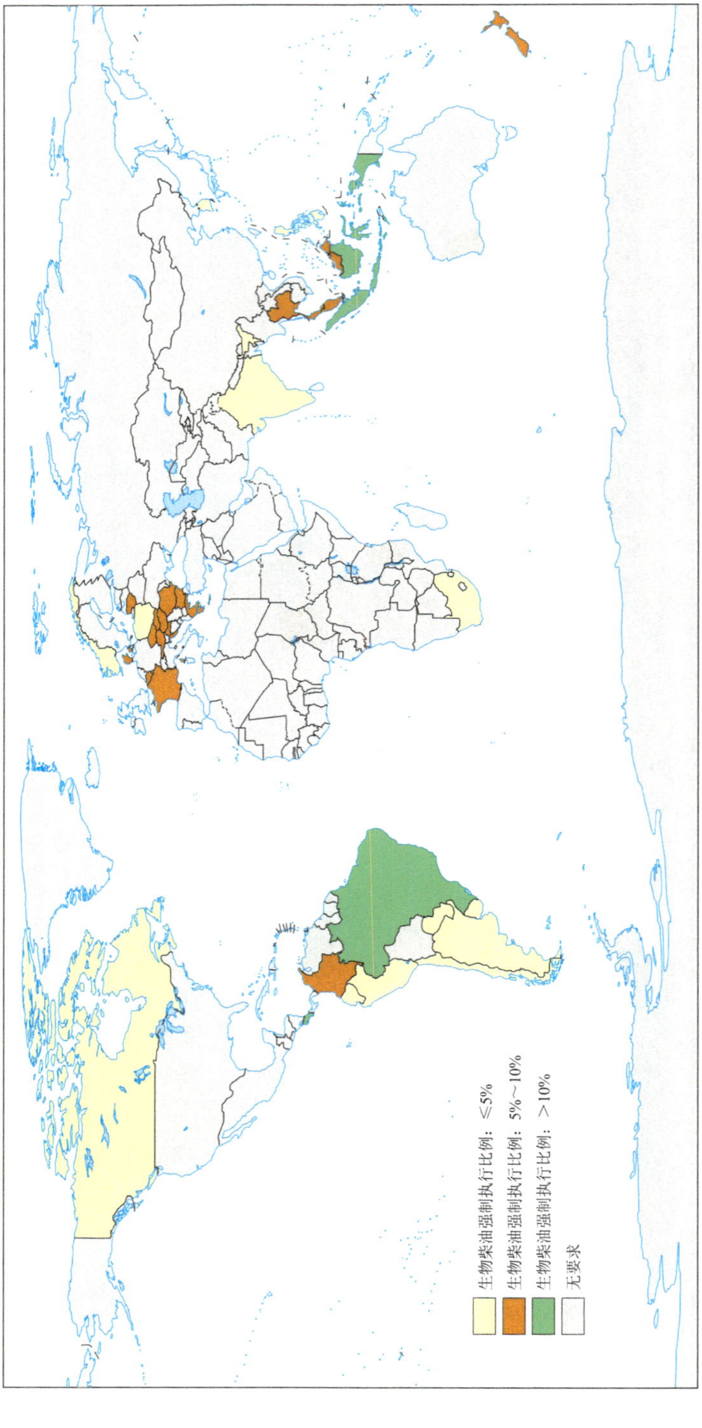

图 3-37 截至 2021 年生物柴油掺杂比例要求

相关政策强有力组合驱动了生物燃料快速发展。美国可再生燃料协会（Renewable Fuels Association，RFA）的统计数据显示，2015 年以来，全球燃料乙醇产量一直维持小幅增长的状态；根据 REN21 系列报告，2011~2021 年，全球生物柴油产量几乎翻了一番，2021 年生物柴油产量达到 450 亿升。由于可加工的原料范围更广，生物柴油的生产比乙醇的生产分布更广。

7. CCUS 技术政策支持

2022~2023 年，多国在 CCUS 技术的激励措施、法律法规体系建设方面持续积极地开展政策支持。CCUS 技术一方面可以促进绿色低碳发展，另一方面成为传统油气行业在能源变革中新的发力点，能够大幅刺激基础设施建设和就业增加。目前，许多国家发布了积极的 CCUS 技术支持政策，比较典型的有美国、英国、中国等。在美国，CCUS 技术凝聚了民主党和共和党两党共识，得到了从民间私营机构到地方及联邦政府的大力支持。英国将 CCUS 视为创造就业机会、加强能源安全、开发北海封存资源和开辟跨境商业合作的绿色经济增长点，同时强调了将 CCUS 产业和蓝氢生产协同发展的潜力，发布了一系列支持政策促进产业集群和基础设施建设。中国目前的能源结构仍以化石能源为主，要实现化石能源的零碳化需要使用 CCUS 技术；在未来向以可再生能源为主的能源系统过渡的过程中，CCUS 技术的应用可以在能源系统深度脱碳的基础上保证其灵活性和可靠性。因此，中国政府也十分重视 CCUS 技术作为碳中和技术体系中托底保障的重要价值，在各层级的政策设计中高度重视技术攻关和产业示范发展。

基于美国能源部（United States Department of Energy，DOE）与全球碳捕集与封存研究院（Global CCS Institute，GCCSI）的公开数据，收集整理了部分国家为 CCUS 技术新增的支持政策，如表 3-11 所示。英国、安道尔、新加坡、土耳其、土库曼斯坦、越南 6 个国家在向联合国提交的 NDC 相关文件中提到了 CCUS 技术，并重视 CCUS 技术在脱碳路线图中的作用。

表 3-11　CCUS 技术主要应用国家支持政策力度评级

国家	正在运行 CCUS 项目	纳入 NDC	资金与试点支持	政策支持
澳大利亚	1	4	1	2
巴西	1	0	0	0

续表

国家	正在运行 CCUS 项目	纳入 NDC	资金与试点支持	政策支持
加拿大	2	4	1	1
中国	2→3	4	1	4
丹麦	0	0	2	0
埃及	0	4	0	0
法国	0	0	0	0
德国	0	0	1	0
冰岛	1	4	0	0
日本	0	4	1	1
马来西亚	0	0	1	0
荷兰	0	0	3	0
挪威	1	4	2	1
卡塔尔	1	4	0	0
俄罗斯	0	0	0	0
沙特阿拉伯	1	4	0	0
韩国	0	0	0	0
瑞典	0	0	0	0
泰国	0	0	0→1	0
阿联酋	1	4	0	0
英国	0	0→4	2	1
美国	4	4	4	4

注：0表示无相关政策；1表示在政策规划中进行强调；2表示做出了具体行动；3表示出台了具体政策；4表示做出了具体行动并出台了相关政策；→表示2022~2023年的变化

对于CCUS技术实施研发或试点项目支持的国家较多。部分国家还在基础设施建设方面提供了支持，以确保CCUS技术的实施。例如，美国、英国、澳大利亚都提供了针对基础设施建设的专门拨款。

除了激励型政策之外，各国也加强了CCUS技术的法律法规体系建设。例如，日本国会于2023年5月12日通过了《GX促进法》，随后于5月31日通过了《GX脱碳电力供应法案》。《GX促进法》要求政府制定GX促进战略，发行GX过渡债券（规模20万亿日元），并确保GX私人投资者利益。CCUS也被列为要推广的领域，政府计划在 2023 年至 2033 年投资 4 万亿日元。

但也有一些国家未能采取积极的政策支持 CCUS 技术的发展，这与多方面因素有关。目前 CCUS 发展面临的障碍主要包括以下几点。

（1）成本过高。捕集环节的成本和能耗是企业开展 CCUS 的重要瓶颈之一，当前第一代碳捕集技术成本和能耗偏高、缺乏广泛的大规模示范工程经验，而第二代技术尚处于实验室研发或小试阶段。另外，CCUS 项目往往涉及捕集设施与原排放设施的集成，CCUS 改造或集成可能影响企业或工厂原本的运营及产品质量。运输与封存基础设施规模大、建设成本高，二氧化碳长期封存的责任也构成了企业的沉重负担。

（2）经营风险。二氧化碳的封存受地质条件、温度和压力变化、地质活动等因素影响，对地质勘探和监测工作提出了较高要求。地质封存的信息不足和技术支持不够，会增加投资与经营的风险。从流程链条来看，CCUS 涉及多个环节，任一环节的延期或受阻都会影响其上下游的运行。这个风险在英国政府关于 CCUS 商业模式的报告中被多次提到，被视为 CCUS 商业化的重要阻碍。

（3）民众不支持。目前公众对于 CCUS 技术的认知有限，很难肯定其在减缓气候变化上的重要性。同时，公众也担忧 CCUS 技术带来的负面影响，包括高成本的 CCUS 技术导致能源价格升高，影响民众生活；封存过程可能会导致地下水污染、地震等潜在风险；CCUS 技术为化石燃料产业提供了“道德借口”，可能会使化石燃料产业延续，减缓向可再生能源转型的速度。

8. 碳汇开发技术政策支持

更多的发展中国家为碳汇开发技术推出了切实可行、掷地有声的政策。不仅发达国家对碳汇重视程度较高，森林资源禀赋较高的发展中国家对碳汇的扶持力度也在逐步增强。基于森林与气候领导人伙伴关系（Forest and Climate Leaders’ Partnership，FCLP）网站的公开数据，表 3-12 呈现了 2023 年碳汇开发技术主要应用国家政策支持的情况。日本、美国、英国、澳大利亚、加拿大等发达国家对碳汇开发技术的重视程度均相对较高。日本重申了到 2030 年扭转森林损失和停止土地退化的承诺，重点是促进可持续的森林管理和木材的使用，通过公共和私营部门的合作努力，积极鼓励在建筑和各种产品中使用木材。欧盟

表 3-12　不同国家 2023 年碳汇开发技术支持政策一览表

国家	森林面积增加 3%	维持和加强碳汇积累	增强森林可持续管理	增强森林应对灾害和气候变化适应力	加强森林区建设和森林保护政策	增强长期森林资源可持续管理	推广使用来自可持续经营森林的产品	调动资源支持发展中国家森林可持续发展	增加林业公共、私人和慈善融资	增强南北、北北、南南和三角林业科技与技术创新合作	制定森林筹资战略	改进森林资源信息资料收集工作
澳大利亚	0	0	3	0	3	0	0	0	0	0	0	0
巴布亚新几内亚	0	0	2	0	0	0	0	0	0	0	0	0
巴基斯坦	0	0	1	0	0	1	0	0	0	0	0	0
德国	0	0	0	0	0	0	0	2	0	0	0	0
厄瓜多尔	0	0	3	3	3	3	0	0	3	0	0	0
法国	0	0	0	0	0	0	2	2	0	0	0	0
斐济	0	0	0	0	3	3	3	0	0	0	0	0
芬兰	0	0	2	0	0	0	0	0	0	0	0	0
刚果（金）	0	0	0	0	3	0	0	0	0	0	0	0
哥伦比亚	2	0	0	0	0	0	0	0	0	0	0	0
哥斯达黎加	0	0	3	0	0	0	0	0	0	0	0	0
圭亚那	0	0	0	0	0	0	2	0	2	0	0	0
韩国	0	0	0	0	0	0	3	0	0	0	0	0
荷兰	0	0	0	0	0	0	0	2	0	0	0	0
加拿大	0	0	0	0	0	0	2	0	0	0	0	2
加纳	0	0	2	0	2	0	2	0	0	0	0	0

续表

国家	森林面积增加3%	维持和加强碳汇积累	增强森林可持续管理	增强森林应对灾害和气候变化适应力	加强森林区建设和森林保护政策	增强长期森林资源可持续管理	推广使用来自可持续经营森林的产品	调动资源支持发展中国家森林可持续发展	增加林业公共、私人和慈善融资	增强南北、北北、南南和三角林业科技与技术创新合作	制定森林筹资战略	改进森林资源信息资料收集工作
美国	0	0	2	0	2	2	0	2	0	0	0	2
秘鲁	0	0	0	2	2	0	0	0	0	0	0	2
尼日利亚	0	0	0	0	3	0	0	0	3	0	3	0
挪威	0	0	0	0	0	0	0	2	0	0	0	0
日本	0	0	1	0	0	1	2	0	0	0	0	0
瑞典	0	2	0	0	0	0	2	0	0	0	0	0
坦桑尼亚	0	0	1	0	0	0	0	0	0	0	0	0
新加坡	0	0	3	0	0	0	0	0	0	0	0	0
英国	0	0	3	0	3	0	0	2	0	0	0	0
越南	3	0	3	3	3	3	0	0	0	0	0	0

注：0 表示无相关政策；1 表示在政策规划中进行强调；2 表示做出了具体行动；3 表示出台了具体政策

的森林砍伐法规对欧盟市场上的林产品资格实施了严格的标准，强调“无森林砍伐”的地位和遵守相关立法。该法规不仅涵盖合法与非法的森林砍伐及森林退化，力度已超越以往仅禁止非法砍伐的规定；同时更加强调社会与环境因素，要求遵守相关的当地法律。加拿大则通过木材的绿色建设项目鼓励在建筑项目中使用创新的木材建筑技术。中国致力于开展人工造林，支持大规模国土绿化工程，并且调动资源支持发展中国家森林可持续发展，建立健全国家储备林建设标准体系，推动国家储备林高质量发展。然而，少有国家制定森林筹资战略。

3.2.6 气候投融资支撑政策

2023 年，全球各国继续推动气候金融风险评估进程，发展中国家对气候金融风险的重视程度明显提升。2024 年已有超过 190 个国家开展了气候金融风险评估（其中发展中国家 150 个，发达国家 46 个），与 2023 年相比，新增 34 个（发展中国家从 2023 年的 117 个增加到 150 个，发达国家从 2023 年的 45 个增加到 46 个）国家开展气候金融风险评估（图 3-38）。但气候金融风险披露的进展较为有限，2023 年至 2024 年间仅增加 11 个（发展中国家从 2023 年的 143 个增加到 151 个，发达国家从 2023 年的 43 个增加到 46 个）国家开展气候金融风险披露（图 3-39）。

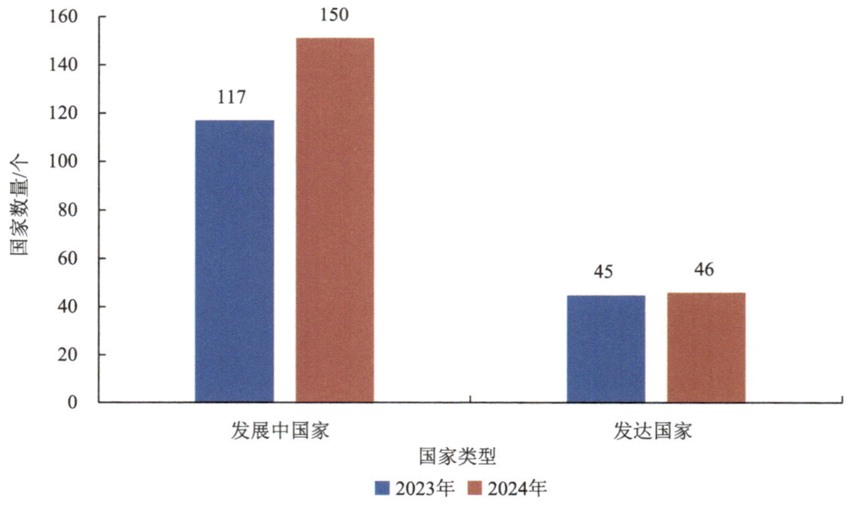

图 3-38 开展气候金融风险评估的国家数量

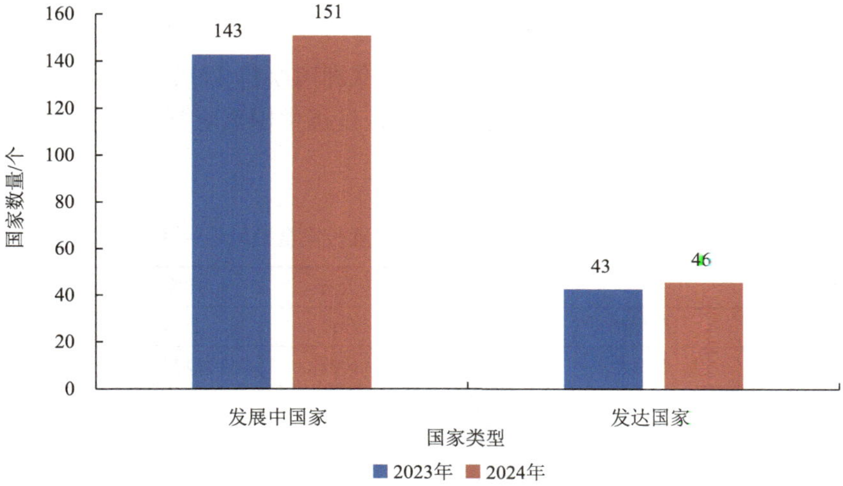

图 3-39　开展气候金融风险披露的国家数量

气候金融风险主要指气候变化可能带来的底层金融资产价值贬损的风险。根据不同的风险传导路径和减损方式，气候金融风险主要分为物理风险和转型风险。物理风险是指由极端天气和气候事件、海平面上升、生态系统服务损失（如荒漠化、缺水、土壤质量或海洋生态退化）的影响对企业、家庭和金融机构的资产造成冲击而产生的经济金融风险。转型风险是指低碳转型过程中，公共政策、技术、投资者或公众情绪的转变以及破坏性商业模式创新导致资产价格变动而引发的金融风险。相比于直接促进气候投融资的激励政策，气候金融风险的管理旨在推动市场主体披露经营活动的气候风险，为银行和金融监管机构监管金融风险以及为市场根据气候风险重新对资产进行估值提供信息，加速投融资活动远离气候风险敞口较高的行业。

本节对全球各国银行和金融监管机构是否要求相关市场主体披露气候金融风险的政策进行评估，以表征各国管理气候风险、促进气候投融资的政策进展。政策数据来源为各国政府、银行网站公开的政策信息以及央行与监管机构绿色金融网络（Central Banks and Supervisors Network for Greening the Financial System，NGFS）、气候相关财务信息披露工作组（Task Force on Climate-Related Financial Disclosure，TCFD）等。

气候金融风险逐渐引起更多国家或地区的重视，越来越多的相关机构和部门将气候金融风险评估纳入行动框架。如表 3-13 所示，与 2023 年相比，2024

年新增 34 个国家开展气候金融风险评估，包括 6 个北美洲国家、5 个大洋洲国家、8 个非洲国家、2 个南美洲国家、2 个欧洲国家和 11 个亚洲国家。由此可见，各国正推动气候金融风险评估的进程，发展中国家对气候金融风险的重视程度明显增加。

表 3-13 2023 年至 2024 年间新增开展气候金融风险评估的国家

国家	大洲	国家	大洲	国家	大洲
巴巴多斯	北美洲	肯尼亚	非洲	巴林	亚洲
巴哈马	北美洲	卢旺达	非洲	柬埔寨	亚洲
哥斯达黎加	北美洲	毛里塔尼亚	非洲	马尔代夫	亚洲
墨西哥	北美洲	摩洛哥	非洲	马来西亚	亚洲
特立尼达和多巴哥	北美洲	尼日利亚	非洲	孟加拉国	亚洲
牙买加	北美洲	坦桑尼亚	非洲	斯里兰卡	亚洲
斐济	大洋洲	突尼斯	非洲	土耳其	亚洲
马绍尔群岛	大洋洲	巴拉圭	南美洲	亚美尼亚	亚洲
密克罗尼西亚联邦	大洋洲	智利	南美洲	约旦	亚洲
萨摩亚	大洋洲	北马其顿	欧洲	越南	亚洲
汤加	大洋洲	俄罗斯	欧洲		
喀麦隆	非洲	阿联酋	亚洲		

例如，斯里兰卡气候风险评估发现沿海社区容易受到极端气温上升和沿海洪水的影响，从而可能产生与气候变化相关的重大金融和政治风险；尼日利亚对商业银行的贷款组合进行了基于情景的分析，并根据既定分类法评估其投资组合对低碳和高碳资产的风险敞口百分比。

虽然更多国家的机构开始逐步开展气候金融风险的评估工作，但气候金融风险的信息披露进展十分有限。2023 年至 2024 年间仅有 11 个国家增加气候金融风险的强制性披露要求，如表 3-14 所示。例如，印度尼西亚的银行被要求审查其贷款组合中碳密集型行业的风险敞口。2023 年底，印度尼西亚金融服务管理局（Otoritas Jasa Keuangan，OJK）宣布，到 2026 年，所有银行都需要将气候风险纳入其贷款决策中。此前，只有属于 OJK 气候工作组的银行才必须参与气候压力测试。各国信息披露的标准还需要进一步统一。多数国家要求遵循气候相关财务信息披露工作组公布的标准，也有部分国家自行制定了相关标准，如澳大利亚审计与鉴证准则理事会（Auditing and Assurance Standards Board，AUASB）就根据国际审计与鉴证准则理事会（International Auditing and Assurance Standards Board，IAASB）的最终标准制定了相关的信息披露准则。

表 3-14　2023 年至 2024 年间新增开展气候金融风险的强制性披露的国家

国家	大洲	国家	大洲
墨西哥	北美洲	孟加拉国	亚洲
澳大利亚	大洋洲	日本	亚洲
摩洛哥	非洲	土耳其	亚洲
坦桑尼亚	非洲	印度	亚洲
智利	南美洲	印度尼西亚	亚洲
德国	欧洲		

虽然新增强制披露要求的国家较少，但也有部分国家已经开始为气候金融风险披露做准备，如斐济气候变化司与太平洋地区国家自主贡献中心和无国界银行家（Bankers without Borders）组织合作，开展了斐济气候风险披露指南草案研讨会。

气候金融风险披露政策的制定和执行至关重要，以确保金融机构和投资者充分了解和评估气候变化对其资产与投资组合的潜在影响。各国政府及相关国际组织需要进一步制定和完善气候风险披露的指南和框架，以帮助金融机构与企业更好地理解和披露与气候变化相关的信息。各国政府也可以开展培训和教育计划，帮助金融从业者和企业领导者了解气候风险管理的重要性，以及如何进行有效的气候风险披露。

第4章 全球碳中和进展评估方法应用：行动与成效

4.1 零碳行动

4.1.1 碳中和各类技术部署进展

全球正加速碳中和技术的部署，但不同类型国家部署进展的侧重点不同。例如，发达国家和发展中国家在不同类型碳中和技术的部署进展上具有不同的分布规律：对于成熟的技术，发展中国家和发达国家的部署进展基本相同；对于资源依赖型技术，发展中国家有较大的潜力；而对于科技含量较高的先进技术，发达国家则走在前列。

总体来看，中国在多种碳中和技术部署中贡献了中坚力量。如图 4-1 所示，2023 年中国贡献了全球过半的绿氢产能和大量的总可再生能源装机容量、纯电动轻型乘用车保有量及插电混合电动轻型乘用车保有量，为这些低碳新型产业贡献了主要力量。其他发达国家在插电混合电动轻型乘用车、生物柴油、CCS（carbon capture and storage，碳捕集与封存）等技术中占优势，这些技术强烈依赖于技术创新，与经济水平密切相关；而其他发展中国家在生物柴油、生物乙醇等技术上占优势，这些技术依赖于当地的资源禀赋。

电动汽车技术是当前发展最快也是覆盖国家范围最广的消费侧碳中和技术，对电动汽车技术的分析可以有效展现各国碳中和技术部署进展的差异。图 4-2 以电动汽车销量的渗透率为指标，比较了电动汽车技术的部署进展和目标雄心的差距，展现了部分国家历史发展趋势和目标值的差距。

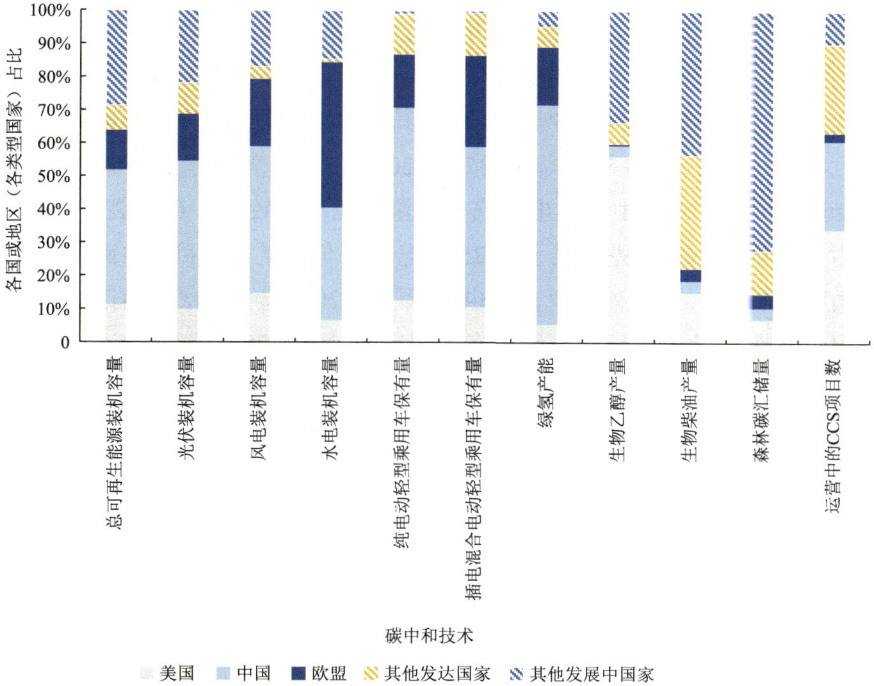

图 4-1　2023 年不同类型碳中和技术部署进展的分国家或地区占比图

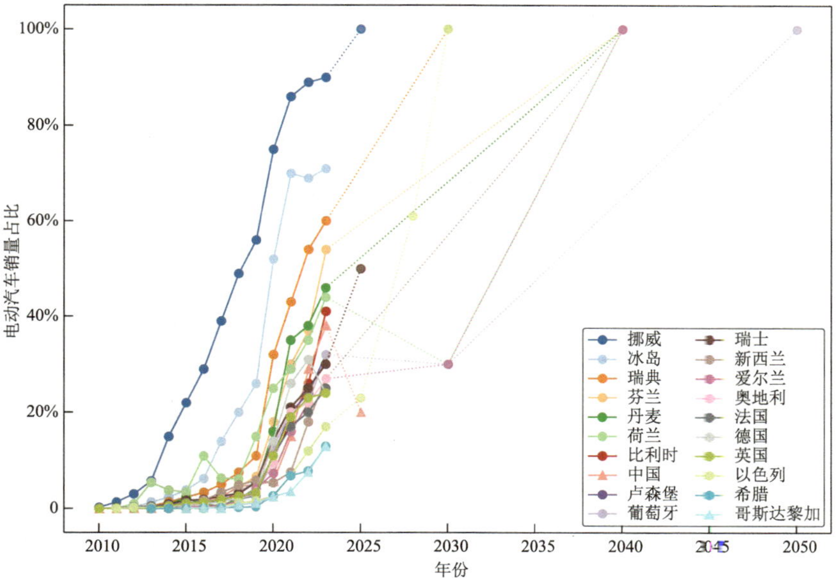

图 4-2　部分国家电动汽车销量占比和目标值对比（截至 2023 年）

虚线是当前水平和目标之间的连线

从图 4-2 中可以发现，当前销量渗透率较高的国家也倾向于制定更加具有雄心的目标，如北欧国家（挪威、冰岛、瑞典、芬兰、丹麦）电动汽车的销量占比较高，在 2023 年均突破 45%。同时，其中大部分设定了 100%电动汽车销售目标，挪威设定在 2025 年，瑞典设定在 2030 年，丹麦和芬兰设定在 2040 年。相较 2022 年，2023 年中国的电动汽车销量占比增速较快，在 2023 年电动汽车销量占比达到 38%，率先达成了 2025 年电动汽车销量占比目标，而在 2021 年，这一数字只有 16%。另外，卢森堡也达成了其 2030 年电动汽车销量占比目标。尽管电动汽车销量占比靠前的绝大多数国家在 2018~2023 年有快速增长趋势，但在瑞士、英国、希腊等国，销量占比的增长有放缓趋势，而且这些国家距离销量目标仍有较大差距，需要进一步的政策驱动。

1. 可再生能源发电技术

全球可再生能源的部署范围较广，但各国部署进展差距较大。从可再生能源发电装机容量上看，2023 年中国占全球可再生能源装机容量的 37.6%，是排名第二的美国的三倍；从可再生能源装机容量和发电量占比上看，发达的北欧国家、可再生能源资源较好的非洲南部国家和南美国家，以及部分岛国的占比较高。

可再生能源发电装机容量一般是指可使用的可再生能源发电的发电厂和其他设施的最大净发电能力，代表了一个国家的可再生能源发电能力。截至 2023 年末，IRENA（2022）的统计数据显示，全球可再生能源发电装机容量为 3870 吉瓦，相比 2022 年的 3382 吉瓦，增长了约 14%，占 2023 年全球电力总装机容量的 43%。从具体可再生能源发电技术来看，2023 年光伏发电、水力发电、风能发电装机容量占总可再生能源装机容量的比例分别为 37%、33%、26%。其中 2022 年光伏发电装机容量增长 32%，风能发电装机容量增长 13%，呈现出高速发展的态势，而水力发电的开发程度已经较高，装机容量没有显著增长。

图 4-3 展示了 2023 年各区域与主要国家的可再生能源发电装机增长率与总量。虽然全球各国对建设可再生能源发电能力定下了不同程度的目标，但是全球各国的总装机容量差距巨大，2023 年排名第一的中国的可再生能源发电装机容量是排名第二的美国的 3 倍，是其他 19 个国家总和的约 2/3，占全球总装机容量的 1/3。中国的水电、光伏发电、风能发电和固体生物燃料发电装机容量均为最高。除此之外，美国、德国、印度等国家的可再生能源发展水平较高。从区

域上看，2023 年，亚洲、南美洲的可再生能源发电装机部署速度较快。其中，南美洲的光伏发电装机容量相比 2022 年增长 40%。非洲的可再生能源发电装机部署速度较慢，在一定程度上反映了可再生能源发电技术在当地的发展情况。

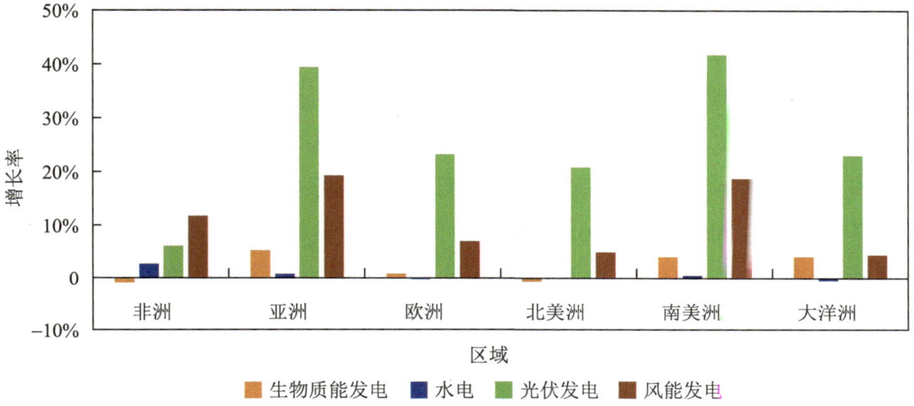

（a）2023年区域可再生能源发电装机增长率

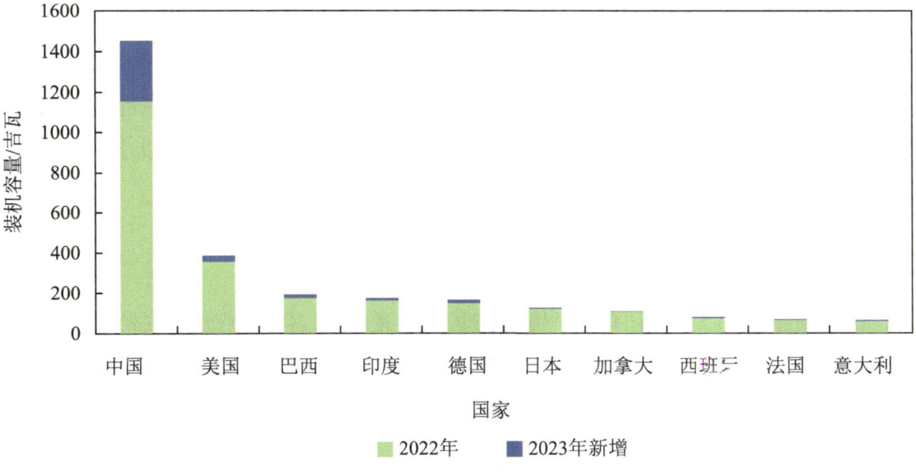

（b）2023年可再生能源发电装机容量

图 4-3　2023 年各区域与主要国家可再生能源发电装机增长率与总量

基于全球发电量数据统计，2021 年，可再生能源发电总量为 7858 太瓦时，其中，水力发电 4275 太瓦时，占比 54%，其次为风能发电（1838 太瓦时）、太阳能发电（1034 太瓦时）、生物质能发电（615 太瓦时）、其他新能源发电（96 太瓦时）。在生物质能发电当中，固体生物燃料发电占比 70%，沼气和可再生城市废物发电分别占比 15%和 14%。

尽管可再生能源装机容量代表了各国的发电能力，但考虑到可再生能源的真实发电量受到当地自然条件和技术条件以及各国的用电需求的约束，可再生能源的装机容量还无法完全揭示一个国家实际的能源结构是否清洁。而可再生能源发电占比代表的是一个国家的可再生能源发电量在所有发电量中的占比，可以更直接地体现可再生能源在各国电力转型中的部署进展。当可再生能源发电在一个国家的总发电量中占比较高时，可以说这个国家在实际意义上已经进入了电力部门脱碳进程。目前，全球已有 35 个国家可再生能源发电占比超过一半，其中包括以哥伦比亚（68.58%）为代表的南美洲国家、以冰岛（99.99%）和挪威（98.79%）为代表的部分欧洲国家，还有如斐济（60.26%）、洪都拉斯（74.87%）等岛国。但是，目前可再生能源发电占比较高的国家普遍发电量较少。在全球发电量排名前 20 的国家中，只有巴西和加拿大的可再生能源发电占比达到了一半以上；越南在 2000 年左右的可再生能源发电占比高于 50%，但随着经济的发展和对稳定能源需求的增加，可再生能源发电占比随着时间的推移有所下降，到 2020 年时只有 36%。但是，类似于越南的可再生能源发电占比逐年下降的国家属于少数个案，大多数国家随着对减缓气候变化的认识和需求的增加，可再生能源发电占比在逐年增加，如英国，相较于 2000 年可再生能源发电只有 3%的占比，2020 年可再生能源发电占比达到 40%，增加了十倍以上；德国也在 20 年的发展中增加了五倍以上。

2. 电动汽车技术

全球电动汽车销量和保有量正在快速增长，但各国电动汽车销量和保有量的绝对量及其占比差异较大。目前中国、德国、美国和北欧国家的电动汽车部署进展较好，其中中国的电动汽车销量和保有量的绝对数量在全球遥遥领先，而挪威的电动汽车销量和保有量占比在全球遥遥领先。

轻型乘用车是目前道路交通中最主要的车辆类型，也最能反映一个国家汽车市场的发展状况。而电动轻型乘用车是目前电动汽车中最为成熟且发展势头最好的车辆类型，电动轻型乘用车销量和保有量是反映各国电动汽车市场发展的重要指标。本指标数据基于 IEA 数据库（IEA，2024a），从电动轻型乘用车销量的绝对量来看，全球 2023 年的电动轻型乘用车销量约为 1346 万辆，较 2022 年销售量增加了 300 万辆。其中，中国销量最多，达 810 万辆，占全球电动轻型车销量的 60%；

美国销量 140 万辆，德国销量 70 万辆，英国和法国均超过 40 万辆（图 4-4）。从电动轻型乘用车销量占比来看（图 4-5），北欧国家的发展情况较好，其中挪威的电动轻型乘用车已经主导市场（93%）；其他国家中，冰岛为 71%，瑞典为 60%，芬兰为 54%。2023 年芬兰增长最多，增长了 16 个百分点，德国下降了 7 个百分点。

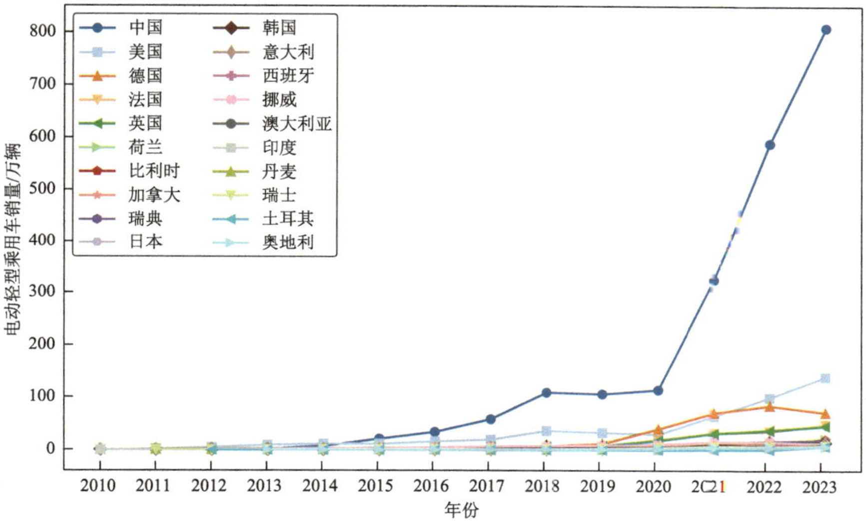

图 4-4 2010~2023 年全球排名前 20 的国家电动轻型乘用车销量变化

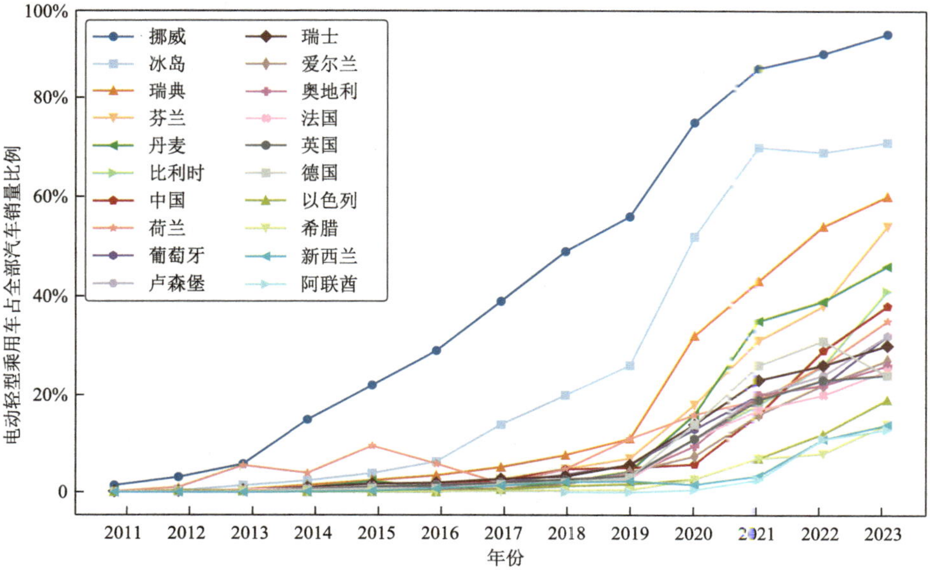

图 4-5 2011~2023 年全球排名前 20 的国家电动轻型乘用车占全部汽车销量比例变化

从电动轻型乘用车保有量的绝对量来看，2023 年，全球电动轻型乘用车保有量为 3960 万辆，较 2022 年增加 1300 万辆。其中，中国的电动轻型乘用车保有量达 2180 万辆，美国约 482 万辆，德国 250 万辆，英国 158 万辆，法国 157 万辆（图 4-6）。从电动轻型乘用车保有量占比（图 4-7）来看，北欧国家的

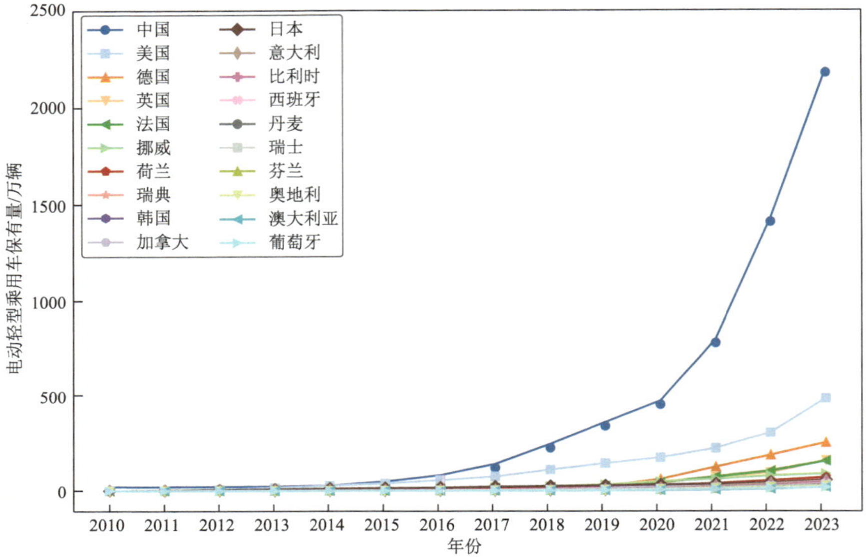

图 4-6　2010~2023 年全球排名前 20 的国家电动轻型乘用车保有量变化

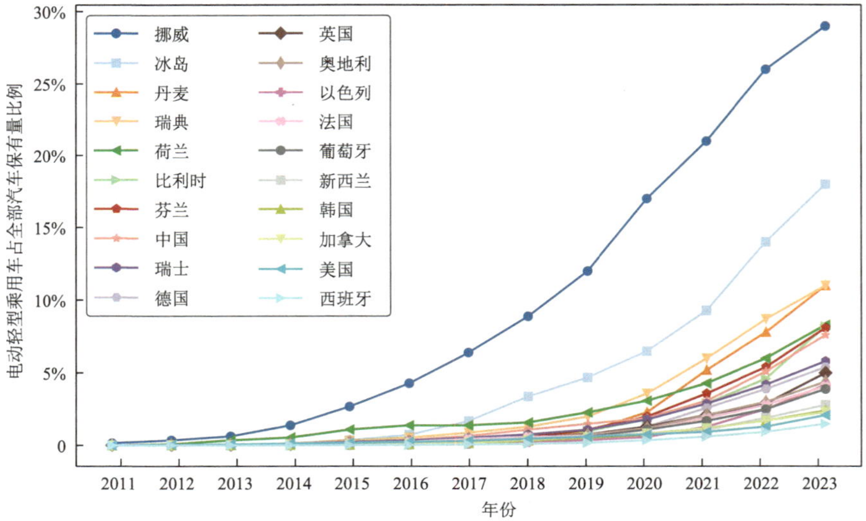

图 4-7　2011~2023 年全球排名前 20 的国家电动轻型乘用车占全部汽车保有量比例变化

发展情况较好：挪威为 29%，冰岛为 18%，瑞典、丹麦超过 10%。2023 年，冰岛电动轻型乘用车保有量占比增加最多，为 4 个百分点。

从技术上看，电动汽车的种类主要包括纯电动车、插电式混合动力车、燃料电池电动车等。纯电动车是指只靠电池（没有内燃机）借助电机提供动力，驱动汽车行驶；插电式混合动力车由燃油发动机和电动机提供动力，可实时切换纯电、纯油以及油电混合模式；燃料电池电动车通过燃料的化学能转化为电能，提供行驶所需的能量，并由电动机驱动汽车行驶，目前主要的燃料类型为氢。当前，纯电动车发展最快，插电式混合动力车其次。如图 4-8 所示，2023 年全球纯电动车销售量为 925 万辆，插电式混合动力车销售量为 420 万辆，燃料电池电动车销售量仅为 0.9 万辆；自 2020 年以来，纯电动车销售量年均增长 120%，插电式混合动力车销售量年均增长 113%，燃料电池电动车销售量年均增长 7%。从图 4-9 保有量看，2023 年，全球纯电动车保有量为 2750 万辆，插电式混合动力车保有量为 1200 万辆，燃料电池电动车保有量为 6.6 万辆；自 2020 年以来，纯电动车保有量年均增长 103%，插电式混合动力车保有量年均增长 88%，燃料电池电动车保有量年均增长 53%。

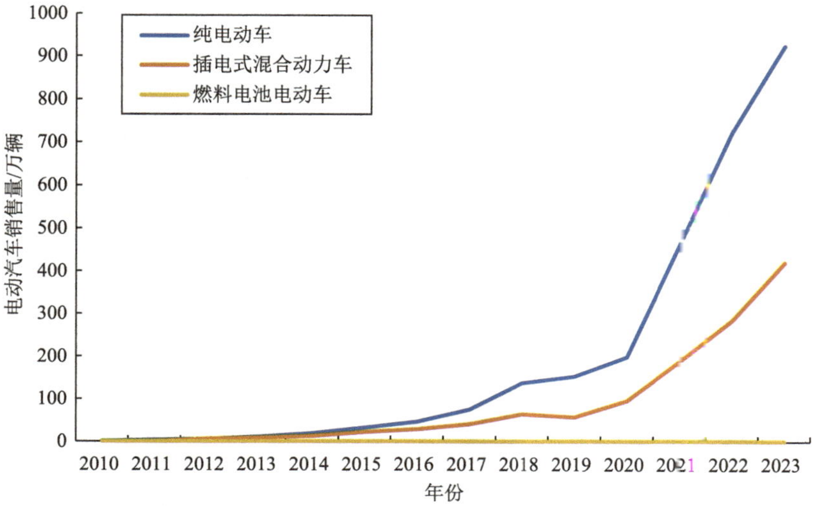

图 4-8　2010~2023 年全球不同类型电动汽车销售量变化

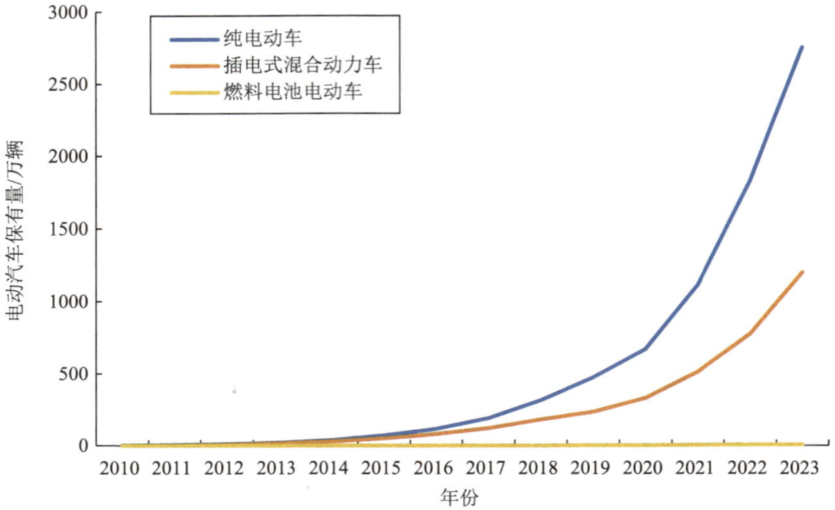

图 4-9 2010~2023 年全球不同类型电动汽车保有量变化

从国别上看，中国是全球最大的纯电动车和插电式混合动力车销售市场，韩国是最大的燃料电池电动车市场。

从图 4-10 销售量看，2023 年中国纯电动车销售量为 540 万辆，占全球纯电动车销售量的 58%；插电式混合动力车销售量为 270 万辆，占全球插电式混合

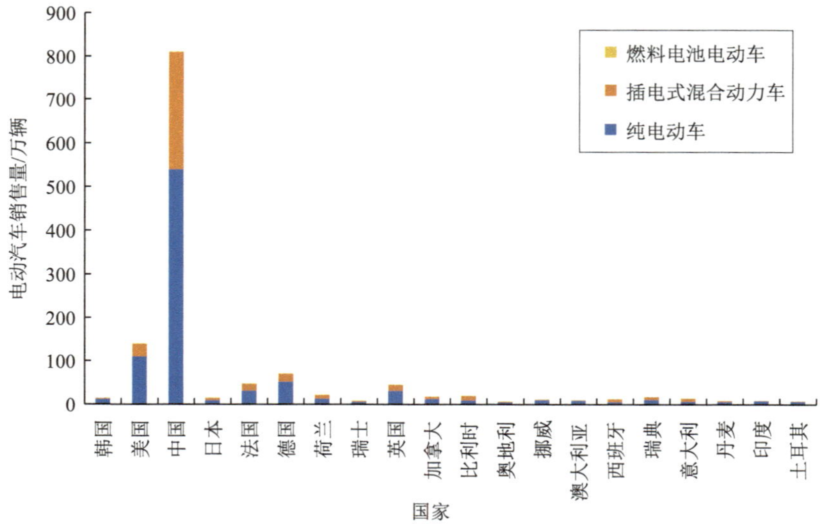

图 4-10 2023 年不同类型电动汽车销售量排名前 20 的国家

动力车销售量的 64%。韩国燃料电池电动车销售量为 4300 辆，占全球燃料电池电动车销量的 48%。从保有量看（图 4-11），2023 年中国纯电动车保有量为 1600 万辆，占全球纯电动车保有量比例为 58%；插电式混合动力车保有量为 580 万辆，占全球插电式混合动力车保有量比例为 48%。韩国燃料电池电动车保有量为 3.4 万辆，占全球燃料电池电动车保有量比例为 52%。绝大多数国家电动汽车技术以纯电电池动力技术为主导；巴西、比利时、智利、意大利、希腊、西班牙、斯洛伐克等少数国家以插电式混合动力技术为主导。

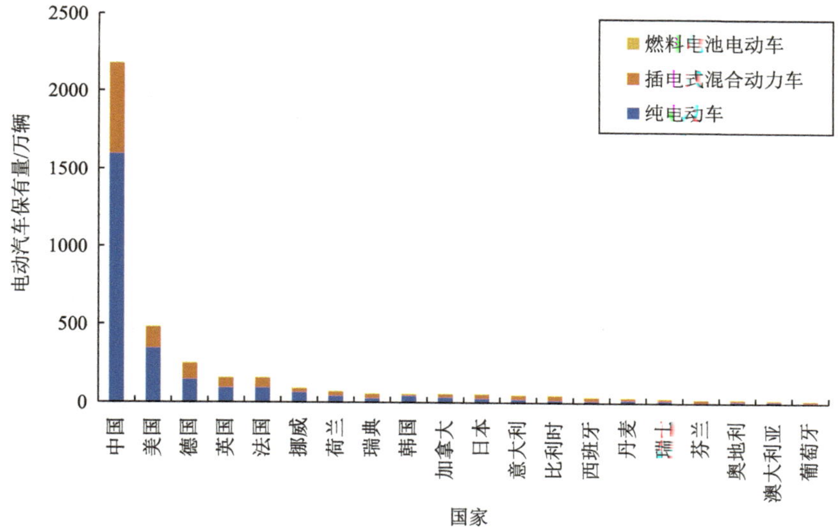

图 4-11　2023 年不同类型电动汽车保有量排名前 20 的国家

3. 节能技术

节能技术在各国的部署进展依然存在不平衡，发达国家的渗透率普遍高于发展中国家，且发展中国家的节能技术部署更缺少对统计的关注。从热泵技术和太阳能热水器的部署来看，中国已成为全球最大的热泵市场，且人均太阳能热水器面积增长最快。

本指标基于欧盟奥德赛-慕列（ODYSSEE-MURE）数据库（https://www.indicators.odyssee-mure.eu/）以及 IEA 报告（IEA，2024b）对热泵在全球各国的

市场渗透率进行了进展追踪，并分析了太阳能热水器的部署情况，用以评估各国能效技术市场的进展。整体来看，截止到 2020 年末，全球范围内的热泵安装量超过 1.8 亿台，其中中国、北美洲和欧洲地区的安装量排名前三，分别达到了 30%、25%和 10%，共计占全球热泵总安装量的 65%，预测随着热泵技术的不断成熟，未来全球热泵安装量将会继续提升。分国别来看，空间供暖热泵的市场份额在大多数主要热力市场中呈现增加态势（图 4-12），表现较好的国家包括斯洛文尼亚（增幅达 27.9%）和马耳他（市场份额连续两年都是 100%），而意大利（−8.4%）与芬兰（−6.7%）市场份额下降较多。

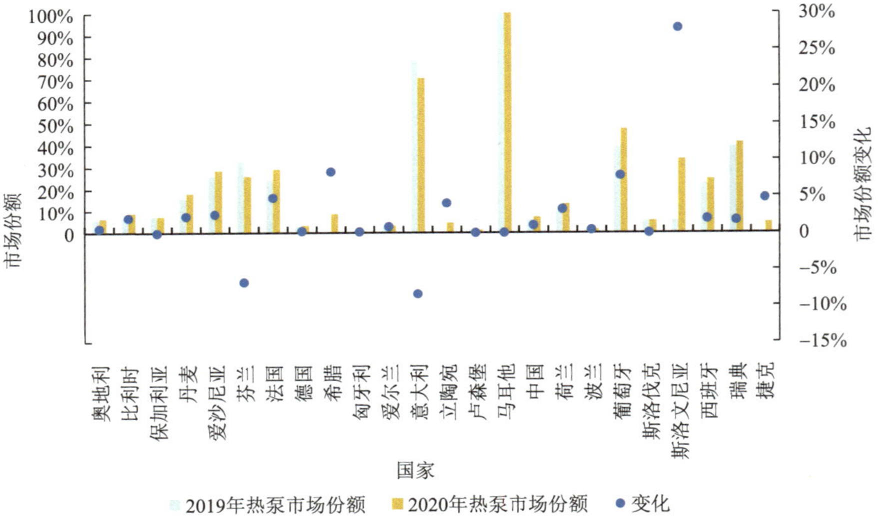

图 4-12　主要市场热泵市场份额及其变化

太阳能热水器往往与建筑节能改造密切相关，其应用可以有效降低建筑能耗。采用人均太阳能热水器安装面积作为评估该技术部署的进展指标，对中国以及欧洲这两个主要市场的情况进行了追踪分析（图 4-13）。整体来看，全球太阳能热水器的部署呈现增长的趋势；具体到国家，中国是最主要的市场，在全球装机容量中占比可达 70%，且进步也最为突出（增幅高达 860%）。芬兰、波兰与斯洛伐克的增幅均超过 25%，拉脱维亚下降较多（增幅为−66%）。

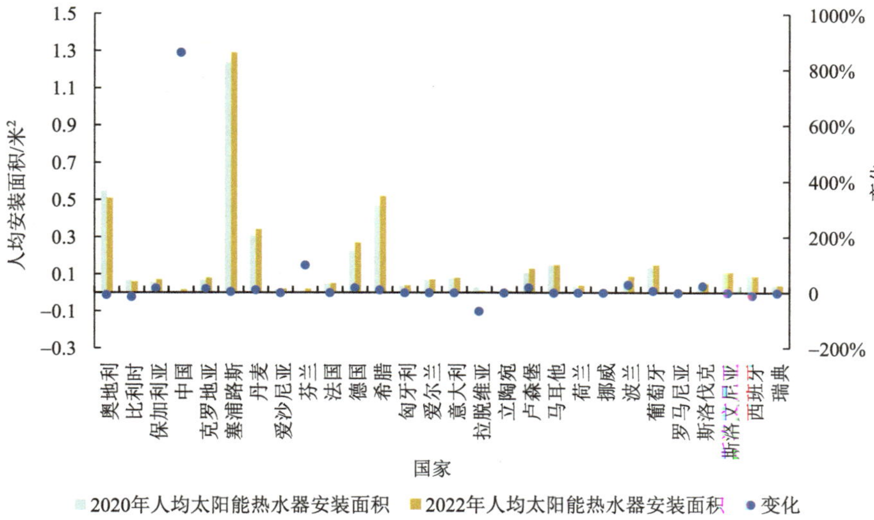

图 4-13　太阳能热水器部署进展

4. 绿氢技术

2023 年全球绿氢产能迅速增长，未来风电电解水（尤其是海上风电电解水）或将迎来加速扩张。2022 年，中国贡献了超过一半的全球绿氢产能，未来中国也拥有着最大的绿氢增长潜力。发展至今，各国低碳氢的应用场景逐步多元，全球范围内，低碳氢应用仍以交通、工业领域为主；在德国、西班牙等欧洲国家，低碳氢的应用已经逐渐向建筑、电力等领域延伸。

2022 年，大量绿氢产能项目进入规划、建设、投产阶段，主要以光伏电解水为主。基于 IEA 氢能项目数据库（IEA，2024c），图 4-14 展示了全球各类绿氢产能项目及完成情况。其中，预部署产能完成比指的是已投产产能除以已投产产能与处于最终投资决策（final investment decision，FID）和在建状态中的项目产能之和。该指标越低，则短期内产能增长速度越高。2023 年，全球绿氢项目数量超过了 1800 个，相较 2022 年增加 500 余个。其中，已正式投产的项目不到 15%，处于 FID 和在建状态中的项目占 11%，其余项目仍在概念和试验阶段。同时，全球范围内，2023 年以光伏电解水为代表的绿氢产能是 2022 年的 4 倍左右，总量在 20 万吨左右。其中，光伏电解水处于主导地位，占比 70%左右。未来光伏电解水增长放缓，风电（尤其是海上风电）电解水将迎来加速扩张。当前，光伏电解水预部署产能完成比超过 30%。相比之下，陆上风电电解水的预部署产能完成比为 2.27%，海上风电电解水的预部署产能完成比甚至低于 0.5%。同时，混合能源电解水的预部署产能完成比为 0.80%，这意味着未来该类制氢方式将会更加普遍。

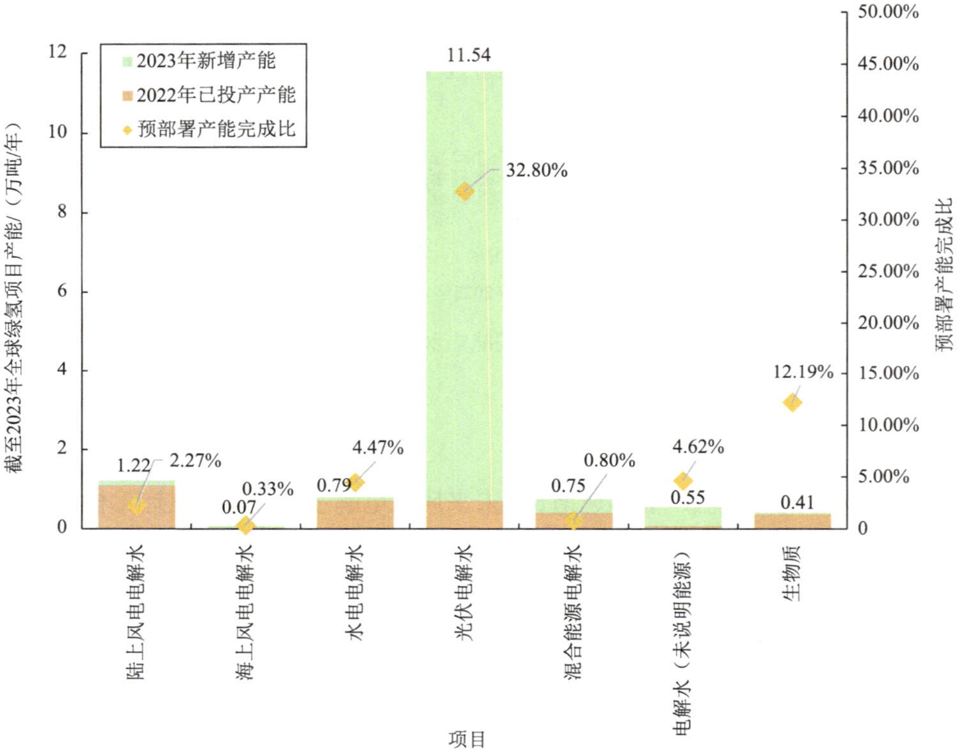

图 4-14 全球各类绿氢产能项目及完成情况

中国在当前全球氢能产业的发展中处于引领地位。图 4-15 展示了各国累计绿氢项目产能与完成情况。2023 年，中国绿氢产能增长十分迅速。在 2020 年和 2022 年，中国分别拥有全球绿氢总产能的 10%和 30%。至 2023 年底，中国绿氢产能已经超过全球总产能的一半，达到 11.73 万吨。整体上，中国已经成为全球氢能产业的重要引领者和实践者。相比之下，北美地区的低碳氢产业主要以蓝氢为主。这主要是由于北美地区拥有较为丰富的天然气资源和相关产业。在发展氢能产业的主要国家中，中国预部署产能完成比较低，仅为 9.8%。这意味着 2025~2027 年中国绿氢产能增幅可能达到 10 倍以上，拥有较高的增长潜力。

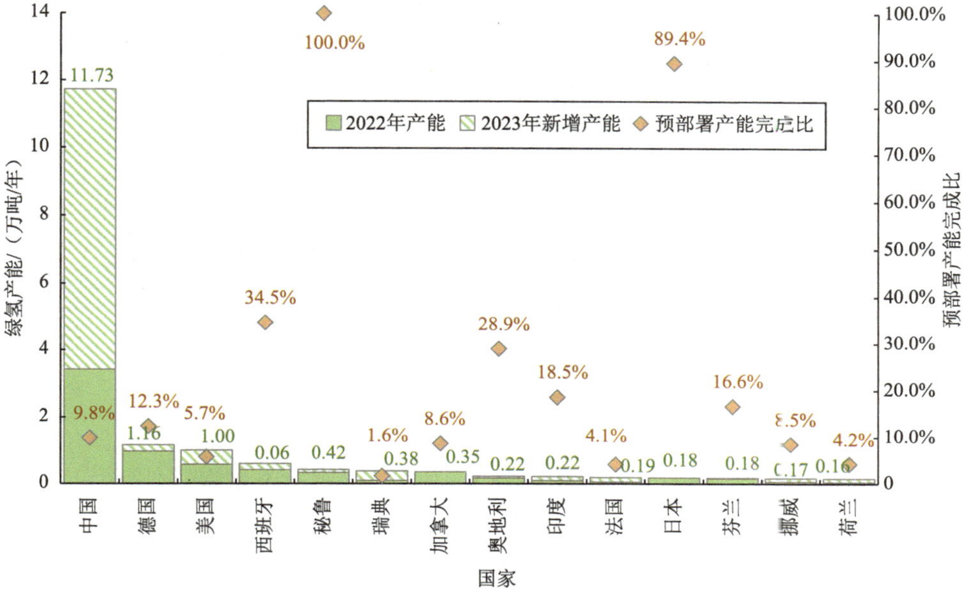

图 4-15　各国累计绿氢项目产能与完成情况

随着氢能示范项目的逐渐铺开，绿氢的应用场景逐步多元。图 4-16 展示了已投产和获得 FID 的绿氢项目的应用结构。相比 2022 年，绿氢在交通和工业领域的应用规模进一步扩张，相关项目往往具备规模大、产能高的特点。同时，绿氢在电力、建筑等领域也兴起了一批示范应用，但项目规模往往较小，大多为大型项目的附加应用。具体的国家分布上，德国、西班牙等欧洲国家绿氢应用的多元性更高。德国已投产和获得 FID 的绿氢项目数达 78 个，位居全球第一。相关项目往往规模较小，应用较为多元，几乎涉及氢能应用的所有领域。

5. 生物燃料技术

生物燃料技术在全球范围内部署进展呈现较大的区域和技术类型差异，也和当地资源禀赋相关。关于燃料乙醇的部署进展，美国和巴西在生产和出口上处于全球领先地位；中国的燃料乙醇供应相对紧张，目前仍处于产能建设阶段。关于生物柴油的部署进展，欧盟在生产量和消费量上处于全球领先地位，进口

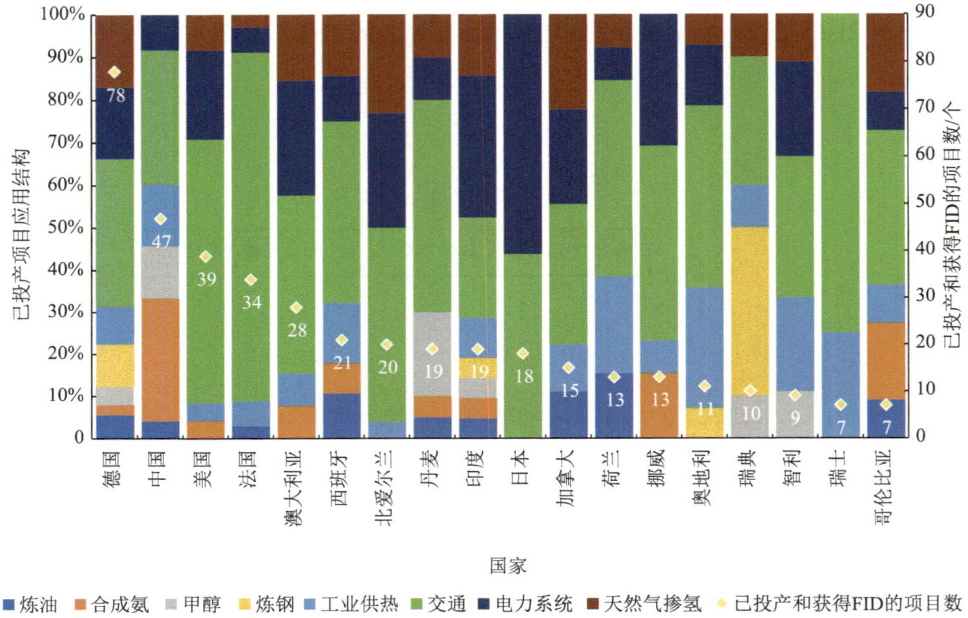

图 4-16 已投产和获得 FID 的绿氢项目的应用结构

量大且对原料有所限制。中国生物柴油生产量高于消费量，补位出口的能力强劲。2023 年主要国家或地区燃料乙醇和生物柴油的生产量和消费量如图 4-17、图 4-18 所示。

基于美国农业部的系列报告，推广应用燃料乙醇的主要国家或地区有美国、巴西、印度、欧盟、中国、加拿大、泰国、阿根廷等。由于自然条件、基本国情、技术投入、资金支持等多重因素的影响，燃料乙醇在全球范围内的开发和利用呈现出明显的不对称性。其中，美国为解决能源安全及粮食产能过剩问题，于 20 世纪 80 年代开始大力发展燃料乙醇，在政府扶持和玉米产量大幅增加的推动下（大量种植转基因玉米），美国燃料乙醇产量一路攀升，近年来产量以年均 1.6%的速度增长，是当前全球燃料乙醇最大生产国、消费国及出口国，生产的燃料乙醇出口到世界数十个国家或地区。目前，美国燃料乙醇总产量占到全球产量的 50%以上，主要出口到加拿大、巴西、印度、韩国等。巴西是世界上最早推行燃料乙醇应用的国家。20 世纪 70 年代，巴西将燃料乙醇产业发展提到了国家战略的层面，得益于完善的政策支持体制和庞大的甘蔗产业资源优势，近年来巴西燃料乙醇产量以年均 2.0%的速度增长，产量中约 90%用于国内替代石

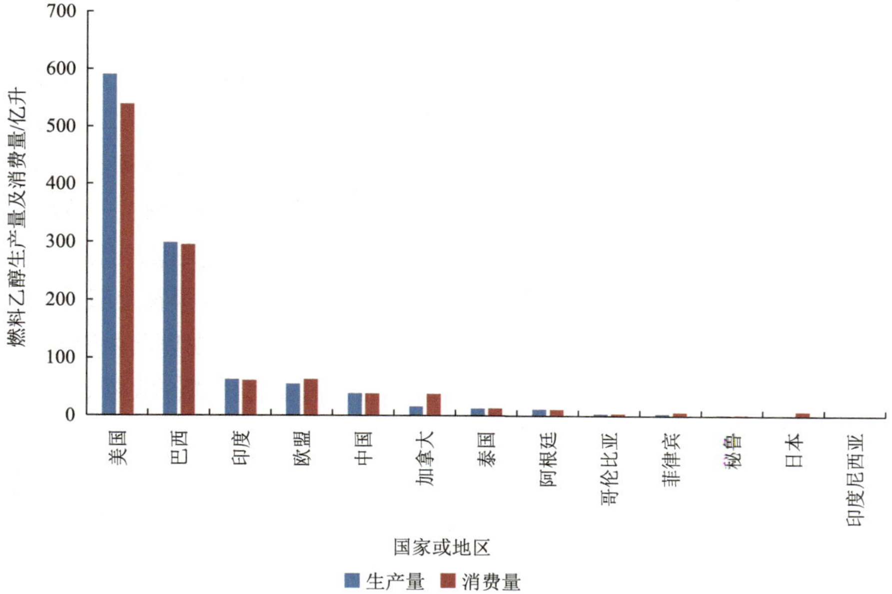

图 4-17　2023 年主要国家或地区燃料乙醇生产量及消费量

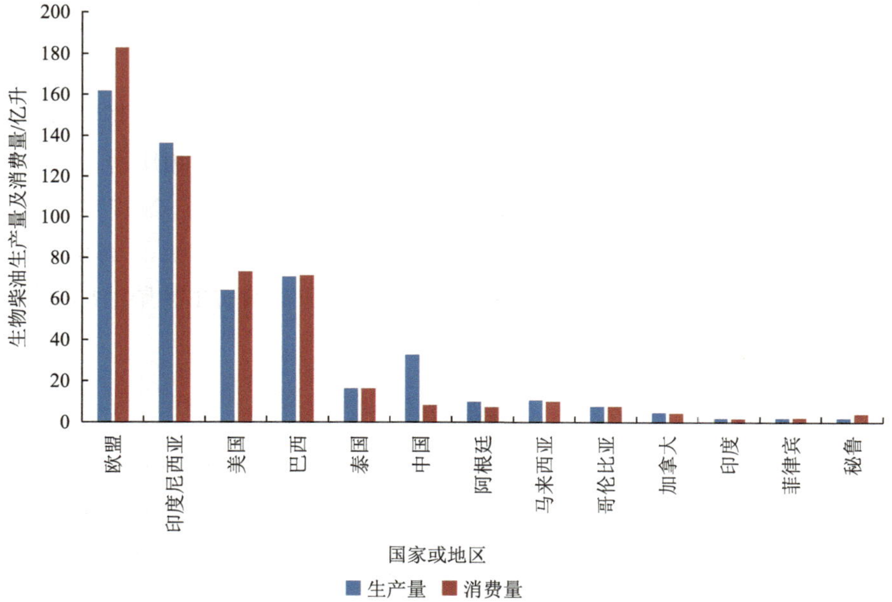

图 4-18　2023 年主要国家或地区生物柴油生产量及消费量

油燃料，其余出口到国外市场，燃料乙醇的推广使巴西从石油净进口国一跃成为出口国。中国燃料乙醇产业起步较晚，但发展迅速，燃料乙醇生产量从 2013 年的 293 400 万升增长到 2023 年的 390 000 万升，年均增长 2.9%。但目前整体来看，中国燃料乙醇还处于产能建设阶段，相关生产技术也还在研究阶段。

推广应用生物柴油的主要国家或地区中，欧盟主要使用菜油、动物油、废弃食用油；印度尼西亚、马来西亚、泰国主要使用棕榈油；美国、巴西、阿根廷主要使用豆油；中国主要使用动物油、废弃食用油。根据美国农业部系列报告，在主要生产/消费生物柴油的国家或地区中，印度尼西亚呈现以国内消费为主、出口为辅的使用模式；美国、巴西呈现自产自销的使用模式；欧盟则呈现出产量和进口双高的使用模式；阿根廷、中国、印度尼西亚、马来西亚为出口大国。

其中，欧盟的生物柴油依赖进口，反倾销税的取消使 2018 年进口量暴增。2018 年，由于取消了阿根廷（2017 年 9 月）和印度尼西亚（2018 年 3 月）的生物柴油反倾销税，欧盟的生物柴油进口量从 2017 年的 166 900 万升增长到 2018 年的 414 800 万升，同比增长 149%，占消费量的 25%。2018 年以来，欧盟的生物柴油进口量占其总消费量的比例维持在 15%以上。欧盟生物柴油的主要供应商是阿根廷、中国、马来西亚、印度尼西亚和韩国，2020 年分别占欧盟生物柴油进口量的 33%、31%、18%、5%和 4%。

受欧洲地区政策制约，印度尼西亚和马来西亚生物柴油出口量缩减，中国生物柴油出口补位，2020 年欧盟从中国的进口量与 2019 年相比增长了 60%。受欧盟对先进生物柴油需求的政策推动，中国工业油出口量自 2017 年以来快速增长，在 2023 年 1 月~4 月，中国对欧盟的生物柴油出口增长了 86%，欧盟成员国中，中国对荷兰、西班牙、马耳他、保加利亚和德国的生物柴油出口量增幅较大。

6. CCUS 技术

2022~2023 年，CCUS 项目总量增长明显，正在运行的项目与计划中的项目都有所增加（图 4-19 和图 4-20），计划中的项目对数量增长贡献了重要部分。从 CCUS 项目的覆盖地区看，美国保持全球领先的地位并且对数量增长贡献突出，中国运行的项目数量有重要进展，发达国家和中东国家也有较好的部署进展。

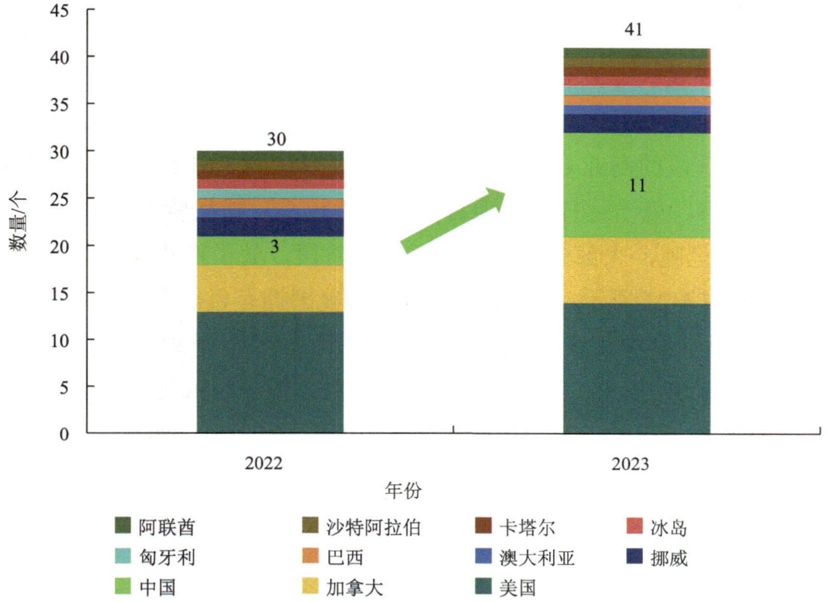

图 4-19　运行中的 CCUS 项目数量

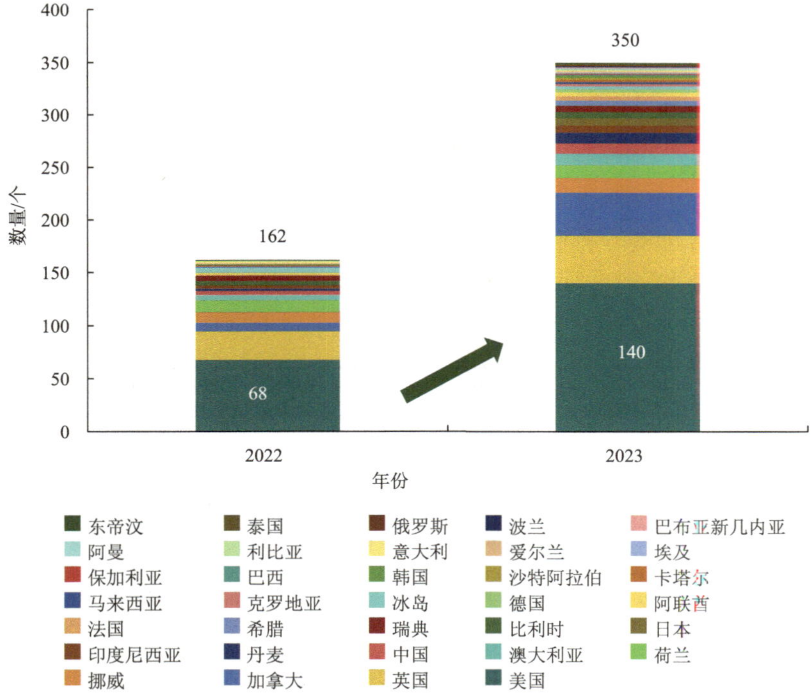

图 4-20　计划中的 CCUS 项目数量

CCUS 技术部署进展指标基于 GCCSI 发布的 Global Status of CCS 2023(《全球碳捕集与封存现状 2023》)，数据中区分维度包含了商业化项目和试点示范项目，本指标不作特别区分，主要考察 CCUS 项目的运行阶段。截至 2023 年 9 月，处于不同发展阶段的商业 CCUS 项目总捕集规模达到 3.61 亿吨/年，相比于 2022 年增长了 49.8%，处于运行中的项目占比仍然较小，捕集能力由每年约 0.43 亿吨增长到 0.49 亿吨，大部分处于建设或开发阶段，处于停止运行状态的项目未纳入统计。如图 4-21 所示，从项目数量来看，美国拥有目前世界上最多的 CCUS 项目，共 154 个。其中正在运行的项目数量高达 14 个，计划中的项目数量由 68 个大幅增长到 140 个，二者数量都分别位居世界第一。其他项目数总量领先的国家包括加拿大（48 个）、英国（45 个）、中国（21 个）、挪威（16 个）、荷兰（12 个）等。其中，中国正在运行的项目数由 3 个增长到 11 个，占总体增长的 73%。

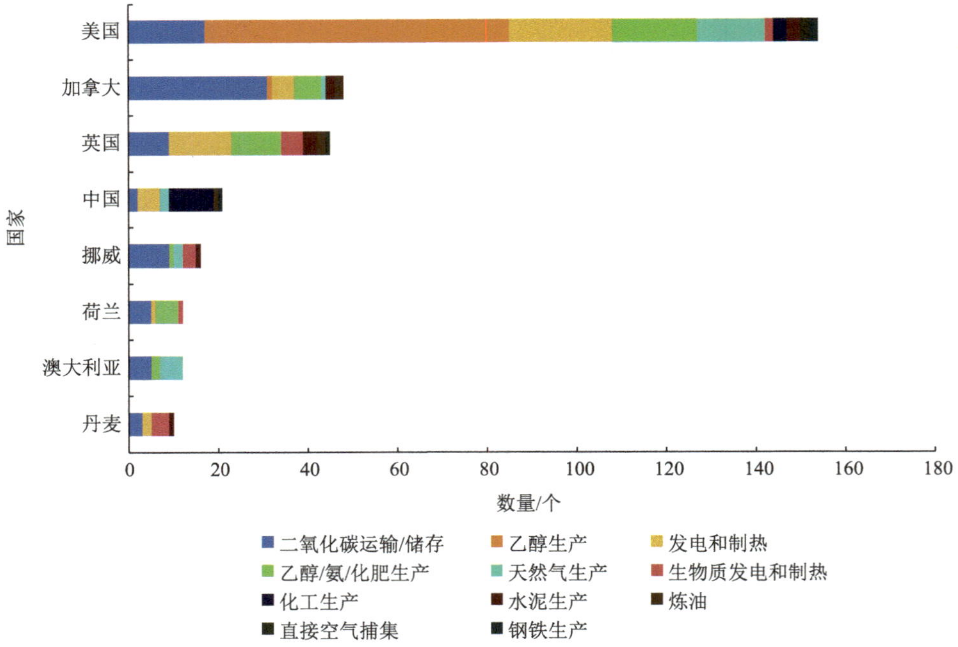

图 4-21　2023 年不同行业下主要国家 CCUS 项目的数量

基于 Global Status of CCS 2023 的进一步统计，各 CCUS 项目所覆盖的行业呈多样化，目前以乙醇/氨/化肥生产、发电和制热、天然气生产为主要应用行业，同时涉及水泥生产、钢铁生产等难减排行业。美国在覆盖行业的多样化水平方面处于世界领先地位，基本涵盖了所有行业。加拿大、英国、中国、挪威在行业覆盖的多样化水平方面也表现较好。

7. 碳汇开发技术

2021 年全球森林管理不力，固碳量约为−5.2 亿吨二氧化碳，而中国、中亚和欧洲部分地区固碳量增加。基于互联网公开数据，本节计算了 2021 年全球各国森林固碳量，如图 4-22 所示，其中正值表示 2021 年该国森林固碳量有所增加，负值表示减少，分别意味着森林从大气中吸收/向大气中释放了二氧化碳。结果显示，全球森林碳储量分布呈现显著的空间异质性特征。中国在森林碳汇管理与成效方面遥遥领先，2021 年固碳量增加最多；部分中亚国家和欧洲国家森林固碳量也有所增加。同时，以巴西为代表的大部分南美洲国家以及大部分非洲国家都在经历森林固碳量的损失，这可能不仅是与当地森林管理政策不利或发展理念不可持续有关，还可能是已经遭受到气候变化的影响。此外，北美洲国家，如加拿大、墨西哥，以及东南亚国家，如马来西亚、印度尼西亚等也在经历森林固碳量损失。北欧和澳大利亚的森林几乎没有变化，这些国家或地区需要防范土地利用和森林变化带来的二氧化碳排放。

4.1.2　碳中和技术创新能力

如表 4-1 和表 4-2 所示，在创新能力方面，中国在碳中和技术领域的研究领先全球，在各类碳中和技术论文数量和专利数量方面均位居榜首。亚洲国家在碳中和技术研究中崭露头角，韩国、日本在碳汇开发、绿氢、电动汽车、可再生能源发电专利数量方面较为领先，印度在论文数量方面领先。欧洲国家在碳中和技术研究方面均衡发展，德国、英国、意大利和法国等在各个领域都有不错的表现，尤其是德国在碳汇开发、绿氢、电动汽车领域的表现突出。新兴国家在碳中和技术领域的发展迅速，印度尼西亚在碳汇开发和 CCUS 技术专利、巴西在风力发电技术专利等方面表现亮眼。

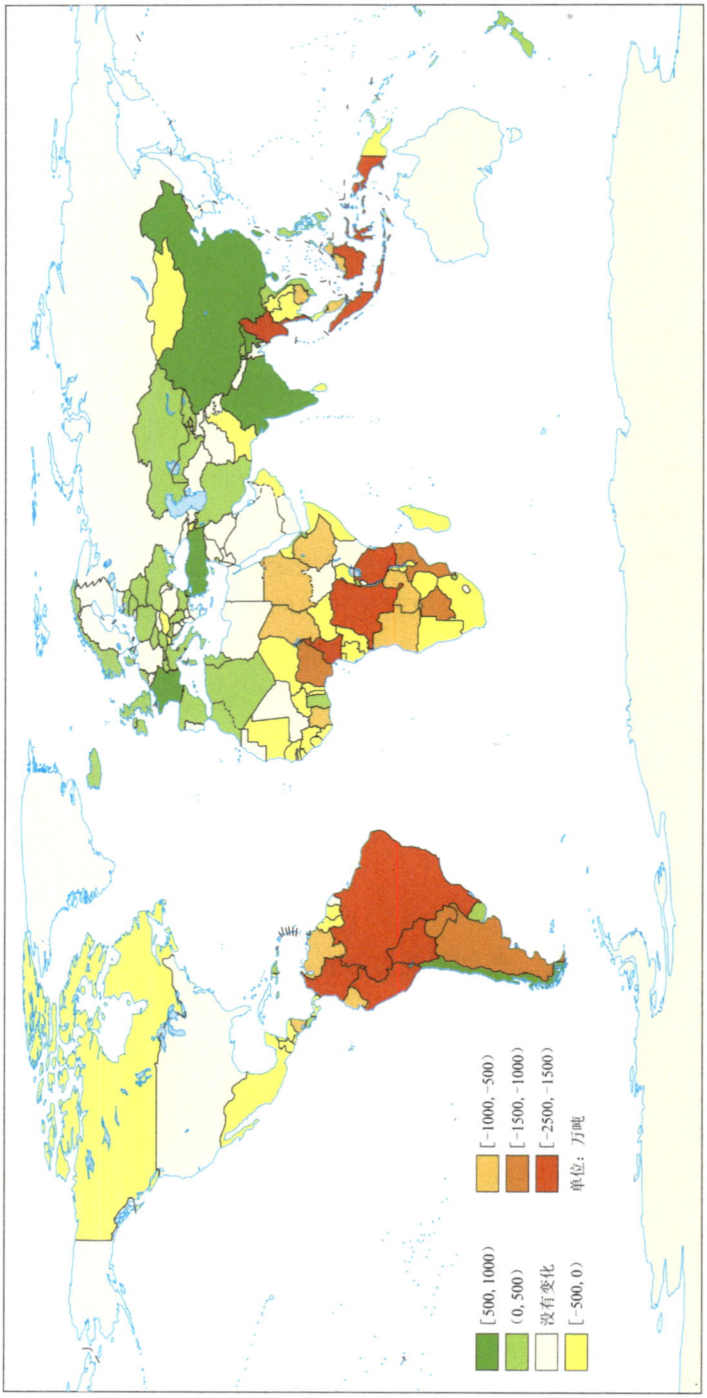

图 4-22　2021 年全球各国森林固碳量

表 4-1 2023 年碳中和技术论文数排名前 10 的国家

论文数排名	碳汇开发	绿氢	电动汽车	生物质燃料	光伏发电	风力发电	水力发电	节能	CCUS
1	中国	中国	中国	中国	中国	中国	中国	中国	中国
2	美国	美国	印度	美国	印度	印度	印度	美国	美国
3	巴西	印度	美国	印度	美国	美国	美国	印度	印度
4	德国	德国	德国	巴西	沙特阿拉伯	英国	巴西	意大利	韩国
5	印度	韩国	意大利	德国	韩国	沙特阿拉伯	意大利	德国	德国
6	加拿大	日本	韩国	西班牙	德国	西班牙	印度尼西亚	英国	澳大利亚
7	英国	沙特阿拉伯	英国	加拿大	英国	埃及	挪威	土耳其	英国
8	澳大利亚	伊朗	加拿大	意大利	西班牙	加拿大	俄罗斯	波兰	加拿大
9	西班牙	英国	日本	澳大利亚	意大利	德国	英国	沙特阿拉伯	沙特阿拉伯
10	法国	俄国	法国	英国	日本	韩国	马来西亚	西班牙	西班牙

表 4-2 2023 年碳中和技术专利数排名前 10 的国家

专利数排名	碳汇开发	绿氢	电动汽车	生物质燃料	光伏发电	风力发电	水力发电	节能	CCUS
1	中国	中国	中国	中国	中国	中国	中国	中国	中国
2	韩国	日本	日本	美国	日本	日本	俄罗斯	日本	美国
3	印度	美国	美国	日本	韩国	韩国	日本	美国	印度
4	美国	韩国	德国	印度	美国	美国	韩国	德国	日本
5	日本	德国	韩国	韩国	德国	印度	美国	韩国	韩国
6	俄罗斯	加拿大	印度	加拿大	澳大利亚	德国	德国	印度	俄罗斯
7	印度尼西亚	法国	法国	澳大利亚	印度	加拿大	巴西	法国	英国
8	南非	英国	英国	巴西	加拿大	澳大利亚	加拿大	英国	澳大利亚
9	巴西	澳大利亚	加拿大	俄罗斯	巴西	英国	印度	加拿大	印度尼西亚
10	土耳其	俄罗斯	俄罗斯	印度尼西亚	西班牙	巴西	澳大利亚	俄罗斯	德国

1. 可再生能源发电技术

在可再生能源发电技术创新方面，以美国、韩国、德国为代表的发达国家具备强劲的创新能力，以中国为代表的发展中国家显露出积极发展的势头。光伏技术的创新主要体现在光伏电池转换效率提升、成本降低、可靠性增强等方面。美国、韩国、德国等在光伏技术研究方面处于领导地位，这些发达国家大力支持光伏产业的发展，并在光伏技术创新领域进行了大量的投资和研究。近年来，作为最大的发展中国家的中国，也在光伏电池组件的制造和研究方面投入了大量资金，拥有世界上最大的光伏产业链生产基地。风电和水电也是两类应用非常广泛的新能源技术。近年来，风电的技术创新能力提升显著，风机效率大幅增加、度电成本明显下降。风电技术的研发主要体现在机械制造方面，如涡轮机和叶片设计的改进。因此，风电技术创新的优势国家主要集中在德国、美国、韩国和中国这些本身拥有非常雄厚的工业基础的国家。水电是一种稳定、可靠的可再生能源，与风电较为类似，水电的技术创新也主要体现在高效涡轮机和叶轮设计的改进，其创新能力也主要集中在日本、韩国、美国和德国等。相较于上述三种技术，生物质发电、地热能技术和潮汐能技术的应用范围相对较小，主要是由于高昂的成本限制了其在发电过程中的应用。从国别差异上来看，以美国、德国、英国为代表的发达国家在这些较为前沿的发电技术中的研发投入较大，少数发展中国家，如中国，在这些技术的研发上也有所投入。

IRENA 数据显示，新能源发电成本在 2010~2023 年显著下降，光伏发电的度电成本从 2010 年的每千瓦时 0.3~0.5 美元下降到 2022 年的每千瓦时 0.04~0.1 美元（以 2022 年美元价格计），陆上风电的度电成本从 2010 年的每千瓦时 0.1~0.2 美元下降到 2022 年的每千瓦时 0.03~0.05 美元（以 2022 年美元价格计）。近年来，各类技术的度电成本下降速度逐渐放缓。值得注意的是，日本的可再生能源发电成本，尤其是陆上风电发电成本显著高于其他国家。日本对废弃农用地的使用限制、太阳能电池价格高昂、并网工程困难，导致日本可再生能源发电成本居高不下。

2. 电动汽车技术

中国已成为全球电动汽车技术创新的引领者。电动汽车技术创新主要集中在电池技术、车辆结构和智能技术等方面。电动汽车的电池是其核心部件，电池技术的改进可以大幅提升电动汽车的续航能力和性能。近年来，针对电池材料、结构和制造工艺的研究不断深入，涌现出了一系列新型电池技术。电动汽车相对于传统汽车来说，有着不同的驱动方式和动力系统，因此车辆结构和设计也需要进行相应的改进和优化。此外，随着人工智能和物联网技术的快速发展，智能化已经成为电动汽车技术创新的一个重要方向。智能驾驶、车联网、自动化控制等技术的应用，不仅可以提升电动汽车的性能和安全性，还可以改善用户体验和驾驶舒适度。图 4-23 描述了主要国家发表的与电动汽车有关的论文数变化，并将其作为技术创新能力的主要定量指标。

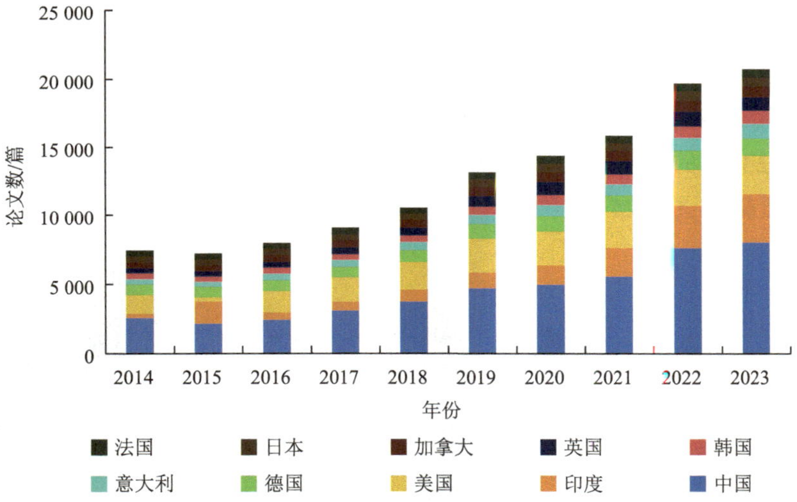

图 4-23　主要国家发表的与电动汽车有关的论文数

从图 4-23 中可以看出，主要国家发表的与电动汽车有关的论文数呈上升趋势，2020~2023 年中国电动汽车论文数年均增长 17%，已成为全球电动汽车技术创新的引领者（论文数约占到全球的 39%），在电动汽车技术产业链上具备强大的创新能力。中国政府在电动汽车技术研发上加大了投入，出台了一系列财税政策及研发补贴措施，以鼓励企业加强电动汽车技术的研究和开发。这些政策的实施有效推动了中国电动汽车产业的快速发展和技术创新。例如，比亚迪是中国最早进入电动汽车领域的企业之一，其在电动汽车电池技术和电机技术等方面拥有自主研发能力。此外，印度在电动汽车论文数方面增长迅速，2020~2023 年论文数年均增长 37%，远超其他国家。

3. 节能技术

节能技术创新能力的国别差异与可再生能源发电技术类似，中国、美国等大国的创新能力领先全球，且中国贡献的专利与论文数量增长最多。

图 4-24 描述了不同国家的专利数目占比，并将其作为技术创新能力的主要定量指标。从进展来看，新兴市场有着良好的表现，2023 年节能技术专利数增长以中国最为突出（20 940 件），其次为印度（342 件），这表明新兴经济体的创新能力正在快速提升；然而专利数量排名靠前的国家仍主要是发达国家，这些国家依然占据着节能技术创新的主导地位。2024 年全球节能技术创新的格局发生了一定的变化，中国超越了韩国与美国，跃升为全球节能技术专利数最多的国家，中美两国的技术创新超过了全球一半的数量。从 2014~2023 年的发展趋势看全球节能技术论文数量的增长，中国在其中有着突出的贡献（图 4-25）。

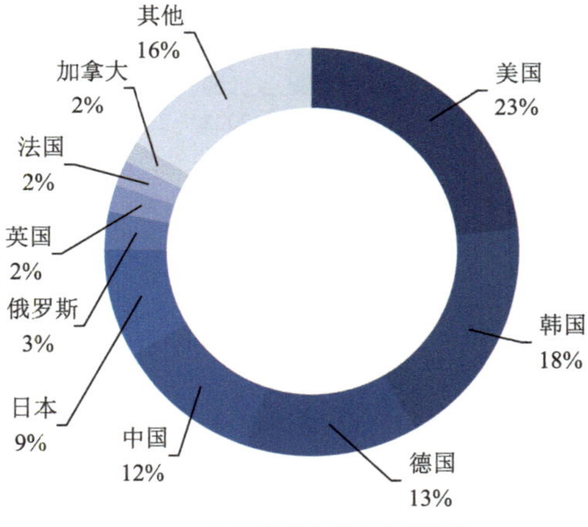

（a）2023年各国节能技术专利数量

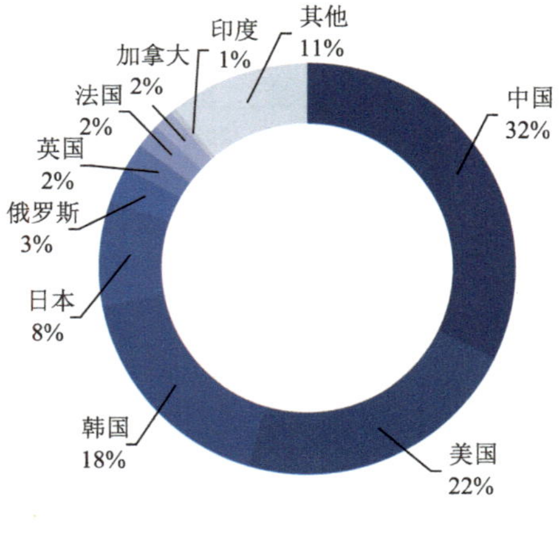

（b）2024年各国节能技术专利数量

图 4-24 节能技术的专利数各国占比

本图数据经过四舍五入，存在比例合计不等于 100%的情况

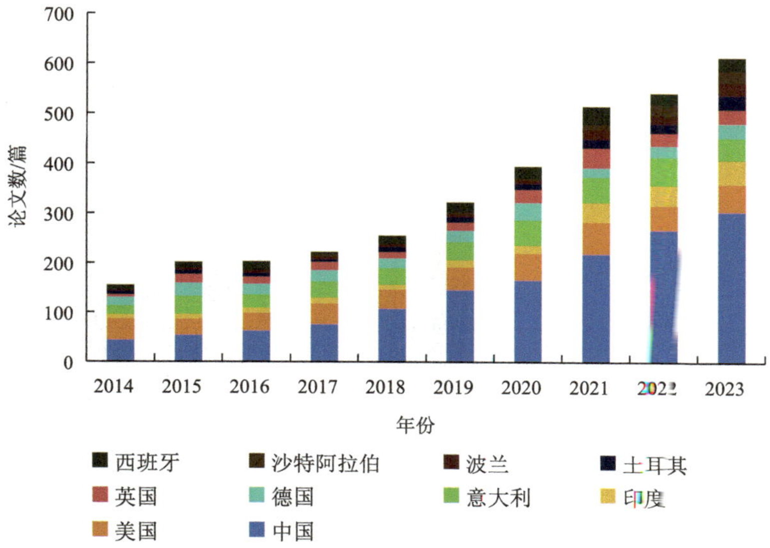

图 4-25　2014~2023 年主要国家节能技术论文数量

4. 绿氢技术

2023 年，中美两国在绿氢技术创新中持续保持引领地位，日韩两国也拥有显著的绿氢技术创新优势。图 4-26 和图 4-27 分别描述了主要国家与绿氢相关的论文及专利数量，将其作为技术创新能力的主要定量指标。

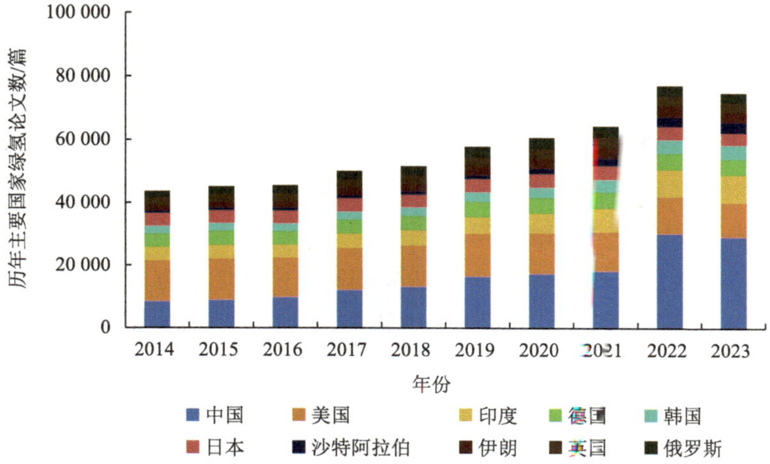

图 4-26　绿氢相关论文数量

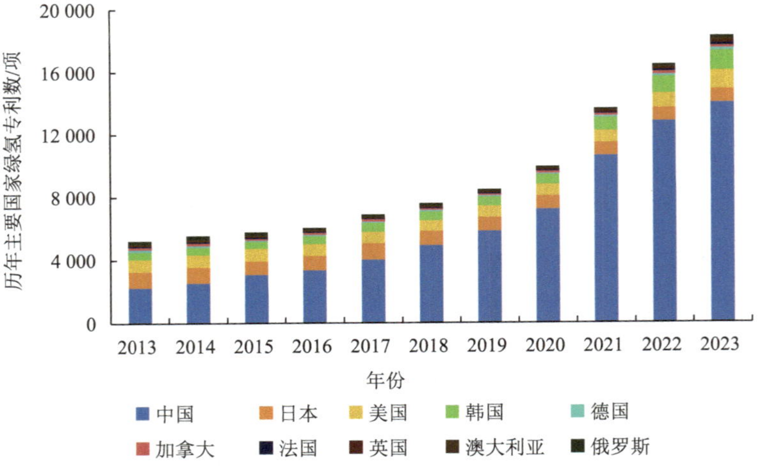

图 4-27 绿氢相关专利数量

研究方面，2022 年和 2023 年中国的绿氢相关研究显著增多。2022 年和 2023 年，中国新产出的绿氢相关论文数量都在 3 万篇左右，接近 2021 年的 1.7 倍。此外，美国、印度、日本和韩国每年新产出的绿氢相关论文数量基本保持稳定。

应用方面，中国、美国、韩国保持着较高的专利申请增速。2019~2023 年，中国、美国、韩国三国每年新增专利数的增长率分别在 20%、10%和 30%左右，日本每年新增的专利数基本稳定。

5. 生物燃料技术

在生物燃料技术创新方面中国处于绝对领先地位，美国创新速度有所下降。生物燃料的技术创新主要体现在生物质的多样化利用和生产工艺优化。例如，更广泛的生物质资源，如植物油、食品废料、生活垃圾等的利用，以及从传统的物理、化学处理到新的生物化学技术，如发酵、酵素处理、微生物代谢等，提高了生物质转换的生产效率和产量。

图 4-28 显示了 2014~2023 年主要国家在生物燃料方面发表的论文数的变化。其中，2014~2023 年，中国生物燃料论文数以 12.9%的年均速度增长，美国则以年均 1.8%的速度波动下降。中国生物燃料论文数占比从 2014 年的 12.3%提升至 2023 年的 23.4%，美国生物燃料论文数占比从 2014 年的 17.2%下降至 2023 年的 9.3%，中国于 2017 年反超美国。图 4-29 描述了 2013~2022 年主要国

家在生物燃料方面专利数的变化。其中，2013~2022 年中国生物燃料专利数以 7.9%的年均速度增长，美国则以年均 10.8%的速度下降。

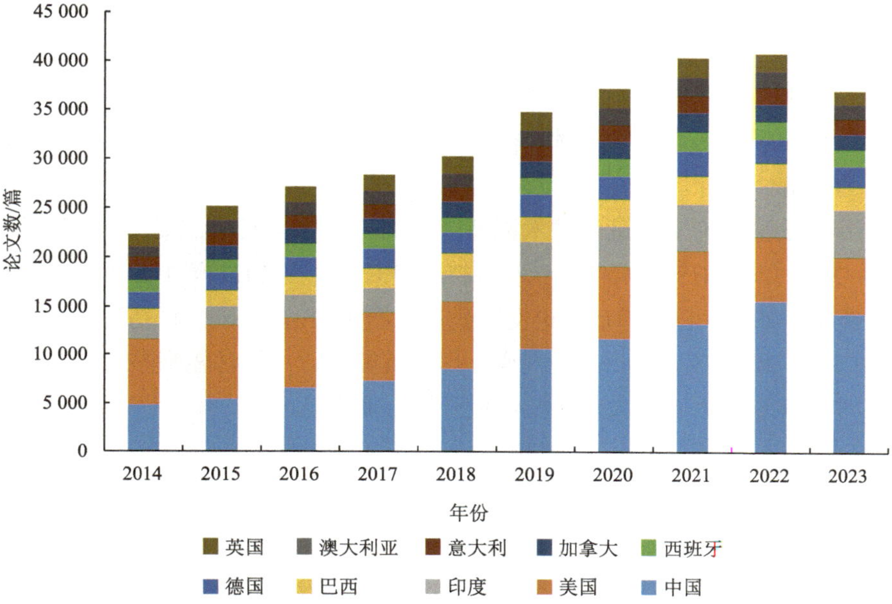

图 4-28　主要国家生物燃料论文数

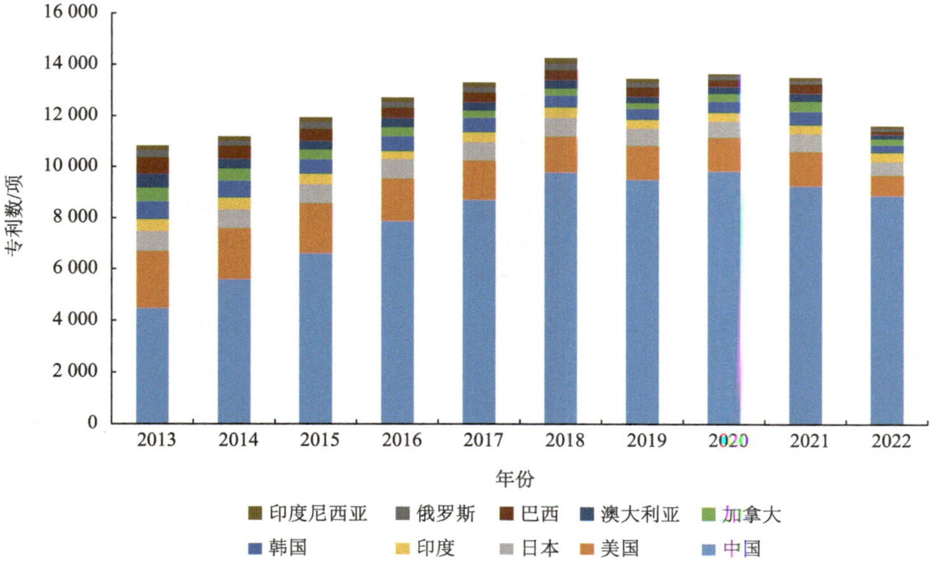

图 4-29　主要国家生物燃料专利数

6. CCUS 技术

中国在 CCUS 技术方面的论文数量与专利数量都领先世界，印度及一些发达国家，如美国、韩国、日本等也具有较强创新能力。CCUS 技术创新主要体现在捕获技术和储存技术方面的创新，如化学吸收、物理吸附、膜分离和生物吸收等技术的效率提升，以及封存在地下的地层岩石中和注入到已经采空的油气井中的经济性提升。

专利数量与论文数量是技术创新能力的主要定量指标。如图 4-30 所示，2013~2022 年 CCUS 技术相关专利数持续增长，且在 2022 年中国贡献在九成以上，美国、韩国、日本随后。论文数量上（图 4-31），中国同样是发布论文数最多的国家，2023 年占 48.6%，美国、印度等随后。中国注重科技创新与技术进步，对 CCUS 技术开展大量研发，提升核心能力。

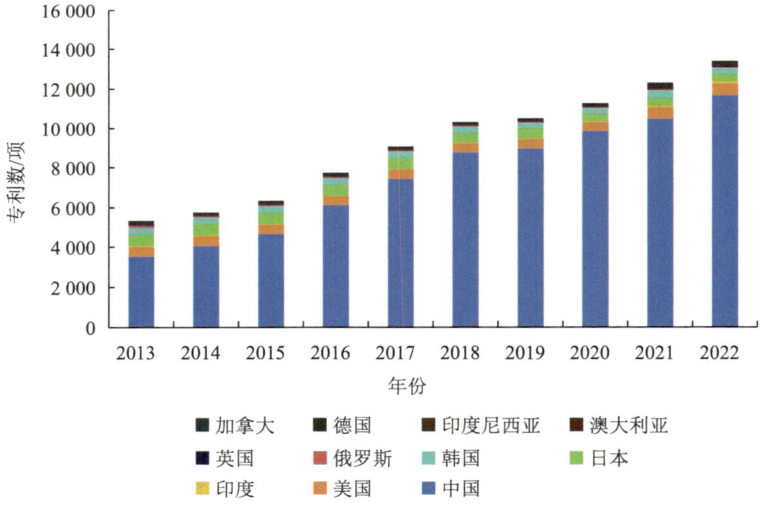

图 4-30 2013~2022 年主要国家 CCUS 技术专利数量

7. 碳汇开发技术

碳汇开发技术创新能力较强的国家主要是中国、美国和欧洲发达国家。碳汇开发技术主要通过森林种植、湿地恢复等方式，增加陆地和水生生态系统对二氧化碳的吸收能力。其创新主要体现在生物技术、土地利用和空间技术等环

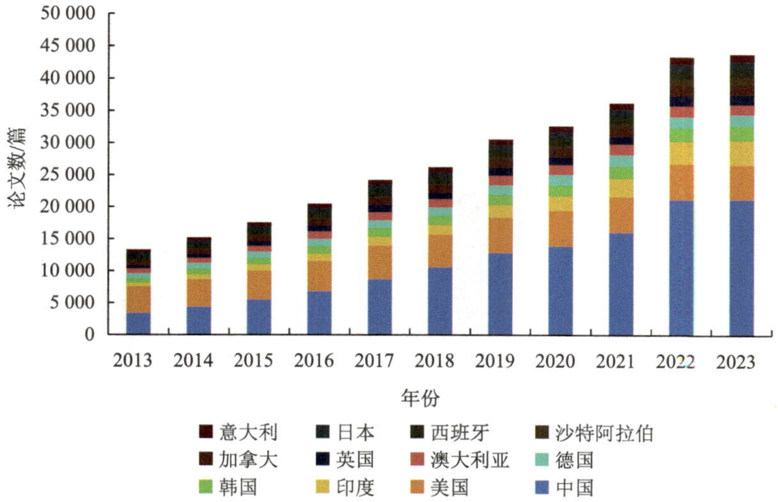

图 4-31　2013~2023 年主要国家 CCUS 技术论文数量

节，如优化微生物、植物、动物等生物技术手段，在土地利用和规划上进行创新，促进生态系统的恢复和固碳能力的提高等。

图 4-32 和图 4-33 描述了不同国家在碳汇开发技术方面专利数量和论文数量，并将其作为技术创新能力的主要定量指标。从图 4-32 和图 4-33 中可以看到，近年来，俄罗斯、日本等发达国家碳汇开发技术创新能力有所下降，巴西、南非、印度尼西亚等新兴发展中国家碳汇开发技术创新能力有所上升。中国更重视碳汇开发技术专利，其他国家更重视碳汇开发技术论文。总体来讲，中国的碳汇开发技术创新能力有所提高，其他个别国家有所下降。

此外，美国的政策和市场环境相对成熟，国内有较为完善的碳市场和碳交易机制，以及各种碳补偿计划，促进了农林碳汇开发技术的发展和应用。在技术方面，美国通过研究和发展新型树种、栽培模式和林业管理方法等手段，提高了林业碳汇的效益和可持续性。中国的政策和市场环境相对较新，但政府对农林碳汇开发技术的支持力度逐渐加大。中国通过实施各种政策和项目，如生态公益林建设、退耕还林工程、荒漠化防治工程等，促进了农林碳汇开发技术的应用和发展。在技术方面，中国通过改进林业种植和管理技术，提高了林业碳汇的效益和可持续性。欧洲地区拥有比较完善的碳市场和碳交易机制，政府对碳减排和农林碳汇开发技术的支持力度也较大。在技术方面，欧洲地区注重林业管理和经营，开展了一系列研究和实践，以提高林业碳汇的效益和可持续性。

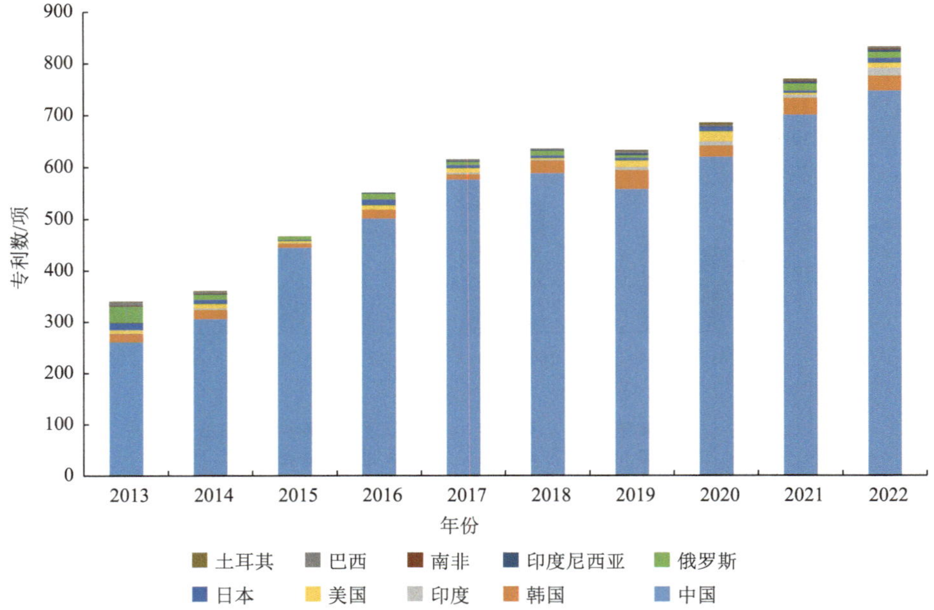

图 4-32　碳汇开发技术专利数

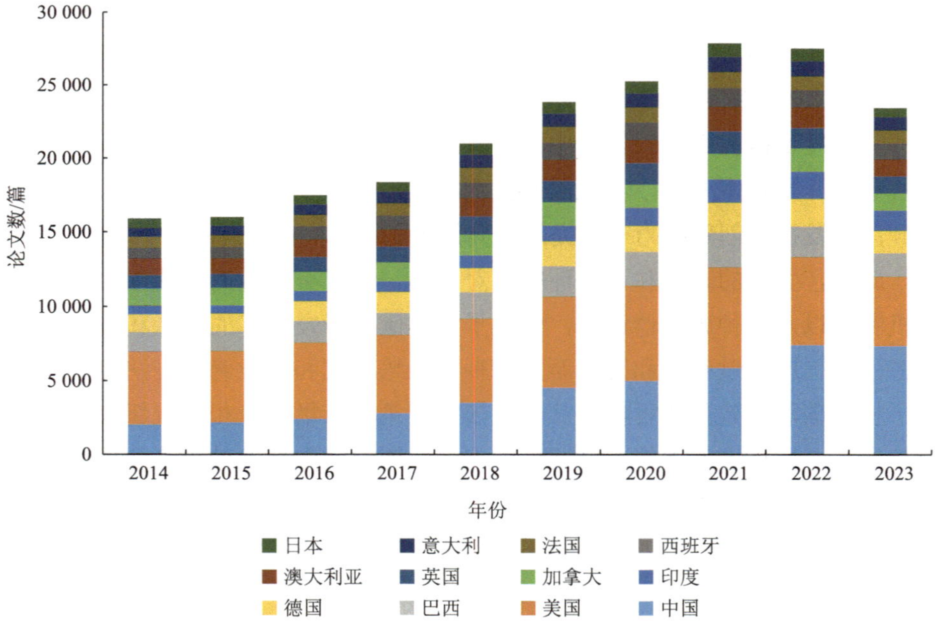

图 4-33　碳汇开发技术论文数

4.1.3　气候投融资行动进展

1. 国家财政预算用于气候行动的规模

目前，大部分国家尚未在国家预算中对气候行动相关支出进行专门、全面的披露。新西兰与南非在信息披露方面最为领先。在已披露相关信息的国家中，小岛屿发展中国家在资金规模上明显落后于发展中国家，但在占比上表现最好。多米尼加的气候相关预算占比最高，达 21.1%。部分发达国家，如法国和德国积极投资气候行动（占比分别为 8.1%与 10.3%），但统计中大部分发达国家财政预算用于气候行动的比例均低于 1%。值得注意的是，部分国家的预算并没有落实到行动。例如，有报道指出，德国 2023 年气候与转型基金仅花费了一半。巴基斯坦 2022~2023 财年的相关预算也仅支出了一半。

国家财政预算作为政府编制、立法机关审批的政府未来财年内收支状况的计划，其具体支出科目和预算规模体现了各国政府活动的重点和优先事项。面对气候变化这一严峻挑战，需要将绿色低碳可持续发展的理念融入国家财政预算编制过程中，利用国家公共资金支持清洁能源开发、能源效率提升、低碳基础设施投资、环境治理与生态保护等行动。因此将气候行动融入财政预算编制，对促进气候投融资具有重要意义。一是政府对气候友好型项目的财政支出可以降低一些气候友好型项目的早期投资风险，为私人投资进入创造机会；二是弥补某些私人资本难以进入领域的资金缺口，如一些适应活动和自然保护项目；三是为一些低碳产品创造市场需求，推动低碳技术的规模扩增。

基于各国政府发布的预算文件、统计报告、部门新闻与第三方报道等数据来源，对各国 2024 年可获取的最新财年总预算与用于气候相关行动的预算计划进行分析，以评估政府财政预算支持气候行动、促进气候投融资的进展。

本次统计了 30 个国家的国家财政预算用于气候行动的规模。图 4-34 展示了气候行动预算占比与各国财政预算规模的情况。从预算占比看，大多数国家（17 个）的气候相关项目预算占总预算比例低于 1%，剩余 13 个国家的气候行动相关预算分布在 3%到 21.1%之间。所有披露气候相关预算信息的国家中，气候行动预算占比最高的国家是多米尼加，其气候行动的主管部门预算占国家预算的 21.1%。在发达国家中，德国的气候预算支出占比最高，为 10.3%。美国气候行动相关项目的预算绝对规模最高，达 700 亿美元，但由于美国的财政总预算也最高，因此占比小于 1%。

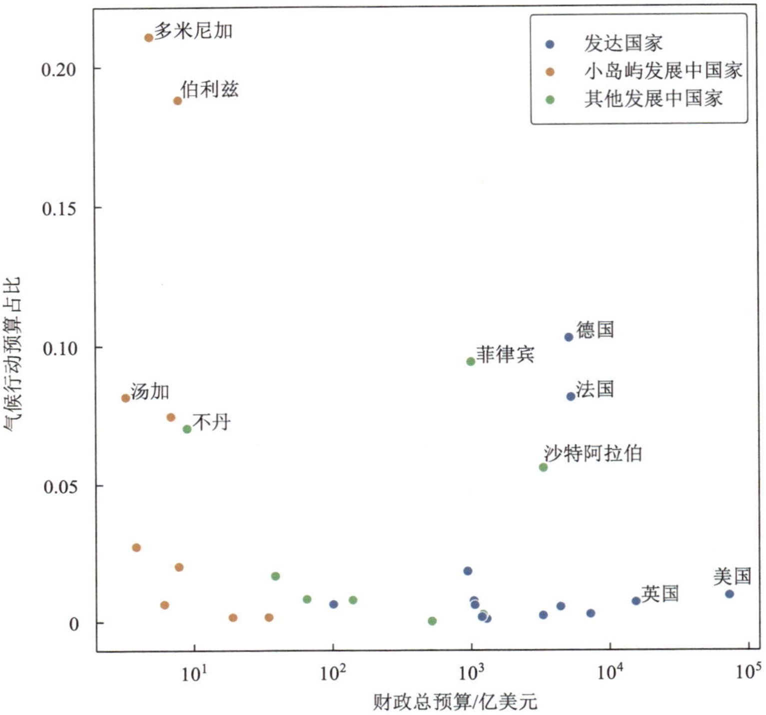

图 4-34　气候行动预算占比与各国财政预算规模情况

尽管小岛屿发展中国家在资金规模上明显落后于发展中国家，但从图 4-35 上可以看出，小岛屿发展中国家在气候行动预算占比上表现最好。除德国（10.3%）、法国（8.1%）与芬兰（1.8%）外，其余 10 个发达国家的气候行动预算占比均低于 1%。

值得注意的是，在信息披露质量上，从图 4-36 可以看出，目前只有少数国家进行了明确的气候行动相关支出的核算。信息披露程度最佳的国家是新西兰，其《环境相关支出的估计》（Estimate of Environmental Expenditure）在方法学与数据上都全面而清晰。南非的《南非气候金融现状》（The South African Climate Finance Landscape）则对国内的各项资金来源与用途进行了全面统计。澳大利亚在预算中对气候支出的方法学进行了清晰、完善的定义，但尚未覆盖已有项目。不丹则针对四个部门引用了气候预算标签，将支出分类为减缓、适应、能力建设与无关三类。

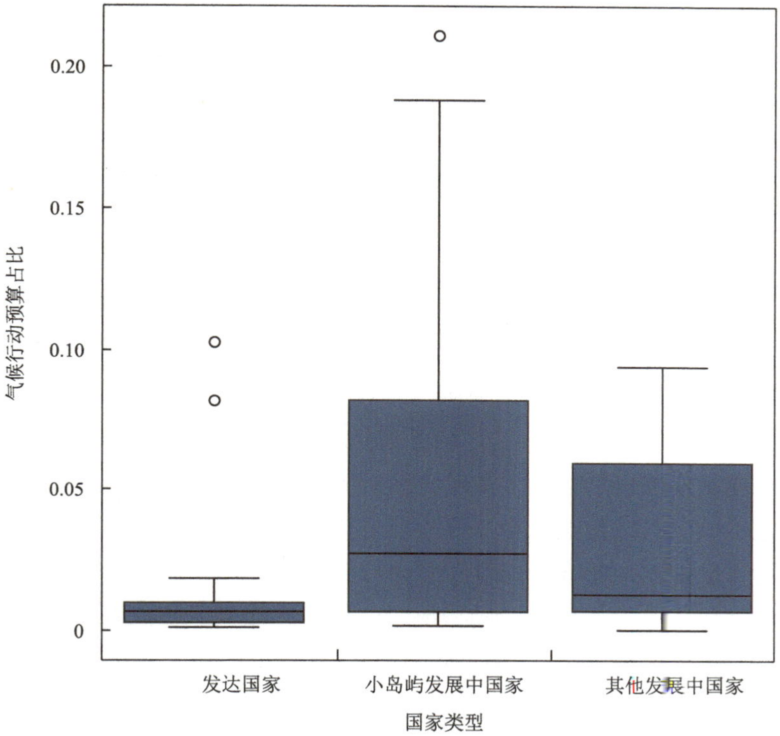

图 4-35　不同类型国家的气候行动预算占比统计

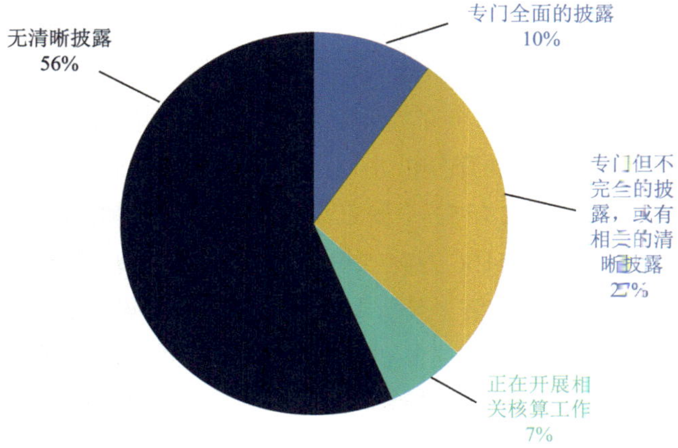

图 4-36　各国的气候行动支出信息披露情况

财政预算作为政府直接支配和使用的公共资金，其规模有限且不同用途之间存在竞争，其分配体现了政府的工作重点。专门、全面、透明的信息披露有利于气候行动的进展跟踪与评估，对实现不同目标间的权衡也有重要作用。各国应当将气候行动与其他可持续目标纳入财政预算的规划中，加强信息披露，以提高公共支出的可持续发展与社会效益。各国应进一步提高气候相关行动的预算占比，并将预算落实到行动，以保障气候行动目标与规划的实现。

2. 各国碳定价机制进展

截至 2023 年，全球共有 37 个碳排放权交易机制（emissions trading system，ETS），这 37 个碳税机制覆盖 49 个国家与全球 23.11%的温室气体排放。相比 2022 年，全球碳定价机制日渐完善，有两个国家新增了 ETS，但距离全球普及仍有相当距离。碳价从 2022 年的 13.5 美元/吨二氧化碳当量上升至 14.2 美元/吨二氧化碳当量，但仍然远低于实现《巴黎协定》温控目标所需水平。

碳定价机制可以为全社会气候投融资创造显性的市场激励。碳定价机制通过对人为排放的二氧化碳等温室气体进行收费，使温室气体排放产生的负外部性影响内部化，以价格信号激励排放者做出减排或付费的决策，因此碳定价机制能够抑制对化石燃料生产和消费的投资。由于低碳技术的经济竞争力提升，碳定价机制还能够激励社会资金支持气候投融资活动。同时，碳定价机制还可以为政府带来更多财政收入，缓解财政压力，并且增加对气候行动和可持续发展的公共资金支持。

由于碳定价机制对于引导气候投融资具有独特作用，追踪各个国家与地区的碳定价机制的进展成为评估全球气候投融资进展的重要一环。本节基于世界银行集团数据，对截至 2023 年的全球各国碳定价机制的建立及进展开展评估，并就其趋势、地域特征等展开分析。

截至 2023 年，全球共有 51 个国家设立了碳定价机制。49 个国家有碳交易或碳税机制，二者覆盖了 1166 万吨二氧化碳当量，占全球排放量的 23.11%，相比 2022 年的 23.17%略有下降，但基本相同。在已实施碳定价机制的国家中，仅有碳税的国家是 4 个，仅有碳交易机制的国家是 17 个，仅有碳信用机制的国家是 2 个。同时设置碳信用与碳交易机制的国家，以及同时设置碳信用与碳税机制的国家均为 4 个，同时设置碳税与碳交易机制的国家共 16 个，有 3 个国家三种机制同时存在。2023 年新增 2 个碳交易机制，即印度尼西亚 ETS（Indonesia

ETS）与澳大利亚减碳保障机制。

从碳价水平来看，2023 年全球加权平均碳价略微上升。2023 年，全球加权平均碳价为 14.2 美元/吨二氧化碳当量。不考虑通胀的情况下，全球加权平均碳价相比 2022 年上升 0.7 美元/吨二氧化碳当量。具体到机制上，相比于 2022 年，2023 年共有 35 个机制的碳价上升，9 个机制的碳价下降。中国深圳、日本东京与美国马萨诸塞州的 ETS 碳价上涨最为显著，是前一年的十倍以上，而日本琦玉、新西兰、加拿大魁北克与韩国的 ETS 碳价下跌超过 20%。

图 4-37 展示了全球各国碳定价机制的碳价水平。可见，大部分国家的碳价尚不足以实现具有雄心的气候目标。根据国际货币基金组织的研究，为了将全球变暖限制在 1.5~2℃以内以避免气候灾难，全球平均碳价需要在 2030 年达到 75 美元/吨二氧化碳当量。2024 年，碳价高于这一目标的机制仅有 9 个，除乌拉圭外均为欧洲国家。同时，乌拉圭也是全球碳价最高的国家（155.86 美元/吨二氧化碳当量）。大部分国家的碳价距离 75 美元/吨二氧化碳当量仍有相当大的距离。

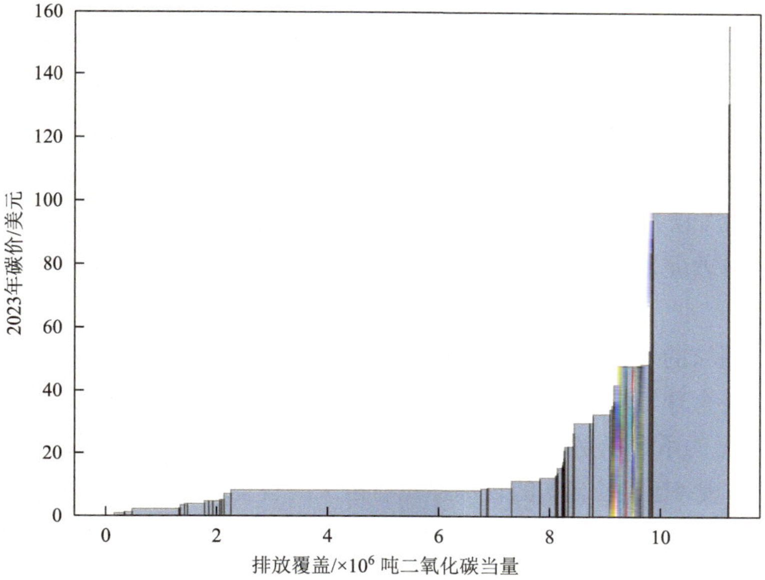

图 4-37　全球各国碳定价机制覆盖温室气体排放量及对应碳价水平

目前全球碳定价机制覆盖的国家与排放量仍然不足，定价水平较低，且普及速度与价格上升速度都有待提升。当前，碳定价机制在激励企业与投融资机构减少碳排放方面的作用仍然不足。在能源危机与高通胀的背景下，许多国家通过降低能源税、增加化石能源补贴、实施价格管制等方式降低了能源价格，使碳定价的政治与经济背景变得更加复杂。为实现气候目标，各个国家应当加速碳定价机制的推广，并提高碳价。各国需要针对自身的情况，选用合适的机制、覆盖面与价格，以实现气候行动与其他目标的协同。

3. 发达国家气候资金承诺与国际气候资金落实情况

发达国家的国际气候资金出资承诺有所提升，但距 1000 亿美元的出资目标仍有较大差距，需要关注并跟踪发达国家出资承诺的具体落实情况。各国资金的出资承诺完成的情况存在巨大差异。此外，新的融资机制成立，COP28 新设立了损失与损害基金，已有部分国家承诺向其注资。

资金是解决气候变化问题的关键，发达国家兑现资金承诺是发展中国家的重要关切。在 2009 年《联合国气候变化框架公约》第 15 次缔约方大会（15th Conference of the Parties，COP15）上，发达国家承诺在 2020 年之前每年提供至少 1000 亿美元资金帮助发展中国家应对气候变化挑战。这一目标在《联合国气候变化框架公约》第 16 次缔约方大会（16th Conference of the Parties，COP16）上正式确定，在《联合国气候变化框架公约》第 21 次缔约方大会（21st Conference of the Parties，COP21）上得到正式确定并延长至 2025 年。COP26 决定将“长期气候资金”谈判议程延续至 2027 年，并于 2024 年制定 2025 年后新资金量化目标，同时敦促发达国家到 2025 年将适应气候资金总额在 2019 年基础上至少增加一倍。

发达国家的气候资金出资承诺对帮助最脆弱国家应对气候变化意义重大，有助于提高全球气候融资的力度和可预测性。为了避免气候变化达到危险水平，1000 亿美元的承诺已是微不足道，而十多年后发达国家仍迟迟未能履行这一承诺，因此实现《巴黎协定》的目标存在着巨大的资金缺口。发达国家每年的出资情况可以反映实现该目标过程中遇到的问题，尽快实现出资和资金的优化分配有着重要的意义。而发展中国家实际收到的资金情况也可以反映国际气候资金流动、相关信息披露的现状和存在的问题。本节主要对发达国家两年期报告（biennial report，BR）中通报的资金情况、发展中国家通报收到的资金规模以及发达国家的国际气候资金承诺进行评估。

32 个发达国家在提交的两年期报告中提供了国际气候资金的出资承诺，其中 22 个缔约方承诺提供的公共资金与此前相比有所增加，仅捷克一个国家承诺提供的公共资金量有所减少。图 4-38 展示了这些发达国家承诺的国际气候资金的出资规模、GDP 与碳排放的情况。其中，日本承诺的出资规模继续在发达国家中遥遥领先。日本承诺在 2021~2025 年提供 65 000 亿日元的气候资金，并曾在 COP26 上宣布，在此期间额外提供多达 100 亿美元的资金，以助力发达国家完成 1000 亿美元的出资目标。加拿大、芬兰、爱尔兰、新西兰等八个缔约方宣布或重申，它们计划提供的气候资金至少较此前报告的承诺额翻一番。

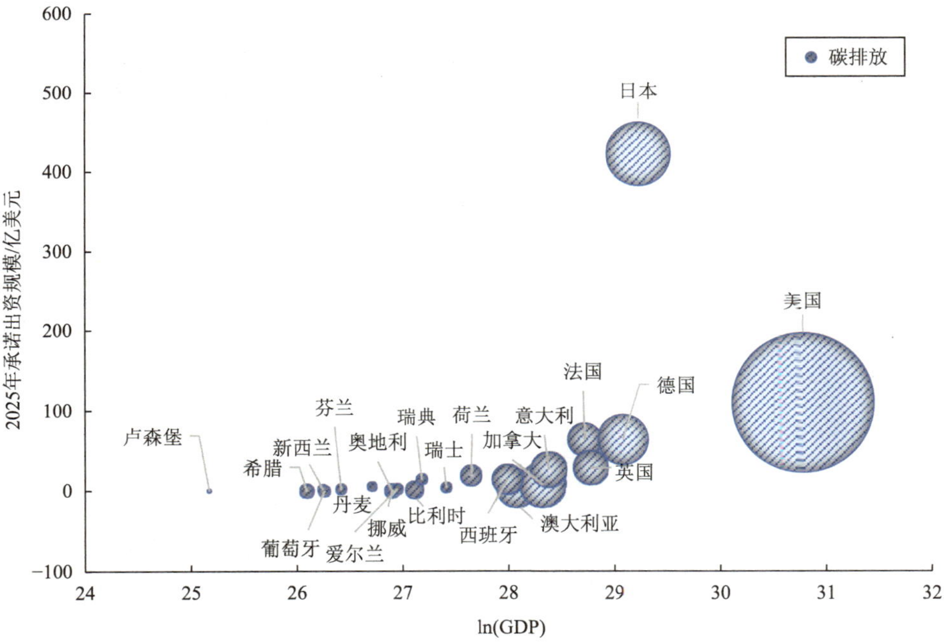

图 4-38　各发达国家国际气候资金承诺出资规模、GDP 与碳排放

将各国的出资目标折算成 2025 年的气候资金出资承诺并进行加总，得到的结果与 2023 年的统计结果的比较如图 4-39 所示。到 2025 年，发达国家的出资总额将达到 947 亿美元左右，与 2023 年的统计结果相比增加了 177 亿美元，但距离 1000 亿美元的目标仍有一定的差距。

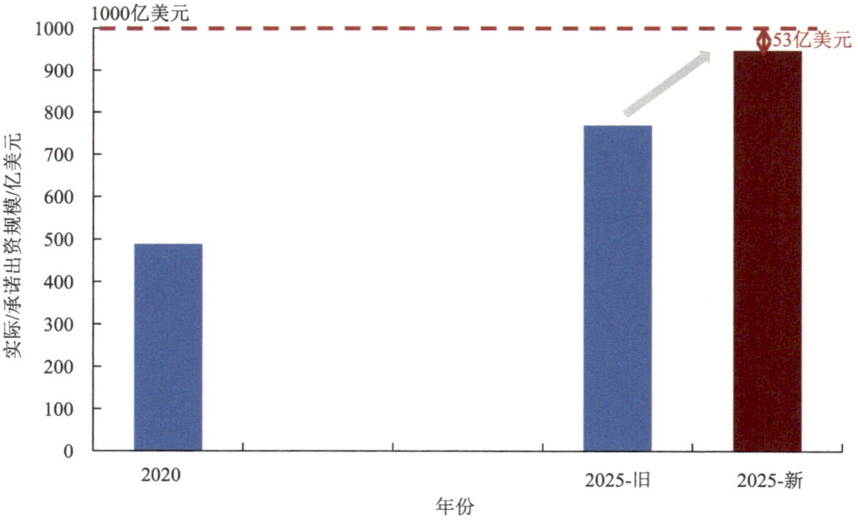

图 4-39　发达国家国际气候资金承诺出资规模与目标差距

在承诺出资规模之外，出资承诺是否真正落到实处也至关重要。本章采用承诺出资完成率衡量不同发达国家的国际气候资金出资行动力度，具体的计算公式为

$$承诺出资完成率 = \frac{2020年实际出资规模}{2025年气候资金承诺} \times 100\%$$

各个国家 2020 年的实际出资规模和承诺出资完成率情况如图 4-40 所示。可以看出，各个发达国家的承诺完成情况差异巨大。瑞士、挪威、卢森堡、比利时等发达国家已超额完成 2025 年出资目标承诺。日本虽然是 2020 年实际出资规模最大的国家，但距其承诺仍有距离。希腊、英国、新西兰距离各自的出资目标还有较大差距。

除此之外，COP28 通过了一项新的融资机制，即通过建立损失与损害基金，帮助受到气候变化负面影响的脆弱国家。截至 2023 年，部分国家或地区已经对损失与损害基金做出了出资的承诺，总金额超过 6.6 亿美元（表 4-3）。其中意大利、法国、德国和阿联酋承诺的注资规模达到了 1 亿美元（图 4-41）。

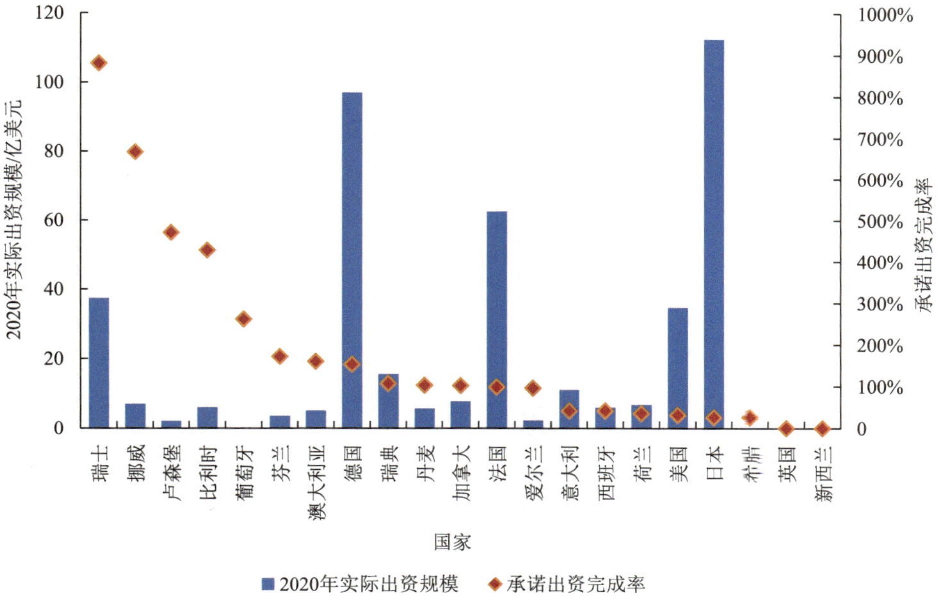

图 4-40　2020 年实际出资规模和承诺出资完成率

表 4-3　损失与损害基金承诺出资规模（单位：万美元）

国家或地区	承诺注资规模	国家或地区	承诺注资规模
加拿大	1 160	荷兰	1 630
丹麦	2 550	挪威	2 500
爱沙尼亚	50	葡萄牙	545
芬兰	326	斯洛文尼亚	163
法国	10 890	西班牙	2 170
德国	10 000	阿联酋	10 000
冰岛	60	英国	5 060
爱尔兰	2 730	美国	1 750
意大利	10 890	欧盟	2 710
日本	1 000		

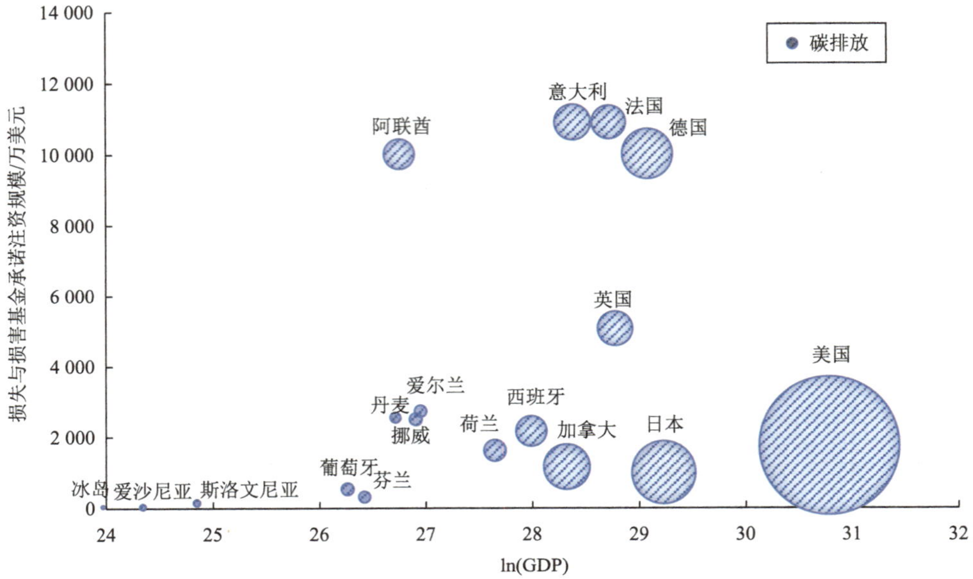

图 4-41 损失与损害基金承诺出资规模与 GDP、碳排放

发达国家气候资金出资承诺与 2022 年相比有所提升，但与 1000 亿美元资金的承诺还有一定差距，发达国家的国际气候资金承诺尚未完全落实。目前，虽然全球气候资金总量持续增长，但总体资金缺口依然巨大。资金对于发展中国家应对气候变化意义重大，发达国家的援助也必不可少，应督促发达国家尽快兑现气候资金出资承诺。与此同时，新的资金机制也逐渐成立，还需继续创新金融工具和国际气候资金合作模式，满足发展中国家应对气候变化的多元化需求。

4. 各国在 GEF 和 GCF 的气候融资贡献

发达国家继续履行多边气候基金注资义务，GCF 的第二次增资（Green Climate Fund-2，GCF-2）规模相比第一次增资有一定提升，部分发展中国家也积极参与注资。截至 2023 年 12 月，31 个国家承诺在 2024~2027 年向 GCF 提供共计 128 亿美元的支持。

GEF 和 GCF 是《联合国气候变化框架公约》下资金机制的经营实体，也是《联合国气候变化框架公约》下规模最大的两只多边基金。GEF 是《联合国气候变化框架公约》《生物多样性公约》《联合国防治荒漠化公约》等国际环境公约的资金实体。在气候公约下，截至 2023 年底 GEF 已为 130 多个国家近 1000 个减缓气候变化项目提供了资金支持，项目产生的温室气体减排量达到 84 亿吨。GCF 旨在支持《联合国气候变化框架公约》和《巴黎协定》的实施，特别是帮助《巴黎协定》缔约方落实其 NDC，其用于减缓和适应项目的资金各占 50%。截至 2023 年底，GCF 已经批准了 100 亿美元资金用于支持在 127 个发展中国家开展的 190 个适应和减缓项目。GCF-1 部分国家承诺气候相关资金规模如图 4-42 所示。由于 GEF 和 GCF 是《联合国气候变化框架公约》下主要的资金流动渠道，发达国家负有向其注资支持发展中国家气候行动的义务，因此评估各国特别是发达国家在 GEF 和 GCF 下的贡献，对于盘点全球气候投融资进展至关重要。GCF 已进行第二次注资，此次增资的主要目的是加强全球对气候变化的应对能力，特别是在发展中国家。这包括支持实施 NDC、加强适应能力、促进可持续能源使用、保护生态系统，以及支持创新技术和市场机制。GCF-2 的目标是筹集更多的资金，以满足全球气候变化行动的需求，特别是在面对日益严重的气候变化影响时。图 4-43 对部分国家在 GCF-2 中的贡献进行了分析。

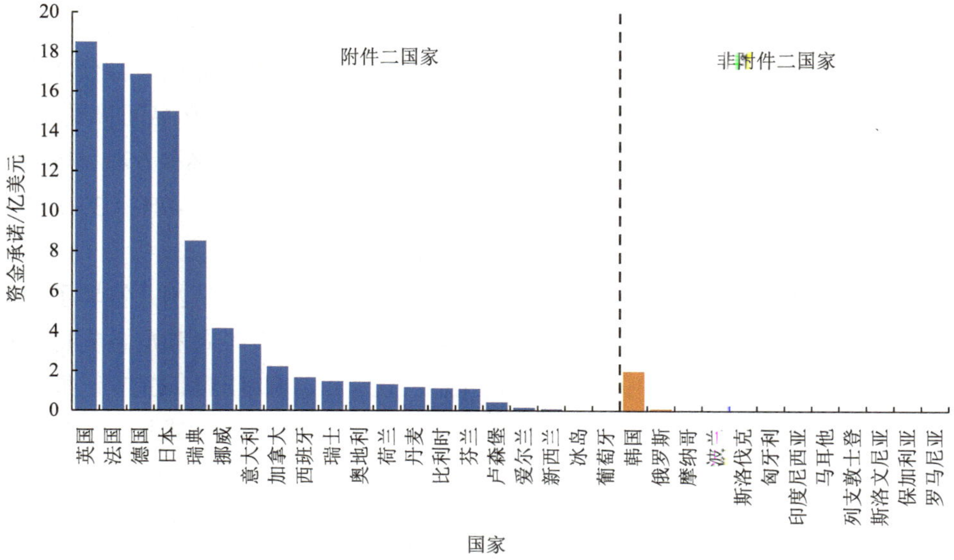

图 4-42　GCF-1 部分国家承诺气候相关资金规模

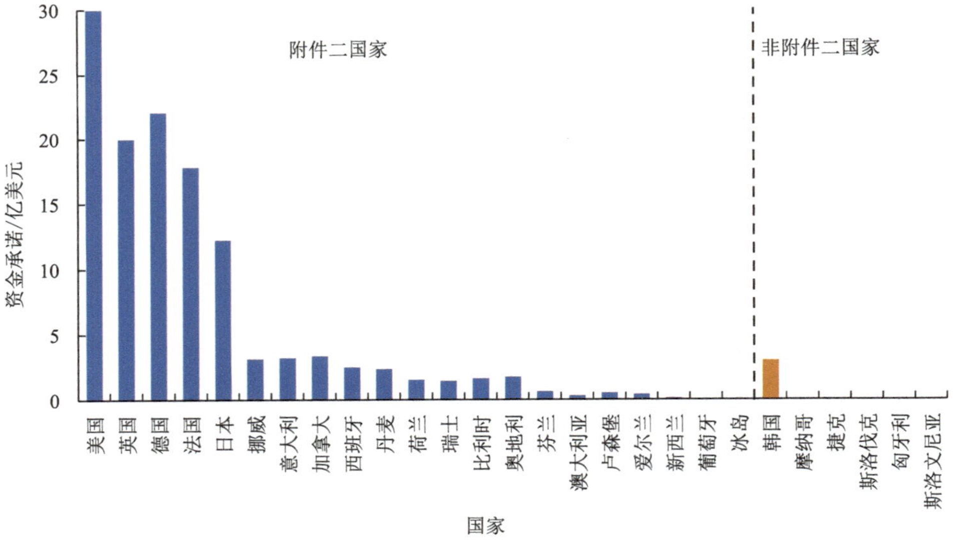

图 4-43 GCF-2 部分国家承诺气候相关资金规模

GCF 继续在其资金窗口下为气候行动提供资源。根据 GCF 董事会第三十六次会议（B.36）的决定，批准项目总数为 228 个，GCF 资助总额为 128 亿美元，其中共同融资为 355 亿美元。根据估计，这些批准的项目和计划项目预计将减少 29 亿吨温室气体排放，并惠及 2.96 亿名直接受益者和 7.23 亿名间接受益者。按名义价值计算，私营部门和公共部门分别占 GCF 资金的 35%和 65%。按赠款等值计算，GCF 投资组合分配中 52%用于适应（41.5 亿美元），48%（37.7 亿美元）用于缓解。

截至 2023 年 7 月 31 日，GCF-1 的所有捐助方均已确定认捐并签署了捐助协议/安排，名义金额相当于 98.7 亿美元。GCF 继续根据其准备和准备支持计划（准备计划）加强对发展中国家的支持。截至 2023 年 7 月 31 日，GCF 已批准了涵盖 142 个国家的 709 项准备请求，包括支持国家适应计划和/或其他适应规划的流程。GCF 已为 709 项准备请求以赠款或技术援助的形式承诺提供 5.2758 亿美元，其中 603 项正在执行或已完成。与此同时，根据 GCF 的 B.33/04 号决定的授权，修订 2024~2027 年准备计划战略的工作已取得进展，初步草案已在 B.36 中提交理事会审议。在进一步开发之后，2024~2027 年准备计划战略将与 USP-2（Updated Strategic Plan 2，更新战略计划 2）更好地保持一致，它将在 B.37 中提交给董事会审议。截至 2023 年 7 月 31 日，GCF 已批准 103 项适应规划提案，另有 33 项正处于审查过程的不同阶段。秘书处继续改进准备提案的批准时间表和支付期限（包括国家适应计划提案）。2022 年提交的提案，从首次提交到批准的审核流程的中位时间降至 99 天，而 2021 年为 162 天，2020 年为 125 天。2022 年提交的提案的支付速度降至 105.5 天，而 2021 年为 168.5 天，2020 年为 441 天。GCF 还通过不同的 GCF 资助窗口继续支持发展中国家在其国家适应计划中确定实施的优先适应事项。根据 GCF-1 目标，优先向特别脆弱的国家分配适应资金，其中 66%的赠款等值资金（65%名义价值）分配给最不发达国家、小岛屿发展中国家和非洲国家。GCF 还继续致力于为国家指定机构、联络点和 AE（Accredited Entities）提供额外指导，以准备范式转变的高影响力适应项目。

5. 各国两年期报告中通报的资金规模

发达国家第五次两年期报告通报的资金规模较第四次有所增加，其中日本通报金额为 450 亿美元，是通报资金规模最大的国家。发展中国家两年期报告提交的信息并不完全，截止到 2024 年 4 月通报收到的资金额约为 500 亿美元，其中印度、印度尼西亚、巴西得到的资金支持较多。

在《联合国气候变化框架公约》下，各国需在两年期报告中通报其贡献和获得的资金规模。本节旨在量化各国从国际、国家和私营部门获得的资金，以支持其应对气候变化的努力。这些资金的用途包括但不限于减缓和适应气候变化的项目和计划、确保透明度和问责机制的落实等。对资金的分析有助于评估全球气候资金流动的现状和趋势，从而推动全球气候融资的协调与优化。本节将对各国在两年期报告中通报的资金规模进行分析。

发达国家第五次两年期报告通报的资金规模较第四次增加了 255 亿美元，增幅 35%，其中，第一次未通报资金规模的美国此次通报金额为 63.5 亿美元。

在资金来源方面，发展中国家的气候资金主要来源于双边融资、多边融资、国内公共资金和私营部门资金。在资金用途方面，这些资金主要用于支持各国实现其 NDC 中的减缓和适应目标。例如，在印度尼西亚，资金主要用于支持气候变化的减缓和适应行动，如可再生能源、森林保护、废物管理等项目；在南非，资金主要用于支持能源部门的改革、可再生能源的发展、城市基础设施的投资等。

在资金差距方面，尽管国际社会已经承诺提供资金支持，但发展中国家在实现其气候变化目标方面仍然面临资金缺口。例如，根据联合国的报告，到 2030

年，发展中国家需要每年投资 1.6 万亿美元来实现可持续发展目标，其中包括气候变化的减缓和适应目标。然而，目前每年的投资仅为 5000 亿美元左右，存在巨大的资金缺口。

此外，发展中国家在获取和使用气候资金方面也面临一些挑战。首先，获取资金的程序复杂，需要满足各种条件和要求，这对于一些能力较弱的国家来说是一个挑战；其次，资金的分配和使用存在不透明性，需要加强监督和评估，确保资金能够真正用于实现气候变化目标。

总的来说，发展中国家在气候资金方面面临资金来源的多样性、资金用途的广泛性和资金差距的挑战。为了实现气候变化目标，需要国际社会提供更多的资金支持，并加强监督和评估，确保资金的有效使用。同时，发展中国家也需要加强自身的能力建设，提高获取和使用气候资金的能力。

6. 各国参与国际气候金融合作倡议情况

截至 2024 年 4 月，加入格拉斯哥净零金融联盟（Glasgow Financial Alliance for Net Zero，GFANZ）的机构有 742 个，签署联合国负责任投资原则组织（United Nations-Supported Principles for Responsible Investment，UN PRI）的机构总数达 5347 个。目前欧洲和北美发达国家仍在持续主导 GFANZ 和 UN PRI 等国际气候金融合作倡议，同时许多发展中国家逐渐显露身影，不断加入倡议的机构，充分提高了倡议成员的多样化程度。但目前有部分发达国家的机构陆续退出 GFANZ 和 UN PRI，这些机构或多或少面临贡献不足、财务资源短缺、政治法律压力问题，这种现象引发了社会各界对国际气候金融倡议的持续质疑。

GFANZ 是 2021 年 4 月由前英格兰银行行长 Mark Carney（马克·卡尼）提倡启动的，以降低全球金融活动碳排放为目标的国际金融组织联盟。GFANZ 致力于对其成员机构提供气候投融资的数据分析与指导，并帮助其制定净零排放转型路线图，从而协助成员机构实现 2050 年净零排放目标。UN PRI 于 2006 年在纽约证券交易所成立，这是一个由全球各地资产拥有者、资产管理者以及服务提供商组成的国际投资者网络，致力于发展全球可持续金融体系。UN PRI 发布了一系列投资原则，用于金融机构对可持续投资的参考，并为其成员提供量化评估 ESG（environmental，social and governance，环境、社会和治理）因素的方法与气候投融资领域的研究报告，旨在帮助投资者认识 ESG 因素对投资价值的影响，进而推动全球可持续发展进程。GFANZ 和 UN PRI 的工作在气候投融资领域发挥着重要的作用，本节对加入 GFANZ 和 UN PRI 的机构数量和类型、时间变化、贡献评价进行整理和评估。

GFANZ 包括净零资产管理者倡议（Net Zero Asset Managers Initiative，NZAM）、净零资产所有者联盟（Net-Zero Asset Owner Alliance，NZAOA）、《巴黎协定》资产所有者联盟（Paris Aligned Asset Owner，PAAO）、净零银行业联盟（Net-Zero Banking Alliance，NZBA）、净零金融服务提供者联盟（Net Zero Financial Service Provider Alliance，NZFSPA）、净零投资顾问倡议（Net Zero Investment Consultants Initiative，NZICI）、风险投资气候联盟（Venture Climate Alliance，VCA）、净零出口信贷机构联盟（Net-Zero Export Credit Agencies Alliance，NZECA）八个倡议或联盟，企业和金融机构可以通过加入这八个倡议或联盟之一成为 GFANZ 成员。截至 2024 年 4 月，加入 GFANZ 的机构共有 742 个，其中 NZAM 倡议包含的成员机构最多，有 325 个，占比达到了 43.8%，加入成员数量最少的是 NZECA 和 NZICI，分别仅有 8 个和 11 个机构，分别占比 1.1%和 1.5%。

截至 2024 年 4 月，GFANZ 成员机构主要来自欧洲和北美发达国家，共 680 个，占比为 91.6%，所有发展中国家成员机构占比仅为 8.4%，发达国家加入的机构数量显著增加，其中美国、英国、瑞士、法国、德国分别增加 71 个、43 个、16 个、14 个、10 个，同时 GFANZ 也在不断增加联盟成员的多样化程度，2021 年在非洲和亚太地区启动了 GFANZ 区域网络，希望全球更多发展中国家的机构加入 GFANZ，2022~2023 年发展中国家加入机构从 5 个迅速增加到 62 个，其中亚洲和拉丁美洲国家增加的机构数量较多，分别为 24 个和 23 个，而非洲国家增加的机构数量仍然较少。

在 UN PRI 签署机构的数量和国家方面，截至 2023 年底欧洲和北美发达国家的数量占绝大多数，共 4621 个，占比 86.4%，而发展中国家的机构数量明显较少，共 726 个，仅占比 13.6%（图 4-44）。2022~2023 年，签署 UN PRI 的机构数量和国家数量均较为稳定，分别减少 4 个和 2 个，分别仅占 0.07%和 0.04%；其中发达国家机构数量总体有所减少，共减少 25 个，而发展中国家机构数量总体有明显的增加，共增加 21 个。如图 4-45 所示，截至 2024 年 4 月，减少机构数量最多的国家包括美国、英国、荷兰、新西兰、瑞典，减少比例从 3%~5%不等，多为欧美发达国家；增加机构数量最多的国家包括西班牙、日本、新加坡、印度、韩国，增加比例从 6%~20%不等，多为亚洲、欧洲国家。就地区而言，欧洲和北美增加和减少机构数量均大于 10 个，亚洲增加机构数量 13 家，仅减少 1 家，说明亚洲签署倡议更加积极，拉丁美洲和非洲增加和减少机构数量均小于 5 家，说明其对 UN PRI 参与积极性较弱。

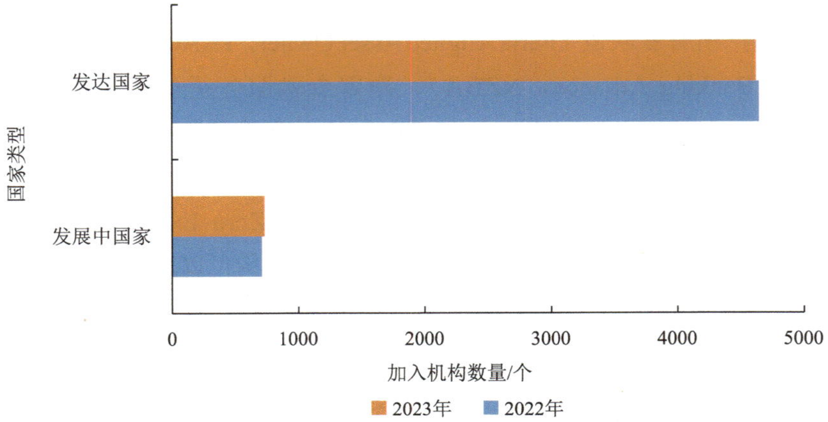

图 4-44　发达国家和发展中国家加入 UN PRI 的机构数量

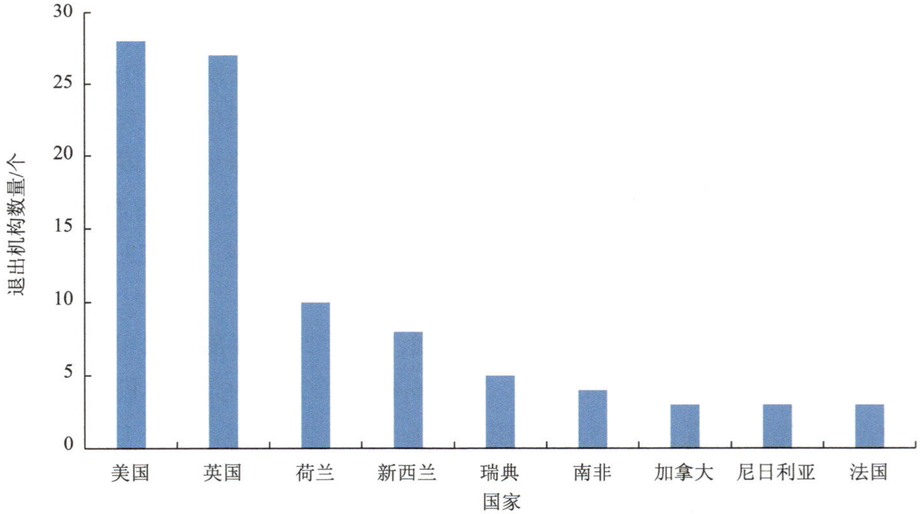

图 4-45　各国退出 UN PRI 的机构数量

需要注意的是，GFANZ 和 UN PRI 等国际气候金融倡议中陆续有发达国家机构退出，这种现象对倡议的贡献和成效提出了质疑和挑战。GFANZ 的首要目标是最迟在 2050 年实现净零排放，但 COP26 上提到，部分 GFANZ 加入机构仍在维持不符合《巴黎协定》目标的投资。例如，化石燃料投资方面，一项分析显示花旗集团和美国银行在支持化石燃料公司扩张方面的支持力度比其他 NZBA 成员的银行都要高，英国法律综合投资管理公司（Legal & General Investment Management，LGIM）作为 NZAM 中最大的英国公司，截止到 2023 年 9 月在化石燃料开发商中持有至少 130 亿美元的资产。规则制定方面，《卫报》揭露了 GFANZ 规则中的“洗绿”漏洞，这些漏洞将允许 GFANZ 成员在 2023 年以后保持对煤炭和其他化石燃料的现有投资。此外还有部分机构因为一系列问题而陆续退出 GFANZ，如美国先锋领航集团（Vanguard Group）、英国劳埃德保险集团（Lloyd’s of London）、法国安盛集团、德国安联集团、日本损保控股有限公司都陆续因为政治和法律压力而退出，澳大利亚退休基金协会、奥地利养老基金管理公司和德国慕尼黑再保险集团则宣布因为财务和资源问题退出 GFANZ。

与 2022 年相比，2023 年部分发达国家签署机构存在退出 UN PRI 的情况，其中美国和英国成为退出倡议机构数量最多的国家，退出的机构数量分别达到了 28 个和 27 个，这些机构的退出与 UN PRI 内部的管理问题以及所在国的政治和法律压力密切相关。合作障碍方面，例如，根据美国的证券法和反垄断法，签署 UN PRI 的机构有被视为“集团”的法律风险；“安静外交”类型的机构可能会处于不利地位，如 2016 年有提案要求埃克森美孚和雪佛龙披露更多气候变化信息，但部分机构因为没有投票支持这一强制性提案而受到批评乃至遭到被“除名”的威胁；内部治理问题也会导致成员退出，2013 年 6 家丹麦养老基金机构对 UN PRI 的管理方式表示担忧，认为其缺乏民主和透明度，最终导致这 6 家丹麦养老基金机构公开决定退出 UN PRI。

目前 GFANZ 和 UN PRI 等国际气候金融倡议的成员机构主要是以欧洲、北美地区为主的发达国家机构，并且加入 GFANZ 的发达国家机构仍然在继续增加；同时发展中国家逐渐在国际气候金融合作倡议中崭露头角，GFANZ 和 UN PRI 中发展中国家机构迅速增加，国际气候金融合作需要且正在听到更多来自发展中国家的声音。国际气候金融倡议在全球可持续金融体系建立中发挥着重要的作用，但这些倡议也面临着一些质疑和挑战，如 GFANZ 面临缺乏限制化石燃料措施和“洗绿”规则漏洞的质疑和批评，以及机构自身和政治法律等内外因素而导致的成员退出问题；UN PRI 也面临发达国家机构明显退出、所在国家政治法律压力、自身治理导致的一系列问题，反映了依靠自愿的方案实现气候目标的弱点。

4.1.4 化石能源转型进展

碳中和路径的核心是以具有碳中和属性的可再生能源替代会破坏全球碳循环系统的化石燃料。两次工业革命使得人类社会大量使用以煤炭、石油和天然气为主的化石能源实现社会的生产和发展，而可持续发展和气候变化的议题需要人类社会逆转这一趋势，逐步淘汰化石燃料。在化石燃料相关产业发展中，由政府主导的化石燃料补贴被视为碳中和进程的重要阻碍要素。化石燃料补贴是指政府为了降低化石燃料价格而对生产或消费化石燃料的企业或个人提供的经济支持。虽然在一些国家，化石燃料补贴被视为支持国内经济发展的重要措施，但是这种政策受到国际社会普遍的反对，因为它鼓励了对化石燃料的过度消费，还可能削弱清洁能源技术的发展，不利于各国乃至全球碳中和目标的实现。因此，许多国家已经开始采取措施逐步减少和最终消除化石燃料补贴，并逐步推广清洁能源。在 2021 年达成的《格拉斯哥气候协议》中，也要求各国逐步淘汰低效化石燃料的补贴。

本书搜集的化石燃料占总能源消耗的比例显示，2022 年全球仍有 9 个国家的能源结构中 100%均来自化石能源，以中东地区的化石能源富集地区为主。此外，本书还搜集了全球各国化石能源的补贴比例，为了有可比性，报告计算了单位 GDP 的化石燃料补贴，并选择了排名前 15 的国家展示在图 4-46 中。从图 4-46 中可见，以中亚（乌兹别克斯坦、土库曼斯坦）、北非（利比亚、阿尔及利亚）和中东（埃及）为主的国家都是通过化石燃料的补贴措施激励化石能源的使用。这些国家大部分拥有非常丰富的化石燃料资源，相关产业也是支持国家发展的命脉，其转型需要付出高昂的成本，难度巨大，在全球转型进程中需要得到更多的重视和国际合作的支持。

4.1.5 国际合作行动进展

实现全球碳中和需要世界各国的集体努力。由于发展阶段不同，各国在历史排放、技术水平和碳减排成本等方面存在着诸多差异。各国之间的资金、技术合作能够促进低成本减排技术在全球的应用和发展中国家能力建设，为全球协调一致以成本效益最优的路径实现《巴黎协定》目标提供支撑。全球应对气候变化的行动可以被归类为设立目标和落实行动两大阶段。设立目标指的是各

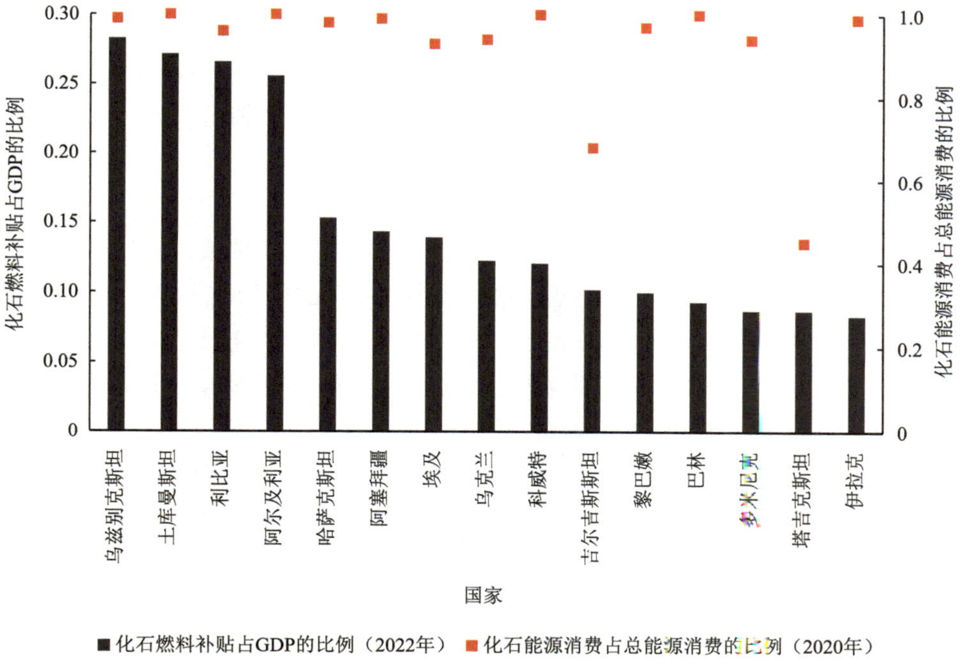

图 4-46　各国化石燃料补贴占 GDP 的比例及化石能源消耗占总能源消费的比例

个国家通过谈判达成条约，并最终确定相应减排目标的过程；落实行动指的是各国为达成目标采取的措施，通常包含促进减排技术成本下降及广泛应用的多种手段。

在设立目标阶段，各国需要协商并就应对气候变化的全球目标和机制达成一致，这种各国达成一致、签订条约的过程是一类国际合作。在落实行动阶段，各国目标是降低全球减排成本，以成本最优的方式实现低碳转型，因为不同国家发展阶段不同、科技水平不同，所以先进技术的发展与其在国家间的转移是全球实现碳中和的必然要求与助推器，这种技术转移是另一类国际合作。两类国际合作中，前者能否达成往往取决于减排技术的成本，随着减排技术成本下降，各国将更有信心达成应对气候变化的国际合约并设立更具有雄心的减排目标；而后者是低成本减碳技术能在全球普及的关键，即前者能否实现的关键。本节所讨论的国际合作指的是落实行动阶段的技术转移。

但是国际合作涉及的领域、政策十分多样，同时存在着阻碍和促进国际合作的多种力量，很难直观呈现当前碳中和进程中各国进行国际合作的水平。因此，本节将以碳中和相关技术在全球的应用为切入口，从当前全球存在的阻碍力量（指标 2）和全球促进碳中和的合作力量（指标 1）角度来对全球当前国际合作发展的趋势进行梳理，以还原一个碳中和国际合作的具体图像。

1. 对外援助

本节主要发现：能源领域是国际技术转移项目的主要领域，占 2023 年 3 月至 2024 年 3 月期间各国上传的双年报中碳中和相关的国际技术转移项目（简称为“更新的碳中和相关项目”）的 52.1%；软性支持是国际技术转移项目的主要支持类型，占更新的碳中和相关项目的 80.1%。值得注意的是，不同国家在双年报中披露国际技术转移项目的数量与质量有显著差异。

国际技术转移是指国家之间交易、转让特定生产技术及其相关权利的行为。在全球碳中和过程中，国际技术转移包括风能发电、光伏发电、水力发电等减缓技术，抗旱作物、灾害预警系统等适应技术，以及节能实践或设备使用技能培训等软技术。联合国政府间气候变化专门委员会的《全球升温 1.5℃特别报告》分析认为，到 2050 年温室气体的增加将主要来自发展中国家。技术创新正在成为各国深化行业减排的关键手段。这意味着各国，尤其是发展中国家，需要国际技术转移来支撑其深度减排，加速全球碳中和进程。

本节基于 2023 年 3 月至 2024 年 3 月上传的 2022 年 BR，对国际减缓技术转移项目的进展进行了评估。BR 是《巴黎协定》规定下，由《联合国气候变化框架公约》附件一缔约方，即 OECD 中的所有发达国家和经济转型国家，提交给《联合国气候变化框架公约》的报告中载有各国减缓行动方面的需求和接受援助的信息，整理规范，数据翔实，具有良好的客观性和可信度。而由于 BR 仅由附件一国家提供，无法追踪南南合作式的技术转移。因此本节目前仅追踪附件一国家主导的国际技术转移，未来在更多数据的支撑下将考虑扩大追踪范围。

2023 年度更新的碳中和相关项目的领域占比如图 4-47 所示。其中能源领域依旧是主要领域，约占 52%；其次是林业，约占 10%；农业、第二产业、基础设施相关项目占比相近，分别占 7%、8%和 6%。这些领域的项目保持了和上一年相近的占比，依旧是国际技术转移的热点。

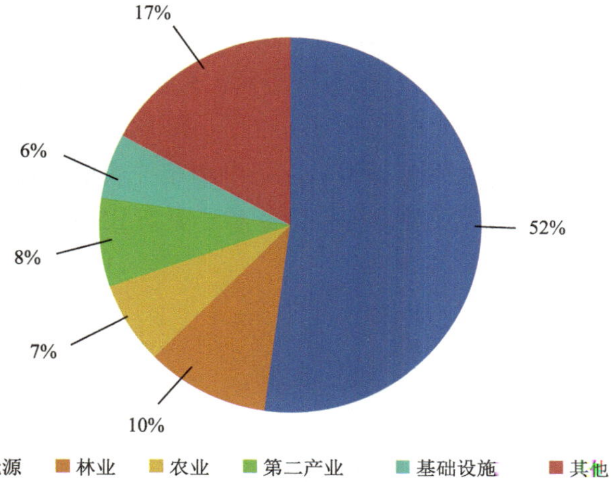

图 4-47　更新的碳中和相关项目的领域占比饼状图

同时，2023 年度中出现了一些不以具体领域为导向的国际技术转移项目，如德国、荷兰披露有帮助发展中国家评估、制定各自自主减排目标的资金援助或派遣专家的项目；荷兰、冰岛披露有帮助发展中国家的女性在气候谈判等场合更好发声的培训项目等。

从项目的支持类型来看，软性支持占到了 80%（图 4-48），各类领域内的软性支持占比也大都维持在 70%以上的高占比，这均比上年有了一定的提高。以项目数量最多的能源领域为例，软性支持的占比由去年的 47.8%上升至 77.3%。由此可见，更新的项目大多倾向于提供技术帮助或发展建议，而非援助资金或设备。

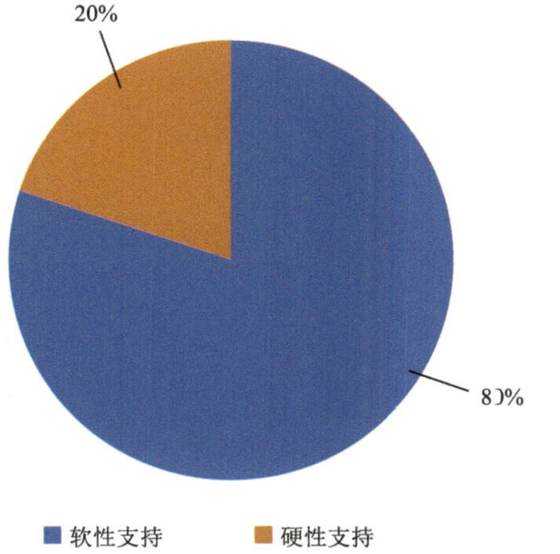

图 4-48　更新的碳中和相关项目的支持类型饼状图

此外，更新的碳中和相关项目可以反映出不同国家对 BR 的态度差异。从项目数量来看（图 4-49），有 33.3%的国家没有披露任何项目，11.1%的国家披露的项目中没有与碳中和相关的；与此同时，有 18.5%的国家披露超过 20 条碳中和相关的项目，二者之间差异明显。碳中和相关项目的数量差异可以大体反映项目总数的差异，进而反映出各个国家对于更新 BR 的态度差异。

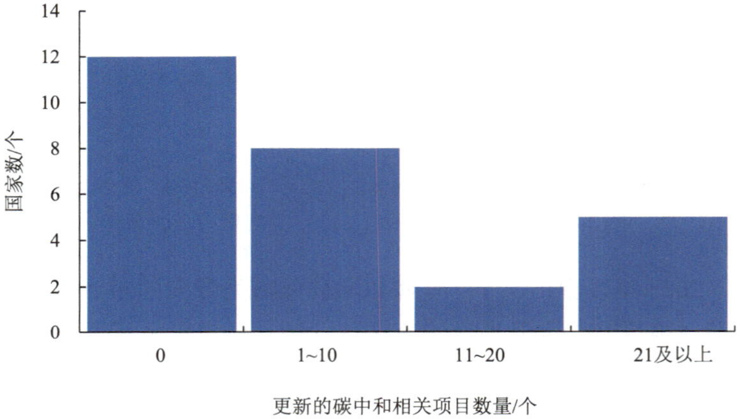

图 4-49 更新的碳中和相关项目数量的分布直方图

从项目描述的长度来看（图 4-50），在有碳中和相关项目更新的国家中，46.7%的国家对于项目的描述相对简单，只有不超过 60 个词；还有 13.3%的国家对于项目有超过 120 个词的详细描述。描述的长度可以体现国家对于项目描

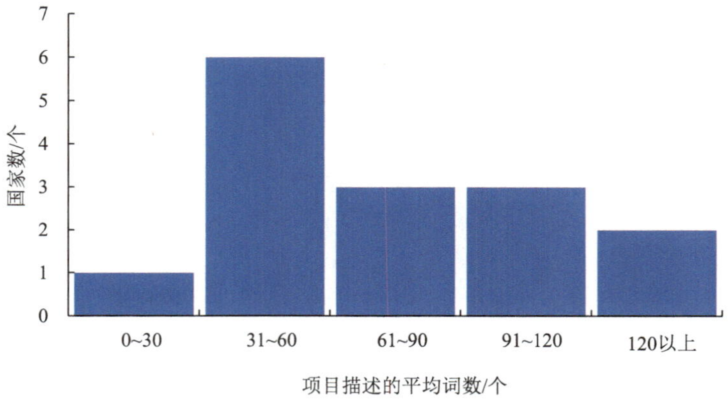

图 4-50 更新的碳中和相关项目描述的平均词数的分布直方图

述的详细程度。有的国家的项目描述仅包含简单的主题概括，而部分国家有分阶段多维度的项目计划或记录。详细程度的差异不但在项目落实的过程中产生影响，还会影响对于国际技术转移的量化评估。

总而言之，能源领域依旧是国际技术转移项目的主要领域；软性支持依旧是国际技术转移项目的主要支持类型，而且软性支持的比例在上升。另外，不同国家在 BR 中披露国际技术转移项目的数量与质量有显著差异。

面对《联合国气候变化框架公约》所述的“共同但有区别的责任”，BR 中出现了关于帮助发展中国家制定其自主减排目标的项目，说明发达国家正在努力引导发展中国家在发展过程中考虑应对气候变化的议题，发展中国家正在努力承担共同应对全球气候变化的责任。但是 BR 中更新的碳中和相关项目中软性支持的比例上升、部分国家过少的披露和过于简单的项目描述，也使国际技术转移项目的评估和监督受到一定阻碍。

2. 技术转移合作壁垒

本节统计了与碳中和相关技术有关的贸易政策，主要分为欧盟政策和美国政策两类进行整理和分析，如表 4-4 所示。欧盟主要的碳中和技术贸易壁垒政策中，《净零工业法案》关注可再生能源、生物燃料、电池等产业，目标是到 2030 年至少 40%的战略净零产品为本土制造；《关键原材料法案》通过增强欧盟冶炼制造行业、提高回收比例和质量、投资相关领域研究保证可再生能源等领域原材料供应安全；可持续钢铝全球安排旨在解决欧盟和美国之间的钢铝贸易争端，促进钢铝贸易碳排放关税的谈判；《欧盟电池与废电池法》（简称《欧盟新电池法》）规定自 2024 年 7 月起，出口到欧洲的大部分电池必须提供碳足迹声明和标签。美国主要的碳中和技术贸易壁垒政策中，《通胀削减法案》从光伏、电动汽车、电池等行业着手，通过产业补贴、税收减免、刺激消费端，激励本土制造和消费；《基础设施投资和就业法案》结合税收抵免政策、关键原材料采购限制、先进电池本土生产等政策，力图重构新能源汽车产业链；《通过管理反倾销和反补贴税法完善和加强贸易救济执行规定》增加政府不作为的补贴方式，针对东南亚光伏产业开展新一轮“双反”调查。

表 4-4 欧盟和美国主要碳中和技术贸易壁垒政策

经济体	政策	时间	涉及产业
欧盟	《净零工业法案》	2023 年 3 月 16 日颁布 2024 年 5 月 27 日通过	可再生能源、生物燃料、电池、CCUS、电力传输
	《关键原材料法案》	2023 年 3 月 16 日颁布 2024 年 3 月 18 日通过	原材料开采和冶炼、原材料贸易、可再生能源、航空航天等
	可持续钢铝全球安排	2021 年 10 月 31 日提出	钢铁和铝开采、冶炼、贸易、回收
	《欧盟新电池法》	2020 年 12 月 10 日颁布 2023 年 6 月 14 日通过	电池制造、电动汽车、可再生能源、再生材料制造和回收等
美国	《通胀削减法案》	2022 年 8 月 16 日颁布 2022 年 9 月正式立法	电动汽车、电池、可再生能源等
	《基础设施投资和就业法案》	2021 年 7 月 1 日颁布 2021 年 11 月 6 日通过	电动汽车、交通基础设施、可再生能源、环境修复、互联网设备等
	《通过管理反倾销和反补贴税法完善和加强贸易救济执行规定》	2024 年 3 月 25 日通过 2024 年 4 月 24 日生效	东南亚光伏产业

欧盟和美国的碳中和技术贸易壁垒政策整体上呈现出传统贸易壁垒逐渐回归、各类反补贴调查重新启动的趋势。其中欧盟委员会于 2024 年 2 月 16 日对保加利亚电动机车公共采购投标项目的“中车青岛”发起有关外国补贴的进一步审查，4 月 3 日对参与罗马尼亚光伏园区公共采购招标项目的隆基绿能科技股份有限公司、上海电气英国公司、上海电气香港国际工程公司发起有关外国补贴的进一步审查，4 月 9 日宣布将对中国风力涡轮机供应商展开调查，其理由是认为中国政府为企业提供廉价涡轮机和宽松融资条件破坏了欧盟市场的公平竞争；美国也于 4 月 24 日增加政府不作为的补贴方式，取消跨境补贴原有限制，对东南亚光伏产业开启新一轮“双反”调查。

然而这些“卷土重来”的贸易壁垒政策，其具体内容却呈现出新的变化，本节将 2013~2024 年欧盟碳中和技术贸易壁垒政策和“双反”政策涉及的要求进行整理，如表 4-5 所示，可以发现对最终产品进行“双反”调查仍然是主要的方式，传统的增加最终产品关税等措施逐渐减少，取而代之的是增加一系列限制直接投资、参与竞标、跨境补贴的附加要求，并且逐渐出现对可再生能源、电动汽车等产业链上游和全产业链的调查和规定。

表 4-5　2013~2024 年欧盟碳中和技术贸易壁垒和“双反”政策要求

时间	政策	关税	最终产品	附加要求	产业链上游	全产业链
2013~2018 年	光伏“双反”	√	√			
2021 年	可持续钢铝全球安排	√		√	√	
2023 年	生物柴油“双反”	√	√			
2023 年	电动汽车“双反”	√	√		√	√
2023 年	《净零工业法案》		√	√		√
2023 年	《关键原材料法案》		√	√	√	√
2023 年	《欧盟新电池法》		√	√	√	√
2024 年	新“光伏‘双反’”		√	√	√	
2024 年	风电“双反”	√	√	√		

从产业链的角度看，欧盟和美国的补贴、规范性要求、安全伙伴等碳中和技术贸易壁垒政策逐渐形成政策组合，针对产业链的各环节形成约束。在光伏领域以需求侧为抓手，促进产业链回流，美国首先通过投资税收抵免或生产税收抵免激励建设风光电厂；其次通过额外补贴政策配合本土生产要求推动产业链回流，如规定制成品中本土制造占比必须超过 40%，2023 年以后逐年提升 5 个百分点至 2025 年提升至 55%；最后通过对东南亚重新开始“双反”调查，降低从东南亚获取低价组件的可能性。在电动汽车领域，规范性要求与生产能力建设并行，美国首先联合欧盟、加拿大、澳大利亚等 10 个经济体建立“矿产安全伙伴关系”，牵头七国集团发起“可持续关键矿产联盟”和“关键矿产俱乐部”；其次促进本土技术研发，为电池产业提供超过 2450 亿美元的联邦投资，从生产端为电动汽车企业技术开发提供资金，大力发展美国国内清洁能源供应链；最后通过额外补贴政策配合本土生产要求推动产业链回流，规定原材料、组件、最终产品满足一定本土生产条件的车辆可以获得消费侧补贴。

结果显示美国的碳中和技术贸易壁垒政策组合获得了一定的成效，2023 年全球主要光伏厂商晶科能源、隆基绿能、天合光能等以及主要电池厂商宁德时代、远景动力、LG 新能源、松下等均已在美国直接或合作建厂，并且美国在 2023 年首次成为在电动汽车和电池制造领域吸引国际投资最多的国家。

尽管欧盟和美国的碳中和技术贸易壁垒政策层层递进，并且在光伏、电池、电动汽车等领域获得了一定的成效，但是也出现了贸易政策的重叠和冲突。可以认为欧盟政策在资金和技术支持方面受到较大的挑战，主要受美国同类政策的影响，产业政策阻力较大，目前实施效果欠佳。在《净零工业法案》实施之后，欧洲氢能行业协会（Hydrogen Europe）、欧洲地热能源委员会（European Geothermal Energy Council，EGEC）、电动汽车平台（Platform for Electromobility）等行业协会欢迎和支持法案的举措，认为其表明了欧盟对工业脱碳的承诺和对可再生能源行业的支持，但是更多的协会和组织表达了其担忧：欧洲化学工业委员会（European Chemical Industry Council，ECIC）指出美国的能源成本显著低于欧盟，波兰钢铁协会（Hutnicza Izba Przemysłowo-Handlowa，HIPH）分析发现美国氢气成本为负的优势会极大限制欧盟的氢技术发展；欧洲光伏产业协会（SolarPower Europe，SPE）警告称欧洲可再生能源企业在使用非欧盟制造技术的条款上存在巨大分歧，可能会破坏法案实施的基础。

对于欧盟的《关键原材料法案》，许多企业和协会也担忧资金、技术、配套政策的缺乏导致行业对法案的响应非常有限。德国工业联合会（Bundesverband der Deutschen Industrie，BDI）表示该法案设定了正确的目标，但忽视了成功实施的工具，尤其缺少资金支持；跨国矿业公司斯班-静水（Sibanye-Stillwater）表示，开矿项目许可延期以及当地居民强烈反对等因素导致难以确保电池的关键材料锂的本土供应；欧洲风能行业协会（Wind Europe）指出目前欧洲使用的风机中仅有小部分使用永磁材料，因此短期内将很难建立起永磁材料的回收产业链；T&E、力拓（Rio Tinto）、奥鲁比斯（Aurubis）、诺思沃特（Northvolt AB）等数家与电池供应链产业相关的企业联合致函欧盟委员会，表达对资金不足的担忧，要求欧盟增加对电池关键原材料产业的专门财政资助。

尽管欧盟和美国的碳中和技术贸易壁垒政策存在冲突和阻力，但是一些政策的新要求还是有效加快了全球碳中和的进程，如在电池行业，额外环境足迹要求促使行业的全球化步伐加快。全球电池联盟（Global Battery Alliance，GBA）作为首个全球性质的电池协会，于 2023 年 1 月 18 日在达沃斯世界经济论坛上首次发布了“电池护照”概念验证成果；欧盟于 2023 年 6 月 14 日通过的《欧盟新电池法》则首次将 GBA“电池护照”概念纳入法律条文中，要求自 2024 年 7 月起，大部分电池出口到欧盟成员国必须持有符合要求的“电池护照”，披露该电池从矿产、材料到电池生产、回收各环节的碳排放数据，以及电池制造商、电池材料和成分、循环性能、资源效率、耐久性等多种信息。受到“电池护照”概念的引领和《欧盟新电池法》规定的助力，目前 GBA 已吸引联合国环境署、世界银行、欧亚资源集团、淡水河谷、英国石油、嘉能可、LG 新能源、宁德时代、大众、特斯拉等全球 150 多家企业和机构加入，涵盖电池产业链各个环节，旨在于 2030 年前推动建立整套电池护照认证追踪体系。

4.2 减排成效

各国在碳中和目标方面进展显著，逐步接近领先国家，但在政策、行动和成效上仍存在较大差距。经量化评分，各国碳中和目标正在接近最佳实践，但政策、行动和成效仍需大幅提升。本书对各国的碳中和目标、政策、行动和成效基于指标打分和归一化处理（0 表示无进展，100 表示最佳实践）进行评分。结果显示，2024 年各国目标得分中位数为 65，政策为 36，行动为 25，成效为 38（图 4-51）。

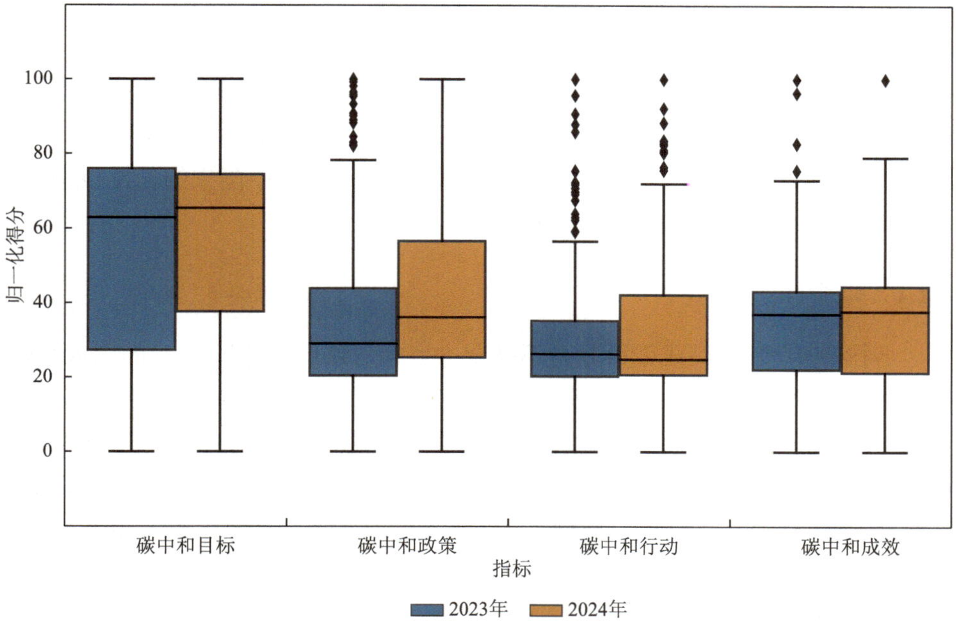

图 4-51　2024 年和 2023 年全球碳中和目标、政策、行动和成效得分分布

发展中国家新增目标和发达国家目标覆盖范围的扩大推动全球进步。发展中国家新增碳中和目标，发达国家扩大目标覆盖范围，使全球碳中和目标得分

提高（2023 年中位数为 61）。19 个发展中国家新增目标显著缩小了全球差距。发达国家在目标类型和覆盖范围上得分较高，但在力度和公平性方面落后，而发展中国家表现出相反的趋势。

各国碳中和政策进步显著，但行动进展不均，尤其在气候投融资和技术创新方面差距较大。拥有完整碳中和政策体系的国家从 2023 年的 55 个增加至 2024 年的 72 个，其中 38 个为发展中国家。例如，肯尼亚出台了国家级的可持续金融战略、多个城市的碳中和规划，并拥有较为完整的法律监管体系。然而，气候投融资政策仍是各国完善碳中和政策的主要瓶颈，全球有 119 个国家尚未出台相关政策。各国在化石能源转型和零碳技术部署方面差距较小，而在碳中和技术创新能力和气候投融资行动进展上差距较大。尽管碳中和技术已在 178 个国家广泛部署，但仅 47 个国家具备创新能力，且其中大部分国家位于欧洲和北美洲。全球尚未形成有效的投融资路径实践，132 个国家在气候投融资方面的进展为 0。

全球碳排放与经济增长逐渐脱钩，但各国的脱碳进度差异明显。目前，83%的国家已实现碳排放强度下降，46%的国家下降速度符合其碳中和目标要求。12 个国家碳排放强度已较峰值下降超过 75%，56 个国家下降幅度超过 50%，但仍有 51 个国家的下降幅度不足 25%。部分亚洲和非洲发展中国家的碳排放强度仍在上升，未来可能成为新的碳排放热点。

4.2.1 碳中和进展

各国碳中和目标-成效得分并不完全“言行一致”，超过 1/4 的国家目标-成效阵营分类发生变化，减排成效提升主要来自行动进展。各国碳中和目标-成效得分并非完全正相关，脱碳进展并不总是与目标一致。本书沿用了《全球碳中和进展评估——指标、方法与应用》的分类标准，将所有国家根据其目标和成效得分是否处于全球前 50%划分为四个阵营：目标和成效均在前 50%的“气候能力者”、目标在后 50%但成效在前 50%的“低调减排者”、目标在前 50%但成效在后 50%的“转型蓄势者”，以及目标和成效均在后 50%的“低碳成长者”。

有 33 个国家在 2023 年和 2024 年都保持在“气候能力者”阵营，继续引领全球碳中和进程。这些国家主要分为三类：一是欧洲发达国家，如法国、德国、丹麦、芬兰，它们凭借全面的政策支持、技术创新和气候投融资体系保持领先地位，并积极参与国际气候合作；二是东欧国家，如克罗地亚、罗马尼亚、匈牙利等，早在 20 世纪 90 年代就实现碳达峰，碳排放与经济发展基本脱钩，政策体系完善；三是以埃塞俄比亚、哥斯达黎加、中非和卢旺达为代表的新兴发展中国家，其不仅建立了碳中和政策体系，还积极布局碳中和技术。有些国家在生态保护与碳中和目标的协同发展方面表现突出。今年有 13 个发展中国家新加入“气候能力者”阵营。

“转型蓄势者”阵营变化较大，28 个国家仍处于该阵营，但离开的国家出现了两极分化：8 个国家因成效提升进入“气候能力者”，9 个国家则因目标降低而转为“低碳成长者”。稳定在该阵营的发达国家通常拥有完善的政策体系和先进的碳中和技术部署，但化石能源转型进度较慢，影响了其脱碳进程，且对国际合作的贡献较低。稳定在该阵营的发展中国家则缺乏共性的特征，政策或行动上各有滞后，主要表现为投融资支持不足或技术部署缺乏。

“低调减排者”阵营相对稳定，34 个国家保持在该阵营。很多发展中国家在碳中和目标的类型、年份和覆盖范围上较为保守，但在某些政策与行动的细分领域有亮眼表现。例如，保加利亚出台了多个企业 ESG 信息披露政策，在工业数字化节能、CCS 和电动汽车等领域均有较多专利储备；萨尔瓦多、斯里兰卡等国家设定了 100%电动汽车销售占比的目标。2023 年部分“低碳成长者”国家由于短期内碳强度的大幅度下降进入了“低调减排者”的阵营。

有 32 个国家 2023 年和 2024 年都处于目标与成效双低的“低碳成长者”阵营。这些国家可以分为三类：一是石油资源丰富的国家，这些国家对化石能源高度依赖，碳排放尚未与经济发展脱钩。二是经济体量和碳排放体量均较大的国家，这些国家虽然拥有丰富的零碳技术储备或资源禀赋，且政策体系较为全面，但行动效果尚未体现在脱碳成效中。例如，美国在生物质和 CCUS 技术的市场部署和创新能力方面全球领先，印度拥有全面的碳中和技术和政策体系，巴西在生物质资源和技术上位居全球前列。三是处于经济发展的起步阶段，经济体量和碳排放体量较小的国家，这些国家大多尚未设置碳中和目标，未进入实质性的减碳进程。

总体来看，目标提升通常伴随着政策支撑的完善，而减排成效提升主要来自行动进展。2024 年，53 个国家的阵营发生了变化，主要方向包括：9 个国家因目标降低从“转型蓄势者”变为“低碳成长者”，8 个国家因成效提升从“转型蓄势者”变为“气候能力者”，7 个国家因成效提升从“低碳成长者”变为

“低调减排者”，8 个国家因成效降低从“气候能力者”变为“转型蓄势者”。国家目标的提升往往也伴随着政策体系得分的提升。例如，乌拉圭出台了详细的碳中和具体路线图，气候法律数量远超全球平均水平，并提出了氢能的战略目标。各国减排成效的提升主要来自行动的进步，如新西兰出台了完善的企业 ESG 披露政策；埃及积极部署光伏、陆上风能等可再生能源发电技术，并在生物质替代和电动汽车相关的论文发表方面进步显著。

4.2.2 碳中和进度

弥合全球碳中和进展与目标之间的执行差距，需要充分尊重各国碳中和路径的多样性。各国发展阶段不同，发展中国家面临更快的降碳节奏需求。在全球已经碳达峰的 49 个国家中，其碳达峰年份和碳中和目标年份之间平均间隔为 49 年；其中 31 个为发达国家，年份间隔为 48 年。而在碳排放尚未达峰的国家中（超过 99%为发展中国家），其碳达峰目标和碳中和目标年份之间的平均间隔为 21 年。因此，发展中国家需要在达峰以后更加快速地削减碳排放，加速经济、能耗和碳排放之间的脱钩。全球要实现共同的减排目标，需充分尊重已达峰国家和尚未达峰国家在发展阶段上的差异。

单一的零碳路径无法适应各国资源禀赋、发展阶段、法律体系和技术路线的差异。发达国家在插电混动汽车、生物柴油、CCS 等技术中具有优势，依赖技术创新和经济水平；而发展中国家则在水电、生物乙醇、碳汇开发等技术上更具优势，依赖当地资源。在技术选择上，美国、中国、加拿大等大国推行多技术支持政策，欧洲国家侧重交通领域的发展，如电动汽车和绿氢；东南亚和非洲国家则倾向于生物燃料和碳汇开发技术。政策上，中国和美国强制政策与激励政策并行，欧洲国家更依赖激励政策。

针对不同类型的国家，需要采取差异化的碳中和措施。“气候能力者”应保持技术和政策领先，通过国际合作输出经验和技术；“转型蓄势者”需加快行动和政策落实，尤其在化石能源转型和技术创新方面；“低调减排者”应提升碳中和目标的雄心，强化政策支持；而“低碳成长者”则需尽快制定脱碳路径，加大技术引进和政策布局，争取国际资金和技术支持，走上低碳发展道路。

加强信息披露和技术与资金需求评估，促进碳减排技术和气候资金在全球的有效扩散，是加速全球碳中和进程的共性需求。当前，技术和资金相关的数据披露不完善，尤其在前沿碳中和技术的市场渗透率和气候融资透明度方面，数据分散，难以为投资者提供明确指引，阻碍了资金流入和技术推广。发展中国家在资金流动和需求评估上也缺乏公开数据，陷入“信息不透明—需求不明—援助不足”的循环。为实现全球碳中和的公正转型并弥合目标与成效之间的差距，亟须加强碳中和技术部署、投融资和国际合作数据的收集与整合，构建透明、可信的全球数据与评价体系，完善加速全球碳中和进程的公共治理基础设施。

观 点 篇

第5章 专题研究

5.1 碳中和政策专题

5.1.1 气候立法：评估全球气候目标的法律保障体系[①]

1. 评估气候目标法律保障体系的建设进展具有重要意义

制定有效的法律保障体系是确保气候目标顺利实现的关键环节。Victor 等（2022）指出，近年来，关于气候目标雄心的讨论越来越转变为对这些目标可信度和执行力的讨论。如果当前的纸面承诺得到全面、及时的实施，那么未来升温可能会被限制在 2°C 或略低。然而，正如 Li 等（2024a）指出的，许多国家的减排现状仍与最新的 NDC 目标存在显著差距，这使得全球气候目标面临着落空的风险。从全球实践来看，制定有效的气候法律体系是减少目标与行动间实施差距的关键步骤（Eskander and Fankhauser，2020），对气候法律体系开展深入、量化、科学的评估有助于为各国气候承诺的可信度与落空风险提供事前参考，明确各国气候法律体系的改进方向，保障全球气候目标的实现。

广义上的气候法律法规指的是与气候变化缓解、适应、损失和损害直接相关的法律法规。依据不同的法律法规地位，气候法律法规可被分为气候变化框架法、一般法和行政法规三类。气候相关法律包括气候变化框架法和一般法，气候相关法规主要指行政法规，气候相关法律法规为三者统称。其中，气候变化框架法地位最高，作为一种综合性的法律或政策工具，主要为其他法律提供底层的法律基础。截至目前，气候变化框架法并无统一定义，但往往具备由立

① 观点文章：《气候立法专题：评估全球气候目标的法律保障体系》，作者为甄紫涵。

法部门通过、涵盖中长期的发展路径、确立国家层面的气候治理制度以及引入透明度和问责制等特点。一般法由立法部门通过，且具备完全的法律效力。行政法规则往往由行政决策机构通过，具备明确的政策目标与实现路径，具有较强的执行约束力。

深入、量化、科学地评估全球气候目标的法律保障体系依赖于高质量的法律信息数据集，因此本节使用了格兰瑟姆气候变化与环境研究所的全球气候法律数据集及相关的法律法规定义和分类。为提高评估的深入度，本节进一步应用 ChatGPT 4.0 模型对法律法规文本信息开展深入挖掘，获取了各法律法规条文提及的涉及部门和内容特点。其中，涉及部门包括能源、工业、交通、建筑、AFOLU（agriculture，forestry and other land use，农业、林业和其他土地利用）和环境（包括固废管理、水管理、污染治理等内容）六大部门。内容特点包括是否涉及信息披露、是否涉及量化目标、是否涉及惩罚机制以及是否明确责任机构等。基于上述数据，本节将全球评估与国别分析相结合，开展了系列定量评估。

2. 研究结果

截至 2024 年 6 月，全球已累计颁布了超过 3600 部气候相关法律法规。如图 5-1 所示，1990~2010 年全球大部分经济体陆续颁布了首部气候相关法律法规。截至 2019 年，《联合国气候变化框架公约》的 198 个缔约方均已颁布过气

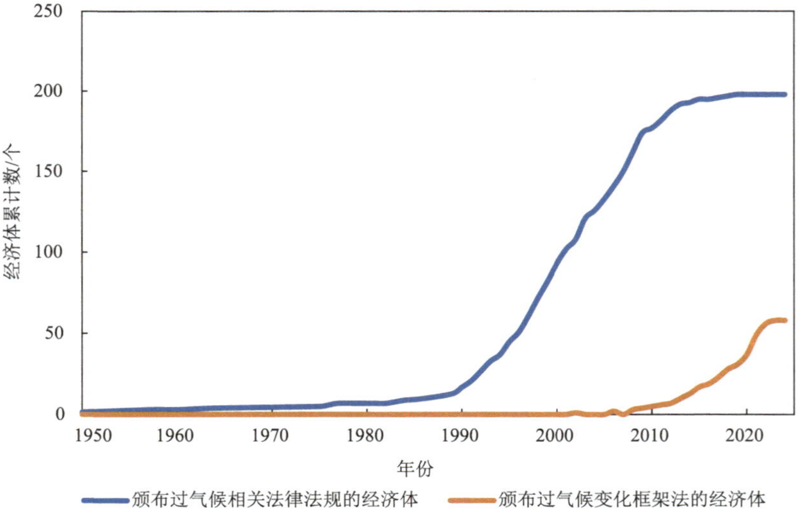

（a）1948~2023颁布过气候相关法律法规/气候变化框架法的经济体累计数

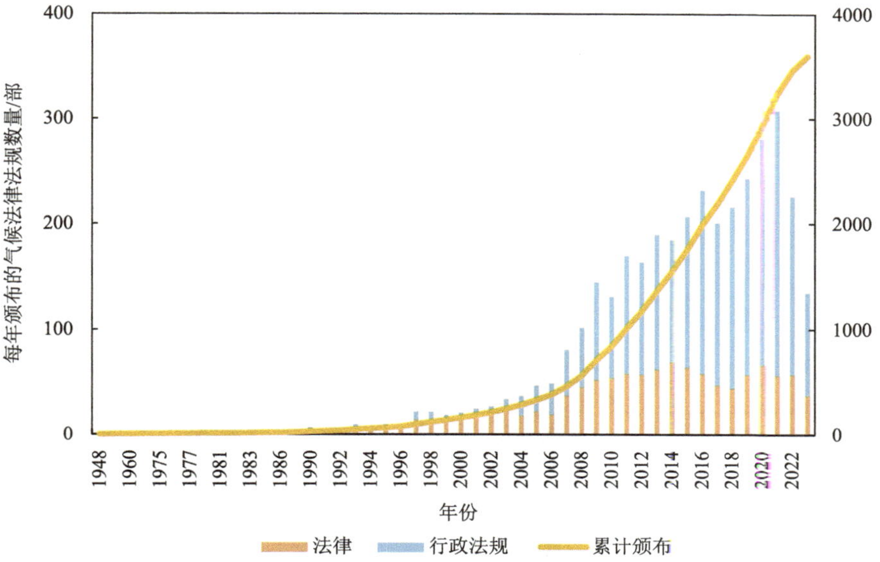

（b）每年/累计颁布的气候相关法律法规数量

图 5-1　全球气候相关法律法规的颁布情况

候相关法律法规。同时，自 2010 年以来，全球主要经济体开始相继出台气候变化框架法，截至 2024 年 6 月已经有 57 个经济体颁布了 65 部框架法。2000~2021 年颁布的气候相关法律法规数量呈增长态势，并在 2016 年和 2021 年达到两个高峰。在《巴黎协定》的影响下，2016 年内颁布的气候相关法律法规数量超过 220 部，达到第一个高峰，相关增长主要来自行政法规。2020~2021 年，在欧洲绿色新政、美国重返《巴黎协定》等因素的共同推动下，全球气候行动加速，相关法律法规数量显著增长。2021 年内颁布的气候相关法律法规数量超过 300 部，达到第二个高峰。

整体而言，欧美国家在气候相关立法数量上处于领先地位，非洲和中东国家的相关立法仍然十分有限。如图 5-2 所示，巴西是全球颁布气候相关法律法规最多的国家，累计已有 122 部。英国、法国、瑞典等欧洲国家在 2015~2020 年以及 2020 年后，气候相关法律法规的颁布数量均快速增长。这些国家在《巴黎协定》的制定过程中积极参与，并在欧洲绿色新政中表现突出。在中国持续开展气候行动和美国重返《巴黎协定》的推动下，中美两国的气候相关立法在 2020~2023 年大幅增加，此期间颁布的法律法规数量占总数的 60%以上。

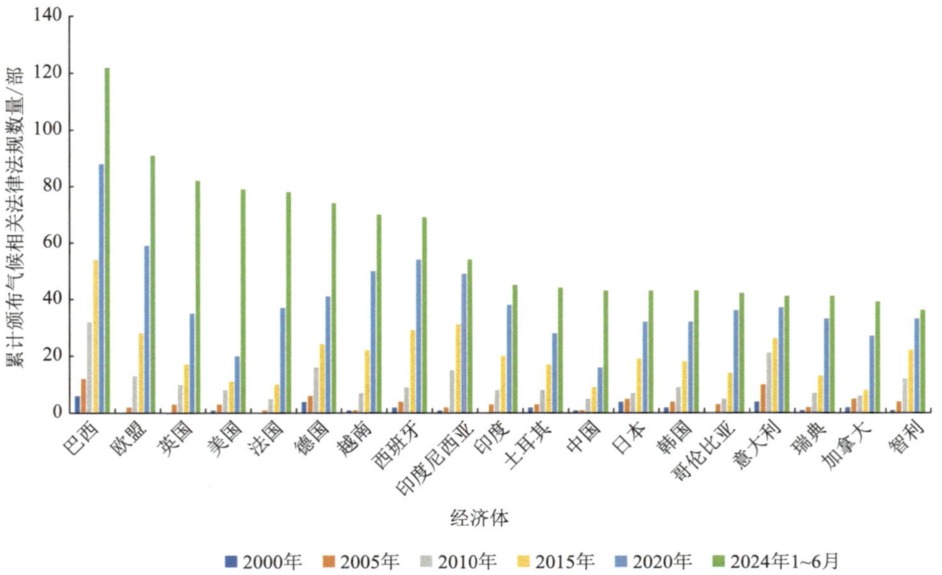

图 5-2 法律法规数 TOP19 经济体累计颁布的气候相关法律法规数

能源部门相关的气候法律法规数量始终居于首位。如图 5-3（a）所示，能源部门相关的法律法规数量在各部门中始终居于首位。截至 2023 年，全球累计颁布的能源部门相关法律法规已经超过了 1800 部。在 2015 年前，全球气候行动以“保护”为主，环境和 AFOLU 部门相关的立法数量仅次于能源部门。《巴黎协定》通过后，交通、工业、建筑部门每年颁布的法律法规数量相较往年平均水平增加了 40%~60%。2023 年颁布的法律法规中，首次出现了交通部门相关法律法规数量超过 AFOLU 和环境部门的情况。

各经济体气候立法的部门分布具有显著差异。如图 5-3（b）所示，英国、德国、瑞典等发达国家颁布的气候法律法规中，与能源、工业、交通和建筑部门相关的法律法规占比明显较高，四者占比合计近 80%。这与上述国家经济结构相对成熟、立法覆盖面和完善度较高有关。相比之下，巴西、印度尼西亚等雨林面积较大的热带国家颁布的气候法律法规中，与 AFOLU、环境部门相关的法律法规占比明显较高，两者合计约占 50%。

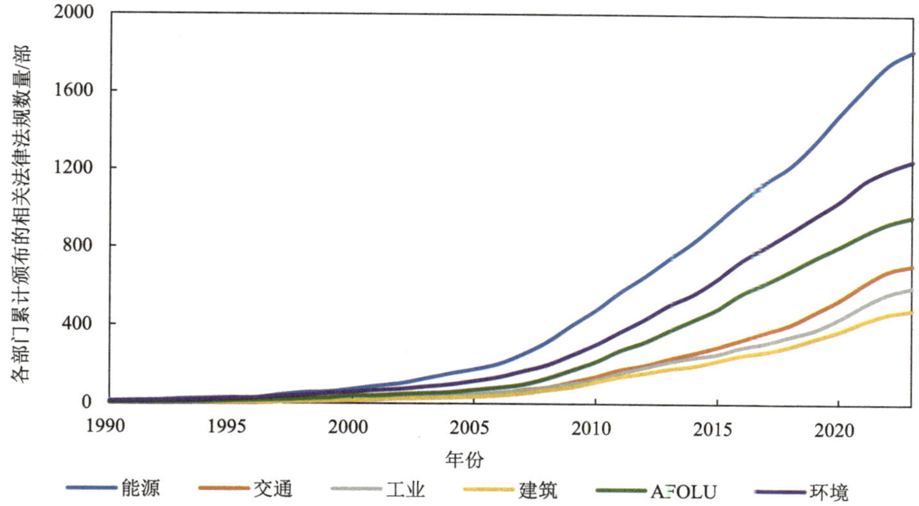

（a）1990~2023年各部门已颁布的气候法律法规数量（累计量）

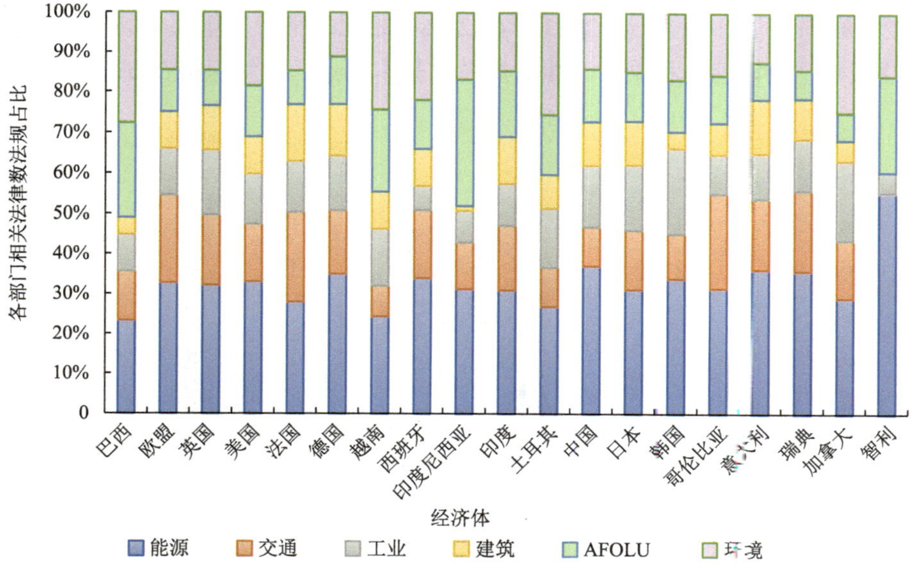

（b）截至2024年6月法律数TOP19经济体气候相关法律法规的部门分布

图 5-3 各部门与主要经济体气候相关法律法规的建设进展

《巴黎协定》通过后，各经济体的气候立法重点迅速转向落实层面。明确量化目标和信息披露要求的法律法规占比分别从 2015 年的 22%和 11%逐步增长至 2023 年的 43%和 26%。每年颁布的行政法规数量显著增长。2016 年颁布的行政法规数量达到 174 部，相较 2010~2015 年平均水平高出 25.6%。行政法规的加速颁布也导致了明确责任机构的法律法规占比显著降低。如图 5-4（a）所示，2010~2015 年，每年颁布的气候相关法律法规中，明确责任机构的法律法规占比约为 25%。之后，这一比例逐渐降低到 15%左右。这是由于行政法规一般由责任机构直接颁布，往往较少在正文中提及责任分配相关内容。我们的统计结果表明，截至 2024 年 6 月，一般法中明确责任机构的法律占比（33%）是行政法规中的（17%）近 2 倍。因此，行政法规占比的迅速提升将使明确责任机构的法律法规占比显著下降。尽管占比下降，但每年颁布的气候法律法规中，明确责任机构的法律法规总量仍然基本稳定。

目标量化程度方面，立法重点转向具体落实层面的趋势更加明显。2018 年至 2023 年，每年颁布的气候相关法律法规中，明确量化目标的法律法规占比从不到 20%逐步增长至 43%。与之相类似，明确信息披露要求的法律法规占比也从 2018 年的约 11%增长到 2023 年的 26%。相比之下，历年颁布的气候相关法律法规中，明确惩罚机制的法律法规占比基本稳定，始终保持在 5%以下。

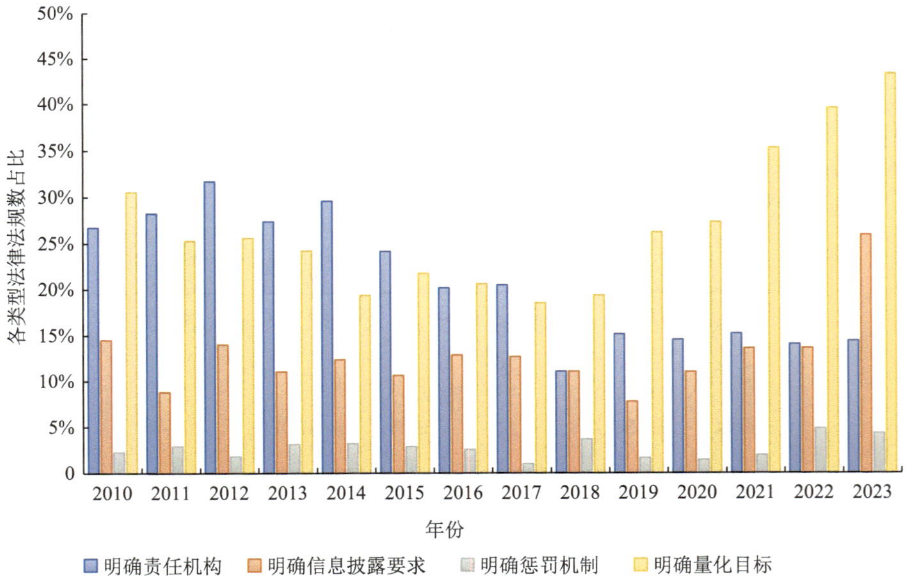

（a）2010~2023年各类型法律法规数与当年颁布的总法律法规数之比

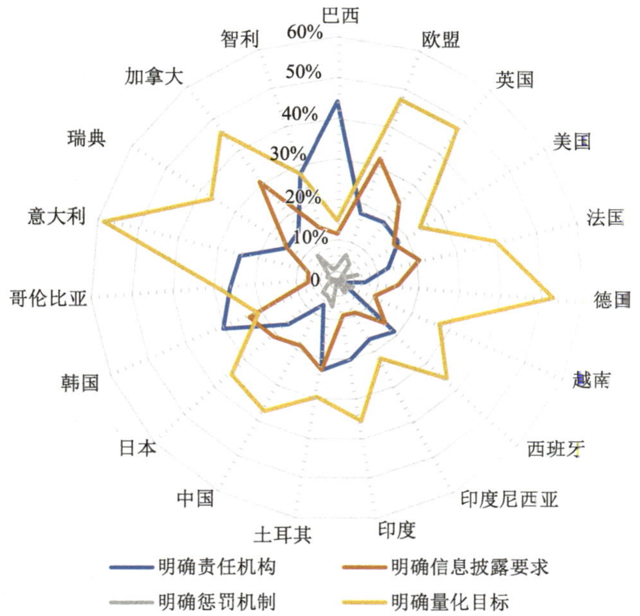

（b）法律法规数TOP19经济体的各类型法律法规占比（截至2024年6月）

图 5-4　全球气候相关法律的内容特点

部分西欧国家的气候相关法律法规在目标量化程度上表现突出。如图 5-4（b）所示，在已颁布的气候相关法律法规中，意大利、德国明确量化目标的法律法规占比均超过了 50%。相比之下，巴西、美国、韩国等国家的上述比例还不足 30%。

巴西、韩国等国家明确责任机构的法律法规占比较高，分别超过 40%和 30%。此类国家通常较早颁布气候变化框架法，相关法律法规提及的责任机构通常是框架法中设立的国家层面的执行机构或其下属委员会。中国、越南等国家明确责任机构的法律法规占比相对较低。这是由于此类国家的气候法律法规以行政法规为主，行政法规占比超过 80%，而其余国家一般在 60%左右。

欧盟作为区域性联盟，对各成员国相关信息的披露要求较高，明确信息披露要求的法律法规占比超过 30%。此外，各国明确惩罚机制的法律法规占比相对较低，大多在 5%左右。

截至 2024 年 6 月，全球已经有 57 个经济体颁布了 65 部气候变化框架法，已颁布气候变化框架法的经济体主要集中在欧洲和美洲地区。在已颁布气候变化框架法的 57 个经济体中，有 40 个经济体的气候变化框架法同时涵盖了减缓和适应内容，9 个经济体的气候变化框架法仅涉及减缓内容，另有 8 个经济体的气候变化框架法仅包括适应内容。同时，为扩大法律体系覆盖范围，多个经济体颁布了不止一部气候变化框架法。如表 5-1 所示，瑞士和法国各自累计颁布了 3 部气候变化框架法，而哥伦比亚、德国和日本等国则颁布了 2 部气候变化框架法。

表 5-1　已颁布多部气候变化框架法的国家及相关法律信息

国家	年份	气候变化框架法	涉及主题
法国	2015	《绿色增长能源转型法案》	减缓
法国	2019	《能源与气候法》	减缓和适应
法国	2021	《气候与复原力法案》	减缓和适应
瑞士	2013	《二氧化碳法案》	减缓和适应
瑞士	2021	《二氧化碳条例》	减缓和适应
瑞士	2023	《关于气候保护目标、创新和加强能源安全的长期联邦法案》	减缓和适应
哥伦比亚	2018	《气候变化管理指南》	适应
哥伦比亚	2021	《促进低碳发展法》	减缓和适应
德国	2021	《联邦气候保护法》	减缓
德国	2023	《联邦气候适应法》	适应
日本	2016	《全球变暖对策推进法》	减缓
日本	2018	《气候变化适应法》	适应

气候变化框架法在责任机构、信息披露要求、惩罚机制和量化目标的明确程度上，均显著高于一般法和行政法规。如图 5-5 所示，50%~60%的气候变化框架法中均明确了责任机构、信息披露要求以及量化目标。相比之下，仅有 10%~33%的一般法和行政法规明确了上述内容。此外，尽管明确了惩罚机制的气候变化框架法占比略低，不足 20%，但这一比例也远高于一般法（6%）和行政法规（1%）。

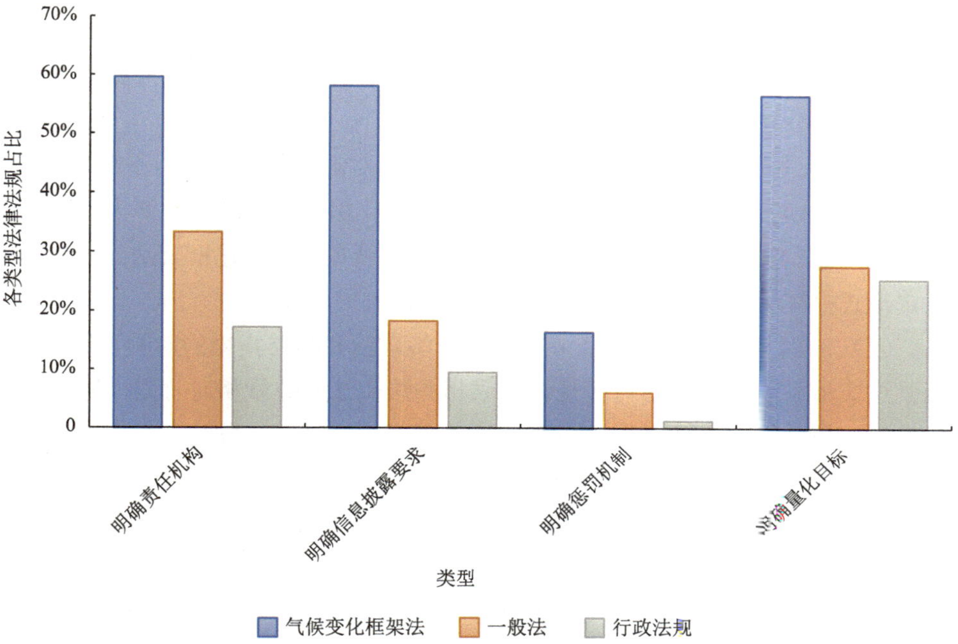

图 5-5 各类型法律法规在气候变化框架法、一般法、行政法规中的占比

3. 典型国家的气候法律体系对比

1）英国：气候变化框架法的先行者，气候法律体系相对完善

（1）气候变化框架法。英国于 2008 年通过了《气候变化法案》，该法案具备广泛的全球影响力。其制度特征包括：以立法形式确定长期和中短期的气候目标、设立了独立的责任机构（气候变化委员会）、要求政府定期报告等。芬兰、法国、德国和爱尔兰等国的气候变化框架法均在不同程度上沿袭了《气候变化法案》的制度特征。

（2）一般法与行政法规。截至 2024 年 6 月，英国的气候法律法规数量位居全球第二（欧盟除外），除了气候变化框架法，英国还颁布了 22 部一般法和 59 部行政法规。英国气候立法数量稳步增长，截至 2015 年、2020 年和 2024 年，英国累计颁布的气候法律法规数量分别为 18 部、36 部和 82 部。

（3）气候法律体系特点。英国气候法律法规覆盖部门较为全面、均衡，与能源相关的法律法规共有 44 部，与交通、工业、建筑部门相关的法律法规数量均在 20 部左右。英国气候法律法规中明确量化目标和信息披露要求的法律法规占比较高，在已颁布的气候相关法律法规中，明确量化目标和信息披露要求的法律法规占比分别为 47%和 25%，位居世界前列。

2）澳大利亚：气候法律体系的建设进程相对滞后，覆盖部门不够均衡

（1）气候变化框架法。2022 年，对气候变化保持积极态度的澳大利亚总理 Anthony（安东尼）上台。同年 9 月，澳大利亚颁布气候变化框架法。该法案以法定形式提高了短期减排目标，并确立了长期气候目标。

（2）一般法与行政法规。此前，受到选举政治和利益集团的影响，澳大利亚气候法律体系建设进程相对缓慢。气候相关法律法规数量相对有限，除气候变化框架法外，仅颁布了 14 部一般法和 14 部行政法规，在发达国家中处于落后地位。澳大利亚气候立法进程相对滞后，现有气候法律法规中，50%以上的法律法规在 2016 年后颁布，30%的法律法规在 2020 年后颁布。

（3）气候法律体系特点。澳大利亚气候相关法律法规主要关注能源部门，与能源部门相关的法律法规共计 20 部；与交通、工业、建筑等部门相关的法律法规均少于 5 部；与 AFOLU 部门相关的法律法规仅有 1 部。相关法律法规中量化目标较为有限，现有法律法规中，明确量化目标的法律法规不超过 30%，在发达国家中处于相对落后地位。

3）美国：气候立法进程较为滞后，明确量化目标和信息披露要求的法律法规占比较低，但相关法律法规对各部门的覆盖较为均衡

（1）气候变化框架法。目前，美国尚未颁布气候变化框架法。2022 年，拜登政府颁布《通胀削减法案》。该法案被称为“美国迄今最全面的气候法”，明确了政府将在清洁能源、电动汽车、环境正义等领域投资数千亿美元。

（2）一般法与行政法规。美国气候法律法规数量位居全球第三（欧盟除外），截至 2024 年 6 月，美国已经颁布了 20 部一般法和 59 部行政法规。美国气候立法进程较为滞后，现有气候法律法规中，接近 75%的法律法规在 2020 年后颁布；特朗普执政期间，颁布的气候相关法律不超过 10 部。

（3）气候法律体系特点。美国气候法律法规覆盖部门相对均衡，与能源部门相关的法律法规共有 32 部，与交通、工业、建筑部门相关的法律法规数量均在 15 部左右；此外，2021 年，美国司法、教育、劳工、财政等多个部门累计颁布了 20 余部适应气候变化的部门法规。明确量化目标和信息披露要求的法律法规比例较低，在已颁布的法律法规中，明确量化目标和信息披露要求的法律法规占比

分别仅有25%和17%，在法律法规数TOP19的经济体中处于后1/4的位置。

4）中国：气候相关法律法规以行政法规为主，相对侧重能源、工业部门，明确量化目标的法律法规占比较高

（1）气候变化框架法。目前，中国尚未颁布气候变化框架法，但“十四五”规划明确了中短期内中国气候行动的战略与方向。

（2）一般法与行政法规。中国气候相关法律法规数量位居全球第11位（欧盟除外），以行政法规为主。截至2024年6月，中国已颁布了7部一般法和36部行政法规。中国气候立法数量稳步增长，并呈现加速趋势。截至2020年，中国已经颁布18部气候相关法律法规。至2024年6月，中国又陆续颁布25部相关法律法规，占此期间相关法律法规总数的58%。

（3）气候法律体系特点。中国气候相关法律法规更加侧重能源、工业部门，截至2024年6月，已颁布的与能源、工业部门相关的法律法规分别为34部和14部；与交通、建筑等部门相关的法律法规基本在10部以内。明确量化目标的法律法规占比较高，已颁布的法律法规中，明确量化目标的法律法规占比接近40%。

4. 加快建设气候法律体系，保障全球气候目标实现

各国应尽快推动气候变化框架法的立法进程，明确中长期气候行动目标，确保气候政策的持续性与稳定性。气候变化框架法应包括气候变化的减缓与适应两大方面，进一步细化法律条款，确保各类气候行动的量化目标、信息披露要求及惩罚机制切实可行。已制定气候变化框架法的国家应加强法律执行力度，确保气候目标按期实现。

应推动各部门积极参与气候立法工作，加强能源、交通、工业、农业等重点领域的政策协调，形成部门间的合力。各国应根据本国实际情况，科学制定并细化不同部门的减排目标和应对措施，扩大气候法律法规对经济结构、产业发展等各领域的覆盖面，确保减排措施全面且具体。相关法律法规应充分考虑区域特点，因地制宜，形成差异化的气候法律体系。

进一步完善气候法律法规的执行监督机制，明确相关责任主体，确保各级政府及有关部门有效落实气候法律法规要求。应通过设立独立的监督审查机构，建立健全信息公开制度，定期对各国气候法律法规的执行情况进行审查，确保气候目标的落实进度。各国还应积极参与国际合作，支持全球范围内的气候法

律法规监督机制，确保全球气候目标的协同推进与有效实现。

5.1.2 低碳政策：构建中国制造业低碳政策强度指数①

低碳是在经济发展过程中产生较低二氧化碳排放的发展方式，在发展阶段、技术水平、消费模式等方面具有低排放、低污染和环境友好的特点。低碳同时包含低碳发展、低碳经济、低碳生活、低碳能源、低碳技术等多个层面的外沿概念（付加锋等，2010）。在应对气候变化这一背景下，低碳转型作为发展策略和气候变化减缓策略交互的重要领域，与减缓气候变化密切相关。

作为影响制造业低碳转型的重要因素，现有低碳政策呈现出政策目标和政策工具评估碎片化的特点。An 等（2023a）将减缓气候变化的政策划分为气候目标政策、需求侧行动政策、碳定价政策、能源政策、土地政策、其他政策六类，其中碳定价政策、能源政策、土地政策三类可以归纳为生产侧行动。从政策话题关注度看，碳定价政策是研究者主要关注的政策类型，能源政策与气候目标政策的讨论度位列第二和第三。从政策目标关注度看，除《联合国气候变化框架公约》下的全球目标之外，净零排放目标、NDC 目标、区域排放总量和强度目标也是重点关注的政策目标。在基于技术的碳中和政策体系方面，碳中和技术类型被划分为能效提升、零碳能源和负排放技术三类，其中的政策工具涉及规划标准、市场机制和信息工具（王灿和张雅欣，2020）。

同时，现有政策量化评估缺乏全面和系统的评估框架，政策量化模式存在较大异质性。在比较政策分析领域，一类政策评估主要使用政策强度衡量政策严格程度和重要性，旨在从政策目标和政策工具的明确程度及严格程度体现政策异质性。然而，除了部分研究采用了机器学习等方法进行政策评估，现有基于“政策目标-政策工具”的政策评分往往采用 100%人工打分的方式，存在评分主观性的问题。另一类政策评估主要侧重于基于政策频数的统计分析或者低碳政策文本的综述性定性研究，无法反映不同低碳政策在减排约束力度等方面的差异性。已有政策文本的量化研究主要遵循低碳政策工具分类、政策筛选和政策频数汇总的步骤统计不同类别低碳政策的数量，从而识别低碳政策的主要关注领域。然而这类基于频数的政策量化统计存在“不同政策文本的政策强度具有同质性，区域间或者年份间的政策强度差异仅在政策数量中体现”的潜在

① 观点文章：董馨阳. 2024. 低碳政策对中国制造业企业碳减排的影响研究. 北京：清华大学.

假设，导致文本分析存在偏差。一些研究通过整体评述，对低碳政策的实施现状进行概括，讨论了命令控制型政策（如碳强度控制制度、排污许可证制度、清洁生产政策）、信息类政策（如温室气体排放核算和报告机制、碳信息披露制度）、经济激励型政策（如碳排放权交易市场、税收政策、能源价格补贴、绿色金融）的进展和存在的不足（董战峰等，2021）。然而上述研究主要基于对重点政策的概括总结，缺乏足够的定量数据支撑。

因此，为了探究中国低碳政策强度的发展变化规律并对低碳政策进行直接且全面的系统量化表征，本节基于包含 7282 条低碳政策的政策清单、自然语言处理方法和小样本提示学习 ERNIE 3.0 混合模型，形成了一套“数据准备、政策分类、手动打标签、小样本提示学习模型训练和预测、低碳政策强度运算、可靠性验证”的全流程、透明、可重复的政策评估模式，得到了 2007~2022 年中国国家级、31 个省级（未包括港澳台地区）、334 个地级的低碳政策强度指数。

1. 政策量化评估的研究进展

在政策量化方面，现有研究在实验设计过程中基于准自然实验的模式，使用虚拟变量来量化政策变量，具有政策效果识别方便的优点，但量化方法局限于对于单一政策的评估，无法从整体视角反映低碳政策的效果。例如，在讨论碳市场政策或者低碳试点城市政策时，研究者定义在政策颁布之后且属于试点区域的城市、省份或者企业的政策变量得分为 1，在政策颁布之前或者不属于试点区域的政策变量得分为 0。同时，当涉及不同类型的低碳政策工具时，尽管一些研究人员已经讨论了税收措施、补贴、投资激励、责任量化和环境保护法的影响，但对于命令控制和经济激励等类别的政策的效果并没有得出一致的结论。例如，Tang 等（2020）以中国的“十一五”规划构建虚拟变量作为衡量命令控制型政策的政策变量，发现“十一五”规划在短期内基于现金流这一经济层面的中介机制对企业的绿色创新效率产生了负向影响。

在此基础上，一些研究意识到从单一政策角度评估政策影响存在的局限性和片面性，从而进一步通过构建综合指数的方式进行政策量化。然而，上述研究缺乏系统的评估框架，政策量化存在较大异质性。现有研究在创新政策、经济政策不确定性、环境政策、节能减排和气候变化政策等领域讨论了量化政策组合和政策协同的方法。在创新政策方面，樊霞等（2019）以“创新”为关键词进行一次检索并以“消化吸收”“技术”“外资”“知识产权”“科技成果转化”等词汇为关键词进行二次检索从而进行文本分析，基于模糊数学隶属度的概念构建区域创新政策协同度测度指数。Fabrizi 等（2018）和 Kruse 等（2022）使用环境政策严格程度（environmental policy stringency，EPS）衡量国家的环境规制情况，这一 EPS 指数由 OECD 构建，基于市场类、非市场类和技术支持类共 13 种政策工具的二手数据和赋分的方式衡量了全球 40 个国家的环境政策严格程度。在经济政策不确定性方面，Yu 等（2021）基于美国经济政策不确定性指数的构建方法，以 31 个省区市的日报作为新闻媒体报道的文本来源，筛选包含至少一个经济政策关键词和至少一个表达不确定性关键词的报道作为目标文本，最终构建了中国经济政策不确定性（economic policy uncertainty，EPU）指数。在环境政策方面，孙静等（2019）和 Wang 等（2019）均考虑了政策发布力度，分别分析了大气污染治理政策和中国风电行业政策，其中前者将国家级到地级的政策力度定义为七个等级（1~7 分），后者将政策力度量化为五个等级。在节能减排和气候变化政策方面，张国兴等（2015）通过专家打分法量化政策，并通过线性回归的方式分析不同政策对因变量的协同影响。Shrestha 和 Dhakal（2019）关注尼泊尔的气候变化政策，在使用层次分析法和专家访谈法对政策打分的基础上，进一步制定了得分在–3 至+3 之间的政策交互打分体系，其中得分最高的政策组合表明政策之间关系紧密，联系密切；得分为 0 的政策组合表明政策之间没有显著的积极或消极的相互作用；得分最低的政策表示政策组合中存在抵消作用，即当实施一项政策时存在无法达成另一项政策的问题。

在现有研究的基础上，比较政策分析领域构建了政策评价的“政策目标-政策工具”模式。这一模式基于 Hall（1993）关于政策衡量方式的观点，即政策并非一个单一变量，而是由决策过程中从抽象到具体的政策目标和政策工具来决定的，涉及三个维度的政策变化。第一个维度是政策工具的“校准”，例如，政策制定者逐步提高行业标准和制定更多更完善的法律，以应对环境或者气候变化问题，这一维度主要表现为在同一政策工具范围内产生的变化。第二个维度的变化表现为政策工具类型发生的改变，如从环保费转变为环保税。第三个维度的变化涉及政策目标类型的转变，如从能耗强度管控转变为能耗强度和能源消费总量“双控”的政策目标。在此基础上，Howlett 和 Cashore（2009）、Cashore 和 Howlett（2007）进一步细化了 Hall（1993）的观点，将政策目标和政策工具进一步拓展为由抽象到具体的三个层面。在高度概括的层面，政策目标（goal）反映了政策发展的总括性方向，如低碳、经济发展、环境保护，内容偏向宏观尺度，是高度凝练的政策目标表述。政策工具（instruments）在宏观尺度的表述不涉及具体工具类型，主要涉及命令控制型、经济激励型等政策工具类别。在执行层面，政策目标（objectives）主要反映了政策所要解决的具体问题，如降碳、节能、产能、科技目标。政策工具主要涉及具体的政策工具类型，如罚款、税收、补贴等工具。在具体行动层面，政策目标（settings）将具体细化到目标的量化和表述的细节，如碳强度降低比例的数值确定、可再生能源的发电规模大小等。政策措施（calibrations）考虑了包含补贴的规模、罚款的阈值、差别电价的阶梯水平等。

在“政策目标-政策工具”模式下，政策强度成为衡量政策严格程度和重要性的关键指标。具体来说，政策强度是根据政策是否有可衡量的目标、指定的预算、明确的工具、时间表和路线图等指标对政策进行量化评估。Zhang 等（2022）参考“政策目标-政策工具”的评估模式，以 1978~2019 年中国国家级环境政策文本为数据基础，考虑了 8 种政策目标和 7 种政策措施，并应用机器学习算法构建了中国环境政策强度数据集。彭纪生等（2008）分维度细化创新政策，通过政策力度和政策目标的交乘衡量政策指标，指标旨在覆盖创新政策在经济发展中的功能。Knill 等（2012）基于清洁空气政策的密度和强度来量化政策，其中政策密度主要反映政策数量随时间变化的情况，政策强度主要是政策数量和政策水平的叠加，包含对空气各污染物质量的衡量以及来自固定或移动源、产品标准等层面的排放政策。Schaffrin 等（2015）以 1998~2010 年奥地利、德国和英国的能源部门政策文本为基础，在“政策目标-政策工具”模式下将影响政策强度的因素拓展为 6 项，包括目标、范围、协同、预算、实施和监管，通过对每一分项进行 0~0.5 分的评级，构建气候政策活动指数。Huang 等（2018）从政策工具视角对“政策目标-政策工具”模式进行拓展，其中，政策工具类型分为供给类政策工具（包含科技支撑、信息服务、财政支撑等）、环境类政策工具（包含技术标准、知识产权、目标规划等）和需求类政策工具（包含价格补贴、交易管理、税收激励等）。

在进行政策量化的同时，现有研究发现与单一政策相比，政策之间形成的组合是实现可持续发展转型目标的重要因素。政策组合（policy mixes）被定义为不同政策之间的相互作用和相互依存关系，对预期政策成果的实现程度产生潜在影响。具体来说，政策的交互作用包含横向和纵向两类政策组合体系。横向政策组合主要体现在同一政策层级不同政策工具之间的交互作用。然而，现有研究主要讨论单一工具的政策效果，忽略了政策组合的效果。命令控制型政策工具往往会加剧政策施加对象的合规性压力，从而满足政府和利益相关者的需求，而经济激励型政策工具更具灵活性，对刺激企业的技术创新和技术进步起到重要作用。一些研究表明，命令控制型政策工具相比经济激励型政策工具获得了更多的支持；而其他研究表明，这两种工具的效果存在区域异质性。纵向政策组合主要体现在跨越多个政策层级产生的政策治理效应，一方面可以捕捉高政策层级的政策外部性影响，另一方面反映了城市和区域自身颁布的政策以及对国家及省级政策目标的分配与传递。纵向层级的多层次治理发生在两级或两级以上的政府之间，涉及多个政策参与主体。跨越政策层级边界的协调对于实现有效的政策成果至关重要，在纵向政策组合中，高政策层级在制定政策优先事项、执行政策解决方案、促进合作和提高地方行动能力等方面发挥着关键作用。然而，在横向和纵向政策组合同时存在的背景下，存在着纵向同质化和横向多元化的矛盾及权衡取舍。一方面，加强政策的纵向协调有助于国家级政策的有效传达和执行，但是不可避免地导致政策执行的同质化问题。另一方面，由于不同区域在资源禀赋、能源结构以及经济发展水平方面存在着较大异质性，同质化的政策会导致执行过程中的“水土不服”。因此需要各地方政府因地制宜地基于多种政策工具制定低碳政策。

2. 政策强度量化评估方法学框架

为了量化低碳政策的强度，本节形成了“数据准备、政策分类、手动打标签、小样本提示学习模型训练和预测、低碳政策强度运算、可靠性验证”的研究范式，如图 5-6 所示。在数据准备阶段构建了总共 7282 条的国家级、省级和地级的低碳政策清单，同时基于词频分析和 Word2vec 模型建立了低碳政策分类准则，覆盖了 3 个政策层级、4 类政策目标和 3 类政策工具。在构建了政策文本强度评分体系后，本节对训练集的低碳政策文本进行手动打标签。通过将训练集结果作为数据输入小样本提示学习 ERNIE 3.0 模型中，对模型进行训练并选择准确率最高的模型对预测集进行政策强度预测和结果验证。最终，本节得到了 2007~2022 年的中国低碳政策强度指数，其包含不同政策层级、政策目标和政策工具的子指数，从多个角度反映了低碳政策的历史变化规律和异质性。

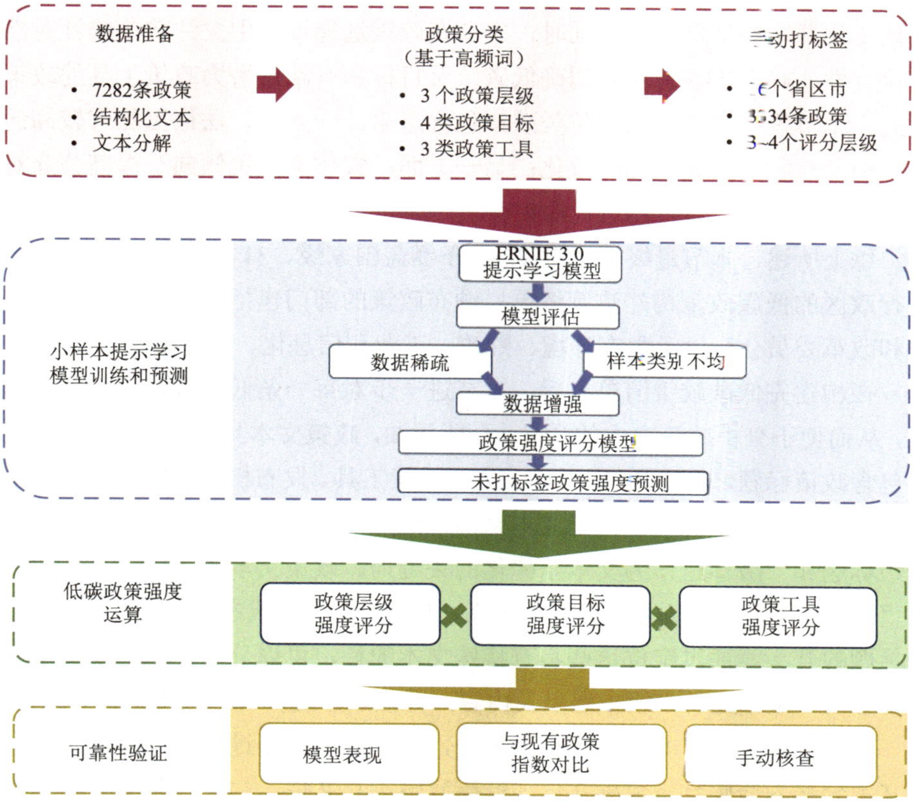

图 5-6　低碳政策强度量化评估方法学框架

1）数据准备

在构建低碳政策清单的过程中，本节基于北大法宝法律数据库收集和筛选低碳政策。这一政策数据库不仅包含国家级政策，也包含省级和地级的政策。在构建政策清单的过程中，本节主要聚焦 2007~2022 年间不同行政层级的低碳政策。2007 年对中国应对气候变化问题具有重要意义。中国在这一年成立了国家应对气候变化及节能减排工作领导小组。在此之后，中国的低碳政策具有了更高的独立性，而不只是作为能源相关政策的子内容。因此，本节将 2007 年确定为统计低碳政策的起始节点。

在筛选低碳政策时，本节参考现有研究，从广义视角定义“低碳”。使用“碳”“温室气体”“节能”“能效”“能源利用效率”“能耗”“能源消费”“产能过剩”等关键词筛选低碳政策，因为相关政策能够直接或间接减缓气候变化并影响低碳发展。同时，本节在政策选择过程中关注政策的针对性和可执行性，筛选出具有相对明确低碳政策目标和有减排潜力政策工具的政策。因此，本节没有将法律和宣传类政策包含进来。一方面，法律虽然有较高的强度，但是执行效果无法准确量化；另一方面，宣传类政策倾向于提高公众对于低碳的认知，缺乏对行动进行约束。

综上所述，本节最终筛选出 7282 条涵盖国家级、31 个省区市和 334 个地级行政区的低碳政策构建政策清单。颁布政策的部门包括中央和地方政府、发展和改革委员会，以及生态环境、财政、工业和信息化、税务等部门。

在构建完低碳政策清单之后，本节进一步对每一条低碳政策进行文本结构化，从而便于分析政策文本的含义。众所周知，政策文本具有规范化的形式，其中包含政策标题、政策背景、政策目标、政策工具、发布机构和发布年份等结构性信息。因此，定位关键词是文本结构化过程中的重要步骤。本节将政策中的一级标题和二级标题作为文本结构化的关键词。政策文本通常以“第一章”或者“一、”等表述作为一级标题的开头，以“（一）”或者“1.”等表述作为二级标题的开头。通过定位这些具有特殊文本的行，可以分别提取政策文本中每个部分的一级标题、二级标题以及内容，并按顺序逐一提取到 Excel 中。

在对低碳政策文本进行结构化之后，本节进一步通过关键词筛选将低碳政策文本分解为低碳政策目标文件和低碳政策工具文件。如果政策文件的一级或者二级标题中包含“目标”“任务”“指标”“指导意见”等关键词，相关段落大多为政策目标内容。在筛选出相关内容后，将其按照关键词在二级标题、一级标题和内容中的顺序进行排列。因为当政策目标的关键词出现在二级标题中时，文本对于目标的描述最为聚焦和明确；当政策关键词出现在一级标题中时，目标描述的文本变多，范围变大，不容易把握整体内容。而对于一些没有一级标题、二级标题或者政策目标没有作为专门一个小节进行说明的政策文本，需要从整体文本中提取政策目标文本。然而，与政策目标不同，政策工具的表述关键词具有多样化的特点。因此采用排除法，在排除政策目标和政策背景（即总体思想、政策含义、总体要求、指导思想和原则、现有进展）的部分后，剩余政策文本作为政策工具保存为新的政策文本文件。

2）政策分类

在低碳政策分类过程中，本节参考现有研究“政策目标-政策工具”的评价方式，进一步将政策层级纳入研究，综合考虑了影响低碳政策强度的三个因素。

在政策层级方面，本节基于构建的低碳政策清单，将政策层级划分为国家级、省级和地级这三个政策层级。在政策目标方面，基于本节对于低碳政策的筛选依据，包含降碳目标、节能目标、产能目标和科技目标这四类低碳政策目标。其中，降碳目标是与低碳直接相关的综合类政策目标，节能目标是与低碳间接相关的能耗和能效综合目标，而产能目标和科技目标旨在化解产能过剩、促进技术创新和产业升级，是聚焦特定领域的目标，与低碳间接相关。在政策工具方面，本节不但包括命令控制型政策工具和经济激励型政策工具这类具有单一措施的政策工具，还定义了综合类工具（即在一项政策中同时具有命令控制型政策工具和经济激励型政策工具）。

在政策分类过程中，本节基于词频分析，将每项政策的政策目标和政策工具限定为单一类别。对于词频分布存在并列的情况，综合参考政策标题与正文内容，并按照设定的优先级规则确定最终分类。因此，本节定义综合类政策目标（即降碳、节能目标）的分类优先于专有领域政策目标（即产能、科技目标），直接类政策目标（即降碳目标）的分类优先于间接类政策目标（即节能目标）。对于政策工具的类别，在使用词频划分命令控制型政策工具和经济激励型政策工具的基础上，需要定义综合类工具的分组方式。基于词频统计结果，由于经济激励型政策工具关键词的平均词频比命令控制型政策工具关键词的平均词频大 10，因此，当命令控制型政策工具和经济激励型政策工具关键词的词频都大于 10 且二者词频之差在 10 以内时，定义这类政策工具属于综合类工具。

为了能够实现精细化的政策目标和政策工具分类，本节基于词频分析划分政策类别，并在政策文本分类前构建词表，作为词频统计的依据。不同政策目标和政策工具的关键词通过广泛查阅低碳相关的文献获得，共包含 38 个短语，在此基础上，研究进一步使用 Word2vec 的方法来计算关键词和分词后政策文本之间的语义相似性，从而提取低碳政策文本中标题和内容的详细表述。在计算了政策文本每个短语的词向量与关键词之间的相似度后，本节选择了与 38 个关键词相似度最高的 90 个同义词。在手动检查和排除与低碳含义不相关的短语后，构建了一个政策分类词典作为政策文本分类的依据。

表 5-2 展示了本节所包含的政策类别和文本分类关键词。其中主要包含定性和定量两类关键词。定性表述方面主要包含一些具体的政策目标和政策工具名称，如“差别电价”“碳排放权交易试点”“低碳城市试点”“目标责任

制”“专项资金”等。定量关键词主要是与碳排放、碳强度、节能、能耗和能源消费目标密切相关，包含“二氧化碳排放降低”“碳排放强度减少”“能源消耗年均下降”“万元生产总值能耗”“节能量”等直接与百分数和总量数据连接的表述。

表 5-2 政策类别及文本分类关键词表

政策类别	关键词	关键词来源
面板 A：政策目标类别		
降碳目标	碳排放	Zhao 等（2022）
	碳强度	
	气候变化	
	温室气体排放	
	碳达峰	
	碳中和	
	低碳城市试点	Pan 等（2022）
	碳排放权交易试点	Zhu 等（2019）
	绿色金融	Su 等（2022）
	生态文明	Zhang 和 Fu（2023）
节能目标	节能	Martínez 和 Silveira（2013）
	能源消费	
	能源强度	
	能源效率	
	差别电价	Lin 和 Liu（2011）
	目标责任制	Sun（2018）
	万家企业节能低碳行动	Lo 等（2015）
产能目标	过剩产能	Zhu 等（2017）
	淘汰落后产能	
	大气污染防控	Zhao 等（2022）
科技目标	产业发展规划	Du 等（2021）
	科技创新	
	R&D	
	生产力	

续表

政策类别	关键词	关键词来源
面板 B：政策工具类别		
命令控制型政策工具	问责	Turken 等（2017）
	禁止	Knill 等（2012）
	准入	Knill 等（2012）
	标准	Tang 等（2020）
	限制使用	
	目标责任制	Sun（2018）
经济激励型政策工具	补贴	Zhang 等（2020）
	税收	
	贷款	
	风险补偿	Johnstone 等（2010）
	专项资金	
	交易许可	
	价格措施	
	投融资激励	

3）手动打标签

为了构建一个有监督的小样本提示学习模型并预测低碳政策目标和低碳政策工具的强度，本节基于 16 个省区市的 3334 条政策文本，采取手动打标签的方式得到训练集样本来训练模型。在手动打标签的过程中，构建了低碳政策目标和政策工具的评分体系。除了节能目标以 1~4 分进行评分，其他三类政策目标和三类政策工具的强度按 1~3 分进行评分，1 分表示弱政策强度，2 分表示中等政策强度，3 分表示高政策强度。

对于低碳政策目标，如果定量的政策目标越明确，相应的行业、分区域以及逐年的定量支撑目标越具体，则给予政策目标的强度值越高。与之相对应，如果政策目标的表述越笼统且没有量化目标支撑，则政策目标的强度越低。其中，降碳目标、产能目标和科技目标包含 3 级评分体系。当评分为 3 分时，除了拥有减排、淘汰产能等总体目标，还需要进一步细化实现这一总体目标的子目标。例如，细化管辖范围内不同区域的减排目标、5 年内逐年淘汰产能的量级，或者实现产业升级的资金和技术目标。当评分为 2 分时，政策目标的详细程度有所减弱。一方面，相关政策可能只提出了总体实现的目标内容，但是没有细化具体实现的过程；另一方面，相关政策可能给出了目标实现的时间表和路线图，却没有给出总体需要达到的目标。当评分为 1 分时，政策目标仅仅提到降碳、产能和科技目标的关键词，没有任何量化目标且表述笼统。另外，由于碳双控政策在 2023 年 7 月通过的《关于推动能耗双控逐步转向碳排放双控的意见》中才正式提出，所以降碳目标在 2007~2022 年仍为 3 级评分体系。

与降碳目标、产能目标和科技目标的 3 级评分体系不同，节能目标包含 4 级评分体系（1~4 分）。这主要是因为在 2015 年，中国在能耗强度作为约束性目标的基础上，进一步提出了控制能源强度和能源消费总量的能耗双控目标，使得 2007~2015 年以及 2015 年之后的节能目标强度最高标准发生了改变。因此，在之前 3 分的能耗单控的基础上，政策目标强度为 4 分的节能目标主要指的是明确提出了定量能耗双控目标的政策对应目标。为保证评分体系的统一，节能目标强度在评分之后将目标强度统一调整到 3 分以内（即目标强度改为 3 分、2.25 分、1.5 分、0.75 分）。

在低碳政策工具强度的评分方面，命令控制型政策工具主要包含 3 个强度等级。强度最高的工具一方面是针对地方政府官员的目标责任制考核，这与官员晋升、奖励和问责直接相关；另一方面是针对企业的关停、淘汰过剩产能等政策。强度为 2 分的工具主要是针对新增产能的约束，包含严禁新增、设置准入机制、负面清单制度、兼并重组和搬迁等内容，对现有产能的影响较小。强度为 1 分的命令控制型政策工具主要是表述笼统、缺乏明确措施的政策。经济激励型政策工具的强度主要取决于政策对于经济支持的明确程度。例如，经济激励型政策工具强度为 3 分的措施明确提出了资金支持的总量、资金的来源、资助的模式以及资金的资助对象。对于综合类政策工具，由于其同时包含命令控制型政策工具和经济激励型政策工具，在打标签的过程中会分别从上述两个政策工具的角度打分从而得到两个政策工具强度，并取两者之中的最大值作为综合类政策工具的强度。

4）小样本提示学习模型训练和预测

小样本提示学习模型 ERNIE 3.0 是一种适合样本量较小且人工标注成本较高的深度学习模型。在提示学习模型之前，以谷歌开发的 BERT（bidirectional encoder representation from transformers，Transformer 的双向编码器表示）模型为代表的“预训练+微调”（pre-train and fine-tune）范式在 NLP（natural language processing，自然语言处理）领域语言表示模型中占据主导地位。这一模式需要基于大样本文本数据进行语言模型的预训练，并通过额外添加参数和微调的方式匹配下游任务。然而，从模型参数看，由于每一个项目都需要不同的参数且大规模无监督学习和下游任务之间存在差距，模型存在训练低效的问题。从模型适用的文本特点看，BERT 模型适用于单篇文本字数少且样本量大的“高瘦型”文本作为数据输入，若将单篇字数多且样本量小的“矮胖型”政策文本作为数据输入模型则会产生过拟合问题并触发模型的早停机制。因此，传统“预训练+微调”的范式不适用于对政策文本数据进行模型训练。与 BERT 模型相比，小样本提示学习模型 ERNIE 3.0 能够重构下游任务，使其与原始预训练的语言模型类似，并且在文本提示的帮助下无须对下游任务进行额外训练就可以输出预测集文本结果。

具体来说，小样本提示学习模型通过 3 个文本分类步骤将政策文本 x 通过学习模型 $P(y|x;\theta)$ 中的参数 θ 输出预测的标签 $\hat{y}$。首先，需要构建一个小样本提示学习的范式，如式（5-1）所示：

$$\text{prompt } x' = f_{\text{prompt}}(x) \tag{5-1}$$

其中包含政策文本的输入项 x 和应答文本 z， z 与输出标签 y 之间存在映射关系。其次，基于预训练语言模型和用于文本分类的词典 Z，可以得到有最高得分的应答文本 $\hat{z}$，如式（5-2）所示：

$$\hat{z} = \underset{z \in Z}{\text{search}}\, P\left(f_{\text{fill}}(x', z);\theta\right) \tag{5-2}$$

最后，由于应答文本 $\hat{z}$ 和标签 y 之间存在映射关系，筛选出的最高得分应答文本 $\hat{z}$ 被用于预测标签 $\hat{y}$。

通过人工打标签的方式对 3334 条训练集政策文本的政策目标和政策工具强度进行评分后，本节将训练集文本使用小样本提示学习的方法进行模型训练，并从模型准确率、是否存在数据稀疏和样本类别不均等问题角度对训练结果进行评估。在此基础上，本节使用数据增强策略对存在数据稀疏和样本类别不均问题的政策类别进行处理和改进。之后，本节选择训练过程准确率最高的模型预测剩余未标记政策文本的政策目标和政策工具强度。

在模型训练的过程中，使用准确率（Accuracy）来衡量模型预测强度得分等于实际强度得分的比率，其反映了模型训练过程的整体效果。图 5-7 基于提示学习模型的源代码，展示了模型准确率的计算方法。其核心逻辑是：预测强度值与真实值完全一致的政策数量，等于混淆矩阵对角线元素数值的总和。

预测值

真实值	3分	2分	1分	总计
3分	A_{33}	A_{32}	A_{31}	N_3
2分	A_{23}	A_{22}	A_{21}	N_2
1分	A_{13}	A_{12}	A_{11}	N_1

（a）

预测值

真实值	4分	3分	2分	1分	总计
4分	A_{44}	A_{43}	A_{42}	A_{41}	N_4
3分	A_{34}	A_{33}	A_{32}	A_{31}	N_3
2分	A_{24}	A_{23}	A_{22}	A_{21}	N_2
1分	A_{14}	A_{13}	A_{12}	A_{11}	N_1

（b）

图 5-7 小样本提示学习模型准确率计算方法

对于评分等级为 3 级的三类政策目标和三类政策工具，准确率的计算方法为

$$\text{Accuracy}=\frac{A_{33}+A_{22}+A_{11}}{N_3+N_2+N_1} \tag{5-3}$$

而对于评分等级为 4 级的节能目标，准确率的计算方法为

$$\text{Accuracy}=\frac{A_{44}+A_{33}+A_{22}+A_{11}}{N_4+N_3+N_2+N_1} \tag{5-4}$$

其中，N_4、N_3、N_2 和 N_1 分别是真实值为 4 分、3 分、2 分和 1 分的政策总数；A_{44}、A_{33}、A_{22} 和 A_{11} 分别是真实值和预测值都为 4 分、3 分、2 分和 1 分的政策总数。

在模型训练完成后，本节进一步从数据稀疏和类别不均两个方面对模型的训练情况进行评估，并分别使用数据稀疏识别策略和数据增强策略来处理上述问题。在此基础上，选择具有最高准确率的模型用于预测剩余未标记政策文本的政策目标和政策工具强度。表 5-3 展示了四类低碳政策目标和两类低碳政策工具在小样本提示学习下的模型训练准确率。其中，降碳目标在“小样本提示学习+稀疏数据识别”的策略下有最高的模型训练准确率，选择这一模型用于降碳目标未评分政策文本的预测。节能目标、产能目标、科技目标、命令控制型政策工具和经济激励型政策工具在“小样本提示学习+训练集数据增强”的策略下有最高的模型训练准确率，选择这一模型用于三类政策目标和两类政策工具未评分政策文本的预测。

表 5-3 小样本提示学习模型训练准确率

模型类型	低碳政策目标				低碳政策工具	
	降碳目标	节能目标	产能目标	科技目标	命令控制型工具	经济激励型工具
小样本提示学习	0.776	0.790	0.844	0.663	0.767	0.897
小样本提示学习+稀疏数据识别	0.851	0.813	0.800	0.663	0.767	0.882
小样本提示学习+训练集数据增强	0.776	0.869	0.867	0.820	0.820	0.917

5）低碳政策强度运算

在将政策文本划分为不同政策目标类别和政策工具类别后，本节在“政策目标-政策工具”模式中加入政策层级的因素，来量化每条低碳政策的强度：

$$\mathrm{PI}_{r,a,t} = L_{r,a,t,l} \times O_{r,a,t,o} \times I_{r,a,t,i} \tag{5-5}$$

其中，$\mathrm{PI}_{r,a,t}$ 是区域 r 在年份 t 所颁布的第 a 条政策强度。区域 r 可以是一个国家、一个省/自治区/直辖市 ρ 或者一个地级行政区 c；$L_{r,a,t,l}$ 是区域 r 在年份 t 所颁布第 a 条政策中政策层级 l 的强度；$O_{r,a,t,o}$ 是区域 r 在年份 t 所颁布第 a 条政策中政策目标 o 的强度；$I_{r,a,t,i}$ 是区域 r 在年份 t 所颁布第 a 条政策中政策工具 i 的强度。具体来说，低碳政策层级 l 可以是国家级、省级、地级，政策目标 o 包含 4 个类别（即降碳目标、节能目标、产能目标和科技目标），政策工具 i 包含 3 个类别（即命令控制型政策工具、经济激励型政策工具和综合类政策工具）。

图 5-8 展示了低碳政策强度的组成元素以及分解和聚合过程。其中，低碳政策强度 $\mathrm{PI}_{r,a,t}$ 可以分解为 36 种政策子类型并通过式（5-6）~式（5-8）进行聚合：

$$\mathrm{PI}_{r,t} = \sum_a \mathrm{PI}_{r,a,t} \tag{5-6}$$

$$\mathrm{PI}_{r,t} = \mathrm{PI\_CR}_{r,t} + \mathrm{PI\_EC}_{r,t} + \mathrm{PI\_CU}_{r,t} + \mathrm{PI\_T}_{r,t} \tag{5-7}$$

$$\mathrm{PI}_{r,t} = \mathrm{PI\_CC}_{r,t} + \mathrm{PI\_MB}_{r,t} + \mathrm{PI\_CM}_{r,t} \tag{5-8}$$

其中，$\mathrm{PI}_{r,t}$ 是区域 r 在年份 t 所颁布的所有政策强度的总和。从政策层级看，$\mathrm{PI}_{r,t}$ 可以进一步写为 $\mathrm{PI\_N}_t$、$\mathrm{PI\_P}_{\rho,t}$ 或者 $\mathrm{PI\_C}_{c,t}$。其中，$\mathrm{PI\_C}_{c,t}$ 是地级行政区 c 在年份 t 所颁布的所有政策强度的总和，$\mathrm{PI\_P}_{\rho,t}$ 是省/自治区/直辖市 ρ 在

年份 t 所颁布的所有政策强度的总和，PI_N_t 是在年份 t 所颁布的国家级低碳政策强度的总和。由式（5-7）可知，从政策目标的角度看，低碳政策强度是区域 r 在年份 t 所颁布的所有政策目标类型的政策强度的总和，$PI\_CR_{r,t}$、$PI\_EC_{r,t}$、$PI\_CU_{r,t}$ 和 $PI\_T_{r,t}$ 分别是区域 r 在年份 t 所颁布的降碳目标政策强度、节能目标政策强度、产能目标政策强度和科技目标政策强度。由式（5-8）可知，从政策工具的角度看，低碳政策强度是区域 r 在年份 t 所颁布的所有政策工具类型的政策强度的总和，$PI\_CC_{r,t}$、$PI\_MB_{r,t}$ 和 $PI\_CM_{r,t}$ 分别是区域 r 在年份 t 所颁布的命令控制型政策强度、经济激励型政策强度和综合类政策强度。

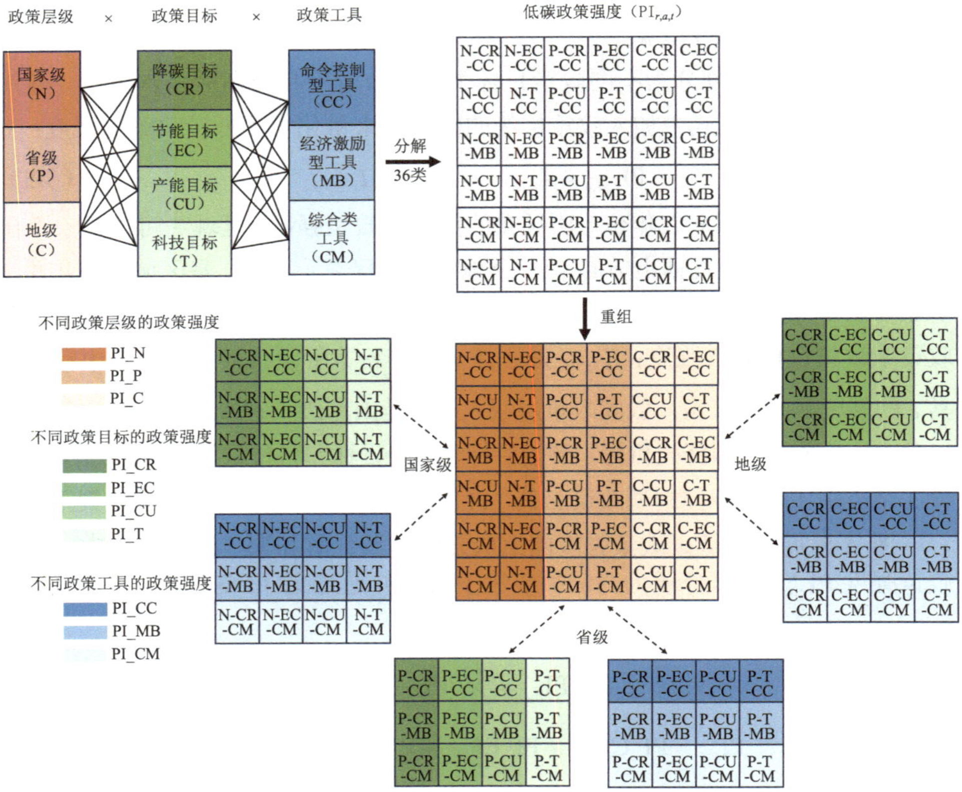

图 5-8　低碳政策强度量化及分解聚合过程

然而，当使用低碳政策强度这一指标时，对于政策强度的理解需要从政策制定者转变为政策接受者。因此，$PI\_all_{r,t}$ 的含义是区域 r 在年份 t 所被施加的低碳政策强度的总和，可以具体表示为地级行政区 c 在年份 t 所被施加的所有政策强度的总和 $\mathrm{PI\_all}_{c,t}$ 以及省/自治区/直辖市 ρ 在年份 t 所被施加的所有政策强度的总和 $\mathrm{PI\_all}_{\rho,t}$。中国作为一个具有层次分明的纵向治理体系的国家，包含中央政府和四个层级的地方政府，在低碳政策上也体现出多层级架构。具体来说，在规划和目标导向的治理模式下，中央政府通常将低碳目标分解到省级，而省/自治区/直辖市政府则通过目标责任制将目标分配给地级行政区政府来实现减排目标。因此，在中国多层次的行政结构下，地方政府不但需要执行本级政府颁布的政策，还需要执行上级政府下达的相关政策。

当研究对象为地级行政区或企业时，式（5-9）中得到的地级低碳政策总强度 $\mathrm{PI\_all}_{c,t}$ 不仅包含地级颁布低碳政策的总强度 $\mathrm{PI\_C}_{c,t}$，还包含地级以上层级颁布的低碳政策总强度 $\mathrm{PI\_abovecity}_{c,t}$（即该城市所属省级低碳政策强度 $\mathrm{PI\_P}_{\rho,t}$ 和国家级低碳政策强度 $\mathrm{PI\_N}_{t}$ 之和）。当研究对象为省/自治区/直辖市时，式（5-10）中得到的省级低碳政策总强度 $\mathrm{PI\_all}_{\rho,t}$ 包含国家级和省级低碳政策强度的总和。

$$\begin{aligned}\mathrm{PI\_all}_{c,t} &= \mathrm{PI\_C}_{c,t} + \mathrm{PI\_abovecity}_{c,t} \\ &= \mathrm{PI\_C}_{c,t} + \mathrm{PI\_P}_{\rho,t} + \mathrm{PI\_N}_{t}\end{aligned} \tag{5-9}$$

$$\mathrm{PI\_all}_{\rho,t} = \mathrm{PI\_P}_{\rho,t} + \mathrm{PI\_N}_{t} \tag{5-10}$$

6）可靠性验证

在构建完成中国低碳政策强度指数后，本节进一步通过与现有环境政策指数对比以及与预测集手动打标签结果对比的方式进行数据的可靠性验证。

在与环境政策指数对比的过程中，由于现有政策指数主要从国家尺度衡量政策的严格程度，缺乏从国家级、省级和地级三个行政层级综合衡量的政策指数，本节无法直接与现有数据集进行比较。因此，本节将构建的国家级低碳政策强度指数与现有政策指数进行对比。在现有政策指数中，Zhang 等（2022）在“政策目标-政策工具”模式的基础上，通过政策文本分析和机器学习算法构建了 1978~2019 年中国国家级环境政策强度。OECD 基于 1990~2020 年 40 个国家的 13 项政策工具的二手数据建立了一个针对具体国家、具有国际可比性的环境政策严格程度指数（Kruse et al.，2022）。上述两个政策指数都有与低碳政策密切相关的子类别或子指数（如节能减排、产业升级、基于市场的政策、非市场政策、技术支持）。因此，政策指数之间的趋势相似性可以用来验证本节构建的中国低碳政策强度指数的可靠性。

参考 Zhang 等（2022）的数据验证方法，本节基于动态时间规整（dynamic time warping，DTW）的方法衡量时间序列之间趋势变动的相似性。在对三个指数进行归一化后，本节通过欧几里得距离计算 DTW 距离，三个政策指数之间的最短 DTW 距离的路径如图 5-9 所示。由图 5-9（a）可知，本节的低碳政策强度指数与 Zhang 等（2022）的环境政策强度的最短 DTW 距离为 2.53，是三对指数中距离最小的一对。具体来说，图 5-9（a）中白线反映的 DTW 距离最小，几乎与主对角线平行。这表明，本节的国家级低碳政策强度指数与 Zhang 等（2022）的环境政策强度之间存在较强的趋势相似性。这两个指标都是基于政策文本分析，但采用了不同的模型训练方法。因此，本节构建的中国低碳政策强度指数能够反映低碳政策的变化趋势。

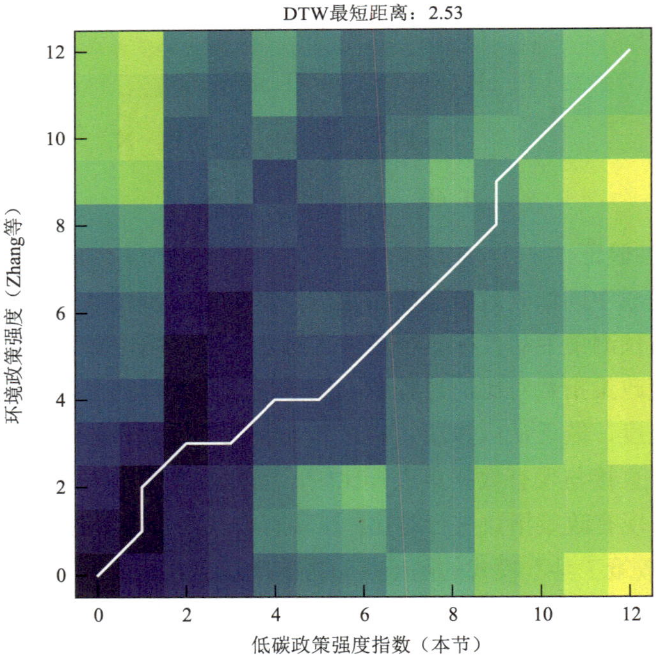

（a）本节的低碳政策强度指数和Zhang等的环境政策强度之间的DTW最短距离

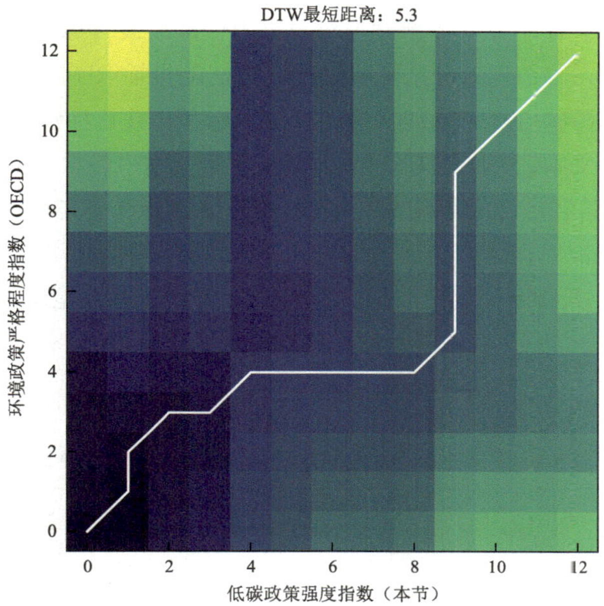

（b）本节的低碳政策强度指数和OECD的环境政策严格程度指数之间的DTW最短距离

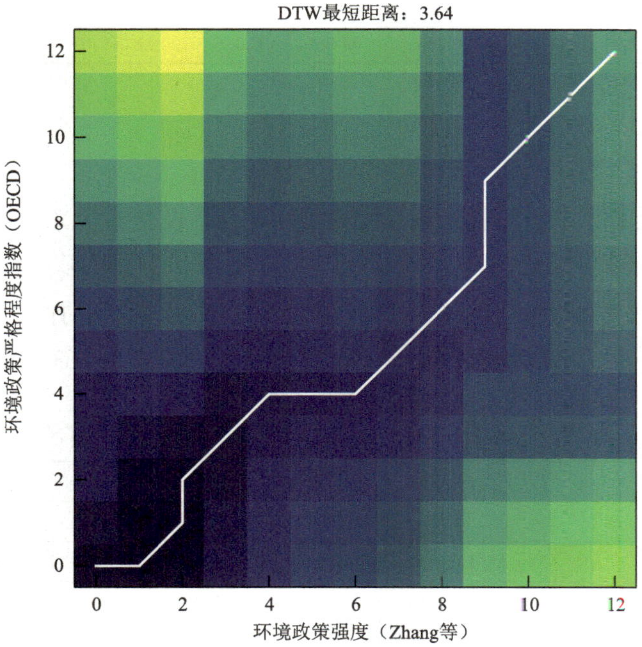

（c）Zhang等和OECD构建指数之间的DTW最短距离

图 5-9 三种国家级低碳政策强度指数两两之间的 DTW 路径图

为了进一步验证小样本提示学习对于中国低碳政策目标和政策工具强度预测结果的准确率，本节通过分层随机抽样的方法随机抽取了 500 条低碳政策。从政策目标看，降碳目标、节能目标、产能目标和科技目标都包含了 125 条手动打标签的政策文本。从政策工具看，500 条政策文本中包含 169 条命令控制型政策文本、276 条经济激励型政策文本和 55 条综合类政策文本。由于综合类政策是基于两种政策工具强度的最大值进行评分，需要手动打标签的政策工具类别最终包含 224 条命令控制型政策文本和 331 条经济激励型政策文本。表 5-4 展示了基于小样本提示学习和手动打标签结果之间的准确率，准确率范围为 0.848~0.931，说明模型预测较为可靠。

表 5-4 手动打标签和小样本提示学习的核查验证结果

项目	低碳政策目标				低碳政策工具	
	降碳目标	节能目标	产能目标	科技目标	命令控制型工具	经济激励型工具
打分正确样本量	108	111	112	106	193	308
总体样本量	125	125	125	125	224	331
准确率	0.864	0.888	0.896	0.848	0.862	0.931

3. 低碳政策强度结果展示

表 5-5 展示了中国低碳政策强度的描述性统计及变量含义。由 PI_N、PI_P 和 PI_C 的均值结果可知，单位低碳政策下，国家级颁布的政策强度最高，省级颁布的政策强度次之，地级颁布的政策强度最小。从受到的低碳政策强度总量来看，地级和省级受到的低碳政策总强度分别为 65.082 和 63.269。

表 5-5 中国低碳政策强度的描述性统计及变量含义

变量	含义	观测值	平均值	最小值	最大值
面板 A：地级低碳政策强度及子指标					
PI_C	地级低碳政策强度	5408	2.108	0	46.75
PI_C_CR	地级降碳目标政策强度	5408	0.301	0	13.00
PI_C_EC	地级节能目标政策强度	5408	1.119	0	24.75
PI_C_CU	地级产能目标政策强度	5408	0.339	0	18.00

续表

变量	含义	观测值	平均值	最小值	最大值
面板 A：地级低碳政策强度及子指标					
PI_C_T	地级科技目标政策强度	5408	0.349	0	26.00
PI_C_CC	地级命令控制型政策强度	5408	0.924	0	34.25
PI_C_MB	地级经济激励型政策强度	5408	0.915	0	29.50
PI_C_CM	地级综合类政策强度	5408	0.269	0	18.00
面板 B：省级低碳政策强度及子指标					
PI_P	省级低碳政策强度	496	22.722	0	93.50
PI_P_CR	省级降碳目标政策强度	496	3 996	0	46.00
PI_P_EC	省级节能目标政策强度	496	11.044	0	75.00
PI_P_CU	省级产能目标政策强度	496	3 972	0	50.00
PI_P_T	省级科技目标政策强度	496	3 710	0	34.00
PI_P_CC	省级命令控制型政策强度	496	8 262	0	63.50
PI_P_MB	省级经济激励型政策强度	496	10.977	0	60.00
PI_P_CM	省级综合类政策强度	496	3.483	0	30.00
面板 C：国家级低碳政策强度及子指标					
PI_N	国家级低碳政策强度	16	40.547	0	124.50
PI_N_CR	国家级降碳目标政策强度	16	13.313	0	69.00
PI_N_EC	国家级节能目标政策强度	16	16.734	0	51.75
PI_N_CU	国家级产能目标政策强度	16	5.063	0	18.00
PI_N_T	国家级科技目标政策强度	16	5.438	0	27.00
PI_N_CC	国家级命令控制型政策强度	16	23.156	0	102.00
PI_N_MB	国家级经济激励型政策强度	16	1[illegible].391	0	49.50
PI_N_CM	国家级综合类政策强度	16	6.000	0	35.25
面板 D：地级被施加的低碳政策总强度及子指标					
PI_all_C	地级被施加的低碳政策总强度	5408	65.082	0	195.25
PI_all_C_CR	地级被施加的降碳目标政策总强度	5408	17.395	0	91.00
PI_all_C_EC	地级被施加的节能目标政策总强度	5408	23.240	0	100.50
PI_all_C_CU	地级被施加的产能目标政策总强度	5408	9.587	0	63.00
PI_all_C_T	地级被施加的科技目标政策总强度	5408	9.860	0	58.00
PI_all_C_CC	地级被施加的命令控制型政策总强度	5408	32.255	0	144.75
PI_all_C_MB	地级被施加的经济激励型政策总强度	5408	23.000	0	108.00
PI_all_C_CM	地级被施加的综合类政策总强度	5408	9.827	0	58.00

续表

变量	含义	观测值	平均值	最小值	最大值
面板 E：省级被施加的低碳政策总强度及子指标					
PI_all _ P	省级被施加的低碳政策总强度	496	63.269	0	186.000
PI_all_P _ CR	省级被施加的降碳目标政策总强度	496	17.308	0	89.000
PI_all_P_EC	省级被施加的节能目标政策总强度	496	27.779	0	91.500
PI_all_P _ CU	省级被施加的产能目标政策总强度	496	9.034	0	62.000
PI_all_P_T	省级被施加的科技目标政策总强度	496	9.147	0	51.000
PI_all_P _ CC	省级被施加的命令控制型政策总强度	496	31.418	0	136.500
PI_all_P _ MB	省级被施加的经济激励型政策总强度	496	22.367	0	108.000
PI_all_P _ CM	省级被施加的综合类政策总强度	496	9.483	0	53.500

从具体政策目标看，由面板 A 可知，地级节能目标的均值最大，为 1.119；而其他三类政策目标的平均政策强度较为相似，在 0.301~0.349。由面板 B 可知，省级的政策强度趋势和地级相似，节能目标强度最大，为 11.044，其他三类政策目标的平均政策强度在 3.710~3.996。对于国家级低碳政策强度，虽然节能目标政策强度的均值仍为最大，即 16.734，但与地级和省级不同的是降碳目标的政策强度仅次于节能目标政策强度，约为产能目标和科技目标政策强度的 2.5 倍。从最大值看，国家级降碳目标政策强度的最大值大于节能目标政策强度。以上分析说明国家层面的降碳目标和节能目标这类综合性目标的重要程度较为相似，且高于专有领域政策，而在地级和省级层面，受到执行能力和目标考核压力的影响，地方政府更加倾向于增大节能目标政策强度，对于降碳目标政策的关注度不够。

从具体政策工具看，除了省级颁布的低碳政策之外，地级颁布的、国家级颁布的、地级和省级被施加的低碳政策强度都是命令控制型政策大于经济激励型政策，综合类政策的总强度都处于最低水平。其中，省级颁布的经济激励型政策强度均值为 10.977，大于省级命令控制型政策的 8.262。这主要是由于省级政府的财政和资金实力强于地级政府，在颁布和执行政策过程中出台经济激励型政策的效果更好。国家级政策主要起到了整体规划和指导意见的作用，因此命令控制型政策的强度高于经济激励型政策。

图 5-10 从时间维度进一步展示了国家级低碳政策强度的周期性和异质性。

由图 5-10 可知，国家级低碳政策强度展示出较强的周期性，在 2011 年和 2016 年有较强的低碳政策强度，这一时间节点分别为中国“十二五”规划和“十三五”规划的第一年。由于 2020~2022 年处于新冠疫情的影响期，这三年的低碳政策强度规律性不强。由图 5-10（a）可知，节能目标政策具有较好的连续性；自 2009 年中国首次提出碳减排目标后，与降碳目标相关的政策在 2010 年及之后的年份开始有独立的政策。由图 5-10（b）可知，虽然在 2015 年之前国家级低碳政策主要以命令控制型政策工具为主，但在 2015 年之后，部分年份的经济激励型政策工具和综合类政策工具对于国家级低碳政策强度的贡献更大。

图 5-11 和图 5-12 进一步展示了 31 个省区市低碳政策强度分政策目标和分政策工具的逐年变化情况。由图 5-11 和图 5-12 可知，部分省级政策依旧存在周期性的特点，但是相比国家级政策滞后一年，即在“五年计划”中的第二年有最高的低碳政策强度，这主要是由于省级政策往往需要参考国家级政策的内容并结合自身情况制定，因此会存在滞后一年有最高政策强度的情况。从图 5-12

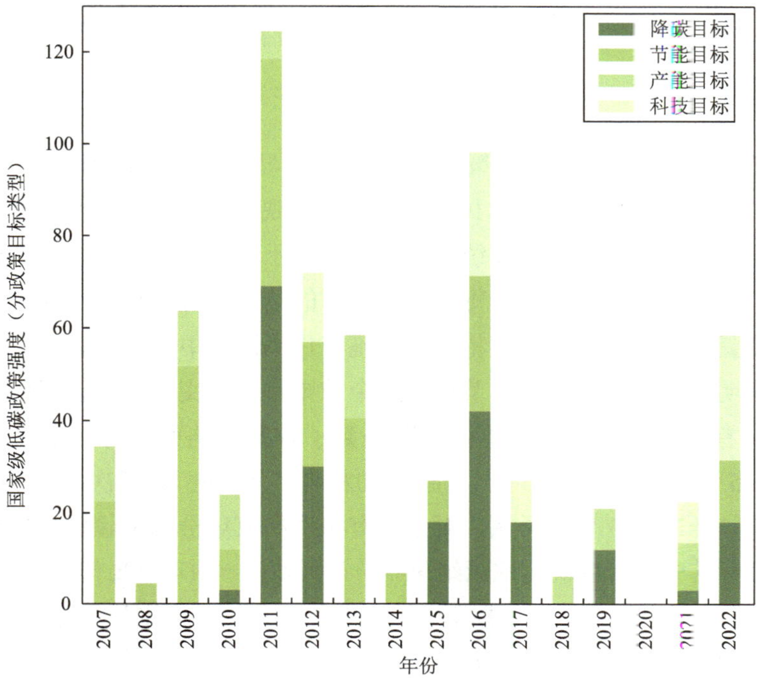

（a）分政策目标类型国家级低碳政策强度

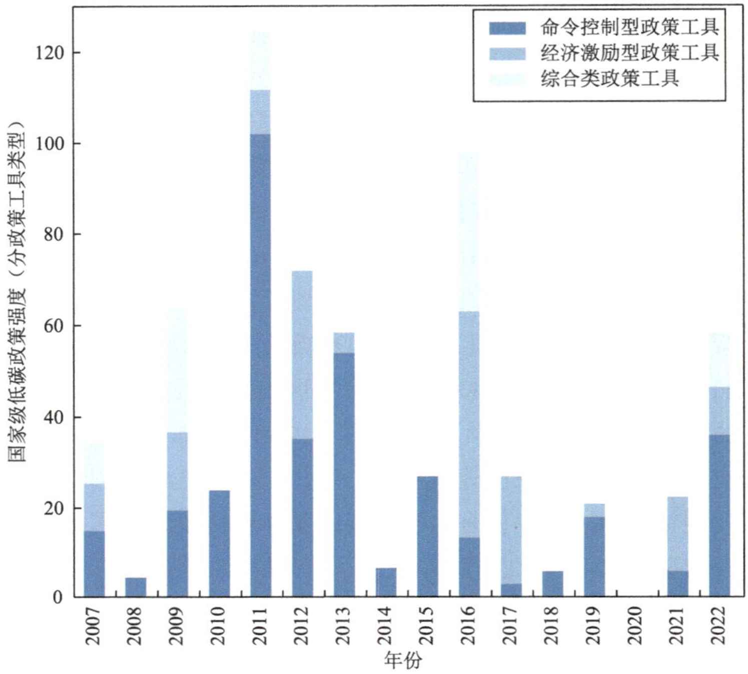

（b）分政策工具类型国家级低碳政策强度

图 5-10 逐年国家级低碳政策强度

的政策工具看，经济激励型政策在 2015 年之后显著增加，主要以天津、重庆等为代表。需要说明的是，图 5-10~图 5-12 所反映的低碳政策强度时间维度信息主要基于政策的颁布时间进行统计和可视化展示。在低碳政策强度构建的过程中，本节研究也统计和总结了每篇政策文本的结束年份信息，作为另一个时间维度的变量。与每项政策具有特定的实施年份不同，中国大多数政策的结束年份都没有明确说明。因此，本节通过四个准则对政策文本的结束年份进行统计和总结。首先，一些政策文本中明确提到了政策的结束年份（如“规划期为 2012~2015 年”“有效期为 5 年”“直到 2021 年”等表述）。其次，一些政策标明被废除或被新政策取代。再次，对于没有明确结束年份或废除标志的政策，根据政策目标的时间跨度确定政策结束年份。例如，一项政策虽然在 2007 年发布且尚无废除标志，但在政策目标部分可以看到“‘十一五末’”“到 2010 年”等表述，因此该政策的结束年份被确定为 2010 年。最后，对于无法使用上述准则进行确认的低碳政策，将这些政策的结束年份标记为“—”。然而，由于低碳

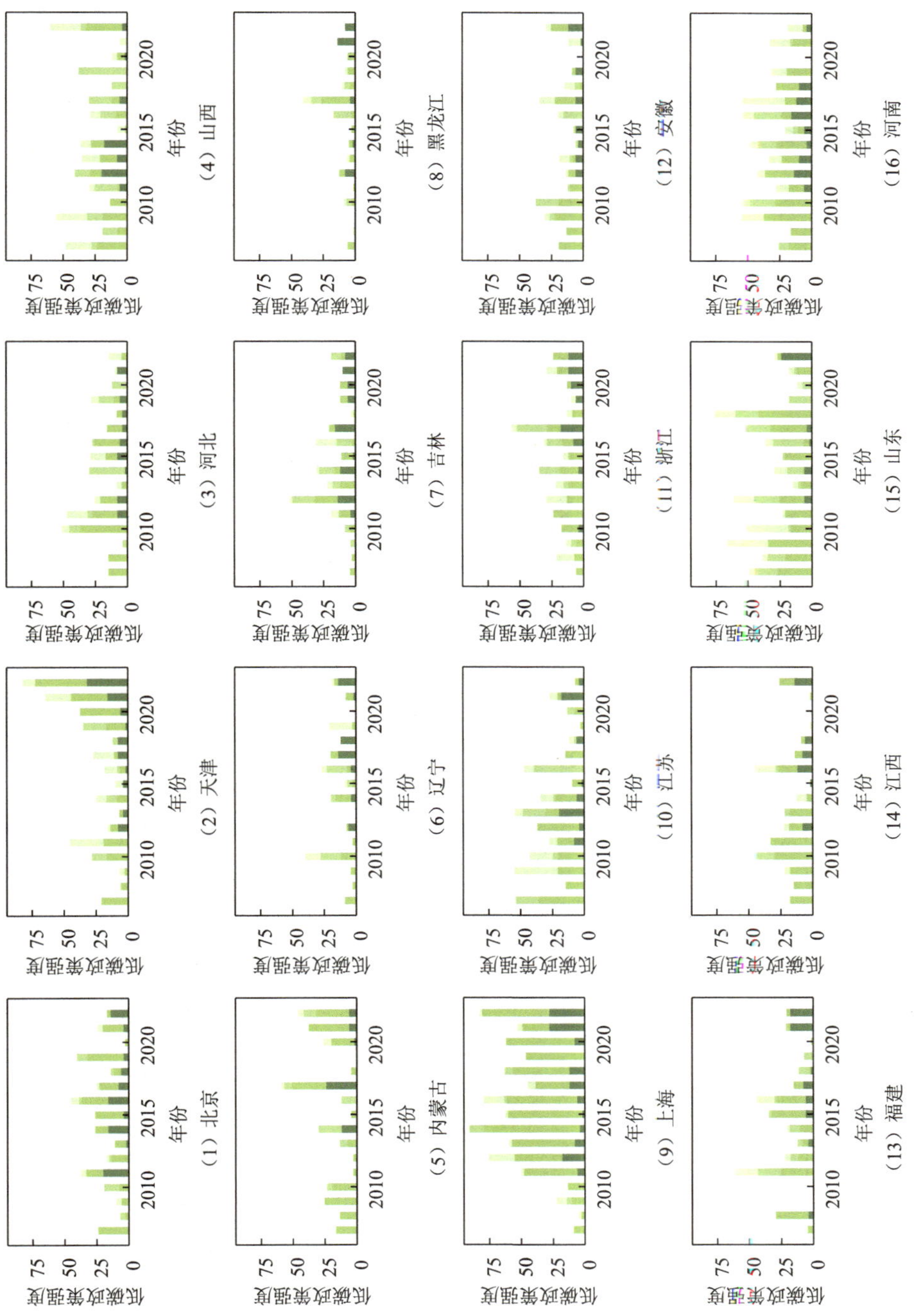
低碳政策强度
0
25
50
75
2010
2015
2020
年份
（1）北京
（2）天津
（3）河北
（4）山西
（5）内蒙古
（6）辽宁
（7）吉林
（8）黑龙江
（9）上海
（10）江苏
（11）浙江
（12）安徽
（13）福建
（14）江西
（15）山东
（16）河南

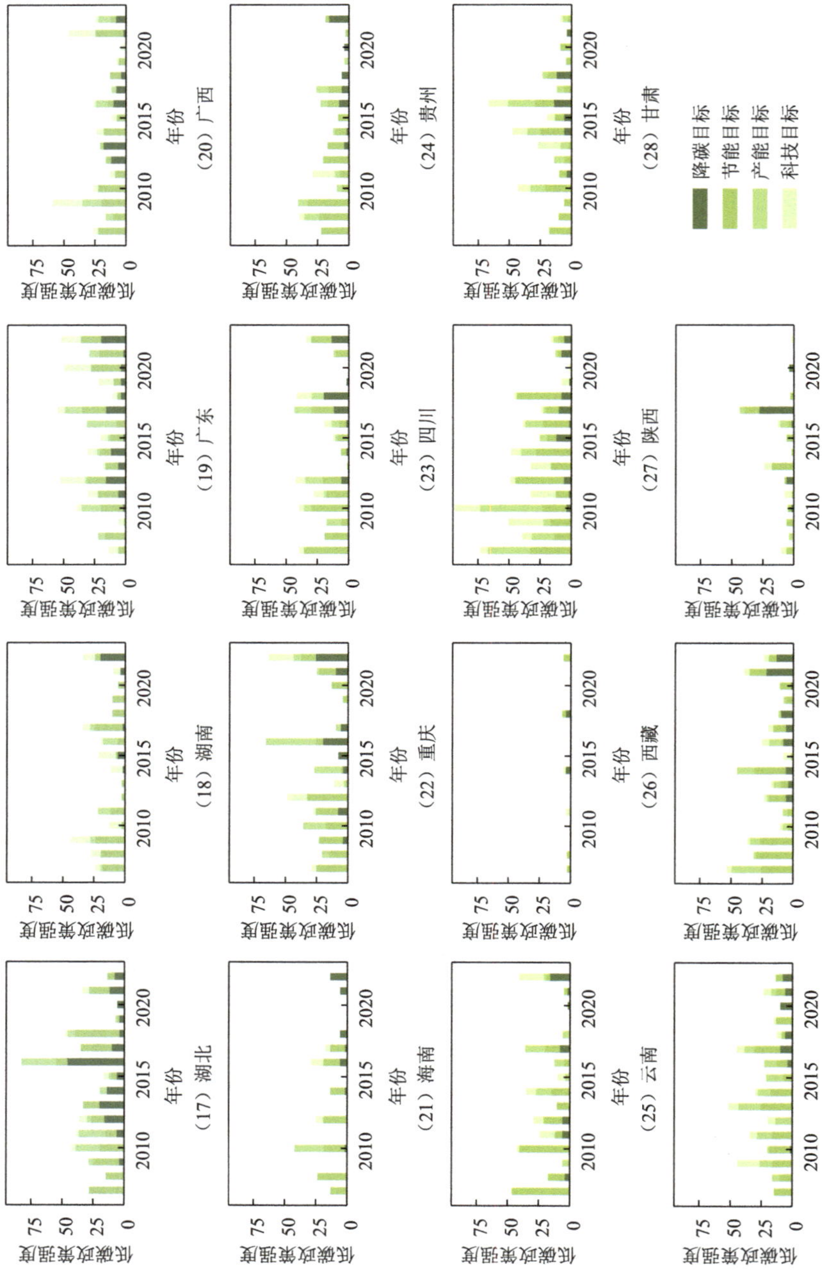

图 5-11 分政策目标逐年省级低碳政策强度

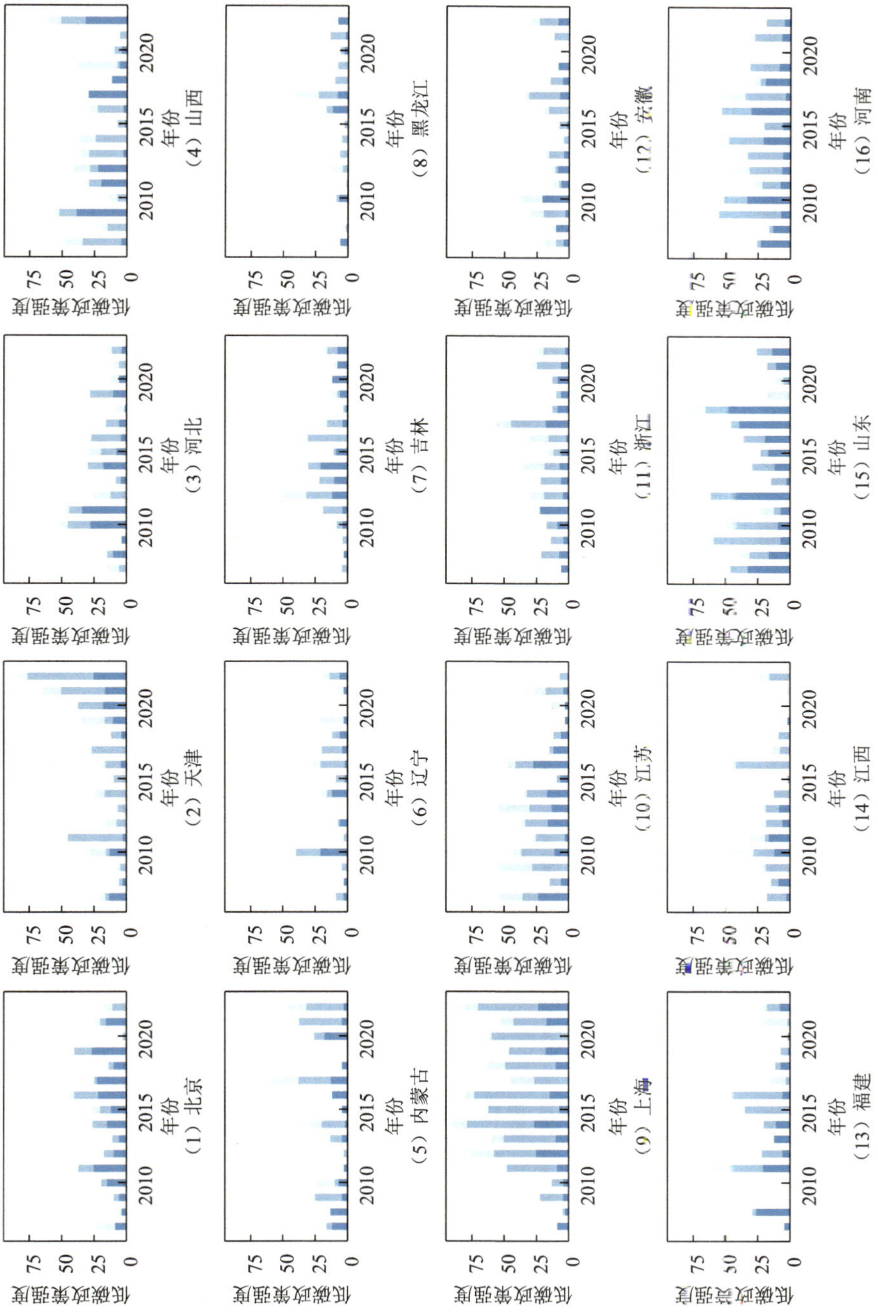

低碳政策强度
年份
（1）北京
（2）天津
（3）河北
（4）山西
（5）内蒙古
（6）辽宁
（7）吉林
（8）黑龙江
（9）上海
（10）江苏
（11）浙江
（12）安徽
（13）福建
（14）江西
（15）山东
（16）河南

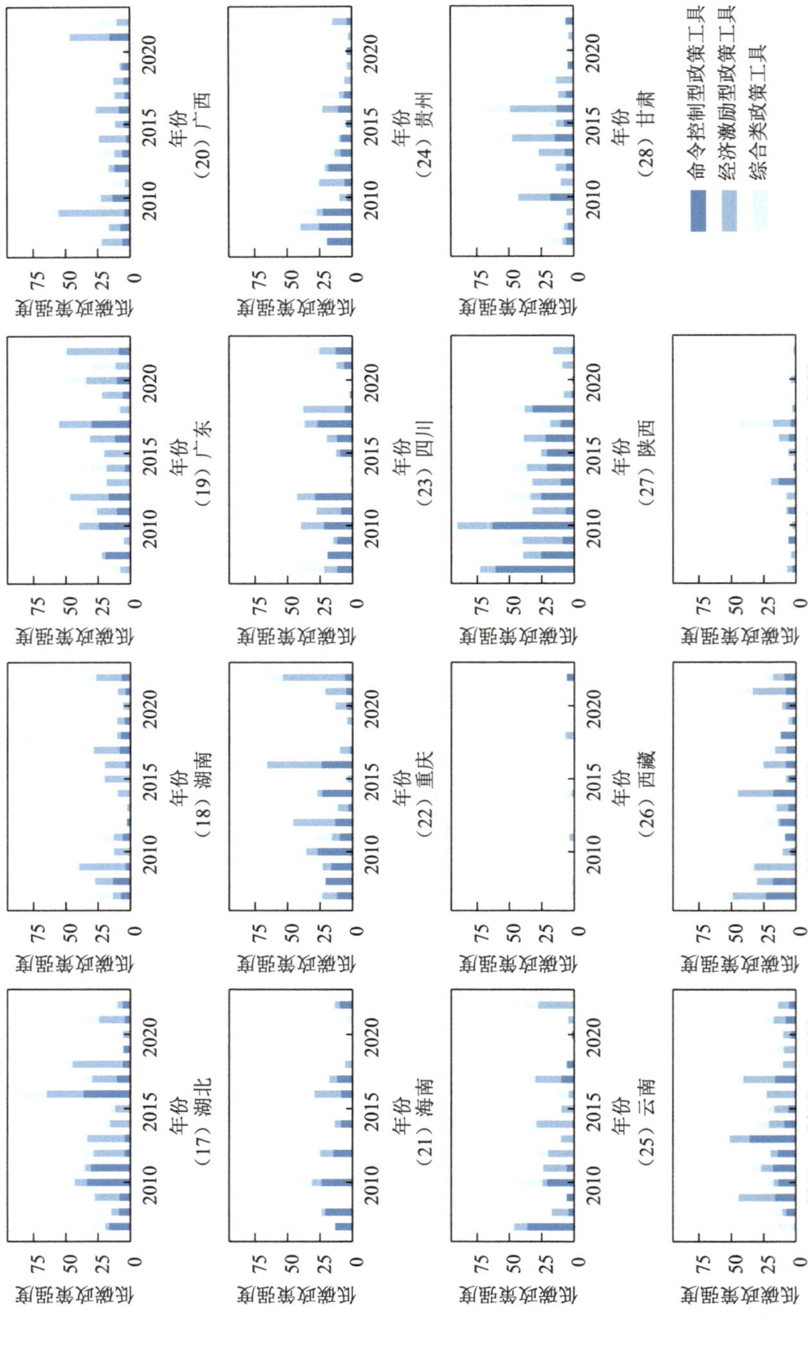

图 5-12 分政策工具逐年省级低碳政策强度

政策的强度存在随时间衰减的效果，不同类别的政策衰减情况可能存在异质性，缺乏统一的准则，本节只对政策的结束时间进行统计，没有展示结束年份政策强度的详细描述性统计结果。

5.1.3 政策影响：能耗双控转向碳双控的政策影响评估①

1. 评估能耗双控转向碳双控的政策影响具有重要意义

2021年，中央经济工作会议提出“要正确认识和把握碳达峰碳中和”“创造条件尽早实现能耗‘双控’向碳排放总量和强度‘双控’转变，加快形成减污降碳的激励约束机制”。这意味着“十三五”期间开始实施的能耗双控政策将发生转变。理论上看，相比于能耗双控，碳双控政策能够考虑到各类能源碳强度的差异从而带来更高的控制效果，能够对产生碳排放的原料用能不产生负面影响，并同时实现对水泥、石灰等工业生产过程碳排放的控制，从而更为精准地实现减排目标。地方是实现“双碳”目标的主体，研究能耗双控转向碳双控会对省一级能源消费、产业结构和社会经济发展产生何种影响，对于促进碳减排政策调整具有重要的现实意义。其中，安徽省2020年能源消费总量中煤炭占比达到69.8%，燃煤发电占比达到总发电量的86.9%，2019年碳排放达到4.1亿吨，面临显著的减排约束，被选作本节研究案例。

现有关于能耗双控和碳双控政策评估的研究集中于两个层面。第一类研究关注能耗双控和碳双控实际政策如何设计，侧重于开发能源消费和碳排放总量分配方法，这类研究从效率或公平视角出发确定分配标准，采用单一指标法、博弈论方法、优化方法、多准则决策分析、数据包络分析等形成分配依据，将碳排放配额或能源消费总量分配至省市等层级，并对分配方法的有效性和公平性开展评价。第二类研究则关注能耗双控和碳双控的实施效果，侧重于事前或事后分析不同能源或碳减排政策的能源、环境和经济影响，聚焦于评估单一的能源和碳减排政策、多个政策组合，或比较不同政策对经济产出、公平性、能源消费和碳排放等各维度的影响，为研判政策实施的潜在后果及改进政策设计提供参考。例如，在能源政策上，现有研究针对能源总量或强度控制、能源税、可再

① 观点文章：安康欣，刘米可，范淑婷，等. 2024. 能耗双控转向碳双控的政策影响评估：基于安徽省动态CGE模型. 中国环境科学, 44(4): 1795-1804.

生能源补贴及绿色电力证书制度等开展研究；在碳减排政策上，现有研究聚焦于 NDC 目标、碳总量控制与交易、碳强度控制、碳税等政策开展研究。少数研究关注不同能源或碳减排政策的差异性，认为能源税与碳税均能产生减排效果，但对经济的影响有所不同；联合征税在经济效果上更为优越；化石能源总量控制的经济效率高于煤炭总量控制，但低于碳税和碳总量控制政策。

考虑到能耗双控可能向碳双控政策转变，尚未有研究以省为案例，定量评估能耗双控和碳双控政策在经济表现的差别，也缺乏政策调整对不同行业产出、能源消费及其结构等中观层面产生的异质性影响的理论和建模分析。CGE（computable general equilibrium，可计算一般均衡）模型在能源经济建模中应用极为广泛，对于能源、环境、经济系统间的联系进行了充分刻画，相较既有研究方法，能够有效评估各类气候政策的环境、经济和社会影响，满足本节研究目的。为此，本节在标准能源环境 CGE 模型基础上，构建了细分 6 种发电技术的安徽省混合动态可计算一般均衡模型，动态运行到 2035 年以模拟“十五五”时期和中长期发展趋势，评估能耗双控和碳双控政策对能源生产消费结构与社会经济的影响。

2. 研究方法与数据

1）模型核心结构

在中国混合能源经济研究（China hybrid energy economic research，CHEER）模型基础上，针对安徽省具体案例，构建安徽能源经济研究模型（CHEER-AH 模型）。CHEER-AH 模型核心结构上包含 42 个生产部门、2 个居民部门、6 个电力子部门，基于底层投入产出数据的可用性，模型以 2017 年为基年动态递归进行迭代，模拟年份为 2017~2035 年，以反映“十五五”时期和 2035 年远景的发展趋势，适应本节研究需求。具体而言，该模型主要包含 8 个模块，包括一般行业生产模块、电力生产模块、商品市场模块、要素市场模块、财政收支模块、居民收支模块、投资储蓄模块和动态递归模块。该模型基本结构如图 5-13 所示。

一般行业生产模块对除电力行业外的 41 个行业厂商投入的劳动力、资本等生产要素及各类能源和中间投入品进行了设定，基于成本最小化假设和零利润假设进行生产。在电力生产模块，考虑到安徽省现有 6 种发电技术，包括燃煤发电、燃气发电、水电、光伏、风电和生物质发电，据此拆分出 6 个电力子部门进行电力生产，并采取常替代弹性（constant elasticity of substitution，CES）

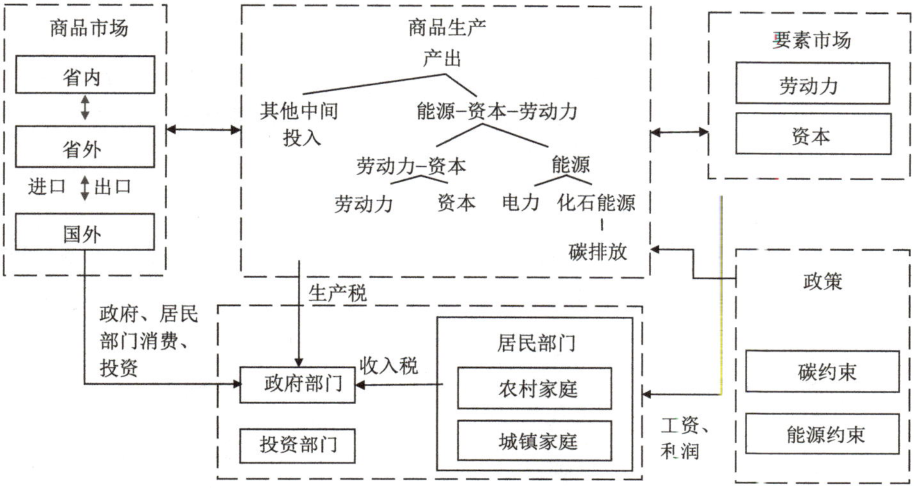

图 5-13 模型结构示意图

生产函数汇总各子部门发电为电力行业总发电量。在商品市场模块，生产的产品进入国内和国际市场，基于阿明顿假设考虑进出口商品和本地商品的不完全替代关系，排除省外流出和国外出口的部分后，与从省外流入和国外进口的商品共同组成用作本地消费的商品，供厂商用作中间投入品，供居民和政府用作消费，并同时用作投资。在要素市场模块，用于生产的资本和劳动力要素会产生利润和报酬，其中劳动力报酬流向居民部门作为收入，资本利润则分别流向居民、政府和企业。在财政收支模块，政府部门从生产部门征收所得税和增值税等，并从居民部门征收收入税等，所形成的财政收入则用于消费、储蓄和转移支付。在居民收支模块，居民收入被用来进行消费和储蓄，使用扩展线性支出系统（extend linear expenditure system，ELES）确定各类商品的消费份额。在投资储蓄模块，净流入和净进口额之和应当与省外净储蓄相同，企业、居民、政府和省外储蓄应当与总投资额相等，实现模型宏观闭合。在动态递归模块，CHEER-AH 模型考虑了劳动力、资本和全要素生产率（total factor productivity，TFP）的动态变化，其中农村和城镇劳动力供给根据安徽省规划中的人口增长率、城镇化率、劳动参与率外生给定参数；资本积累根据折旧后的上一期投资和新增投资来进行计算；TFP 则根据安徽省生产总值增长率预测，在基准情景假设下内生校准，并在不同情景下保持一致。

2）能耗与碳排放核算

与全国模型能源进出口量级较小不同，安徽省存在大量化石能源和电力调入调出，需要保持能源生产和消费核算的一致性，尤其是基于标准煤耗进行能源消费总量核算。为此，本节参考能源消费总量核算方法，开发了省级能源消费和碳排放模块。

首先，利用能源投入量与能源消费系数和碳排放系数，计算得到各行业各类能源消费和碳排放量，如式（5-11）和式（5-12）所示。

$$\text{ene}_{i,e} = \theta_{i,e} \times \text{EneFac}_{i,e} \times \text{eneIO}_{i,e} \tag{5-11}$$

$$\text{emit}_{i,e} = \text{EmitFac}_{i,e} \times \text{ene}_{i,e} \tag{5-12}$$

其中，$\text{ene}_{i,e}$和 $\text{emit}_{i,e}$分别是行业/电力子行业/居民部门 i 对能源 e 的消费物理量及直接排放量；$\text{eneIO}_{i,e}$ 是各行业能源消费货币量；$\text{EneFac}_{i,e}$ 是单位能源消费货币量对物理量的转换系数；$\theta_{i,e}$ 是各部门用能折标系数；$\text{EmitFac}_{i,e}$ 是单位能源消费物理量的碳排放因子，单位是吨 CO_2/吨标准煤。在此基础上，计算得到安徽省碳排放总量，如式（5-13）所示。

$$\text{temit} = \sum\nolimits_i \left(\sum\nolimits_{e\in[\text{煤,油,气}]} \text{emit}_{i,e} + \text{emit}_{i,\text{pr}}\right) \tag{5-13}$$

其中，temit 是安徽省碳排放总量；i 是最终能源消费部门和电力子部门；$\text{emit}_{i,\text{pr}}$ 为各行业工业过程排放量，根据中国碳核算数据库（China Emission Accounts and Datasets，CEADs）排放清单设定。

电力存在两种折标方式，电热当量计算法将电力按自身热功当量换算为标准煤，即 1 万千瓦时等于 1.229 吨标准煤，而发电煤耗法则指电力按当年平均火力发电煤耗换算成标准煤，由于火力发电能源转换存在损失，两种折标系数存在明显差异。安徽省能源消费总量按照发电煤耗法进行核算，由于发电结构变化和能效提升，每年发电煤耗法折标系数应动态更新，因此需要根据式（5-14）计算当年发电煤耗法电力折标系数，其中，$\text{ene}_{\text{ie},e}$ 表示 ie 类电力对能源 e 的消费量，gen_{ie} 是 ie 类电力的发电量，ie 类电力包括煤电、气电两类。

$$\theta_{\text{elec}} = \frac{\sum\nolimits_{\text{ie}\in[\text{煤电,气电}]} \sum\nolimits_{e\in[\text{煤,气}]} \text{ene}_{\text{ie},e}}{\sum\nolimits_{\text{ie}\in[\text{煤电,气电}]} \text{gen}_{\text{ie}}} \tag{5-14}$$

电力相关的能源消费量等于全社会用电量与折标系数的乘积，而全社会用电量则等于发电量排除调出部分并整合调入部分的总量，由于缺少其他省份信息，本节假设调入部分的折标系数与安徽省动态变化趋势相同，电力消费总量（$\sum_i ene_{i,\text{elec}}$）可以转化为排除调出电力（$elec_{out}$）并合并调入电力（$elec_{in}$）的能源总量，如式（5-15）所示：

$$\sum_i ene_{i,\text{elec}} = \theta_{\text{elec}} \times \left(\sum_{ie} gen_{ie} - elec_{out} + elec_{in}\right) \tag{5-15}$$

能源消费总量是终端能源消费量、能源加工转换损失量和电力损失量的总和，由于在汇总化石能源时已经考虑到炼焦、炼油、制气等部分，因此损失部分以电力为主，基于发电煤耗法的火力发电量损失量为0，而电力损失量在电力部门自用部分进行考虑，因此能源消费总量等于终端能源消费量。在计算电气化率和最终能源消费结构时，各省区市往往基于电热当量计算法确定电力消费量，因此需要更换电热当量计算法下的折标系数确定能源消费结构，将式（5-11）中的 $\theta_{i,\text{elec}}$（即 $\theta_{i,e}$）确定为1.229吨标准煤/万千瓦时计算。

3）政策模拟

本节重点分析三类政策，包括能耗双控政策、扣除新增可再生能源消费的能耗双控优化政策和碳双控政策。考虑未来将完善用能权交易和碳交易政策，本节将双控政策转变为统一的能源加价，以抬高用能成本的方式实现政策模拟。对能耗双控而言，需要同时满足式（5-16）和式（5-17），从而内生确定“影子”能源税。

$$tene \leqslant ene_{cap} \perp etax_{cap} \geqslant 0 \tag{5-16}$$

$$tene / gdp \leqslant ene_{int} \perp etax_{int} \geqslant 0 \tag{5-17}$$

其中，gdp 是安徽省生产总值；ene_{cap} 和 ene_{int} 分别是外生确定的能源总量和能源强度目标。CGE 模型将不等式约束转化为混合互补问题。以式（5-16）为例，若左侧不等式处于松弛条件（即外生控制目标大于实际能源消费量），其内生确定的能源税 $etax_{cap}$ 为0；反之若等式满足，即外生目标对能源消费施加紧约束，此时 $etax_{cap}$ 将大于0并由模型内生确定，其中 ⊥ 表示互补条件。一般而言，式（5-16）和式（5-17）最多有一个不等式为紧约束，仅有一个等式得到影子能源税大于0，为同时考虑总量和强度双控政策，将总影子能源税 etax 确定为 $etax_{cap}$ 和 $etax_{int}$ 的和。类似地，对碳双控政策需要同时满足式（5-18）和（5-19），从而产生影子碳价，并结合碳排放系数生成内生的能源税。

$$temit \leqslant emit_{cap} \perp ctax_{cap} \geqslant 0 \tag{5-18}$$

$$temit / gdp \leqslant emit_{int} \perp ctax_{int} \geqslant 0 \tag{5-19}$$

其中，$emit_{cap}$ 和 $emit_{int}$ 分别是外生确定的碳总量和强度目标。最后，模型将内生能源税置入终端能源消费部门对化石能源的消费函数中。

扣除新增可再生能源消费的能耗双控政策仅约束本地生产用作本地消费的化石能源电力和调入的化石能源电力，而可再生能源电力不受影响。标准能源环境 CGE 模型中各类电力技术产出先汇总为电力生产总量后转化为本地消费电力和调出电力，无法模拟潜在的可再生能源跨省交易。本节更新电力调入调出贸易结构，先确定不同发电技术电力本地消费或调出量，再将本地消费电力和调入的电力加以汇总。能耗双控政策的内生税作用于省内消费电价；而扣除新增可再生能源消费后内生税仅作用于化石能源电力消费，对可再生能源予以豁免，但上年已有可再生能源量需纳入能源总量核算中。

4）数据基础

由于最新投入产出数据年份为 2017 年，本节模型以 2017 年作为基准年进行模型校准，使用 2017 年 42 个部门安徽省投入产出表、收支数据、电力结构数据、能源平衡表等生成社会核算矩阵，上述数据来自《安徽统计年鉴》以及《中国能源统计年鉴》等，分行业能源消费清单和碳排放清单来自 CEADs（www.ceads.net.cn）。基于 CEADs 开发的 2017 年安徽省能源清单，将各行业 19 类能源消费量（单位：百万吨标准煤）汇总为煤炭、石油、天然气和电力四大类能源，与投入产出表中四个能源部门对各部门投入的货币量相除，以计算单位能源消费货币量对物理量的转换系数 $EneFac_{i,e}$。化石能源折标系数 $\theta_{i,e}$ 利用详细化石能源类型折标系数对消费份额加权平均得到，碳排放系数 $EmitFac_{i,e}$ 基于详细化石能源排放因子对能源消费份额加权平均得到。

5）情景设置

为比较是否扣除可再生能源消费的两种能耗双控政策以及碳双控政策的经济有效性，首先确定一条基准线（BAU）作为反事实情景。人口和地区生产总值等预测信息主要根据《安徽省国民经济和社会发展第十四个五年规划和 2035 年远景目标纲要》和《安徽省“十四五”人口发展规划》进行假设，并确定自主能效进步率（autonomous energy efficiency improvement，AEEI）作为未施加政策约束的能效进步趋势，参考前人研究将非电力行业设定为 2.5%；对于电力行业，基于《安徽统计年鉴》中2015年和2019年火力发电加工转换效率计算得到AEEI为0.25%。在政策模拟上，本节考虑能耗双控政策以及碳双控政策，其中，由于新增可再生能源消费不纳入能源消费总量控制，设计了三类政策情景，分别为全能耗双控（ENE_OLD）情景、扣除新增可再生能源消费的能耗双控（ENE_NEW）情景和碳双控（EMIT）情景。为了保证各政策情景碳减排效果的可比性，本节基于安徽省提出的2030年碳强度下降目标，设定历年碳排放强度作为EMIT情景约束条件，并使ENE_NEW情景和ENE_OLD情景的碳排放量与EMIT情景相一致，从而比较在相同减排目标下不同控制政策的能源、产业和经济影响差异。各情景设定和参数设置如表5-6和表5-7所示。

表5-6 政策情景设定

名称缩写	情景名称	情景设定
BAU	基准	无政策控制情景，设定参数包括外生人口、地区生产总值、AEEI，并校准内生的TFP
ENE_OLD	全能耗双控	人口、TFP、AEEI假设与BAU情景一致，保持碳排放总量与EMIT情景相一致，约束全部类别能源消费以实现控制目标
ENE_NEW	扣除新增可再生能源消费的能耗双控	人口、TFP、AEEI假设与BAU情景一致，保持碳排放总量与EMIT情景相一致，能源控制中扣除新增可再生能源消费，仅作用于化石能源
EMIT	碳双控	人口、TFP、AEEI假设与BAU情景一致，根据安徽省碳达峰行动方案设定碳排放强度约束，控制所有碳排放以达到碳强度目标

表5-7 关键参数设置

年份	人口增长率	地区生产总值增长率	自主能效进步率	碳强度控制目标/（吨/万元）
2020	0.25%	3.7%	非电力行业：2.5% 电力行业：0.25%	1.16
2025	0.11%	6.0%		0.98
2030	0.11%	5.5%		0.81
2035	0.11%	4.0%		0.64

3. 结果与讨论

1）碳排放轨迹

在上述情景设定下，模拟得到基准情景和三种政策情景下的碳排放轨迹，如图 5-14 所示。在没有政策约束时，安徽省碳排放将随地区生产总值增长而持续上涨，于 2035 年达到 7.9 亿吨，相比于 2017 年增长接近 1 倍。政策情景碳排放将于 2030 年达到 5.1 亿吨峰值并开始缓慢下降，在 2035 年为 5.0 亿吨。

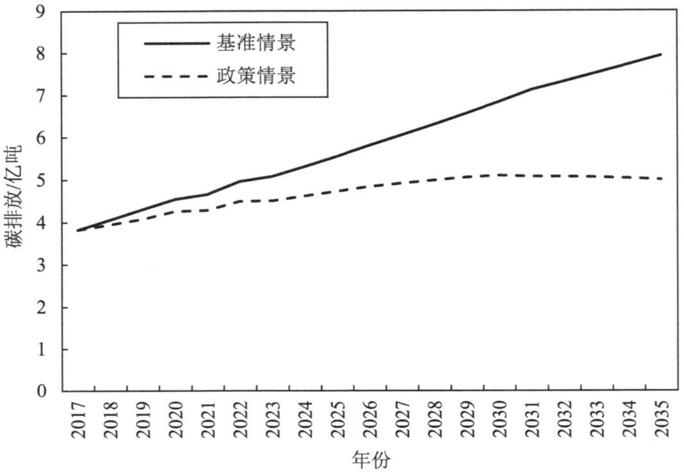

图 5-14 基准情景和政策情景的碳排放轨迹

2）对电力生产结构的影响

不同政策将对电力生产量及其结构产生明显影响，如图 5-15 所示。在 BAU 情景中，可再生能源发电量（包含水力发电、风力发电、光伏发电、生物质能发电）从 2017 年到 2035 年增加超过一倍，由于并未提供对可再生能源的激励信号，尽管可再生能源发电量有所增加，但发电占比并未得到提升。与 BAU 情景相比，ENE_OLD 情景中的发电量增速有所降低，同时发电结构并未得到优化，这是因为不扣除新增可再生能源消费的能耗双控政策会无差别地控制化石能源发电和可再生能源发电，无法自发促进可再生能源占比的提高，除非政府出台额外政策，如可再生能源电力总量消纳责任权重等，市场将不会提供增加可再生能源的激励和空间，因此，若不扣除新增可再生能源消费，能耗双控政策在促进电力低碳转型上将表现为无效乃至负面效应。

扣除新增可再生能源消费的能耗双控政策与碳双控政策对电力低碳转型的影响非常接近，但存在微弱差异。从发电总量上看，由于为可再生能源发展提供了空间，发电总量将持续增长，到 2035 年 ENE_NEW 情景和 EMIT 情景的发电总量分别达到 4295 亿千瓦时和 4211 亿千瓦时，高于 ENE_OLD 情景的 3521 亿千瓦时。由于碳双控政策直接作用于电力生产而不对电力省外流入施加约束，因此发电量略低于能耗双控政策，但由于降低了流出量而增加了省外流入量，从电力消费总量来看，EMIT 情景在 2035 年电力消费总量将达到 3548 亿千瓦时，高于 ENE_NEW 的 3348 亿千瓦时，为终端用能部门提供较高用电空间。从电力结构来看，到 2030 年和 2035 年，EMIT 情景可再生能源发电占比将分别达到 18.6%和 28.7%，略高于 ENE_NEW 情景的 18.2%和 27.9%。总的来看，二者都能够有效促进可再生能源的发展。

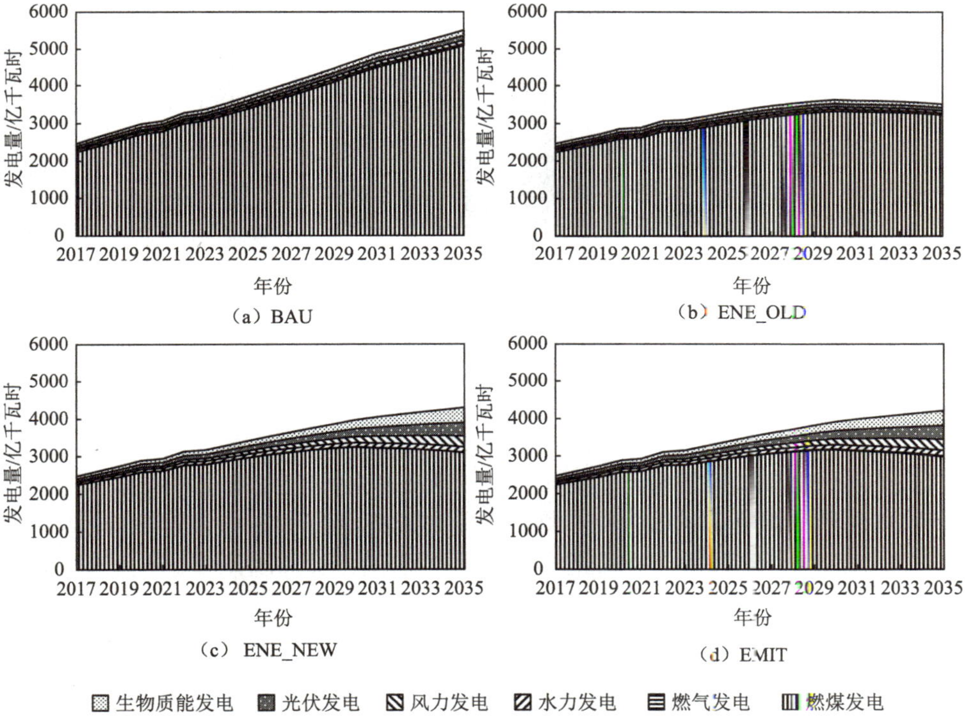

图 5-15 各情景电力生产结构

3）对终端能源消费的影响

不同政策情景终端能源消费总量因受到控制而低于 BAU 情景，但各情景表现有所差别。政策调整因支持可再生能源发展，从而能够降低对终端能源消费的控制力度，如图 5-16 所示。一方面，相比于调整前政策，扣除新增可再生能源消费的能耗双控政策增加了电力生产，从而使终端用能部门的电力消费量从2025年的0.44亿吨标准煤增加到2035年的0.47亿吨标准煤；另一方面，因为能耗双控政策支持可再生能源发展并减少对煤电的依赖，使电煤消费量有所下降，从而增加了终端用能部门的化石能源用能空间，2035年，相比于ENE_OLD情景，ENE_NEW情景终端用能部门化石能源消费量从0.88亿吨标准煤增长到0.94亿吨标准煤。提升电力消费的直接效果和降低电煤依赖从而增加化石能源消费的间接效果显著增加了终端用能部门的用能空间，而未对碳减排效果产生不利影响。

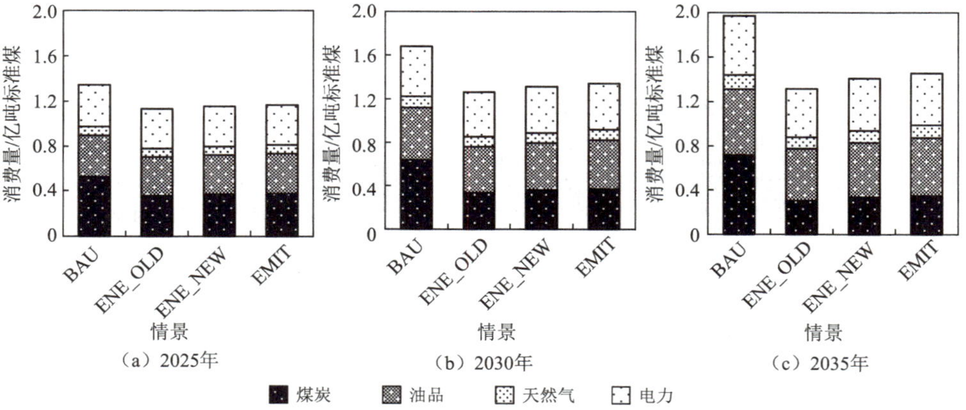

图 5-16 各情景终端能源消费结构

从能耗双控政策转向碳双控政策也进一步激励了终端能源消费，到2035年终端能源消费达到1.46亿吨标准煤。这同样有两方面原因，一是进一步降低电煤消费为终端部门腾挪出额外的化石能源消费空间，二是与能耗双控政策相比，碳双控政策从能源蕴含的碳含量而非能量出发，能够最有效地促进碳减排，从而能够抑制煤炭消费而促进油品和天然气消费，2035年油气占化石能源消费的比重从ENE_NEW情景的64.2%提高至EMIT情景的65.0%。由于油气单位能量的碳排放低于煤炭，在相同减排目标下油气占比的提高将能够促进能源消费量的增长。

4）对地区生产总值的影响

政策调整将会有效降低地区生产总值损失，以更低成本实现碳达峰目标。随着时间推移，由于政策目标趋紧，地区生产总值损失量也将有所增加，到2035

年，ENE_OLD 情景、ENE_NEW 情景和 EMIT 情景下的地区生产总值损失率分别为 1.27%、1.07%和 1.03%，如图 5-17 所示。政策对宏观经济产生影响的程度主要受两个因素影响，一是不同政策下的能源消费空间，二是不同政策碳减排的经济效率。首先，由于不同政策对可再生能源的支持效应及对降低电煤依赖的程度不同，从而为终端用能部门腾挪出的能源消费额度有异，这将使得能源供需关系紧张程度有所变化，从而造成用能成本的显著差异。因此，扣除新增可再生能源消费后进行能耗双控，实现同样的碳减排目标所产生的经济损失量将会减少，在促进可再生能源发展的同时也将实现更好的经济表现。同样，碳双控进一步增加的能源消费空间也进一步降低了减排成本和地区生产总值损失。其次，碳双控政策以能源碳含量而非能量作为控制对象，从而对煤炭的约束强于油品和天然气，能够更加有效。对新增可再生能源消费加以扣除能够显著降低能耗双控政策 0.20 个百分点的地区生产总值损失，而进一步转向碳双控政策额外降低了 0.04 个百分点的地区生产总值损失。这是因为将电力行业与终端用能部门同时计算在内后，煤炭占化石能源的比重极高，使得扣除新增可再生能源的能耗双控政策和碳双控政策主要传导作用于煤炭，在油气占比不高的条件下，两种政策效应较为接近。若长期油气占比上升，两类政策的经济效率差异将会更明显。

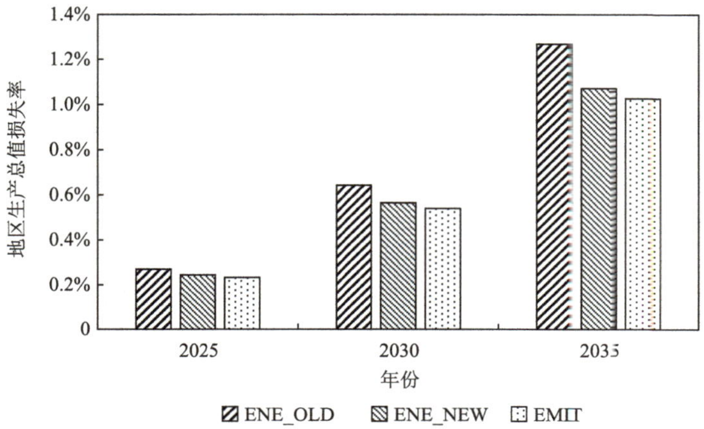

图 5-17　各情景地区生产总值损失率

5）对行业产出的影响

由于不同行业的能耗强度或碳强度有所差异，能耗双控和碳双控政策将会带来赢家和输家，如图 5-18 所示。不同政策对各行业产出影响的方向基本一致，且随着时间推移和政策力度的增强，产出变化率的绝对值将会进一步扩大。在 2035 年，共计 18 个行业产出将相比于基准情景有所增长，成为能耗双控或碳双控政策下的赢家，包括第一产业、少数第二产业和多数第三产业，产出增长率为 0.03%~10.25%，如制造业中的食品加工业、木材加工业和纺织业等，服务业中的教育业、房地产业、信息技术业、文化体育和娱乐业等；而剩余二十余个行业产出相比于基准情景则有所下降，成为输家，包括多数第二产业和少数第三产业，除电力行业外，其他行业产出下降率为 0.29%~20.63%，如煤炭和其他的矿采选业、非金属矿物制品业、黑色金属冶炼和压延加工业等。能耗双控和碳双控政策下，产业结构会从高耗能行业向低耗能行业调整，在一定程度上促进了第一产业和第三产业的发展而降低了第二产业比重。这一结果是直接的行业生产成本效应和间接的生产要素分配效应两个层面的影响所带来的。首先，由于能耗双控或碳双控政策约束了能源消费，各行业生产成本由此上涨而产出因此下降，其中高耗能行业必然会产生更大的产出损失，这是政策所产生的直接影响；其次，由于高耗能行业资本利润、劳动工资会因为更高的成本上涨幅度而被大幅挤压，为追求收益最大化，投资和就业会相应地从高耗能行业转向低

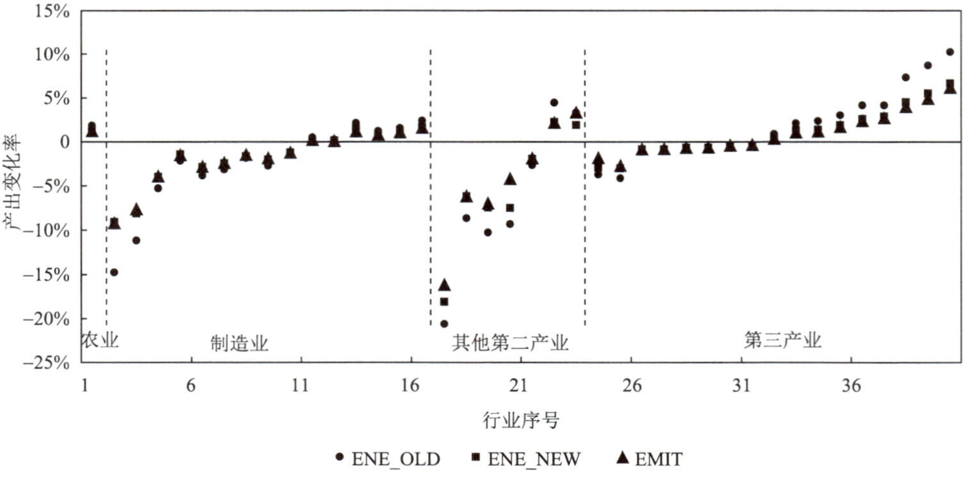

图 5-18 2035 年各情景行业产出变化率

耗能行业，使得高耗能行业产出进一步受损，而低耗能行业产出损失则有所缩小甚至产出大幅增加，这是政策的间接影响，二者的累积作用带来了赢家和输家产出变化迥异的结果。

政策调整将会使行业产出变化率收窄，赢家的收益和输家的损失都有所降低。例如，非金属矿物制品业产出损失率从 ENE_OLD 情景的 11.19%下降到 ENE_NEW 情景的 8.13%，并进一步下降到 EMIT 情景的 7.56%；而文化、体育和娱乐业产出增长率从 ENE_OLD 情景的 10.25%下降到 ENE_NEW 情景的 6.64%，并进一步下降到 EMIT 情景的 6.21%。这是因为：由于政策调整增加了能源消费的空间，高耗能行业产出下降的直接效应被收窄，进一步地，由于高耗能行业资本利润和劳动工资损失将减少，间接的投资和就业调整力度也会降低，在二者累积影响下，无须大幅度降低高耗能行业的产出即可实现同样的碳减排目标。

4. 结论

政策情景模拟显示，实现安徽省碳达峰目标，扣除新增可再生能源消费的能耗双控政策能够提供对可再生能源发展的激励措施，为终端能源部门腾挪了额外的能源消费空间，从而有效改善了经济有效性，安徽省可再生能源发电占比将从 2017 年的 9.6%增长至 2035 年的 27.9%，2035 年终端能源消费量相对于不扣除新增可再生能源消费的能耗双控政策增长了 7.0%，而地区生产总值损失率下降了 0.20 个百分点。

从现有能耗双控政策转向碳双控政策将会进一步产生能源和经济效益。到 2035 年，可再生能源发电占比达到 28.7%，终端能源消费量相对于扣除新增可再生能源消费的能耗双控政策进一步增长了 3.4%，而地区生产总值损失率进一步下降 0.04 个百分点。

控制政策将会对产业发展产生影响，并带来行业的赢家和输家，政策调整将会使行业产出变化率有所收窄。能源密集型行业，如多数第二产业和少数第三产业生产将会被抑制；而低能耗行业，如第一产业、少数第二产业和多数第三产业产出将会持续扩大。

5. 建议

一是坚持实施能耗双控政策优化措施。顶层调整优化能耗双控政策能够显著促进地方低碳发展的效果，各省区市应积极在能源总量控制中扣除新增可再生能源消费，通过解除对于可再生能源发展的限制将政策施力点集中于化石能源控制，尤其是煤炭控制上，以更低成本实现减排目标的同时促进可再生能源的发展。

二是“十五五”时期为碳双控制度出台打开“机会之窗”。能耗双控制度在不纳入新增可再生能源和原料用能后，已经具备在“十五五”时期向碳双控平稳过渡的制度基础。同时，短期内由于以煤为主的能源消费结构，政策转型将不会对产业和经济发展等产生剧烈波动，可以平稳地实现政策过渡，做好制度建设；而在长期中随着煤炭消费占比的持续下降，碳双控政策无论从实现碳达峰目标的可靠性，还是经济有效性来说，都会愈发优于能耗双控政策，为“双碳”目标的实现提供可靠和有效的制度保障。

三是配套前瞻性的产业布局和相应的公正转型措施。控制政策会对各产业产出产生影响，对于控制政策中的赢家，如信息技术产业，应加以支持引导；对于控制政策中的输家，应采取过渡措施，推动劳动者再就业、加强旧设备改造和低碳技术部署、促进转型金融等，避免对居民就业和资产有效利用产生不利影响。

5.1.4 国际实践：将气候变化纳入环境影响评价政策①

1. 引言

气候变化是当下全球人类共同面对的重大挑战。为应对日益严峻的气候变化形势，各国相继提出了碳达峰碳中和等气候目标，并出台了系列政策举措以加快适应和减缓气候变化的进程。其中，环境影响评价作为一项发展成熟的环境管理制度，在气候变化领域的应用逐渐被各国所重视，能够帮助各国从源头控制温室气体排放和评估气候影响，并确定适宜的减缓和适应措施，以减少和预防气候变化的不利影响。从 21 世纪初开始，美国、英国、加拿大等部分发达国家已尝试将气候变化和温室气体排放作为考虑因素纳入环评体系，并出台和完善了相关法规与指南，规范和指导气候变化环评工作的开展。

2021 年，生态环境部印发的《关于统筹和加强应对气候变化与生态环境保

---

① 观点文章：周嘉欣，曹媛，王灿. 2023. 将气候变化纳入环境评价的国际实践比较与启示. 环境影响评价, 45(5): 34-40.

护相关工作的指导意见》，以及《中共中央 国务院关于深入打好污染防治攻坚战的意见》均存在将气候变化影响纳入环境影响评价的相关内容。2022 年 12 月，《关于印发钢铁/焦化、现代煤化工、石化、火电四个行业建设项目环境影响评价文件审批原则的通知》要求将温室气体排放纳入建设项目环境影响评价，标志着这四个行业正式开始将温室气体管控纳入环评的试点实践。考虑到我国将气候变化纳入环评工作处于起步阶段，未来还需要建立起更具科学性和可操作性的评价体系，有必要梳理目前的国际实践进展，对主要国家的环评体系特点进行对比和总结，为我国未来制定气候变化纳入环评方案、促进气候变化减缓与适应、降低气候变化负面影响提供参考。

2. 气候变化纳入环评的国际进展

1992 年通过的《联合国气候变化框架公约》中提到“缔约方有义务将气候变化考虑因素纳入社会、经济和环境政策和行动中，并通过影响评价等方式减少其对经济、健康、环境质量等造成的负面影响”，这是国际上首次从超国家层面提出评估气候变化影响。2001 年，欧盟的《规划与项目环境影响评价》法令（2001/42/EC）将气候因素作为一类环境影响，要求成员国充分考虑规划和项目的气候影响，并说明防止或降低重大负面影响的措施。欧盟法令的出台，加快了其成员国将气候变化纳入环评工作的进程，如英国[①]于 2004 年制定了《战略环境评价和气候变化：从业者指南》，指导相关从业者从环境评价的各个环节考虑气候变化，并于 2007 年、2011 年进行了两次修改，强化了对于减缓和适应措施的考量。其他国家也陆续开展了相关研究，如加拿大于 2003 年颁布《将气候变化因素纳入环境评价：从业者通用指南》，从排放估算、排放管理、最佳实践、气候敏感性等多方面对从业者进行了细致的指导。美国于 2010 年开始起草《关于考虑温室气体排放和气候变化的国家环境政策法指南》，历经 2010 年、2014 年两个版本的修订后于 2016 年正式颁布，指导联邦机构量化拟议行动的温室气体排放，考虑其气候影响。韩国于 2012 年颁布了《温室气体项目环境影响评价指南》，规定了温室气体环境评价的范围、内容和程序，提供了减排参考方案、排放量计算方法等，2015 年进行了一次修订，结合实践情况精简了部分内容。

随着各国提出新的气候战略目标，国际上气候变化纳入环评的工作取得了

① 2020 年 1 月 30 日，欧盟正式批准了英国脱欧。

诸多进展，一方面以立法形式进一步确定了气候因素在环评中的地位，另一方面也在技术指南中加入了更多符合国家目标的要求和内容。美国在拜登就任总统后于 2021 年撤销了特朗普政府 2019 年颁布的修订版《关于考虑温室气体排放和气候变化的国家环境政策法指南》，并于 2023 年 1 月颁布了更新后的《关于考虑温室气体排放和气候变化的国家环境政策法指南》，通过货币化社会影响等方式进一步提高了项目的温室气体报告透明度，便于公众和主管机构做出权衡与决策，以促进美国“2050 净零目标”的实现。加拿大于 2019 年颁布了《影响评估法》，将气候影响纳入项目环境影响评估因素；为更好地落实这一要求，加拿大于 2020 年颁布了《气候变化战略评估》，除规定项目开发者在各个阶段提交的温室气体和气候变化信息外，还要求生命期限超过 2050 年的项目提交在 2050 年达到净零排放的计划，以保持与国家气候目标的一致性。英国于 2017 年修订了《城乡规划环境影响评价条例》，在声明应包括的内容中加入了“项目的气候影响和气候脆弱性”；英国环境管理与评估研究所分别于 2020 年和 2022 年更新了其《气候复原力和适应环境评价指南》和《温室气体排放和重要性环境评价指南》，增加了基于净零情景和 1.5℃温控目标排放轨迹的温室气体排放重要性等级评价体系，在评估和减缓方面更强调了与“2050 净零目标”的一致性。表 5-8 中总结了主要国家将气候变化纳入环评的技术指南与内容。

表 5-8 主要国家将气候变化纳入环评体系的指南文件

国家	文件	出台时间	内容/调整
加拿大	《将气候变化因素纳入环境评价：从业者通用指南》	2003 年	为环境评估从业者将气候因素纳入环境评估提供指导，建议包括的内容有：项目温室气体排放预估量、温室气体管理措施、最佳实践及其排放量、行业概况与地方或国家气候目标、项目的气候敏感性、气候变化趋势
	《气候变化战略评估》	2020 年	描述项目开发者需在各个阶段提交的温室气体和气候变化信息，要求生命周期超过 2050 年的项目开发者提交净零排放计划，解释主管部门如何审查与补充开发者提交的气候变化信息
	《气候复原力评估技术指南（草案）》	2021 年	提供评估项目适应当前和未来气候变化能力的方法，包括说明所需气候变化信息的范围，提出评估气候风险的框架
	《气候变化战略评估技术指南（草案）》	2021 年	作为《气候变化战略评估》的补充文件，进一步说明温室气体排放量计算方法（包括上游排放和对碳汇的影响），描述最佳实践确定方法，提出对生命周期超过 2050 年的项目的净零排放计划信息要求

续表

国家	文件	出台时间	内容调整
美国	《关于考虑温室气体排放和气候变化的国家环境政策法指南》	2016 年	指导联邦机构量化拟议行动的直接和间接温室气体排放，并考虑替代方案和分析减缓措施以进一步考虑气候影响；同时也提供了分析气候变化对拟议行动影响的建议。相比之前的 2010 年版和 2014 年版修订草案，删去了将 25 000 吨 CO_2 作为有必要进行温室气体量化评估的参考阈值，也不强制要求估算碳排放社会成本
		2019 年	放宽了温室气体量化条件，即只有“排放足以保证量化”且“数据和量化工具使得量化可行”时需要量化温室气体排放；同时大幅简化了评估要求，包括删去了减缓措施说明的全部要求，减少了对气候复原力评价指标的描述，取消了单独累积效应分析的要求，并允许使用现有信息和科学文献进行评估而无须进行新的研究
		2023 年	建议尽早在规划环节考虑合适的替代方案、减缓或适应措施，建议提供更多的背景信息，如使用温室气体社会成本估算方法将气候影响货币化，帮助决策者和公众更好地权衡与理解气候影响
英国	《战略环境评价和气候变化：从业者指南》	2004 年	阐述了气候变化的影响，介绍了在环评中考虑气候变化的各个环节，提出应在项目规划时考虑减缓和适应措施
		2007 年	在之前的基础上更明确地提出了减缓和适应措施的目标，并对两种措施进行了更系统的分类和举例
		2011 年	更新较少
	《气候复原力和适应环境评价指南》	2015 年	为环评从业者提供气候复原力和适应评估指导，具体步骤包括：确定讨论范围、定义基线情景、识别气候脆弱性等
		2020 年	更新后的指南根据实践情况进行了修订，加入了参考案例
	《温室气体排放和重要性环境评价指南》	2017 年	为从业者提供了温室气体排放评估的指导，保持与英国环评程序一致，包括筛选、确定范围、进行影响评估、缓解措施和重要性分析、报告等内容
		2022 年	增加了基于净零和 1.5℃温控目标排放轨迹的排放重要性等级评价体系，同时更强调减缓措施以及在前期采取减缓措施的必要性
韩国	《温室气体项目环境影响评价指南》	2012 年	规定了温室气体环评范围、环评内容与程序，提供了减排参考方案、温室气体排放计算方法等
		2015 年	修订内容不大，删去了部分有关环境影响评价书、环境协商会议材料编写程序的内容

3. 各国气候变化纳入环评的相关实践现状与对比

由于各国环评体系存在差异，国情与发展阶段也不尽相同，将气候变化纳入环评的具体要求和操作也在一定程度上体现了各自特点，下面分为五个方面进行详细阐述。图 5-19 展示了各国将气候变化纳入环评的基本框架。

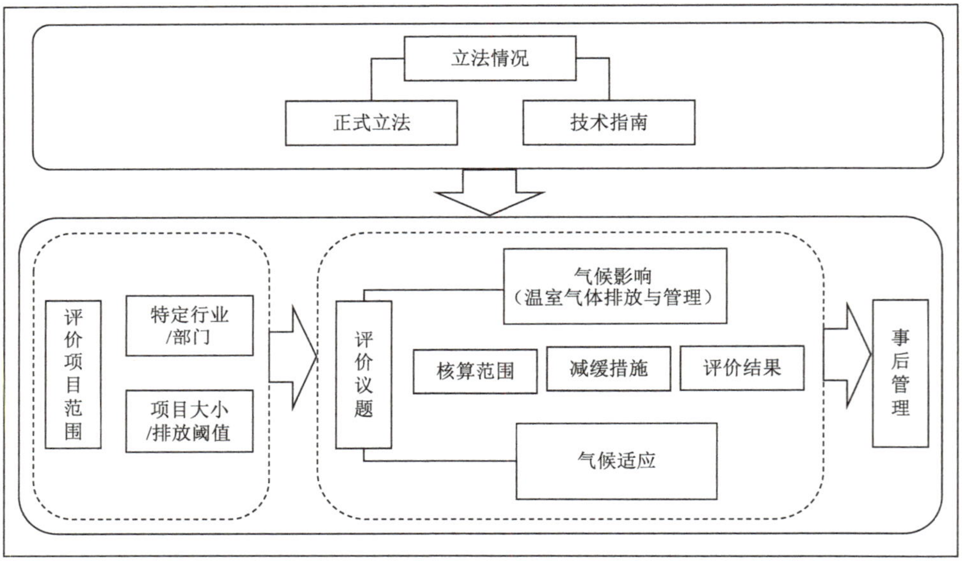

图 5-19　各国将气候变化纳入环评的基本框架

1）立法情况

从立法进度来看，目前已有部分国家在法律中明确了将气候变化或温室气体排放作为环评考虑因素（表 5-9）。各国的立法时间不尽相同，一种做法是先颁布技术指南等规范以引导自发性为主的环境评价工作，经过一段时间的探索再进行立法，如英国、加拿大在 21 世纪初就已制定了相关指南，但直到 2017 年和 2019 年才在环境影响评估法律中加入气候变化有关内容。而也有国家则是较早在法律中加入了相关内容，且一并制定和发布了评价指南，如韩国于 2012 年修订了《环境影响评价法施行令》，并于同年出台了《温室气体项目环境影响评价指南》。美国的情况较为特殊，尽管其已有多年开展气候变化环境评价工作的历史和经验，但国内尚未以立法形式确立在环境评价中考虑气候变化因素的强制性和必要性，这可能导致强制效力不足、覆盖项目范围有限等问题。

表 5-9 各国有关将气候变化或温室气体排放纳入环评的法律文件

国家	法律	修订/出台时间	涉及气候变化或温室气体的表述
加拿大	《影响评估法》	2019 年	（第 22 条）项目的影响评估必须考虑以下因素：……指定项目的影响在多大程度上阻碍或有助于加拿大政府履行其环境义务及其在气候变化方面的承诺
			（第 63 条）部长或总督同理事会作出的决定，必须考虑以下因素：……指定项目的影响在多大程度上阻碍或有助于加拿大政府履行其环境义务及其在气候变化方面的承诺
英国	《城乡规划环境影响评价条例》	2017 年	（附件 4）环境声明中的信息应该包含对环境可能造成的重要影响，例如：……项目的气候影响（如温室气体排放特征和规模）以及项目的气候脆弱性
韩国	《环境影响评价法施行令》	2012 年	（附表）环境影响评价各领域评价项目……第 2 条：自然生态领域：……温室气体
日本	各部门规章	2011 年	（第 5 条）规划阶段需考虑的因素，包括：……（4）根据对环境的负荷程度应预测和评估的环境要素：温室气体（指排放或使用有可能阻碍保护地球环境的物质）
			（第 21 条）环境影响评价项目的选择：对各类环境要素进行审查，并根据法律法规的规定和影响严重程度进行分类：……（4）根据对环境的负担程度预测和评估的环境因素：……温室气体

从法律性质来看，加拿大在《影响评估法》的正文部分两次提到气候变化，英国、韩国和日本则是在有关条例或法律施行令中对气候变化或温室气体排放作出规定，虽然法律效力稍低一些，但也可视作开展气候变化环境评价的法律依据。

2）评价项目范围

尽管如前文所述，各国在立法进度上有一定差异，但即使是已在环评法中加入了气候因素，这并不意味着所有项目的环评内容一定包括气候变化，而是视项目类型、实际情况等存在一定灵活度，因为法律中列出所需要考虑的因素将仅作为参考，而是否需将气候影响写入环境声明或报告要根据审议讨论结果确定，即结合主管机构、当地居民等意见确定该项目需评估的内容范围，在理论上能够根据实际情况不遗漏任何具有较大气候影响的项目，但机构较大的裁量权同时也对专业人员素质、项目内容可比性等实际操作提出了一定挑战

（Agrawala et al.，2012）。

在行业差异方面，大部分国家有针对环评项目的行业规定，但未对是否需进行温室气体环评出台进一步的细化标准，各国对不同行业的要求也有所差异。例如，日本气候变化环境影响评价存在一定行业的侧重，体现在各部门颁布的环评法令/指导方针对温室气体条款的表述，交通部门、发电厂建设、废弃物处置行业环评文件中均明确提到了温室气体，而普通住宅开发、工业园区开发、城市基础设施建设等行业的环评文件的评价内容中则未涵盖温室气体，同时也可从日本单独出台的《道路温室气体排放环境影响评价导则》中看出其对于交通行业温室气体排放的重视程度。

在阈值规定方面，韩国设置了项目的大小阈值，《温室气体项目环境影响评价指南》中提到环境影响评估、3 万平方米以上的战略环境影响评价和 3 万平方米以上的小规模项目环境影响评价在理论上需要进行温室气体评估，不过这一范围仅供参考，最终是否需进行有关环评由环境影响评价会议讨论决定。美国曾经设置了 25 000 吨/年的温室气体排放阈值作为界定是否产生重大影响和是否需要进行温室气体环评的标准，但在 2016 年的修订版《关于考虑温室气体排放和气候变化的国家环境政策法指南》中删去了这一条，此举在理论上将扩大涵盖的项目范围。

3）评价议题

气候变化与项目建设的关系是双向的，虽然温室气体排放是最直观的项目造成的气候影响，但随着气候变化程度不断加剧，有必要加强项目对气候变化的适应力和复原力建设，部分国家也关注到了这一问题，在环境评价中加入了相关内容。例如，美国建议说明气候变化对拟议项目的健康、社会和经济影响，以及可加强复原力的替代方案或适应措施；加拿大出台了评估气候变化复原力的技术指南，其中提出了进行气候变化预测的多种模型方法、评估气候相关风险的框架；韩国规定从 2022 年 9 月起 10 个领域的国家规划或发展项目需进行气候变化适应评估，包括识别关键气候变化因素、制定最佳适应措施等。

4）温室气体排放与管理

核算温室气体排放量是温室气体或气候变化环境影响评价的重要部分。大多数国家的评价体系中包含适用于该国环境影响评价的核算指南，该指南详细说明了应该采取的核算方法或明确了受到认可的国际核算方法。其中，核算范围是纳入评价的项目产生的温室气体边界。世界资源研究所（World Resources

Institute，WRI）和世界可持续发展工商理事会（World Business Council for Sustainable Development，WBCSD）发布的《温室气体核算体系》（Greenhouse Gas Protocol）将温室气体排放范围分为范围 1、范围 2 和范围 3。范围 1 指活动造成的直接排放，范围 2 指使用能源（包括电力、蒸汽、加热和冷却）产生的间接排放，范围 3 则指价值链中产生的所有其他间接排放量。

目前绝大多数国家评价的排放范围基本为范围 1+范围 2，也有国家提出了生命周期分析的理念，但是由于没有详细的核算指南，且给了一定的灵活性（如英国在《温室气体排放和重要性环境评价指南》中说明，若项目运行期间的排放相较建设期间很小，则可以在评估时忽略这一阶段），所以在实际评估过程中可能对范围 1 排放的核算也并不完全。

关于范围 3 排放，目前没有国家要求必须全部纳入评估范围，加拿大设置了上游排放阈值，若超过这一阈值则需要考虑和核算上游排放，但无须考虑下游；美国则建议考虑间接排放，但没有明确上下游排放哪些需要被考虑。总体而言，从现有国际实践来看，范围 3 排放的考虑基本处于自愿核算或空缺状态。

减缓措施是所有国家温室气体排放环评中不可或缺的重要一环，也体现了以评估促进减缓的目标。除了减缓措施，替代方案、最佳实践等信息有时也被要求在环评报告中予以说明，为主管或审批机构提供足够的参考信息，以确定是否已采取必要和足够的减缓行动。

进行排放核算与减缓措施的分析后，部分国家的环评报告会进一步总结明确项目的气候影响，其中重要性判定是一种常见方法。例如，英国要求所有项目无论是否报告温室气体排放量等具体信息，都需要进行重要性评估，分为严重负面、中度负面、轻度负面、可忽略、正面五类影响；加拿大和美国也有类似的要求，其评价标准主要参考项目排放量、当地基准排放、当地或国家气候目标、国家排放路径等。

尽管对项目的气候影响进行直观的判定是必要和具有重要意义的，但应以何种标准评价一直以来是学术研究和政策制定重点关注的热点问题。考虑到温室气体排放的累积性、气候影响的全球性和滞后性，温室气体难以如其他空气污染物划定明确的影响识别和判定标准与阈值。尽管理论上对标国家或地方气候目标可以帮助衡量项目的排放重要性，但在实际操作上建立二者的联系并非易事，直接对比国家或当地排放也往往面临着单个项目排放过小而“可以忽略”的困局。如何构建科学合理的气候影响评价体系是将气候变化纳入环评工作的重点和难点之一，有待后续进一步研究。

虽然环评最初是一种事前管理工具，但随着其体系发展成熟，事中和事后的监管能够帮助环境部门与公众更好地了解项目实际开展情况，确保其全过程环境影响处于可控和可接受范围内。大多数国家在制度上建立了事后评价或监测环节，一方面能够对排放量等进行实地监测，避免预测数据与实际情况相差太大，另一方面则是监督其最初计划的减缓措施等按预期开展。虽然英国的法定环评程序中没有明文规定事后监督环节，不过在接到公众投诉后会启动监控程序，以起到监督作用。

4. 对我国未来气候变化环评工作的启示

1）加快立法进程，加强气候变化在环评中的合规性

从国际经验来看，在环评法或相关法律中明确规定气候变化为需考虑的环境因素，能够在法律程序层面落实气候变化纳入环评的要求，提高相关方对此问题的关注度，并能够尽可能避免因法律效力不足或执行标准模糊而漏掉具有重大气候影响的项目，争取覆盖更大的评价范围。结合我国以强制性评估目录清单的方式确定是否需要进行评估的环评程序特点，以试点行业为切入点制定明确的法律规范，并逐步拓展至更大范围可能是更为可行的方案。

2）坚持减缓和适应并重，促进温室气体减排与适应力建设

尽管当前国际实践中温室气体排放和减缓是气候环评的重点，但已有部分发达国家关注甚至强制开展气候变化适应评价。考虑到我国较高的气候变化脆弱性，我国应坚持减缓和适应并重的原则，并借鉴国际经验，适时在环评体系中引入气候适应内容。若大规模一并开展存在困难，可在部分脆弱性较高的行业或地区开展试点，通过实践经验积累，为进一步推广奠定基础。

3）细化核算方法和评价标准，推动减碳技术示范应用

在具体的评价方法上，可从制定核算指南、明确评价标准和开发技术清单三方面着手推动气候变化的环评工作。

首先，应编写和应用可行详尽的核算指南。有研究表明，除了通过立法加强约束力，制定配套的指南文件也是提高气候变化环评质量的重要手段。我国的温室气体纳入环评工作处于起步阶段，核算清楚项目排放量是首要任务。生态环境部在 2022 年 12 月印发了《关于印发钢铁/焦化、现代煤化工、石化、火电四个行业建设项目环境影响评价文件审批原则的通知》，可以将这四个高排放

行业作为试点行业，制定细致的核算方法文件，对核算范围边界、基线设置方法、核算方法、参数设定进行明确规定，保证环评结果数据的可靠性、准确性和可比性。

其次，需设定明确的项目温室气体评价标准。一方面可参考国内外行业平均和先进水平，结合项目规模与特点、排放情况等判断项目的气候影响；另一方面需考虑地方或行业减排目标与规划，确保项目的气候影响与总体规划一致。各地可根据本地情况，确定行业或产品排放强度绩效水平，作为评价参考。

最后，可以开发先进的减排与适应技术清单。通过整合行业前沿知识、技术进展和专家意见，制定先进的减缓与适应技术清单，为项目开发者和报告替代方案/减缓措施/最佳实践提供参考，既有助于主管部门在方案比较中更好地评估项目的环境影响，也有助于推广先进减碳技术的示范应用。

4）加强事后监管，确保项目气候影响在可接受范围内

从国际实践来看，事后监管是环评制度的重要一环，也是了解项目排放状况、促进项目减排行动的必要手段。可以运用大数据等技术手段开展智能监测与评估，及时对依法应开展事后监管的建设项目进行环境影响后评价，对未按计划采取减缓或适应措施的建设项目负责人严格查处，同时需及时公开相关数据或跟踪评价报告等文件，确保公众可方便获取项目环评信息，并保持公众参与和社会监督渠道的畅通，最大限度保护公众利益。

5. 结论与讨论

在国际上，目前已有大量将气候变化纳入环评的实践，欧美发达国家已颁布了相关法律要求和评估指南，并已在相当多的环境评价实践中体现了对气候变化的考虑。但在实际操作中，各国评价体系存在一定的差异，暂未形成有广泛影响力和认可度的通行标准，且仍存在法律强制效力不高、排放核算范围不清晰和不完全、气候影响评价方法不一致等问题。尽管如此，通过梳理和对比其他国家已有实践特点，可以总结出将气候变化纳入环境评价的一般做法，识别其中的痛点和难点，为我国未来推动相关工作提供宝贵经验。

对于我国而言，目前国内已有少数省市开展了碳排放环评的试点工作，全国也开始了在钢铁/焦化、现代煤化工、石化、火电四个行业进行温室气体排放纳入环评的试点实践，未来可在加快立法进程、纳入气候适应议题、细化核算与评价方法、加强事后监管等方面加强研究与相关工作部署，以建立全面科学

的气候变化环评体系，促进温室气体减排，最终服务于我国“双碳”目标。

5.2 可再生能源专题

5.2.1 全球可再生能源三倍装机目标可达性评估[①]

1. 引言

为确保实现《巴黎协定》提出的全球 1.5℃温控目标，IRENA 预测，到 2030 年，全球可再生能源的装机容量需要达到 2022 年底的 3 倍，即至少达到 11 000 吉瓦。光伏和风电将是这一增长的主要动力。近年来，风光发电的加速增长主要归因于以下几个因素。

技术进步和规模效应：光伏和风电技术的迅速发展以及生产规模的扩大使其成本显著下降。在 2023 年，约 96%的新安装太阳能光伏发电和陆上风电的成本低于新建燃煤和天然气发电厂。

政策激励：超过 130 个国家通过补贴和税收优惠等方式积极支持光伏和风电的发展。

能源安全考虑：全球能源危机促使许多国家加大可再生能源的投资部署。

储能技术进步：更好的储能技术提升了可再生能源的可靠性和效率，并提高了其并网能力。

研究表明，光伏和风电的装机容量增长通常遵循“S”形曲线，从技术推广初期到市场成熟，经历早期缓慢增长、加速阶段，最终趋于饱和。然而，目前针对 2030 年可再生能源目标的基于“S”形曲线的科学预测仍然不足。

本节使用 IRENA 2000~2023 年的全球可再生能源装机数据，基于 Richardz 模型（广义 Logistic 模型）和 MCMC 贝叶斯推断方法，预测了各国和地区的风电和光伏装机容量。相比传统的 Logistic 和 Gompertz 模型，Richardz 模型可以更灵活地调整曲线形状，从而更准确地拟合不同增长特征的数据。

---

① 观点文章：《基于目前发展趋势，全球可再生能源装机量无法达到 2030 年三倍目标》，作者为叶文鑫。

2. 研究结果

1）2030 年全球可再生能源装机量达到 7295 吉瓦，无法达到 3 倍目标

预测结果表明，2030 年全球可再生能源装机容量将达到 7295 吉瓦，即 2022 年的 2.15 倍，低于 3 倍目标。统计学计算结果表明，95%置信区间情况下全球可再生能源装机容量能够达到 5783~9191 吉瓦，约为 2022 年的 1.7~2.7 倍。只有 0.25%的概率全球可再生能源装机容量会超过 10 000 吉瓦，超过 11 000 吉瓦的概率为 0。光伏呈现出最快的增速，其次是风电，它们的增速还在增加。水电和生物质已经达到了增长的拐点并且正在成熟。到 2030 年，光伏将占可再生能源装机容量的一半以上，风光将占到 77%，水电的占比将降低到 19%。具体见图 5-20。

2）中国、美国的光伏增长迅速，德国的光伏、西班牙的风电呈现出再增长趋势，各国风电增长相对缓慢

光伏方面，中国的光伏装机容量增长迅速，到 2030 年将达到 2017 吉瓦，即 2022 年的 5.14 倍。美国光伏增长也较为稳定和迅速，2030 年将达到 312 吉瓦，约为 2022 年的 2.76 倍。除中国、美国外，其他 2023 年光伏装机容量排名前六的国家（巴西、印度、德国、日本）都只表现出稳定或者微弱的增长，2030 年的倍数小于 3。根据是否到达拐点可以看出，中国、美国和德国的增长还在加速，巴西和日本的增长在减速，德国表现出二次增长，即在 2014 年达到第一次“S”形增长的最大值平台后又开始第二次增长。具体见图 5-21。

风电方面，2023 年装机容量排名前六的国家为中国、美国、英国、印度、德国、西班牙，其中只有中国的装机容量将超过 2 倍，并且只有中国目前还在加速增长。到 2030 年，中国的风电装机量将达到 843 吉瓦，占全球的一半。英国、印度、德国的风电装机容量逐渐达到成熟，其倍数都低于 1.5。西班牙表现出二次增长的趋势，即在 2014 年前完成了一次“S”形增长，之后重新开始加速增长。具体见图 5-22。

3）若按目前趋势，约 21%的国家光伏装机容量能够达到 3 倍，5%的国家风电装机容量能够达到 3 倍，部分国家呈现出再增长趋势

多数国家的风光增长仍然表现出稳定的趋势。从 2030 年相对 2022 年的装机倍数上看，对于光伏，有大约 21%的国家 2030 年的倍数达到 3 倍，包括中国、奥地利、丹麦、芬兰、印度尼西亚等；对于风电，只有约 5%的国家能够达

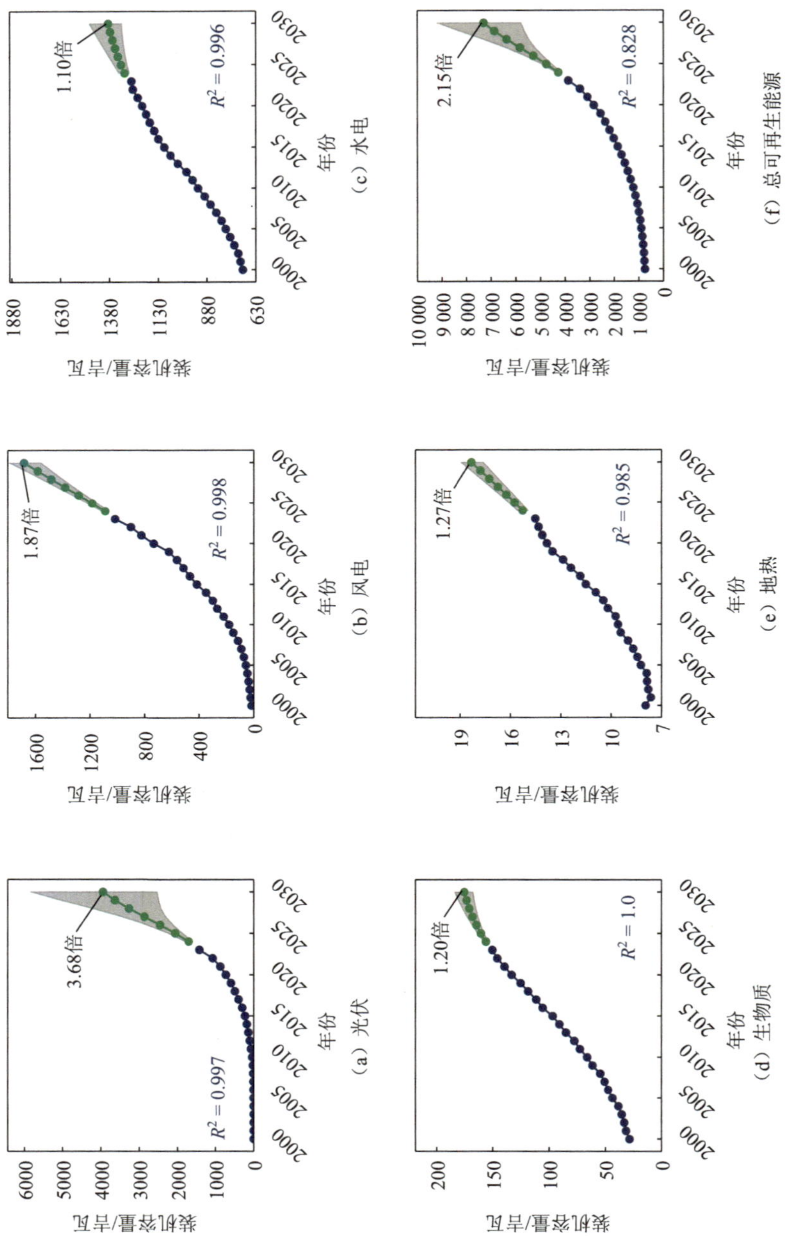

图 5-20 全球可再生能源装机容量历史数据（2000~2023 年）与预测结果（2024~2030 年）

图中倍数为 2030 年装机容量与 2022 年装机容量的比值

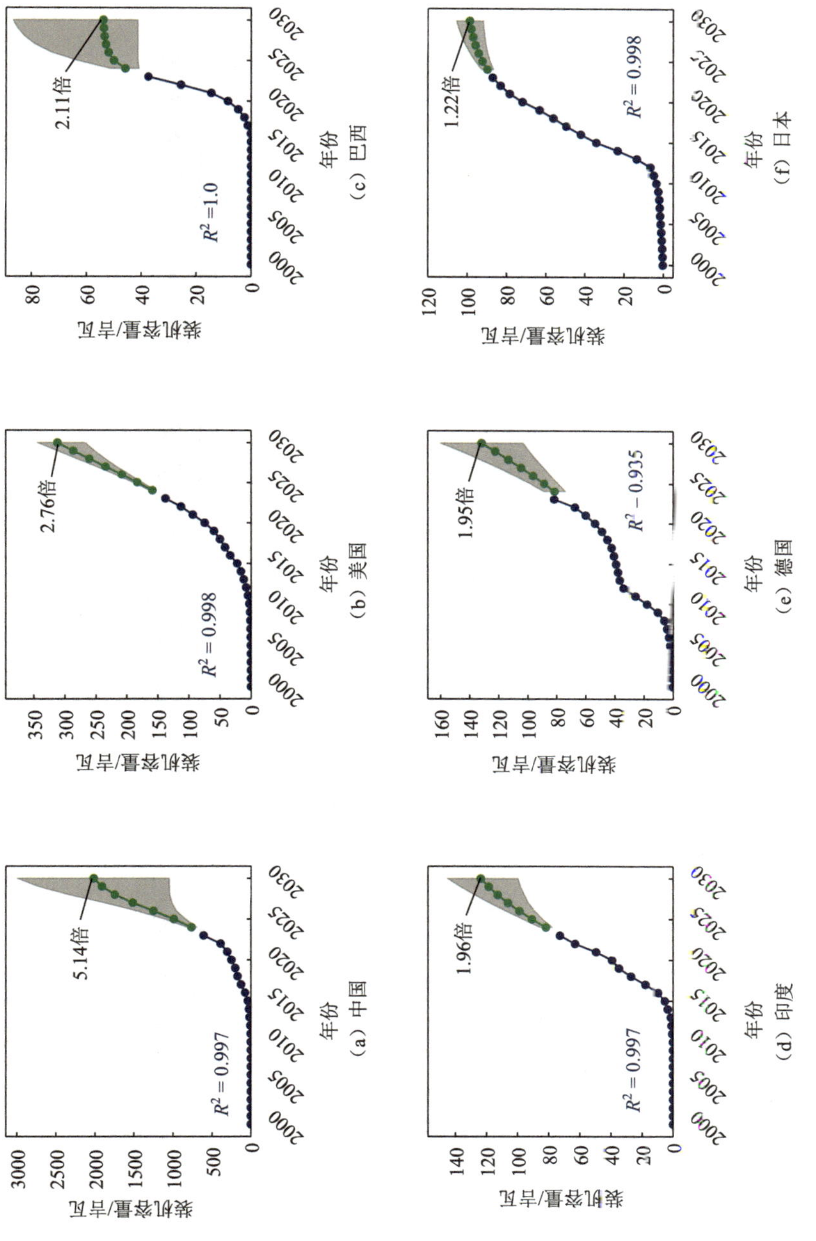

图 5-21　全球光伏装机容量前六位国家增长曲线

图中倍数为2030年装机容量与2022年装机容量的比值

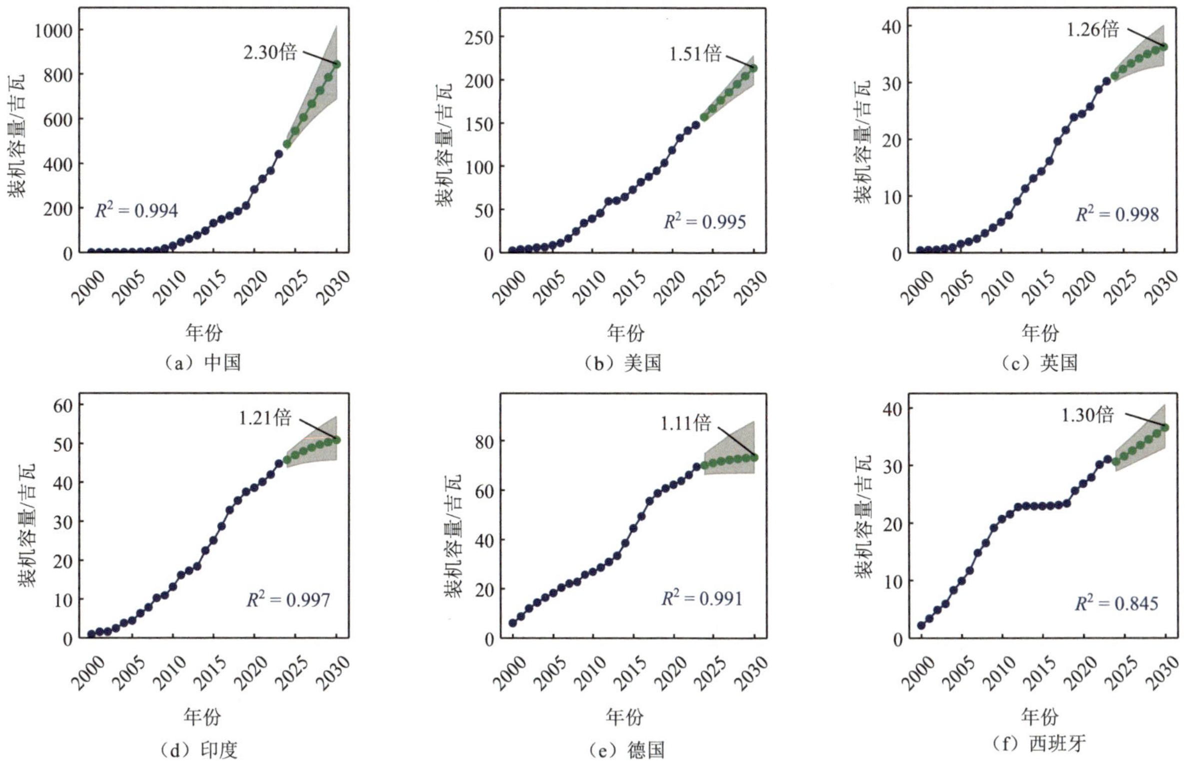

图 5-22　全球风电装机容量前六位国家增长曲线

图中倍数为 2030 年装机容量与 2022 年装机容量的比值

到 3 倍。风光再次增长的国家比例都大约为 10%。其中，光伏实现再次增长的国家包括德国、希腊、意大利等；风电实现再次增长的国家包括奥地利、加拿大、意大利等，以发达国家为主。由此可以看出，许多发达国家的风电曾经历过一次或多次“S”形增长，同时在近几年又进入了一个新的快速发展阶段。而近年来，部分发达国家，主要是欧洲国家的风电、光伏迎来了新的高速增长阶段。

这些欧洲国家的再增长趋势主要是由于其产业政策的影响，也受到了近年来全球风光技术升级与成本下降的推动作用。这些国家在早期通过有力的产业政策实现了可再生能源的快速发展。例如，欧盟在 2001 年通过了 2001/77/EC 指令，促进可再生能源在电力市场的发展。德国于 2000 年实施了《可再生能源法》（Eerneuerbare Energien Gesetz，EEG），大幅提升了风光装机量。然而 2012 年后，由于政策补贴削减和市场饱和，增长速度有所放缓，部分国家甚至出现停滞。近几年，随着可再生能源成本的进一步降低和新的政策激励，这些国家的可再生能源发展再次提速，德国在 2020~2023 年光伏装机年均增长率达到了 14.6%，西班牙的风电在 2012~2018 年增长停滞后于 2019 年开始稳步增长。欧盟在 2022 年通过了“REPowerEU”能源计划，旨在大幅提高风光发电。欧盟《可再生能源指令》首次颁布于 2009 年，先后在 2018 年和 2023 年进行了大幅修订，来推动可再生能源发展。德国政府在 2022 年进行了《可再生能源法》的修订，加强了对可再生能源的政策支持。再增长的趋势表明，产业政策的调整和重新投入对可再生能源的发展具有关键作用。

4）不同区域的发展存在较大差异，非洲、大洋洲、美洲大部分国家增长不持续、不稳定

光伏方面，非洲、北美洲、南美洲和大洋洲的国家增长非常缓慢；风电方面，非洲和大洋洲的国家几乎没有增长。亚洲的光伏、风能增长，以及南美洲的风能增长，均表现出巨大的区域内国家差异。大部分非洲国家，部分大洋洲、美洲国家，总装机量小且增长不持续、不稳定，早期增长不符合指数增加的趋势，无法被“S”形曲线有效拟合。以非洲为例，截至 2023 年其风电和光伏装机容量分别仅为 8.6 吉瓦、13.6 吉瓦，南非在 2014~2020 年经历了间断性的光伏装机增长，但在 2020 年后其增长又陷入停滞。

在光伏方面，欧洲表现最佳，半数国家的倍数超过 3。亚洲表现出较大差异，1/4 的国家倍数超过 2.5，而半数国家增长较小，倍数低于 1.4。非洲、北美洲、南美洲和大洋洲的增长非常缓慢，这四个地区的半数国家增长微弱，倍数

低于 1.3，约 25%的国家倍数高于 2。具体见图 5-23。在风电方面，欧洲同样表现最佳，1/4 的国家倍数超过 1.8，1/4 的国家在 1.3~1.8。南美洲表现出较大差异，1/4 的国家倍数超过 2.0，而另一半国家低于 1.2。亚洲的情况相似，超半数国家低于 1.3，但约 1/4 的国家高于 1.5。非洲和大洋洲的国家增长有限，所有国家倍数低于 1.5，半数国家几乎没有增长。具体见图 5-24。

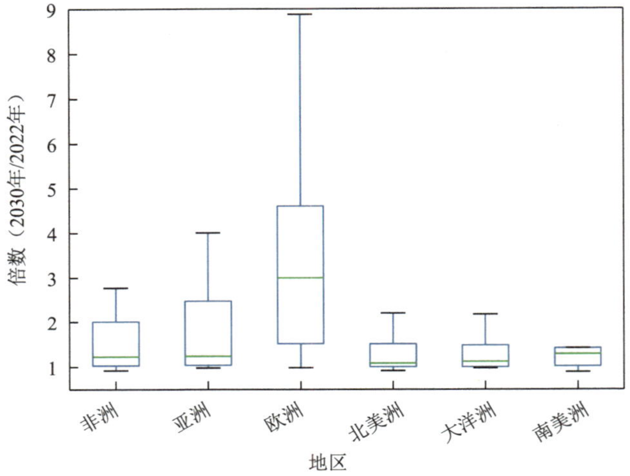

图 5-23　全球各区域光伏装机容量倍数（2030 年/2022 年）箱型图

绿线表示中位数，箱子上下边缘分别表示 75%和 25%的数据点，展示了数据的集中分布区间，从箱子延伸出的竖线表示数据的整体分布范围

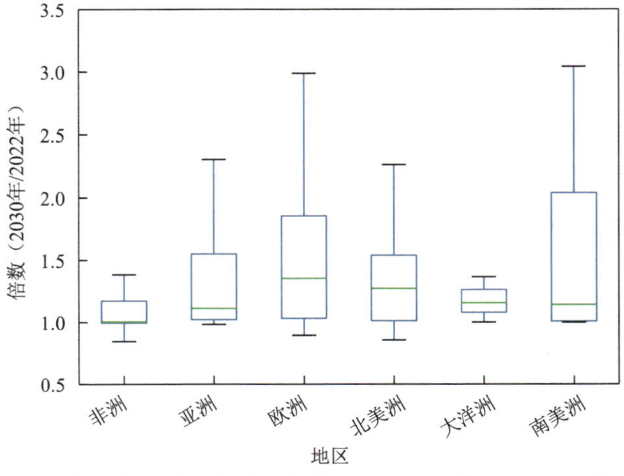

图 5-24　全球各区域风电装机容量倍数（2030 年/2022 年）箱型图

3. 建议

1）加强国际合作与政策支持，推动区域内部合作与投资

非洲、大洋洲、美洲的光伏和风电整体装机容量较低，未来发展趋势缓慢。这主要归因于技术限制、投资不足、政策障碍和基础设施薄弱等因素。例如，非洲虽然拥有丰富的太阳能和风能资源，但由于缺乏资金和技术支持，其可再生能源发展受到限制。根据 IRENA 的报告，2020 年非洲的可再生能源投资仅占全球的 2%。

为了解决这一问题，需要加强国际合作和政策支持。发达国家和国际组织可以通过技术转让、资金援助和能力建设，帮助这些地区加速光伏和风电的发展。例如，世界银行的“照亮非洲”（Lighting Africa）计划致力于通过支持离网太阳能解决方案，提升非洲地区的电力可及性。

亚洲的光伏和风电以及南美的风电的未来增长速度在区域内国家间存在巨大差异。例如，中国和印度在政策支持与大规模投资的推动下，已成为全球最大的可再生能源市场之一。然而，其他亚洲国家由于资金、技术和政策等限制，发展相对缓慢。为缩小这种差距，需要加强区域内的合作，如通过东盟能源合作行动计划，促进成员国间的技术交流和项目投资。

2）加强政策扶持，促进持续增长

受产业政策激励、全球光伏和风电成本持续下降以及地缘政治动荡引发的能源供应波动等因素影响，欧洲多个主要发达国家再次呈现出可再生能源装机容量的快速增长趋势。例如，德国在 2023 年修正了《可再生能源法》，大幅提升了对光伏和风电项目的支持力度。修正内容包括提高上网电价补贴、简化审批流程以及加强电网基础设施建设等。在全球能源危机和更加严格的气候政策背景下，德国等欧洲国家重新进入了可再生能源的高速发展期。欧盟 2022 年通过的“REPowerEU”计划，旨在减少对俄罗斯化石燃料的依赖，加速清洁能源转型。这些政策举措推动了区域内光伏和风电项目的快速扩展。

这些成功经验表明，适时调整产业政策、加强政策支持力度以及推动技术升级，对实现可再生能源的多次增长具有关键作用。通过发挥引领作用，欧洲国家不仅可以巩固自身在可再生能源领域的优势，还能带动其他国家和地区共同推进全球能源转型，助力实现全球气候目标。

5.2.2 国际可再生能源投资助力发展中国家可持续发展①

1. 引言

气候变化已成为全球共识，可再生能源的开发和利用已经成为全球共同关注的焦点。尤其对于发展中国家而言，传统能源依赖和环境压力的双重挑战，迫使它们必须转向更可持续的能源解决方案。然而，这些国家在资金、技术、基础设施等方面的短缺，阻碍了它们大规模发展可再生能源的步伐。自 2015 年《巴黎协定》通过以来，全球在可再生能源领域的国际投资显著增长，增长幅度接近两倍。然而，2022 年这一增速有所放缓，并且大部分投资集中在发达国家。发展中国家每年需要约 1.7 万亿美元的可再生能源投资，然而 2022 年吸引的外国直接投资仅为 5440 亿美元，远未满足其能源转型需求。大幅增加对发展中国家可持续能源系统的投资，对于全球在 2030 年前实现气候目标至关重要。

在这一背景下，国际可再生能源投资为发展中国家提供了宝贵的机遇，不仅帮助其满足日益增长的能源需求，还推动了经济增长、就业创造和环境保护。首先，国际可再生能源投资为发展中国家带来了急需的资金和技术支持。由于财政资源有限，许多发展中国家难以独立承担大规模的可再生能源项目。而国际投资者的资金和技术力量能够填补这一空缺，帮助这些国家建设太阳能、风能、水电等清洁能源项目。例如，世界银行、亚洲开发银行等多边机构，以及中国、美国等国家的私人资本和政府资金，近年来纷纷加大了对发展中国家的可再生能源投资力度。这些投资不仅解决了发展中国家能源基础设施落后的问题，还带来了先进的技术和管理经验，提高了项目的可行性和长期效益。其次，国际可再生能源投资直接推动了发展中国家的经济增长和就业创造。可再生能源项目往往需要大量的劳动力参与，特别是在项目的建设、运营和维护阶段。这为当地提供了大量的就业机会，特别是在劳动力充足但就业机会有限的农村地区。此外，随着能源成本的降低和能源获取的便利，发展中国家的工业和制造业也因此受益，带动了相关产业的扩张与经济的整体增长。IEA 的报告指出，到 2030 年，全球可再生能源产业将创造数百万个工作岗位，其中大部分位于发展中国家，这一趋势表明国际可再生能源投资不仅是环保举措，还是促进经济发

① 观点文章：《国际可再生能源投资助力发展中国家可持续发展》，作者为范淑婷。

展的有效手段。

在此背景下，本节将分析国际可再生能源投资对发展中国家可持续发展产生的积极效益，以中国在共建“一带一路”国家的海外能源投资为例，研究对目的地国家经济和就业的拉动作用，并提出相应的政策建议。

2. 研究结果

1）促进可再生能源三倍目标实现

国际投资在推动全球能源转型以及实现到 2030 年全球可再生能源装机容量增至三倍的目标中起到了至关重要的作用。作为推动可再生能源发展的核心力量，国际社会通过多边和双边合作，为全球特别是发展中国家提供了急需的技术、资金和管理经验支持。这些投资帮助许多国家克服了初期资金和技术障碍，使其能够更快速地开发和部署可再生能源项目，从而大幅提升了能源自给能力，促进了可持续发展。

在这一过程中，国际投资覆盖了多个领域，从风电、光伏到水电和地热能项目，并且在许多国家建立了完善的可再生能源产业链。通过提供低成本、高效率的技术解决方案，国际投资为许多国家提供了可行的路径，帮助它们从化石能源转型到清洁能源。特别是在发展中国家，这些资金和技术的输入显著加快了大规模可再生能源项目的实施进程，推动了当地能源基础设施的现代化和绿色化。

此外，国际金融机构通过绿色金融的推广和创新，进一步为全球可再生能源项目的融资提供了新的渠道。这种多元化的资金来源不仅确保了可再生能源项目的顺利启动和长期运行，还促进了全球范围内绿色低碳能源发展模式的推广。国际投资的多方位支持与参与正在加速全球可再生能源装机容量的增长，为实现 2030 年全球能源转型目标奠定了坚实的基础。

2）拉动经济增长

中国已成为推动全球清洁能源转型的重要力量（图 5-25）。2023 年，中国贡献了全球能源转型投资总额的 38%，投资额达到 6760 亿美元。与此同时，中国的新能源和低碳产品出口持续增长，为全球能源转型提供了强有力的支持和助力。在全球能源转型的浪潮下，中国企业近些年来在其他国家持续、多样、规模可观的海外可再生能源投资也为全球能源转型做出了不可磨灭的贡献。2013 年，我国提出“一带一路”倡议，在此倡议的推动下，中国企业在全球范围内的绿色能源投资显著增加，为相关国家的能源结构转型提供了强有力的支持。2021年9月21日，中国在第七十六届联合国一般性辩论大会上郑重承诺将“大力支持发展中国家能源绿色低碳发展，不再新建境外煤电项目”，这也体现了中国在推动全球能源结构向可再生能源转型中的积极态度和责任担当。

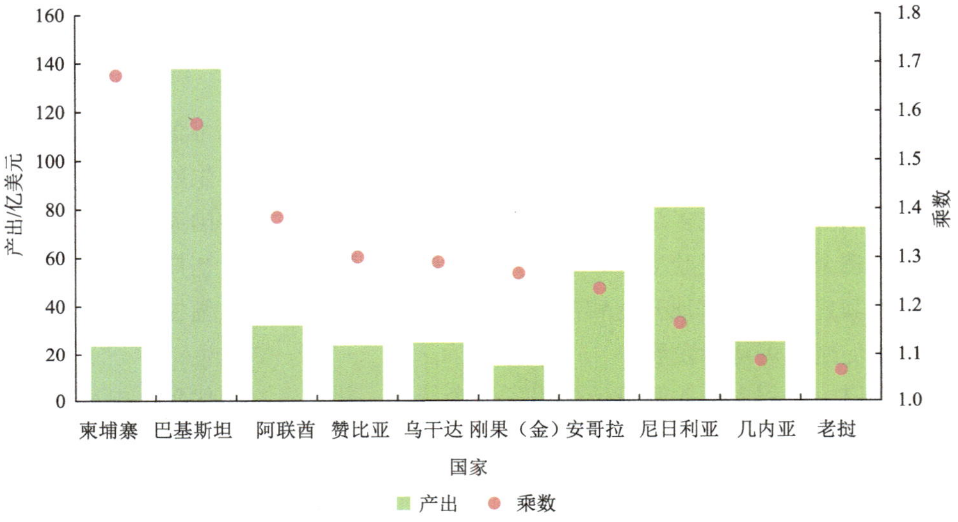

图 5-25 中国海外可再生能源投资对部分共建“一带一路”国家的经济拉动作用

因此本节以中国海外可再生能源投资为例，选取了参与共建“一带一路”的十个代表性国家［柬埔寨、巴基斯坦、阿联酋、赞比亚、乌干达、刚果（金）、安哥拉、尼日利亚、几内亚和老挝］，运用投入产出模型分析了中国的海外可再生能源投资对这些国家经济和就业的拉动作用。

中国的海外可再生能源投资在这十个国家都产生了一定的经济拉动作用，按照拉动乘数的大小，我们可以将分析的十个国家分成高乘数效应国家、中乘数效应国家和低乘数效应国家三类。其中，高乘数效应国家是柬埔寨，在柬埔寨，中国每投资1美元可再生能源可以带来约1.67美元的经济产出，可见中国的可再生能源投资在柬埔寨极大地推动了经济增长，可能是由于该国有大量的未开发资源和亟须发展的基础设施，而可再生能源的投资促进了技术设施建设、能源的获得和使用以及相关产业的发展。巴基斯坦、阿联酋、赞比亚和乌干达属于中乘数效应国家，这些国家大部分处于经济发展和基础设施建设的快速增长阶段，可再生能源投资可能带动了能源领域的扩展和经济的多样化，改善了该国的能源供应，推动了相关产业的发展，进一步促进了当地经济的增长。刚果（金）、安哥拉、尼日利亚、几内亚和老挝则属于低乘数效应国家，这可能是由于当地基础设施建设不足，受到经济结构、市场规模以及相关政策环境的限制，未能充分发挥投资的拉动作用。

接下来，我们对中国的海外可再生能源投资对不同行业的拉动作用进行了分析，结果如图 5-26 所示。可以发现，可再生能源投资对金融与商业活动业、采矿和采石业的经济拉动作用最为明显。这得益于可再生能源电力设备对原材料的大规模需求，比如，风力发电机和太阳能电池板的生产需要大量的稀土金属，硅和锂也是太阳能电池板的关键材料，水电和核电项目的建设需要大量的石料和砂石，同时大型可再生能源项目的大规模资金需求和复杂的融资结构增加了对金融产品和服务的需求。此外，中国的可再生能源投资也显著拉动了交通、建筑等行业的产出，这是由于对设备和材料的运输、专业人员的交通出行以及发电厂和相关配套设施建设等需求的增加。

3）创造就业岗位

中国的海外可再生能源投资不仅是目的地国家经济增长的推动力，也是就业岗位创造的重要来源。如图 5-27 所示，据计算，中国 2010~2021 年的可再生能源投资在这十个国家拉动的就业规模超过了 20 万人。其中，在阿联酋创造的就业岗位个数最多，超过了 40 000 个。

3. 结论与建议

国际能源投资伴随着能源基础设施建设、就业岗位的创造、产业链的延伸拉动以及相关技术支持等，将对发展中国家的经济增长注入巨大动能。研究发现，中国的海外能源投资在十个具有代表性的共建“一带一路”国家中都产生了一定的经济拉动作用，中国每投资 1 美元可再生能源可以带来 1.06~1.67 美元的经济产出。中国的海外可再生能源投资不仅拉动了目的地国家的经济增长，还成为创造就业机会的重要动力。2010 年至 2021 年期间，中国在十个国家的可再生能源投资带动的就业人数累计超过 20 万人。其中，阿联酋受益最多，新增就业岗位超过 40 000 个，显示出这一投资对当地劳动力市场的显著影响。由此可见，国际可再生能源投资对发展中国家经济增长和就业具有显著的拉动作用，需要进一步扩大国际能源投资数额，助力发展中国家的可持续发展进程。

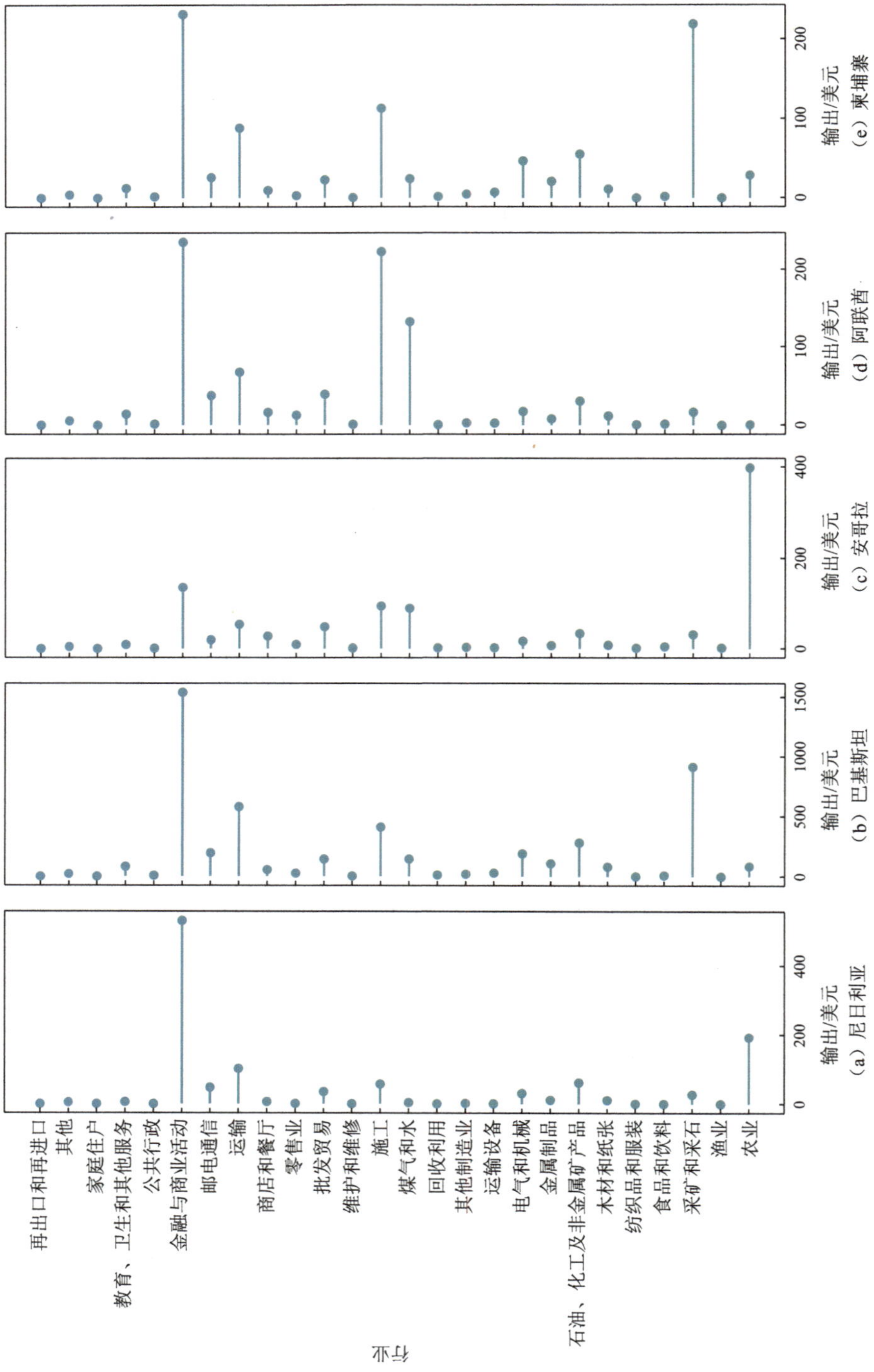
（a）尼日利亚
（b）巴基斯坦
（c）安哥拉
（d）阿联酋
（e）柬埔寨
输出/美元
0
200
400
500
1000
1500
100
行业
再出口和再进口
其他
家庭住户
教育、卫生和其他服务
公共行政
金融与商业活动
邮电通信
运输
商店和餐厅
零售业
批发贸易
维护和维修
施工
煤气和水
回收利用
其他制造业
运输设备
电气和机械
金属制品
石油、化工及非金属矿产品
木材和纸张
纺织品和服装
食品和饮料
采矿和采石
渔业
农业

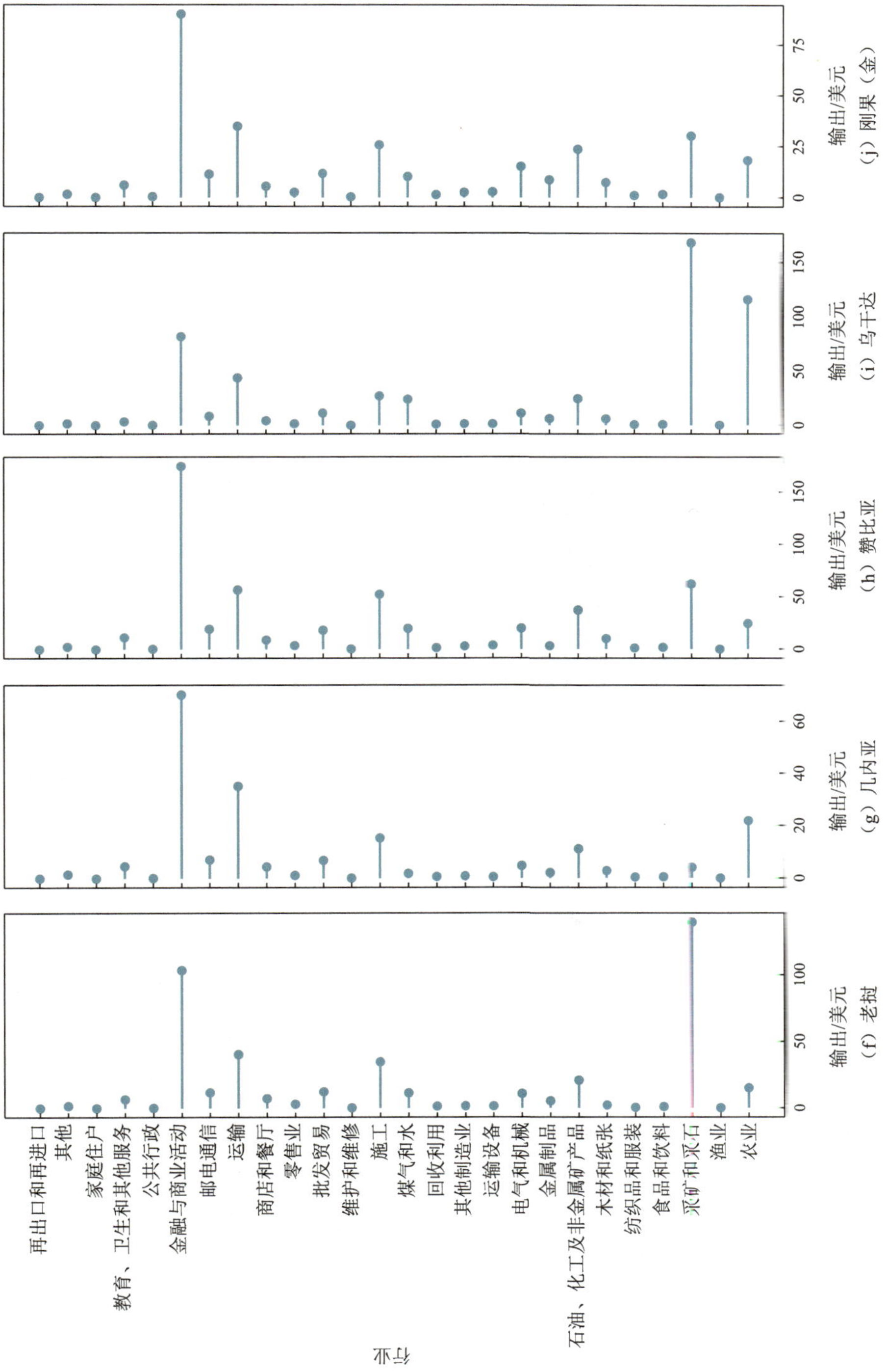

图5-26 中国海外可再生能源投资对部分共建“一带一路”国家不同行业的经济拉动作用

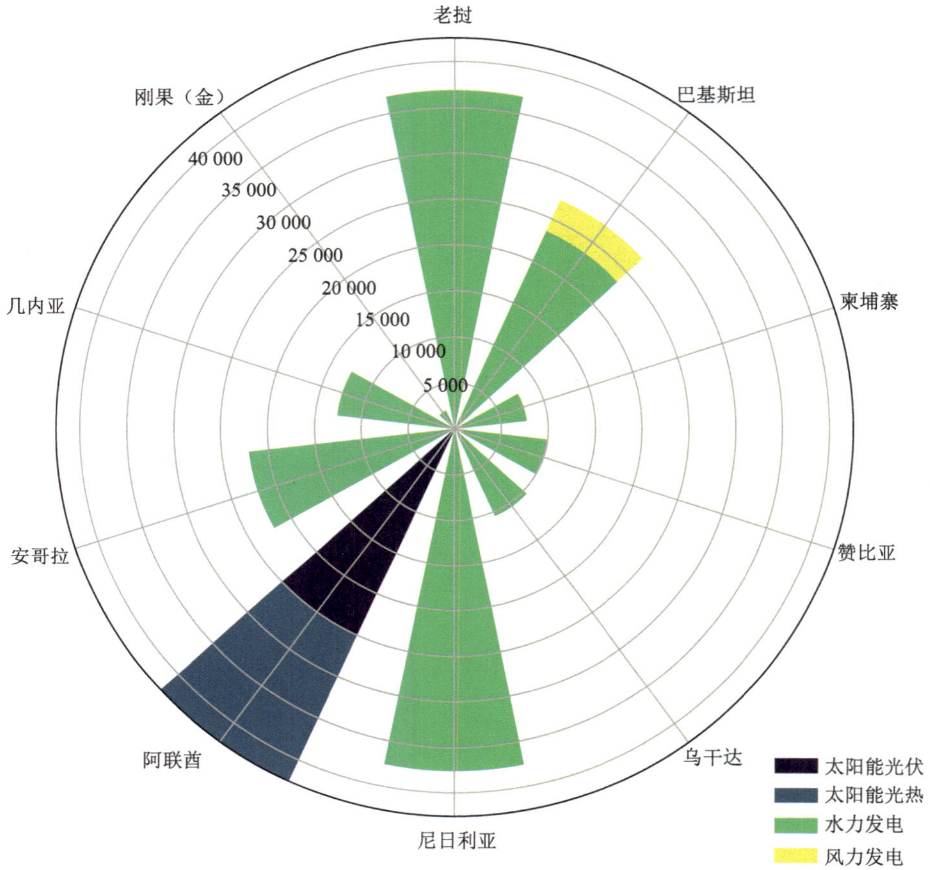

图 5-27　中国海外可再生能源投资对部分共建“一带一路”国家的就业拉动作用

图中数值为就业岗位个数，单位为个

发达国家和国际组织可以通过提供政策指导与法规框架来鼓励和保护外国投资者的利益，从而增加对发展中国家可再生能源项目的投资；也可以提供税收优惠、补贴、贷款担保和优惠融资等财政激励措施，降低投资风险，吸引更多的私人资本投入可再生能源领域。与此同时，各国也要充分利用国际组织和多边机构的平台和资源，为发展中国家的可再生能源项目提供资金、技术和市场支持。此外，改善发展中国家的市场准入条件和监管环境也十分重要，需要提高透明度和可预测性，吸引更多的国际投资者。

5.2.3 可再生能源对中国经济发展和全球气候治理的贡献与展望[①]

1. 引言

近年来，发展可再生能源已成为全球经济与技术竞争的新赛道。可再生能源能够在短期内通过自然过程不断补充和再生的特性，打破了化石能源资源有限和不可再生的束缚，改变了传统化石能源依赖的经济模式，为全球能源系统重塑和生产生活方式深刻变革带来了全新机遇。在全球资源环境压力持续上升、经济发展亟待破局的当下，可再生能源正逐步从边缘选择转变为主流能源，成为世界各国应对全球环境挑战、推动经济社会可持续发展的关键路径。基于这一广泛共识，COP28 提出，到 2030 年将全球可再生能源装机容量增至三倍，达到至少 11 000 吉瓦。作为实现此目标的中坚力量，中国在可再生能源发展历程中扮演着重要角色，并以实际行动积极引领全球可再生能源发展方向。中国可再生能源的发展带来了哪些经济社会影响？其发展现状与未来前景如何？围绕以上问题，本节探讨了中国可再生能源发展的战略意义，并对其未来发展趋势提出了几点思考。

2. 中国可再生能源发展状况

1）部署规模迅速扩张，成为能源供应新支柱

过去十余年，中国持续推进清洁能源替代进程，大力建设大型风光发电基地与分布式能源系统，积极探索光伏治沙、农光互补、水风光一体化、海上风电、绿电制氢以及“源网荷储”一体化等新模式、新业态，在可再生能源电力规模化发展方面取得显著成效。2013~2023 年，中国可再生能源发电装机容量增长近三倍，年均增速接近 15%。强劲增长势头下，2023 年中国可再生能源发电累计装机规模突破 15 亿千瓦，占全国发电总装机容量的比重首次超过火电，达到 52%（图 5-28）。其中，光伏发电和风电装机容量分别达到 6.1 亿千瓦和 4.4 亿千瓦，跃升为中国第二、第三大电源（国家能源局，2024）。与此同时，中国可再生能源电力利用水平也逐步提升。自 2019 年以来，风电和光伏发电的利用率始终维持在 95%以上，2023 年更是分别达到 97.3%和 98%。规模增长和高效

① 观点文章：王灿，郑馨竺. 2025. 可再生能源对中国经济发展和全球气候治理的贡献与展望. 能源与气候变化, 1(1): 69-75.

利用双驱动下，可再生能源发电已成为中国能源供应体系的重要支柱。

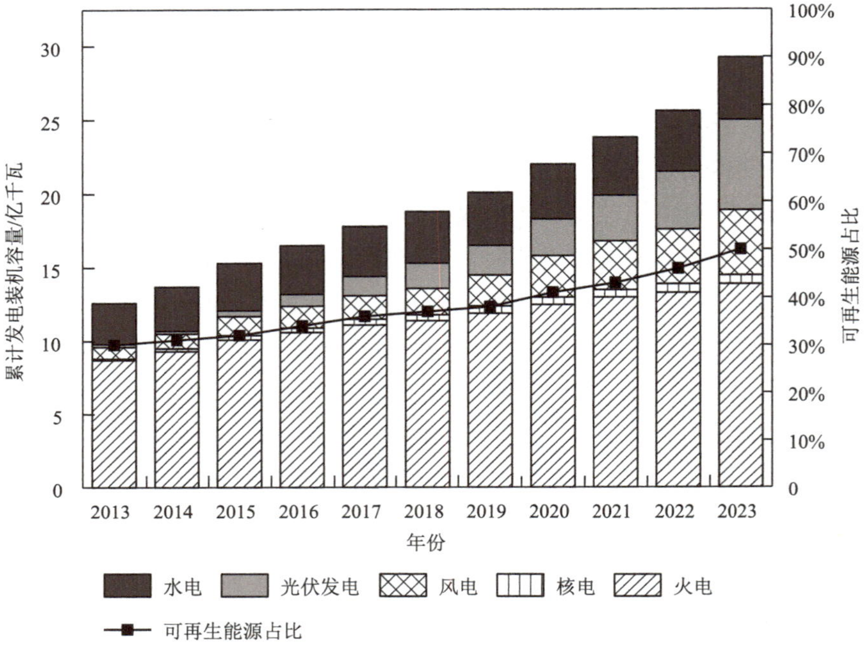

图 5-28　2013~2023 年中国发电装机容量

2）技术成本快速下降，竞争优势超过化石能源

可再生能源装机容量迅速扩张带来的规模效应驱动着技术成本快速下降。2010~2023 年，中国光伏发电的平准化电力成本（指发电机组在全生命周期内生产单位电力的平均成本）从每千瓦时 0.340 美元降至 0.041 美元，降幅接近 90%，较化石燃料的加权平均成本低 50%以上；陆上风电的平准化电力成本从每千瓦时 0.090 美元降至 0.026 美元，下降幅度超过 70%，较化石燃料的加权平均成本低 70%（图 5-29）。风光可再生能源发电相较于传统化石能源发电的成本竞争力日益增强。

3）国际影响力日益增强，引领全球能源转型

依托产业规模和供应链体系方面的优势，中国可再生能源产业发展已位居全球前列。在发展规模方面，中国光伏和风电累计装机容量自 2015 年起保持全球第一。2023 年，中国可再生能源新增装机容量达 305 吉瓦，占全球新增装机

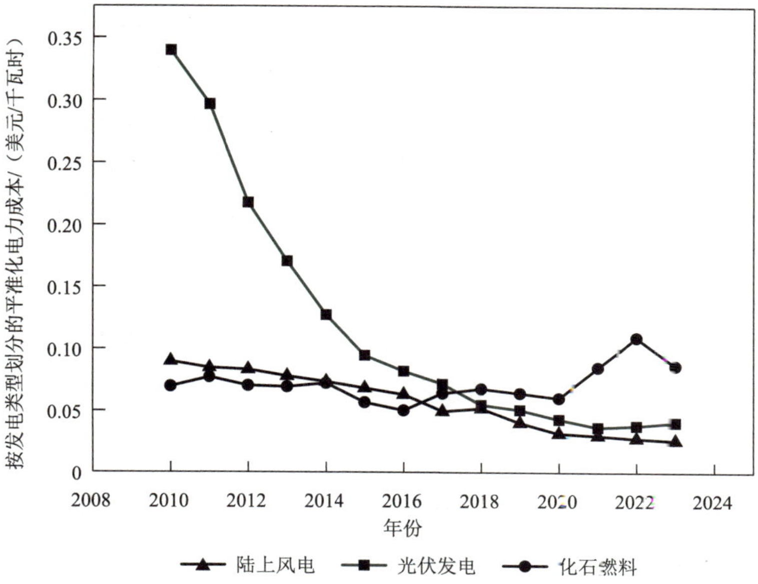

图 5-29 2010~2023 年中国光伏发电、陆上风电与化石燃料发电的平准化电力成本

容量（507 吉瓦）的 60%；其中，光伏新增装机容量几乎相当于 2022 年的全球总量。伴随规模效应的显现，中国可再生能源发电成本也成为全球市场竞争力的标杆。2010~2022 年，中国光伏和风电的单位发电成本始终处于全球最低水平。

除了规模和成本优势，中国可再生能源装备制造也在全球供应链中发挥着关键作用。得益于完备的产业链布局和领先的技术研发，中国已成为全球风电和光伏产品的主要供应国，产品出口至 200 多个国家和地区，累计出口额分别超过 334 亿美元和 2453 亿美元。其中，中国制造的多晶硅、硅片、光伏电池和组件占据全球市场份额 80%以上；所产风电机组铸锻件及关键零部件占全球市场份额 70%以上（中国电力企业联合会，2024）。

3. 可再生能源发展的经济社会环境新贡献

1）可再生能源产业成为中国经济增长新动能

可再生能源及相关产业的快速发展，已成为推动中国经济增长的重要引擎，通过促进投资、优化贸易格局、推动产业升级和技术创新，为中国经济注入强劲动力。

投资方面，中国在可再生能源发电领域的产能部署及配套设施建设成为GDP的新增长点。2023年，中国可再生能源电源工程建设完成投资8098亿元（水电投资1029亿元，风电投资2753亿元，光伏发电投资4316亿元），电网工程完成投资5277亿元，合计投资额相当于当年1%的GDP，20%左右的GDP增量。其中，光伏发电的电源工程建设投资在2013~2023年增长最快，2013~2023年年均增速达30%（图5-30）。除了直接贡献GDP增长，可再生能源电力相关投资的经济影响还通过产业链拉动效应进一步放大，带动材料供应、电力传输、信息通信和设备安装等上下游产业蓬勃发展，形成明显乘数效应。根据国际货币基金组织的研究，可再生能源投资对GDP影响的乘数效应（1.1~1.7）系统性地高于化石能源投资（0.4~0.7）。

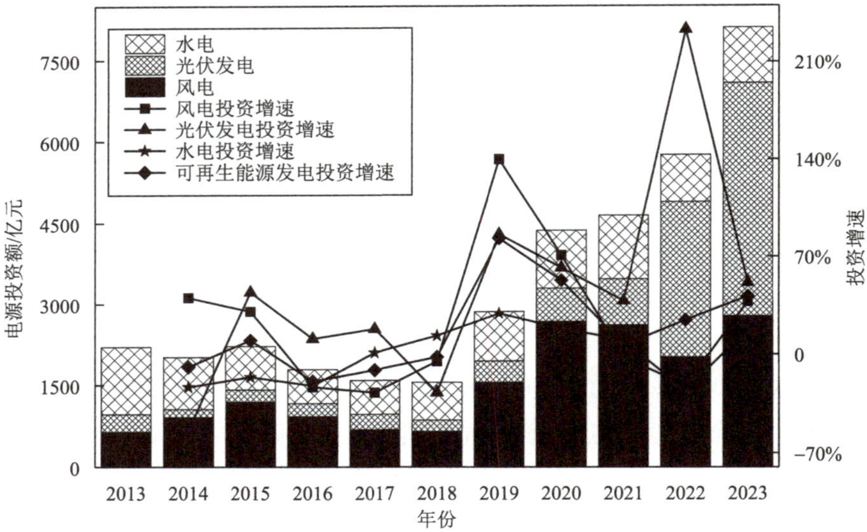

图5-30 中国可再生能源发电投资总额及年度增速

贸易方面，风电、光伏等可再生能源电力快速发展不仅通过相关产品的贸易顺差直接增加了中国的外汇收入，还可通过提升国内能源自给率、减少对化石能源的进口依赖，带来间接经济效益。2023年，包含光伏产品在内的“外贸新三样”出口总额首次突破万亿元，对贸易顺差增长发挥了积极作用。与此同时，中国花费约3.4万亿元进口煤炭、原油、成品油、天然气等化石能源。可以预见，随着可再生能源发电部署规模的进一步扩大，中国能源自给能力将持续增强，化石能源进口依赖有望逐步减少，从而减轻能源采购支出压力，缩小该领域的贸易逆差，产生隐性经济效益。

产业升级和创新激励方面，可再生能源产业与人工智能、大数据等新一代信息技术深度融合，推动了高新技术产业协同升级与创新。一方面，可再生能源电力系统在智能规划、实时监测和优化调度方面的迫切需求，带动了人工智能和大数据技术在电力系统的创新应用，在提升了发电系统效率和智能化管理水平的同时，也促进了人工智能算法优化、传感技术升级以及大数据分析能力的提升，进而推动相关产业的技术迭代与突破。另一方面，清洁能源的广泛应用为人工智能、大数据等高能耗产业提供了绿色电力支持，有效降低了数据中心的碳排放，助力绿色算力和数字化产业的可持续发展。

2）可再生能源建设成为推动社会进步新抓手

除了显著的经济拉动效益，可再生能源的发展还通过带动就业增长、赋能乡村振兴、促进区域协调发展、减污降碳和改善公众健康等方式，在推动社会进步、改善民生福祉方面发挥重要作用。

就业影响方面，可再生能源投资的就业促进效应显著高于传统化石能源。研究表明，每百万美元的化石燃料投资创造2.65个全职当量工作岗位（指按照标准工作时间开展全职工作的职工岗位），而同等投资在可再生能源领域可创造7.49个岗位。尽管低碳转型进程下，化石能源行业就业岗位减少不可避免，但可再生能源的快速发展将带来更多的就业机会。根据一项综合评估模型的预测，若全球温升控制在2℃以内，至2050年全球能源部门就业岗位将由1800万个增至2100万个；若更严格控制温升至远低于2℃，就业岗位将增至2600万个，其中，84%的新岗位来自风能和太阳能领域，涵盖制造、运维及建筑等多个环节。

乡村振兴方面，可再生能源的开发利用能够催生劳动力、资本、资源和技术等要素在城市与乡村之间流动模式的变革，打破乡村资源向城市单向输出的困局，带动乡村地区发展，促进城乡融合。具体而言，可再生能源项目建设驱动更多资本和资源流向乡村基础设施建设，通过铺设道路、优化输配电系统、增加能源供应，改善乡村地区生活条件和发展潜力。截至2019年底，全面建设完成的中国光伏扶贫项目共惠及415万户家庭，使家庭能源贫困率减少6%，人均可支配收入增加3%~8%。此外，“农光互补”“渔光一体”等新模式、新业态的涌现，进一步拓展了乡村振兴的路径。例如，截至2024年7月，安徽省安庆市望江县雷池镇雷江村的“农光互补”项目累计发电量约126万千瓦时，为村集体带来了 106.92 万元的总收益，拉动 38 人就业；河南省周口市郸城县汲冢镇谢寨村建设的 6 处“渔光一体”项目每年发电量 288 万千瓦时，使村集体收入每年增加 6 万元。

区域层面，由于资源禀赋和政策力度差异，不同地区可再生能源具有不均衡性，这为加速西部大开发战略实施提供了契机。中国西部地区凭借丰富的可再生能源资源禀赋，依托大型风电光伏基地规模化开发、“西电东送”等项目，在实现将能源资源优势转化为发展优势、显著提升能源供应自给能力的同时，也为东部地区的经济发展提供了可靠的绿色能源支持。2023 年，我国“西电东送”输电能力约 3 亿千瓦；2013~2023 年，“西电东送”累计输送电量超过 9 万亿千瓦时。此外，凭借绿色电力供应优势，西部地区也成功吸引了大数据中心和人工智能等高耗能产业入驻，推动“东产西移”政策落地，提升当地产业竞争力的同时，加速了经济结构的转型升级。以内蒙古为例，作为八大算力枢纽节点之一，其拥有的和林格尔数据中心集群正在吸引以绿色算力为核心的上下游配套产业向西部集聚，成为国家“东数西算”工程的重要支点，带动了当地高新技术产业的发展。

此外，可再生能源利用还在减污降碳及改善公众健康方面发挥着积极作用。研究显示，可再生能源使用占比每增加 1%，二氧化碳排放量可下降 0.1%~0.6%，由环境污染减少带来的身体健康改善幅度约 0.3%，心理健康改善幅度约 0.2%。若遵循以发展可再生能源为主导的碳中和路径，到 2060 年中国所有省区市的空气质量均可达到世界卫生组织的指导标准，人均预期寿命将在基准情景基础上延长 0.88~2.80 岁，累计避免 2200 万~5000 万人过早死亡。

3）可再生能源发展成为参与全球气候治理新名片

中国是全球可再生能源发展的核心力量。就总量而言，2023 年中国可再生能源装机规模位列全球第一，接近 1500 吉瓦，超过全球第二名至第十名总和（图 5-31）。从增速上看，中国可再生能源装机容量在 2018~2023 年平均增速高达 21.8%。尤其是 2023 年，中国可再生能源装机容量增量较 2022 年翻倍；若继续保持这一增长速率，中国可再生能源装机规模将远超 2030 年三倍增长目标的要求，而其他国家需将年均增长率提升 36%方能助力全球三倍目标的实现。在当前发展趋势下，预计到 2030 年中国新增可再生能源装机容量将占全球增量的 60%以上，累计装机容量也将超过全球总量的一半。

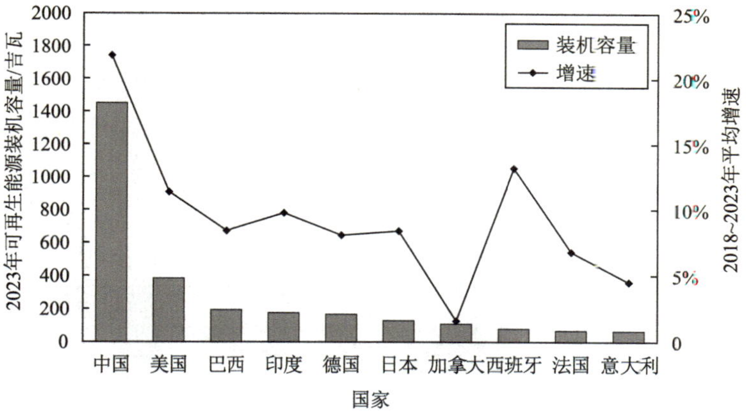

图 5-31 2023 年全球可再生能源装机容量排名前十国家装机容量及增速

此外，中国可再生能源发电的规模效应显著降低了全球装机成本。在国际贸易和技术溢出效益推动下，中国为全球光伏和风电装机分别平均节省 170~223 美元/千瓦和 206~304 美元/千瓦，截至 2023 年已累计节约了 2202 亿~3511 亿美元和 1123 亿~2174 亿美元。就节约成本的资金规模而言，美国获益最多，其次是巴西、印度、日本、德国和澳大利亚。预计到 2030 年，中国将为全球节约 5244 亿~8289 亿美元的光伏装机成本和 4589 亿~6709 亿美元的风电装机成本，可填补全球实现可再生能源三倍目标投资缺口的 10.27%~13.89%（图 5-32）。相较于与中国脱钩情景，有中国参与可使全球实现可再生能源三倍增长目标的概率显著提升，同时发展中国家能源转型的经济负担显著降低，全球区域发展公平性得以改善。

4. 关于可再生能源发展前景的几点思考

1）长期尺度下高比例可再生能源电力部署是大势所趋，但中短期发展面临较大不确定性

加快能源绿色低碳转型、部署高比例可再生能源电力系统，已是全球应对气候变化和可持续发展的广泛共识。大部分研究表明，按照碳中和路径，到 2050 年中国发电量将达 11 万亿~16 万亿千瓦时，其中非化石能源发电占比预计为 80%~90%，煤电占比降至 10%以下。

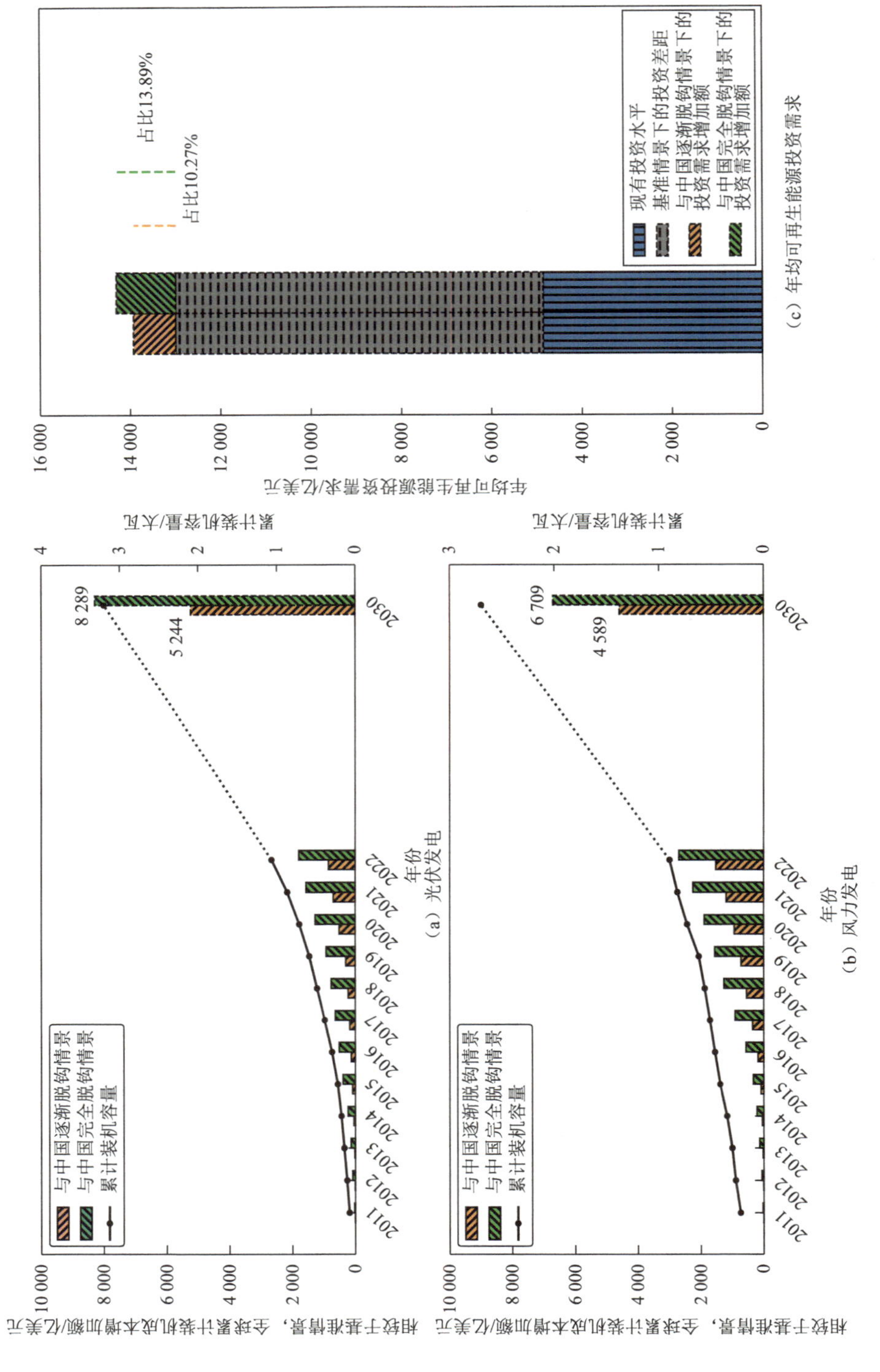

图 5-32 不同情景下全球实现可再生能源三倍目标的累计装机成本变化

尽管长期尺度下高比例可再生能源电力部署是必然趋势，但社会、经济、环境、技术系统之间关系错综复杂且存在非线性反馈，受市场需求、政策支持、社会参与、经济发展形势、国际政治格局以及资源环境等多重因素影响，可再生能源发电的中短期发展路径具有高度不确定性。例如，随着规模效益递增和“边做边学”带来的成本下降，技术突破可能触发发展临界点，呈现突变式变化，难以依靠历史数据进行线性预测。再如，光伏和风电等可再生能源技术高度依赖关键矿产资源，而这些资源供应具有显著的区域集中性；地缘政治格局演变和贸易政策调整，都可能通过影响关键矿产资源供应加剧可再生能源产业在中短期内的发展不确定性。

从历史发展趋势来看，风电和光伏发电等可再生能源电力的装机容量和发电量在短期内的增长屡次超出预期。以2002~2016年IEA发布的《世界能源展望》为例，尽管其每一次都接受了过去光伏快速发展的事实（情景起点随时间推移不断升高），但对新增光伏装机规模的模型预测仍多次低于实际值。清华大学碳中和研究院发布的《2024全球碳中和年度进展报告》指出了可再生能源电力中短期发展趋势的不确定性。报告显示，若各国延续2000~2023年的历史增长趋势，全球2030年装机容量仅能达到2022年水平的1.7~2.7倍；然而，2023年全球可再生能源发电成本的急剧下降和规模快速扩张，使未来增长潜力更趋乐观。

据此，本节提出以下建议：深入研究和模拟社会、经济、环境、技术等系统间的非线性反馈关系，提升对可再生能源中短期发展趋势的预测能力。采取更具弹性和灵活性的方法进行能源系统规划和政策制定，建立逐步调整和滚动评估机制，通过分阶段评估确保政策目标与实际情况的动态匹配，降低对单一发展情景的依赖风险。增强政策支持的适应性，根据市场需求、技术进展、贸易形势、地缘政治格局等灵活调整政策机制，快速响应可再生能源发电成本下降和市场变化，同时鼓励加快储能、智能电网等配套设施投资，推动关键矿产资源回收和替代材料研发，提升系统整体适应性和风险应对能力。加强多方协同，构建跨部门、跨区域的合作机制，推动国际合作和技术共享，充分发挥全球资源和经验优势，促进政策、技术、市场需求的协同创新，加速全球能源系统的绿色转型。

2）可再生能源发电近零边际运营成本催生能源经济系统性变革

风电、光伏发电等可再生能源发电具有高初始投资、近零边际运营成本的特点。研发、开发和部署完成后，可再生能源电力系统每多发 1 千瓦时电的资源成本几乎为零。类似于零边际成本的互联网技术在社会经济系统所引发的全新变革，近零边际成本的可再生能源发电也将深刻重塑能源系统和生产生活方式，催生去中心化能源管理模式、颠覆性技术创新、工艺流程创新以及能源经济新业态。例如，低成本的大规模可再生能源发电将推动绿氢在钢铁、航空等难脱碳行业中的广泛应用，驱动生产方式变革；为人工智能及大数据等高能耗计算系统提供清洁电力保障，支持新一代技术在碳中和目标下的发展；推动智能微电网建设，实现家庭或社区在能源投资、供应和消费方面的自我管理，形成分布式能源自给体系；促进可持续农业和智慧城市的发展，为农业灌溉、交通电动化和建筑零碳化等领域带来稳定的绿色能源供给，创造出广泛的创新需求和全新的市场应用场景。

这种高投资、低边际运营成本的特性意味着，当前广泛采用的电力现货市场边际定价模式或许不再适用。一方面，可再生能源发电的成本主要集中在建设期而非运营期，“按边际成本出清”的定价模式在此情境下可能频繁导致“零电价”或“负电价”，从而限制新项目的投资回报，削弱投资者的积极性。另一方面，以可再生能源为主的能源体系需要需求侧灵活响应来应对电力供应波动，但传统电价机制在激励需求侧响应方面效果有限，难以推动消费者根据电力供应波动及时调整用电需求，这将增加峰值发电厂或电池等备用技术的投资需求，推高整体发电成本。

为适应可再生能源发电的近零边际成本特点和大规模发展需求，亟须对电价体系进行结构性改革。可参考的具体措施包括：通过容量市场或长期固定合约保障投资回报，增强对可再生能源发电及输配电系统投资的吸引力。联动电力市场和碳市场，创新电碳资产管理模式，将可再生能源的减碳效益直接转化为投资回报。通过尖峰电价、拉大现货市场限价区间等方式，激励需求侧积极响应，引导用户合理调节用电行为。实施面向颠覆性碳中和技术创新的电价优惠政策，激励新兴低碳技术的研发和应用，持续推动能源系统的可持续发展与创新转型。

3）可再生能源大规模发展离不开数字技术支撑，能源管理策略正由资源导向转向科技导向

大规模可再生能源发展对能源系统的数字化、智能化提出了更高要求，需要依托云计算、物联网、人工智能和区块链等新一代信息技术，实现电力系统

实时管理、精准供需调控、基础设施布局优化和预测性维护等功能。具体而言，为了提升可再生能源电力系统的稳定性和安全性，需借助数字技术实现电力供需动态平衡和“荷网源储”深度协同。例如，通过大数据和人工智能技术的深度融合，对太阳辐射和风速进行精准预测，动态预估可再生能源发电量；依托物联网技术，实时采集和分析电力设备与传输线路数据，使电力系统具备全域感知能力，增强去中心化能源系统中的各方实时互动，从而实现供电方和用户之间的即时协同与多主体交易；通过智能优化电池储能系统，计算最佳电力存储和释放时机，以更好地平衡电力供需波动。这些技术的应用催生了能源互联网、智能电网、虚拟电厂、微电网和车网协同等新型业态，有利于提升能源管理的精准性与灵活性。

此外，数字技术也在支持可再生能源电力系统基础设施布局优化和预测性维护方面发挥重要作用。借助地理信息系统（geographic information system，GIS）、大数据分析和遥感技术，可综合地理条件、气候模式、能源需求分布和环境影响等因素，帮助确定风电场和光伏电站的最佳选址和规模，从而最大化发电效率并降低输电成本。采用物联网和人工智能技术，可实时监测风力涡轮机和太阳能电池板等设备的运行状况，提前识别磨损或故障风险，确保设备的持续高效运行，将停机时间和维修成本降到最低，提高电力系统的可靠性和稳定性。

由此可见，以可再生能源为主体的能源系统正从资源依赖转向科技依赖，管理模式也将从资源调度走向数字化决策优化。为进一步推进可再生能源与信息技术的深度融合，可借鉴欧盟委员会的“能源系统数字化行动计划”，从以下三个方面重点推进。一是全面推进能源系统的数字化和基础设施建设。统筹建设物联网、人工智能和5G等基础设施，使之与能源系统深度融合，构建全网设备和终端数据实时采集、分析和监控体系，确保电力系统对供需变化高效响应与自我优化。二是完善能源系统数据共享和网络安全制度框架。制定能源系统数据共享和传输标准化规范，健全相关法律法规，加强能源系统网络安全防护，确保能源数据在传输及存储过程中的安全性与隐私性，为可再生能源电力系统的多方协作提供有力制度支持和合规保障。三是创新和强化数字化转型的融资机制。鼓励公共和私人资本参与可再生能源与数字技术融合项目投资，开发绿色债券、碳市场激励等多元化融资工具，支持智能电网、微电网、虚拟电厂、车网协同等新型业态加速发展，推动能源系统绿色低碳与数字化转型双向升级。

5.3 碳中和技术前沿专题

5.3.1 全球温室气体减排新兴技术发展态势分析[①]

1. 引言

随着全球气候变化问题日益严峻，温室气体排放受到了国际社会的广泛关注。为了实现《巴黎协定》的目标，各国正在积极寻求减少温室气体排放的有效途径。新兴技术突破和发展是解决部分行业如工业、交通行业难减排的重要手段。CCUS 技术、生物燃料技术和绿氢技术等新兴技术，相较于可再生能源发电技术、电动汽车技术尚未完全成熟，但展现出巨大的潜力和优势。

不同技术的发展受制于不同国家的政策条件和资源禀赋。此外，各国能源结构、经济发展水平和技术成熟度不同，对技术的适应性和接受度不同。例如，拥有丰富生物质资源的国家可能在生物燃料技术领域具有更大的发展潜力；而拥有先进技术和雄厚资金实力的国家，则可能在 CCUS 技术的研发和应用方面取得领先。因此，新兴技术在不同国家的应用潜力以及发展路径存在差异。

本节研究的目标是提供一个全面的分析框架，对 CCUS 技术、生物燃料技术和绿氢技术进行国别和动态分析，评价其在不同国家的政策、实施现状与研究态势，旨在揭示这些技术在全球减排努力中的潜在作用和意义，为全球减排策略的制定提供科学依据。

2. 技术动态分析

1）生物燃料技术

A. 全球生物燃料目标与战略规划

生物燃料主要应用国家和地区包括欧盟、印度尼西亚、美国、中国等，其中，欧盟是当前产量和进口双高的全球生物燃料消费区域；印度尼西亚得益于当地的资源禀赋，是当前全球最积极的生物柴油引领者之一；美国生物柴油产业受政策驱动发展，是自产自销为主的全球生物燃料大市场；中国则

---

① 观点文章：《技术前瞻专题：全球温室气体减排新兴技术发展态势分析》，作者为甄紫涵、戴静怡、钟函颖。

积极发展动物油、废弃食用油，紧抓新赛道。表 5-10 描述了部分国家和地区生物燃料技术战略规划布局。其中，战略部署方面主要包括先进生物燃料在交通领域占比、生物燃料掺杂比例等目标的设定；科技支撑手段主要包括税收补贴、成立基金、设置并调整生物燃料掺杂比例、开展试点示范等命令或经济激励措施。

表 5-10 部分国家和地区生物燃料技术战略规划布局

国家和地区	战略部署	科技支撑
欧盟	《欧盟生物燃料战略》（2006 年）；《可再生能源指令》（2009 年、2018 年、2023 年）；部分成员国规划法令	启动生物基产业联合企业（Bio-based Industries Joint Undertaking，BBI-JU）（2014 年）；启动循环生物基欧洲联合企业（Circular Bio-based Europe Joint Undertaking，CBE JU）（2021 年）；制定生物柴油调和燃料的 B20/B30 标准
印度尼西亚	《国家能源政策》（PR No. 79/2014）；交通、工业和发电部门的生物燃料混合目标（ESDM No. 12/2015）；《2050 年低碳和气候韧性长期战略》（Long-Term Strategy for Low Carbon and Climate Resilience 2050，LTS-LCCR 2050）（2021 年）	设立国家生物燃料发展小组（PD No.10/2006）；调整生物柴油强制掺杂比例（MEMR No.25/2013 等）；成立生物柴油发展基金（2015 年）
美国	《国家能源政策法案》（2005 年）；《可持续航空燃料大挑战路线图》（2022 年）	对生产生物燃料出台税收补贴政策（2005~2023 年）；《通胀削减法案》拨款 94 亿美元用于开发生物燃料（2022 年）
中国	《“十四五”可再生能源发展规划》（2022 年）	组织开展生物柴油推广应用试点示范（2023 年）

B. 生物燃料实施状况

近年来，全球生物燃料消费稳步增长，掺杂比例不断提升。如图 5-33 所示，2012~2021 年，全球生物汽油、生物柴油产量分别以 2.5%、6.7%的年均增速增长，其消费量分别以 3.0%、7.6%的年均增速增长。如图 5-34 所示，主要国家中，美国的生物燃料消费量全球最高，印度、印度尼西亚的生物燃料消费量增长速度全球领先，年均增速均超 20%。

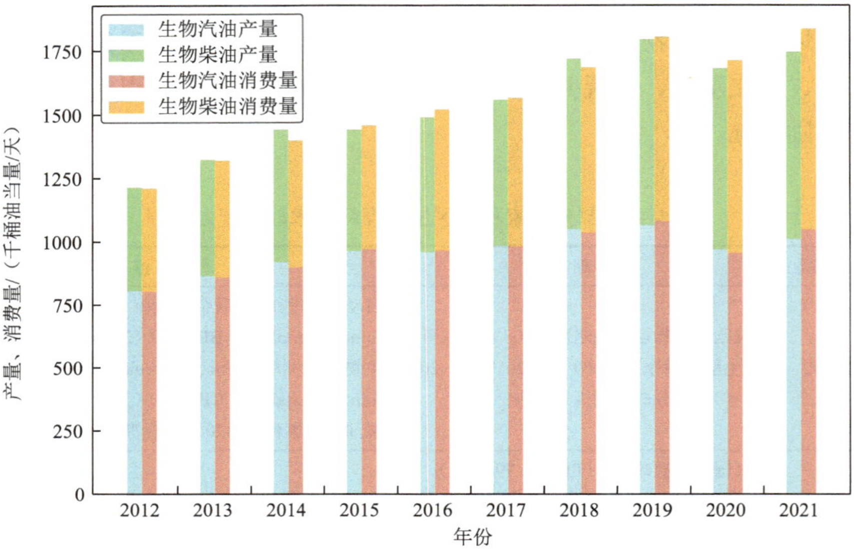

图 5-33 全球生物燃料产量与消费量

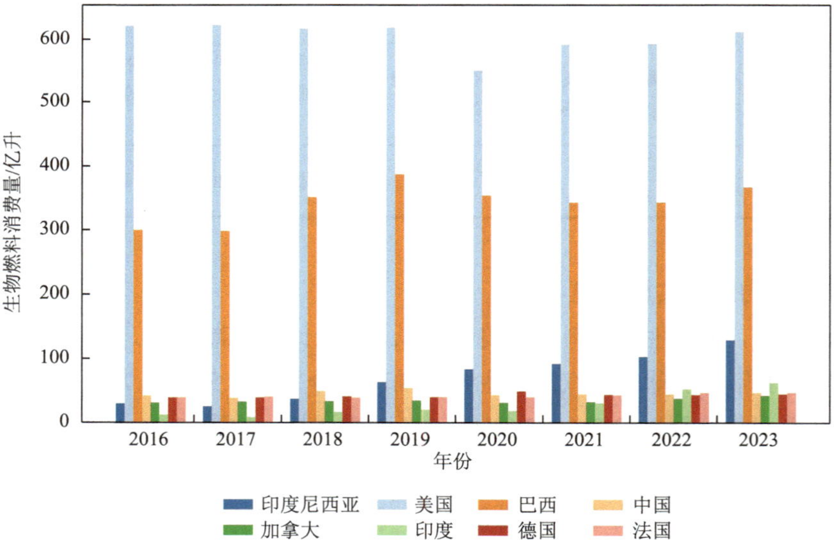

图 5-34 主要国家生物燃料消费量年度变化情况

主要应用国家和地区中，欧盟在 2023 年颁布的 REDIII更新了先进生物燃料混杂目标，将 2030 年附件 9“A 部分”的生物燃料比例目标下限从 3.5%提升至 5.5%，部分成员国推广先进生物燃料的政策实际上更为激进，例如，2023 年，意大利先进生物燃料掺杂比例为 3.4%，2030 年增加至 8%。印度尼西亚政府分别于 2014 年（PR No.79/2014）、2015 年（ESDM No.12/2015）制定了生物柴油掺杂比例于 2016 年、2020 年、2025 年分别达到 20%、30%、30%的目标，印度尼西亚已如期实现 2016 年、2020 年目标，并于 2023 年将生物柴油掺杂比例提升至 35%，提前实现了 2025 年目标。然而，IEA 报告指出当前生物燃料产量增速仍然无法助力 2050 年净零排放目标的实现。未来随着可再生能源需求不断增加，生物燃料市场规模需要持续扩大。IEA 发布的《2023 年可再生能源》（Renewables 2023）预测，如果要实现到 2050 年净零排放目标，从现在到 2030 年，全球生物燃料产量需要年均增长 11%；到 2050 年生物燃料在航空、海运和公路领域消费占比需达到 33%、19%和 3%。

C. 生物燃料技术研究态势分析

本节基于 Web of Science 数据库核心集和智慧芽全球专利数据库，对全球 2014~2023 年生物燃料技术领域的生物天然气、生物燃料电池、生物燃料乙醇、生物柴油、可持续航空燃料、可再生柴油、纤维素乙醇、生物甲醇八个方向进行系统分析。如图 5-35 所示，从技术方向上看，生物天然气和生物柴油论文数及专利数较多，但无明显增长情况；可持续航空燃料虽然论文数和专利数较少但增长势头最猛。

从研究态势上看，全球生物燃料主要应用国家和地区正积极推动可持续航空燃料、可再生柴油、生物甲醇等先进生物燃料技术的研究。其中，可持续航空燃料是关注度最高的生物燃料技术方向之一。国际民用航空组织建立了全球第一个行业减排机制“国际航空碳抵消和减排机制”，截至 2023 年，已有超过 130 个国家自愿提交国家行动计划以实现 2050 年前国际航空业净零排放的目标，可持续航空燃料在其中发挥着重要的作用。基于此，美国、中国等多个国家和地区正积极推动可持续航空燃料建设，出台了可持续航空燃料发展目标（表 5-11），逐步开展可持续航空燃料的研发与部署。

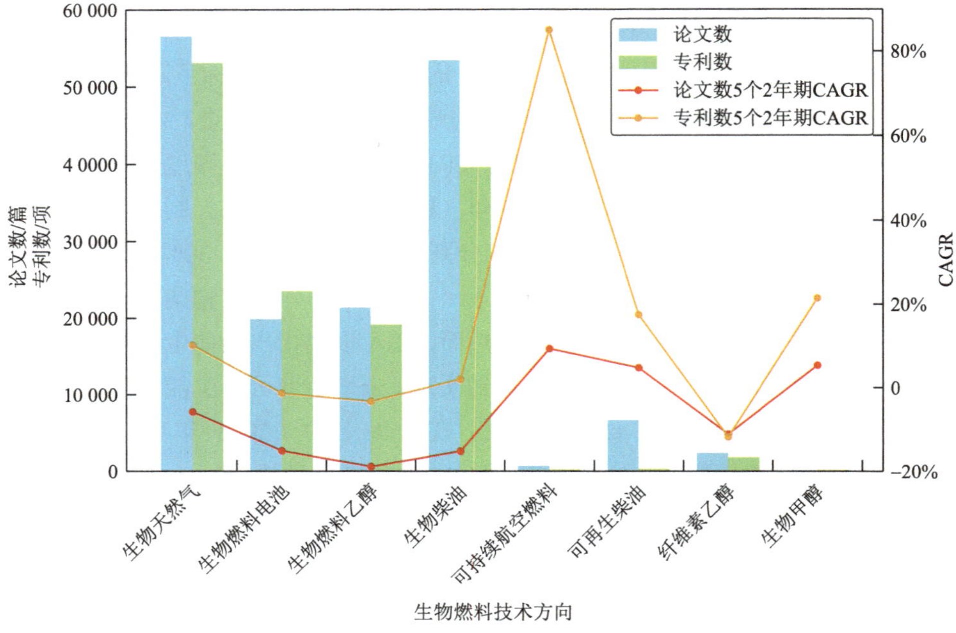

图 5-35 生物燃料各技术方向研究态势

CAGR 即 compound annual growth rate，复合年均增长率

表 5-11 主要国家或地区可持续航空燃料发展目标及行动案例

国家/地区	发展目标	行动案例
欧盟	《欧盟可再生航空燃料法规》（ReFuelEU Aviation）要求 2025 年起，所有在欧盟机场加注的航空煤油必须包含 2%的可持续航空燃料，2030 年提高至 6%，2050 年提高至 70%	芬兰 Neste 公司致力于可持续生物燃料开发，生产能力约为 1.25 亿升/年
美国	可持续航空燃料年产能要从 2030 年的 30 亿加仑（约合 900 万吨）增加到 2050 年 350 亿加仑（约合 1.05 亿吨）	Diamond Green Diesel 公司的 Port Arthur 项目 2024 年底生产约 1.5 万桶/日的可持续航空燃料
中国	力争“十四五”期间可持续航空燃料消费量达到 5 万吨、2025 年当年达到 2 万吨以上	2022 年，中国石化镇海炼油厂生产了第一批可持续航空燃料产品
日本	自 2030 年起，各石油公司向日本境内机场起飞或降落的国际航线供应的燃料中，可持续航空燃料不能少于 10%	2022 年，宣布组建“Act for Sky”（天空行动）联盟，致力于将日本研发、生产的可持续航空燃料推广应用

2）CCUS 技术

A. 全球 CCUS 目标与战略规划

为了符合《巴黎协定》将全球升温限制在 1.5℃内的目标，根据 IEA 提出的

2050 年净零排放情景，到 2030 年每年需要捕获和储存约 10 亿吨二氧化碳。截至 2023 年，已有 29 个国家将使用 CCUS 技术纳入《巴黎协定》下的 NDC。

2023 年 1 月，日本经济产业省发布了 CCS 长期路线图，该路线图设定了到 2050 年每年储存 2.4 亿吨二氧化碳的目标。2023 年 3 月，欧盟委员会推出了《净零工业法案》，将 CCUS 确定为八项战略性净零技术之一，提出到 2030 年实现每年 5000 万吨的封存能力。英国政府制定了《CCUS 投资者路线图》，计划到 2030 年每年封存 2000 万~3000 万吨的二氧化碳，投资达 200 亿英镑。根据美国宣布的《通胀削减法案》与《基础设施投资和就业法案》，到 2030 年的捕获能力为每年 1.696 亿吨二氧化碳，封存容量为每年 2.232 亿吨二氧化碳。2023 年 11 月 15 日，中美共同发表《关于加强合作应对气候危机的阳光之乡声明》，明确提出“两国争取到 2030 年各自推进至少 5 个工业和能源等领域碳捕集利用和封存（CCUS）大规模合作项目”的目标。

支持政策上，2023 年美国拜登-哈里斯政府通过美国能源部在 2023 年先后宣布为碳捕集重点项目提供 25.2 亿美元、12 亿美元的支持资金。英国政府于 2023 年 3 月在其春季预算中做出了新的 CCUS 资金承诺，并投资 200 亿英镑用于 CCUS 技术的早期开发。日本国会于 2023 年 5 月 12 日通过了《GX 促进法》，要求将 CCS 列为要推广的领域，政府计划在 2023~2033 年投资 4 万亿日元。

B. CCUS 实施状况

2023 年，CCUS 项目数量显著提升，运行中的项目数量由 30 个提升为 41 个，计划中的数量由 162 个大幅提升为 350 个。

全球部署情况与目标仍有差距。从全球进展来看，2050 年净零排放情景提出到 2030 年每年需要捕获和储存约 10 亿吨二氧化碳。根据 IEA 的《清洁能源进展追踪》报告，2023 年宣布的 2030 年可捕获的二氧化碳总量达到每年约 4.35 亿吨，储存能力达到每年约 6.15 亿吨二氧化碳。根据 GCCSI 的《全球碳捕集与封存现状 2023》（Global Status of CCS 2023）报告，2023 年公布的捕获能力为约 3.6 亿吨二氧化碳，储存能力为约 6.3 亿吨二氧化碳，同样无法达到 2050 年净零排放情景的要求。

从国别上看，英国目前已经计划的碳运输与封存容量项目已经达到 8790 万吨二氧化碳，且都预计早于 2030 年运行，能够实现 2030 年每年封存 2000 万~3000 万吨二氧化碳目标。到 2030 年，美国已公布的 CCUS 项目在捕获能力与封存容量上将分别达到 1.194 亿吨二氧化碳与 1.767 亿吨二氧化碳，有望实现每年捕获

1.696 亿吨二氧化碳、封存 2.232 亿吨二氧化碳的目标。日本经济产业省设定了到 2050 年每年储存 2.4 亿吨二氧化碳的目标，而目前已计划的项目仅规划了 0.13 亿吨二氧化碳储存量，距离目标仍有很大差距。

C. CCUS 技术研究态势分析

碳捕集技术中的直接空气捕获（direct air capture，DAC）与生物质能结合碳捕获与封存（bioenergy with carbon capture and storage，BECCS）受到广泛讨论。碳封存技术则呈现由强化采油（enhanced oil recovery，EOR）技术到专用地质封存的转变（图 5-36）。以美国为例，正在开发或建设中的 CCS 设施总容量的 78% 已表示将使用专用地质封存，提高石油采收率带来的收入对于 CCS 投资的商业可行性来说普遍变得不那么重要。

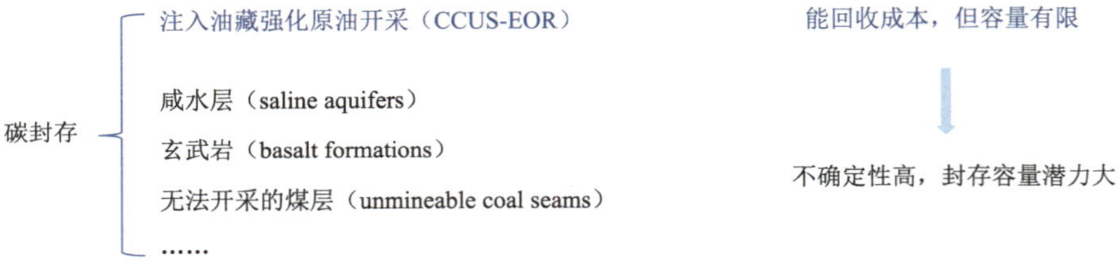

图 5-36 碳封存主要技术方向

由表 5-12 可知，从论文数来看，2014~2023 年 CCUS 主要技术方向的论文数都呈现增长态势，2021~2023 年的论文占比较大。BECCS、玄武岩地层二氧化碳封存增长率高。强化采油技术作为主流技术仍有增长，但增长率不如玄武岩地层二氧化碳封存技术。

表 5-12 CCUS 主要技术方向论文数量

技术方向	论文数/篇						2021~2023 年占比	5 个 2 年期 CAGR
	2014~2023 年	2014~2015 年	2016~2017 年	2018~2019 年	2020~2021 年	2022~2023 年		
DAC	25 689	4 020	4 323	4 930	5 519	6 897	38.1%	14.4%
BECCS	741	47	74	136	245	239	50.9%	50.2%
强化采油	28 333	3 413	4 320	5 703	6 964	7 933	40.5%	23.5%
专用地质封存	224	22	32	20	38	112	59.8%	50.2%
咸水层二氧化碳地质封存	1 629	330	369	272	265	393	32.8%	4.5%
玄武岩地层二氧化碳封存	134	15	14	22	39	44	48.5%	30.9%

由表 5-13 可知，从专利数来看，DAC 技术专利数量大，在 2018~2019 年达峰，之后有所下降。BECCS 仍处于起步阶段，5 个 2 年期 CAGR 达 52.3%。强化采油技术在 2022 年以前是主流的碳封存技术，但由于封存潜力有限，呈现下降趋势。咸水层二氧化碳地质封存、玄武岩地层二氧化碳封存专利数尚未呈现增长态势，是待开发的地质封存技术。

表 5-13 CCUS 主要技术方向专利数量

技术方向	专利数/项						2021~2023 年占比	5 个 2 年期 CAGR
	2014~2023 年	2014~2015 年	2016~2017 年	2018~2019 年	2020~2021 年	2022~2023 年		
DAC	970 703	190 380	207 265	219 915	211 416	141 727	25.3%	−7.1%
BECCS	454	40	46	58	95	215	60.8%	52.3%
强化采油	301 598	73 148	70 262	62 821	59 793	35 574	21.5%	−16.5%
专用地质封存	19 968	2 269	2 413	6 424	5 878	2 984	26.0%	7.1%
咸水层二氧化碳地质封存	2 054	486	328	413	383	444	31.9%	−2.2%
玄武岩地层二氧化碳封存	4 579	1 024	946	887	982	740	26.8%	−7.8%

3）绿氢

A. 全球氢能目标与战略规划

氢能是零碳能源体系的重要组成部分。根据 IEA 提出的 2050 年净零排放情景，全球低碳氢产能有望在 2030 年达到 7000 万吨左右。其中，绿氢产能约为 5000 万~5500 万吨。

2023 年，全球氢能发展目标大幅更新，国家级氢能战略密集出台，发展中国家在其中扮演了重要角色。各国已颁布的 2030 年电解槽装机累计目标达 160 吉瓦左右，大约可实现 2670 万吨绿氢产能，仅为 IEA 提出的 2050 年净零排放情景要求的绿氢产能的一半。

2023 年，22 个国家提出或更新了国家级氢能发展战略，发展中国家占比超过 70%。截至目前，提出过相关战略的国家已接近 70 个。表 5-14 展示了典型国家的氢能技术发展战略。整体上，美国等国的氢能政策支持力度较高，侧重于生产补贴、技术研发、基础设施建设等方面。

表 5-14　典型国家氢能技术发展战略

国家	战略	目标	措施
美国	《美国国家清洁氢能战略路线图》；《通胀削减法案》	到 2030 年、2040 年和 2050 年，美国将每年生产 1000 万吨、2000 万吨和 5000 万吨清洁氢	①制定高达 95 亿美元的清洁氢投资方案。②对低碳氧提供最长为期十年、最多 3 美元/千克的税收抵免
印度	国家绿色氢使命	到 2030 年将生产 500 万~1000 万吨绿氢，创造 60 万个就业岗位	初始支出为 1974.4 亿卢比（约合 172.3 亿元人民币），涵盖需求创造、生产、研发、基础设施、监管框架、国际伙伴关系等领域
中国	《氢能产业发展中长期规划（2021—2035 年）》	到 2025 年燃料电池车辆保有量约 5 万辆，可再生能源制氢量达到 10 万~20 万吨/年	充分发挥统筹协调机制作用，加快构建"1+*N*"政策体系，积极推动试点示范，强化财政金融支持
德国	《国家氢能战略》	2030 年建立 10 吉瓦的绿氢产能；到 2027/2028 年，拥有超过 1800 千米氢气管网	①运输相关的项目将获得约 80 亿欧元的资金，其中 34 亿欧元将用于支持基础设施建设。②将 7 亿欧元用于促进建筑部门中燃料电池供暖系统的使用。③提供 20 亿欧元的资金加强氢能方面的国际合作

B. 氢能实施状况

2023 年全球绿氢产能迅速增长，全球低碳氢项目数量增长了 36%（达到 1974 个），超过 90%是绿氢项目。全球绿氢总产量接近 20 万吨。其中，光伏电解水处于主导地位，占比达 70%。未来光伏电解水增长存在放缓趋势，风电（尤其是海上风电）电解水将迎来加速扩张。2023 年，光伏电解水预部署产能的完成比超过 30%。相比之下，陆上风电电解水的完成比约为 2%，海上风电电解水的完成比甚至低于 0.5%。

在全球绿氢产能排名前 14 位的国家中，中国拥有最高的绿氢部署增速。2020 年和 2022 年，中国分别拥有全球绿氢总产能的 10%和 30%。截至 2023 年底，中国绿氢产能已经超过全球总产能的一半，达到 11.73 万吨。

2023 年，绿氢的应用场景逐步多元。相比 2022 年，绿氢在交通和工业领域的应用规模进一步扩张。德国、西班牙等欧洲国家绿氢应用的多元性更高。相关项目往往规模较小，应用较为多元，几乎涉及氢能应用的所有领域。

对比 IEA 提出的 2050 年净零排放情景测算的 2030 年 5000 万~5500 万吨的绿氢产能目标，当前的绿氢产能也仅完成了该目标的不足 1%。倘若当前已公布的项目全部实现落地，预计 2030 年全球绿氢的实际产能将达到 2700 万吨/年，将满足 2050 年净零排放目标对应需求的 49%~54%。尽管如此，由于仅有不足

15%的项目获得了最终投资决定，上述潜在产能仍然具有高度不确定性。全球各国需要加速相关项目部署，提升项目的实际落地率。

C. 氢能技术研究态势分析

关注氢能生产、储存、输送领域的研究占比约为3.6∶1.4∶1。图5-37（a）梳理了氢能生产和储运领域的研究数。氢能生产领域的研究主要集中在生物质制氢和固体氧化物电解槽技术方面，氢能储存领域的研究主要集中在固态材料储氢、有机液体储氢等方面。相关技术均成熟度较低、经济性不足。

氢能生产技术方面，自2013年起，生物质制氢和固体氧化物电解槽技术就一直是热点。图5-37（b）梳理了各研究方向5个两年期的CAGR。但由于技术突破相对困难，2013~2023年相关研究的增长率较为有限。2021~2023年固体氧化物电解槽相关研究迅速增长，年增幅达到30%~40%。自2019年起，随着阴离子交换膜技术的突破，阴离子交换膜电解槽成为新兴的研究热点，相关研究的5个两年期CAGR达到近80%。

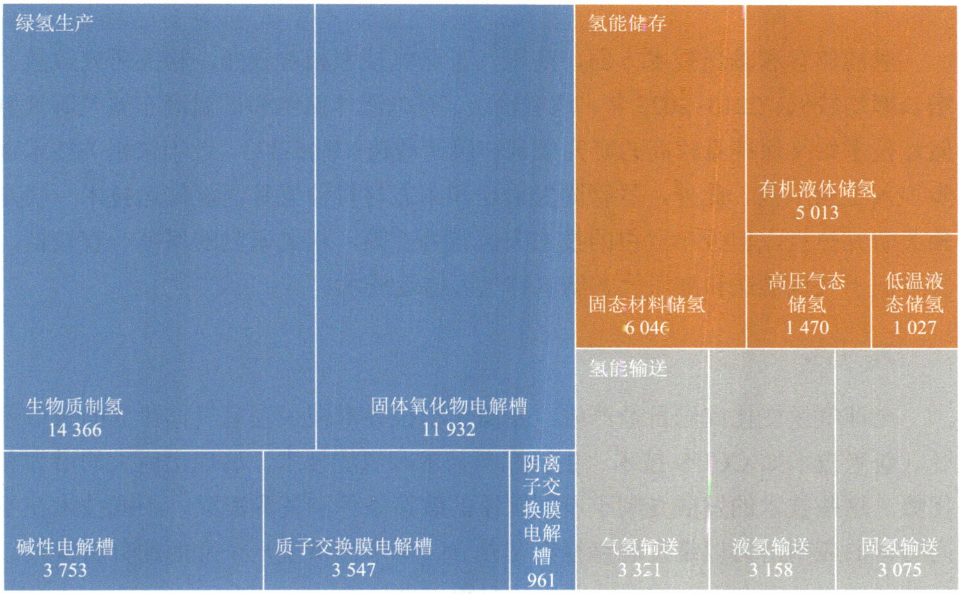

（a）氢能生产和储运领域的研究数

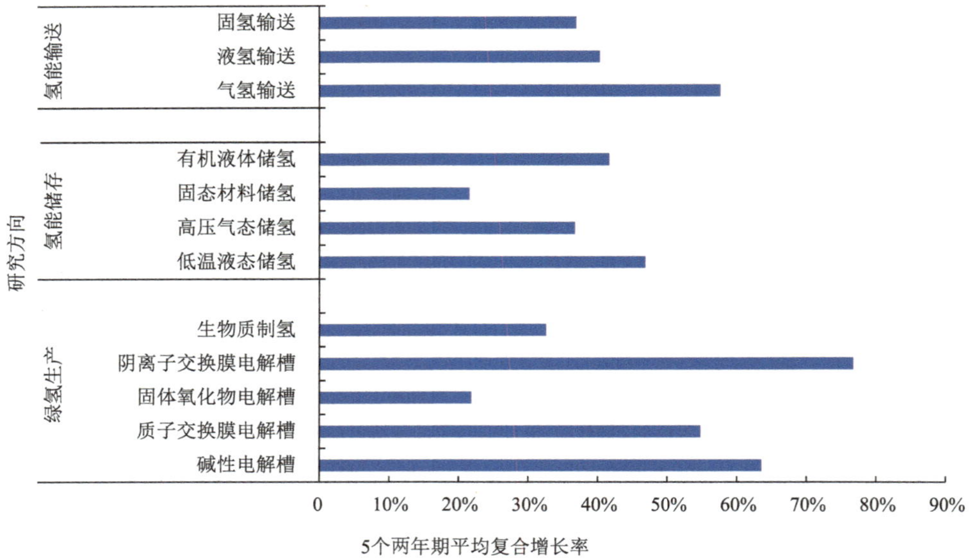

（b）各研究方向5个两年期的CAGR

图 5-37 氢能生产和储运领域的研究数以及各研究方向 5 个两年期的 CAGR

氢能储存和输送技术方面，高压气态储氢技术相对成熟，相关研究数量、增长率均较低。2013~2023 年，液氢输送、有机液体储氢和低温液态储氢等液氢储运技术始终保持着较高的研究数量和研究增速（图 5-37），近年来相关技术逐步步入工业示范。此外，尽管固氢输送和固态材料储氢等固氢储运技术一直是相关研究热点，但近年取得的技术突破较为有限，相关研究的增速一直较低，甚至低于气氢输送和高压气态储氢等气氢储运技术。

3. 小结

全球气候变化问题日益严峻，各国正积极寻求减少温室气体排放的有效途径。新兴技术如 CCUS 技术、生物燃料技术和氢能技术，展现出巨大的潜力和优势。这些技术的发展受制于不同国家的政策条件和资源禀赋，不同技术在不同国家的应用潜力以及发展路径存在差异。本节提供了一个全面的分析框架，评估了这些技术在不同国家的发展状况和未来趋势。

全球范围内生物燃料技术稳步增长，欧盟、印度尼西亚、美国和中国等国家和地区通过政策支持和战略规划，设定了明确的生物燃料掺杂比例和消费目标，尽管如此，生物燃料消费的增长速度仍未达到2050年净零排放目标的要求。同时，CCUS技术作为实现《巴黎协定》目标的关键手段，虽然多个国家已设定了碳捕集和储存目标，但全球部署情况与目标之间存在差距，技术研究显示DAC和BECCS受到关注，而碳封存技术正逐步从强化采油技术转向专用地质封存。此外，氢能作为零碳能源体系的重要组成部分，全球多个国家更新了氢能发展目标，2023年全球绿氢产能迅速增长，特别是风电制氢领域预计将加速扩张，研究集中在生物质制氢、固体氧化物电解槽、固态材料储氢、有机液体储氢等方面，但要实现《巴黎协定》的减排目标，仍需加大技术创新力度和政策支持。

5.3.2 人工智能助力工业领域碳中和的机制与关键①

1. 引言

实现碳中和目标已成为国际共识，全球碳中和进程已步入执行阶段。随着气温持续升高和极端天气事件频发，世界各国开始积极应对气候变化。截至2024年5月，全球已有148个国家或地区提出了碳中和目标。尽管仍然面临重重障碍，例如，美国气候政策的波动影响全球雄心、欧洲能源危机导致绿色政策退步、发展中国家和全球南方国家的转型资金依然匮乏等，全球碳中和行动仍然在成效落实方面取得了亮眼成绩。一是相关政策和法律保障体系持续完善，截至2024年5月，全球已有120个国家或地区以法律或政策文件的形式确立了碳中和目标的法律地位，86个国家或地区提出了详细的碳中和路线图；二是多项碳中和技术加速部署，2023年，全球光伏和风电的新增装机量分别达到346吉瓦和116吉瓦，全球电动轻型乘用车销量增长30%以上；三是资金问题得到一定程度的解决，《联合国气候变化框架公约》第29次缔约方大会（29th Conference of the Parties，COP29）气候融资集体量化目标相关草案提出了到2030年每年筹集1万亿美元至1.3万亿美元的气候融资目标。就中国而言，“1+*N*”政策体系逐步完善，能源结构持续优化，能耗强度迅速下降，绿色产业蓬勃发展，生态系统碳汇能力稳步增强。

工业是我国国民经济的支柱产业，是能源消耗和碳排放的主要来源之一，

---

① 观点文章：王灿. 2025. 人工智能助力工业领域碳中和的机制与关键. 人民论坛・学术前沿, (2): 36-44.

也是实现“双碳”目标的主战场。我国的工业产能雄厚、产业门类齐全，工业领域的能源消费占我国能源消费总量的 60%以上，产生的碳排放量约占全国总量的 40%。其中，钢铁、水泥、石化、化工是工业领域碳排放的主要来源，合计排放量占排放总量的 80%以上。首先，诸如钢铁、水泥等行业属于难以减排的领域，实现深度脱碳面临较为高昂的边际减排成本。其次，我国工业用能碳强度较高，煤和焦炭满足了近 90%的炼钢能源需求，而美国、英国等国炼钢则主要基于天然气和电力。同时，我国工业能效水平相对较低，2020 年仍有 30%的钢铁产能和 24%的水泥产能的能效低于基准水平。此外，相对新投产的钢铁、化工设备资产也带来了更高的资产搁浅风险。

近年来，AI 技术的迅速发展催生了一批以绿色、智能、融合为特征的新产品、新技术、新业态，为助力工业领域碳中和带来了新的机遇。立足实现“双碳”目标，厘清 AI 助力工业脱碳的作用机制，识别工业领域脱碳的特点及其对 AI 作用机制产生的影响，把握并回应 AI 赋能工业脱碳引发的关键问题，具有重要的理论价值与实践意义。

2. 工业领域实现“双碳”目标的宏观路径

在实现“双碳”目标的过程中，工业领域将呈现“达峰先行”“中和攻坚”的特点。受人口增速降低、城镇化进程趋于饱和、基础设施建设逐步放缓等因素的影响，我国钢铁、水泥等主要工业品的需求预计将持续下降。在工业能耗强度逐步降低、用能结构持续优化的背景下，预计工业碳排放达峰时间将早于 2030 年，相较于交通、建筑、热力和农业等领域提前 3~5 年（清华大学气候变化与可持续发展研究院，2021）。然而，工业领域在迈向碳中和的进程中仍面临着一系列“减排瓶颈”，尤其是在减少高品位供热排放和化学反应过程排放等方面。鉴于此类排放的边际减排成本较高，工业部门可能在 2060 年仍存在部分残余排放，需依赖一定规模的碳移除技术进行抵消。总体而言，工业领域实现碳中和目标，主要依托于四大类措施（王灿等，2021）：①节能降耗；②加快供能结构低碳转型；③推动工艺流程清洁化；④部署负排放技术。其中，节能降耗措施侧重于在“达峰平台期”（当前至 2030 年）发挥主导作用；供能结构低碳转型和工艺流程清洁化将成为“快速降碳期”（2030~2050 年）推进大幅减排的核心手段，以 CCUS 技术为代表的负排放技术将同样在此阶段发挥关键作用；而以各类碳移除技术为代表的负排放技术，则将在“深度脱碳期”（2050

年后）为实现净零排放提供坚实保障。

实施全方位节能降耗，持续降低工业领域的能源需求。全方位节能降耗包括降低单位产出能源消耗强度和减少工业产出需求两个层面。其中，大幅推广节能技术和能效提升技术是降低单位产出能源消耗强度的关键手段，具体措施包括在工业领域应用高效电机、高效锅炉、变频驱动器等节能技术，以及通过余热回收与利用、能源梯级利用等方式最大限度提高能源利用效率。相比之下，减少工业产出需求还涉及工业生产过程以外的多个方面，包括加快循环经济体系建设，优化工业产品设计，延长使用寿命，推动资源梯次利用，建设高效的回收再造体系；引导需求端行为改变，鼓励资源节约型消费模式，普及绿色消费理念，助力绿色产品替代，推进全供应链优化，实施精益管理，减少生产、储存和运输过程中的物料浪费，减少非必要的工业产品需求等。

加快供能结构低碳转型，逐步构建清洁、经济、可靠的工业供能体系。实现供能结构低碳转型的关键是工业用电和工业用热的低碳化，提高清洁能源渗透率是核心举措。一方面，需要加快风能、太阳能、生物质能、核能等清洁能源的大规模开发和应用，强化配套的储能技术和输配电网络建设，确保大规模开发与高效消纳的同步推进。在这一过程中，要特别注意处理好可再生能源的波动性和工业生产的连续性之间的矛盾，需要通过新型储能、智能电网等技术提升供能系统的稳定性和灵活性。另一方面，需要推进清洁热能在工业供热中的深度应用。对于低品位热需求，可着力推广热泵等技术，实现清洁电力到清洁热能的转换；对于难以满足的高温热需求，则可通过生物燃料、绿氢及氢基衍生物（绿氨、绿醇）等实现清洁供热。

推动工艺流程清洁化，加快重点部门工艺技术革新。工艺技术革新是工业领域实现深度脱碳的核心支撑，尤其是对于钢铁、水泥和化工等重工业部门。钢铁部门当前的主流工艺是排放量较大的高炉-转炉工艺，需要以煤和焦炭作为原料和燃料投入。钢铁行业的工艺革新应聚焦优化传统生产工艺，采用纯氧高炉、氢气喷吹等技术降低长流程工艺的碳强度；加速短流程工艺的推广替代，提升废钢电弧炉等工艺的市场份额；推动新兴工艺的研发和应用，探索绿氢直接还原铁、绿氢等离子体熔融还原及直接电解等工艺的应用模式。水泥部门需要研发并推广低熟料水泥生产工艺，降低工艺过程产生的排放。化工部门需要加快推进基于绿氢的化工产品生产工艺创新，如绿氢合成氨、二氧化碳加绿氢制甲醇等新兴工艺；而在传统煤化工领域，则应积极探索煤化工耦合绿氢等工艺，降低原有工艺碳强度、提高资产利用率；持续推进生物化工工艺的研发与应用，充分发挥生物质在提供绿色氢源和绿色碳源方面的潜力。

推进负排放技术部署，保障工业领域实现深度脱碳目标。广义的负排放技术主要包括 CCUS 技术和碳移除技术两大类，其中，CCUS 技术在转型中期发挥着关键作用，通过降低传统高碳工艺过程排放和减少化石燃料发电排放等手段助力工业减排。尽管 CCUS 技术无法完全实现工业生产与化石燃料的脱钩，但其在实现中短期减排目标、充分利用现有资产等方面仍发挥着重要的过渡作用。碳移除技术主要包括 BECCS、直接空气碳捕集与封存（direct air capture with carbon storage，DACCS）以及陆地生态碳汇等内容，预计将在转型后期有效抵消残余排放，助力工业领域实现碳中和目标。

3. 人工智能助力工业领域碳中和的作用机制

在助力工业领域实现“双碳”目标的过程中，AI 技术具有丰富的可选择性，能够适应多元化的应用场景。广义上，AI 技术指的是用于执行与人脑相关的任务，特别是学习和解决问题等认知任务的各种技术和方法的集合，具体包括机器视觉、自然语言处理、机器学习等。这些技术可以通过多种途径在不同的工业减排场景中得到应用。通过实施全方位节能降耗、加快供能结构低碳转型、推动工艺流程清洁化和推进负排放技术部署四类方式，AI 技术可以直接或间接地推动工业领域实现“双碳”目标。作为一种典型的新质生产力，AI 技术在工业领域的应用也将深刻影响工业领域的生产力与生产关系。基于生产力理论的宏观视角，AI 助力工业脱碳的作用机制可分为四大类（表 5-15）。

表 5-15　AI 助力工业脱碳的应用场景与作用机制

项目	机器学习	强化学习与智能控制	时间序列分析	机器视觉与智能传感	智能通信	大模型与自然语言处理
1. 实施全方位节能降耗						
1.1 促进能效提升	助力节能技术、高性能材料研发	实现工艺过程的动态优化和控制	精准预测工艺能耗曲线	实时提供工艺过程数据；实现智能检测与安全运营	安全高效地提供数据调度、集成、运算等基础服务；支持生命周期管理	整合专家知识，辅助相关技术研发和工艺设计

续表

项目	机器学习	强化学习与智能控制	时间序列分析	机器视觉与智能传感	智能通信	大模型与自然语言处理
1. 实施全方位节能降耗						
1.2 降低非必要能源需求	助力回收再利用技术研发；高效识别高能耗环节	提高自动化水平，减少非必要能源损耗	优化库存管理与供应链管理过程	支持产品生命周期管理	安全高效地提供数据调度、集成、运算等基础服务；支持生命周期管理	优化运营管理决策；支持生命周期管理；助力需求端行为改变
2. 加快供能结构低碳转型						
2.1 提高清洁能源渗透率	助力相关材料和技术研发	实现动态的多能管理和综合调度	精准预测可再生能源供应曲线；提高能源供需匹配度与技术协同度	提供辅助能源调度的数据集	安全高效地提供数据调度、集成、运算等基础服务；支持生命周期管理	整合专家知识，辅助相关技术研发和工艺设计
2.2 助力构建低碳综合能源系统	优化多能协同供应商和相关部署决策；优化设施布局					减少各环节信息不对称性；优化运营管理决策
3. 推动工艺流程清洁化						
3.1 助力低碳新工艺应用	助力工艺过程革新；辅助相关材料和技术研发	实现工艺过程的动态优化和控制	精准预测工艺参数，降低检测时滞性	实现智能检测与安全运营	安全高效地提供数据调度、集成、运算等基础服务；支持生命周期管理	整合专家知识，辅助相关技术研发和工艺设计
3.2 优化传统高碳工艺流程	辅助优化水泥配方、化学反应条件等					减少各环节信息不对称性；优化技术升级相关决策
4. 推进负排放技术部署						
4.1 助力DAC、CCS等技术的应用	助力相关材料和技术研发；识别优质碳封存点	优化碳封存的注入策略		封存点监测		整合专家知识，辅助相关技术研发和工艺设计
4.2 助力各类碳利用技术的应用	辅助碳利用相关工艺和技术研发	实现工艺过程的动态优化和控制				

（1）推动低碳技术要素的升级变革（表 5-15 中用灰色表示）。低碳技术的创新和应用是推进工业领域低碳转型的直接动力。近年来，AI 技术在低碳技术创新中的应用潜力日益凸显（洪银兴和任保平，2023）。将机器学习与高通量筛选相结合，可以加速储能电池、高性能隔热材料和化学工艺催化剂的材料筛选过程，提升材料的使用效率和寿命；结合机器学习与传统建模仿真技术，可大幅加速设备与工艺的设计过程，例如，助力风机叶片设计、余热回收系统设计等；利用数据挖掘和可解释机器学习等技术，能够识别各类工艺过程中的潜在反应规律，从而实现水泥配方的高效优化、化学反应条件的针对性改进等，通过上述手段，AI 技术可以有效加速各类工业低碳技术的研发进程，提升相关技术性能，降低技术转换成本，加快推进低碳技术在工业领域的大规模部署。

（2）丰富和强化数据要素的关键作用（表 5-15 中用紫色表示）。随着数字经济的蓬勃发展，数据正在逐步成为新型生产要素（刘涛雄等，2024）。AI 技术与数据要素之间存在紧密联系。一方面，各类 AI 技术的应用本身就依赖于数据要素的投入；另一方面，AI 技术又可以反过来提升数据要素的数量和质量，放大数据要素的“乘数效应”。首先，AI 技术可以降低部分工业数据的获取成本，提升相关数据的时效性。以钢铁行业为例，传统的高炉设施内部温度接近 2300℃，工况检测往往依赖外部传感器的间接感应，所得检测数据的误差大、滞后性强、获取成本高。结合机器视觉和时序信息增强等机器学习算法，可实现对炉内工况的实时、准确检测，这将为能耗优化和能源调度提供高质量的数据基础。其次，AI 技术能够提高工业数据要素的质量、丰富数据要素的内容。将物联网技术与机器学习算法、自然语言处理等 AI 技术相结合，可对海量的工业过程数据、文本数据进行高效清洗提炼，并通过聚类分析等方法进一步提升数据的完整性和准确性。这将为工业产品的全生命周期碳排放管理提供有效的数据支持。最后，AI 技术还可以便利数据要素的集成、调度和计算。智能通信技术可与云计算等技术结合，通过数据压缩、边缘计算、分布式优化等方式，保障工业数据的高效流通，为 AI 技术的工业应用提供安全有效的基础服务支撑。

（3）促进各类要素的组合优化与协同配置（表 5-15 中用绿色表示）。随着强化学习、智能控制等技术的进步，AI 展现出优越的动态优化和控制调度能力，这为工业部门脱碳提供了直接支持。一是面对风光等清洁能源的波动性和不确定性，AI 技术能够对综合能源供应系统进行动态优化和多能协同调度，充分发挥“风-光-储”互补效益和热电协同效益，以更低的成本和更高的可靠性推动清洁能源渗透，提升工业用能的清洁化水平。二是通过对工艺过程进行实时优化和动态调控，AI 技术可以降低清洁新工艺的使用成本，助力清洁工艺的推广和应用。三是通过提高自动化水平、优化供应链管理等手段，AI 技术可以减少非必要的能源消耗和产品需求。四是通过优化碳封存的注入策略、识别优质碳封存点等措施，AI 技术有助于降低负排放技术的应用成本，在大幅减排的同时充分利用传统工业设施产能，化解搁浅资产风险。此外，有效的动态优化离不开精准的参数预测。时间序列分析等技术也为准确预测工况参数、能耗曲线、可再生能源出力曲线提供了有效支撑，这将间接助力上述动态优化和控制调度过程。

（4）变革性提升人力资本质量（表 5-15 中用橙色表示）。人力资本在工业生产和经营过程中具有重要意义，贯穿决策制定、技术研发、一线生产、运营管理等各个环节。知识与技能要素是人力资本的关键构成要素，通过对其深度赋能，AI 可推动人力资本质量实现变革性提升。其中，以 ChatGPT 等技术为代表的生成式 AI 近年来经历了蓬勃发展，此类技术既是海量专业知识的容器，又是人机高效交互的接口，还是可协同不同组件与工具的操作系统（肖仰华，2024）。生成式 AI 正逐步以“人机协同”的模式重塑劳动力市场的基本形态，重构已有的知识挖掘与流通模式，提升与之交互的人力资本知识要素的容量与质量；降低各项关键技能和能力的应用门槛，提升应用效率。在生成式 AI 赋能人力资本助力工业领域实现碳中和目标的过程中，以下三类典型应用场景尤其值得注意。一是赋能研发人员，推动低碳技术创新。工业低碳技术的创新往往依赖专业知识的积累和传递，与生成式 AI 的交互有助于大幅提高知识传递效率并拓展专家知识覆盖面，加速技术创新进程；通过将已有的专家知识嵌入大语言模型，生成式 AI 甚至可以独立完成材料筛选和设计等任务。二是赋能相关工程师，降低能源与工业系统实现智能控制的技术门槛。生成式 AI 可以准确高效开展定制化代码生成、改写等基本任务。结合少量提示工程，生成式 AI 可以与其他工业系统软硬件模块相结合，有效完成动态监测、信息整合、实时过程优化等高阶任务。三是赋能相关决策者，推动工业园区和企业的运营及决策过程发生深刻变革。通过代替部分人类专家、小模型以及传统的决策支持系统，生成式 AI 可以在设计工厂低碳转型方案、优化供应链管理、减少信息不对称性等方面发挥重要作用，提升相关决策的质量和效率。

4. 使用人工智能赋能工业脱碳的机遇与挑战

我国工业产能雄厚、产业门类齐全，工业数据要素丰富，使用 AI 赋能工业脱碳具有巨大潜力。在世界 500 种主要工业品中，我国有超过 220 种产品的产量位居世界第一。在重点行业方面，2020 年我国粗钢产量为 10.65 亿吨，水泥产量为 23.8 亿吨，石油炼化能力近 9 亿吨，是世界上最大的钢铁生产国、水泥生产国和石化产品生产大国。然而，现阶段我国工业脱碳面临的压力相对突出，亟须 AI 赋能（乔岳，2023）。当前，我国主要 AI 技术和相关基础设施的发展已初见成效，工业数据要素的积累也粗具规模。在积极推进新型工业化的背景下，我国工业物联网已覆盖超过 85%的工业大类，连接设备超过 8000 万台。但也需认识到，当前工业数据产权不清、流动不畅、标准不一等问题依然突出。这一方面会直接阻碍 AI 的广泛应用，另一方面也难以发挥数据要素的“乘数效应”。

工业脱碳场景和机制的复杂性需要 AI“精准赋能”。工业部门的脱碳机制复杂、减排技术多样，这导致工业脱碳场景中“低垂的果实”和“减排瓶颈”相互交织。其中，“低垂的果实”往往集中于边际减排成本曲线的最左端，代表场景包括工业能效提升、需求响应等，具有减排成效显著、减排成本较低且效益较高等特点。“减排瓶颈”则集中于边际减排成本曲线的最右端，代表场景包括工艺绿色替代、使用 DACCS 抵消残余排放等，实现单位减排的成本相对高昂。在 AI 赋能工业脱碳的过程中，AI 在不同场景中的应用潜力也不尽相同。总体而言，使用 AI 摘取“低垂的果实”具有路径较为明确、应用效益较高、跨产业迁移性强等特点，例如，通过强化学习和时间序列分析等技术提升能源调度和工艺过程效率，结合生成式 AI 减少运营管理过程中的非必要产品需求等。相比之下，使用 AI 突破“减排瓶颈”则具有手段相对有限、跨产业迁移性弱、路径不确定性高等特点，其作用机制通常是推动低碳技术要素的升级变革，例如，促进 DAC 等技术创新和二氧化碳加绿氢制甲醇等工艺创新。在使用 AI 赋能工业脱碳的过程中，必须重视“精准赋能”，具体而言需做到精准识别优先顺序、精准适配应用场景、精准适配行业特点三个方面。无法实现精准适配将可能引起能耗不降反增、减排成效降低、资金无效配置等一系列问题，从而阻碍 AI 技术对各类要素优化组合与协同配置作用的发挥。

工业产业链之间的强关联性对 AI 的“系统赋能”提出了更高要求。在推进工业脱碳的过程中，各项低碳技术和产业都不是孤立存在的。工业产业链的强关联性体现在，相关技术的研究与产业、产业链上下游以及各区域产业之间均存在紧密联系。使用AI赋能工业脱碳需要突破“单点赋能”模式，转向“全产业链系统赋能”模式，其内在要求包括三个层面。第一，需要将AI贯穿于“基础研究—应用研究—产业应用”的各个环节，进一步促进数据要素、知识要素和低碳技术要素的流通，并通过放大数据要素和知识要素的“乘数效应”实现正向循环、机制强化。在此过程中，尤其需要关注行业AI复合型人才的培养。AI技术本身是中性的，人机交互过程是决定AI应用质量的核心环节。只有培养复合型人才，才能科学、有效地发挥AI的技术效能。第二，需要将AI贯穿于产业链原料供应到末端治理的各个环节。一方面是高效支持全生命周期管理和终端产品碳排放认证，发挥AI丰富和强化数据要素的关键作用；另一方面是支持供应链优化和用能管理，减少非必要产品需求和能源消耗，强化AI在促进各要素组合优化和协同配置方面的作用。第三，需要统筹考虑各区域产业优势。在使用AI赋能工业脱碳的过程中，AI和相关的基础设施（云计算、数据中心等）本身也是产业链中的关键环节。不同区域的资源禀赋、产业结构和技术基础往往各具特色，因地制宜部署AI产业和各工业链、发挥各区域间的协同互补优势也是AI“系统赋能”工业脱碳的内在要求。

平衡AI的“双刃剑”效应尤其需要关注公平性问题。在使用AI技术助力工业领域实现碳中和目标的过程中，由于应用场景和数据来源通常与个人的直接关联较少，相关应用衍生的公平性问题往往比数据隐私、伦理等问题更加突出。2024年诺贝尔经济学奖得主Daron Acemoglu（达龙·阿西莫格鲁）和Simon Johnson（西蒙·约翰逊）在其著作《权力与进步：科技变革与共享繁荣之间的千年辨证》（*Power and Progress: Our Thousand-Year Struggle Over Technology and Prosperity*）中指出，科技的进步往往被用于集中精英权力，加剧马太效应。多数工业部门具备资本密集、劳动密集的特点，AI赋能工业脱碳引发的公平性问题往往外化为四种形式。一是冲击就业市场。例如，自动化技术的普及将减少社会对劳动密集型岗位的需求，生成式AI的广泛应用可能减少行业内对传统低碳工程师和咨询师的需求，能效的提升也可能促使对传统工艺调控岗位需求的减少等。二是压缩中小型企业生存空间。中小型企业通常存在资金和技术上的短板，大型企业在使用AI赋能工业脱碳的过程中往往更具优势，这种差距可能会加剧相关行业的寡头和垄断现象。三是影响区域经济发展平衡。经济发达地区具有相对优越的资金优势、技术优势和AI基础设施优势，这可能会引发经济欠发达地区的 AI 赋能困难、工业产业转移等问题。四是影响全球技术和产业分工格局。近年来，部分技术相对发达的国家以“安全需求”等借口频繁实施技术出口管制和科技产业投资限制。在现有全球合作格局和绿色贸易规则的影响下，发展中国家和全球南方国家将更有可能在全球工业价值链中处于不利地位，面临着更加严峻的工业产业发展挑战和低碳转型挑战（薛澜，2023）。

5. 人工智能助力工业领域实现碳中和目标的关键对策

加快建设工业数据要素市场，着力完善相关基础设施与制度保障。一是推进“AI+工业物联网”的深度应用，进一步扩充高质量工业数据源。借助零碳园区建设等专项行动契机，推进相关基础设施建设落地与升级，针对不同工业应用场景开发适配的物联方案、物联设备，配备针对性的 AI 智能算法，提升工业数据采集的精度并拓展覆盖面。二是加快建设工业大数据要素交易平台。加快工业数据技术标准、数据格式、传输协议等方面的一致性建设，针对典型的工业数据产出场景制定标准清单；强化数据要素与资本要素的结合，通过数据质押贷款、数据证券化等金融工具强化数据资产属性，便利数据要素流通；针对工业数据规模大、种类多的特点，加快推进数据中心、云平台等基础设施建设，提高工业数据交换和处理的效率。三是加强工业数据治理的制度保障。在《中华人民共和国数据安全法》《中华人民共和国个人信息保护法》等法律法规的支持下，我国的网络安全和数据安全保护初见成效。对于工业数据保护，应加快颁布针对性的数据安全管理条例，加快建立数据产权归属认定和权益分配相关制度，尤其需要认识到工业产业链中各主体的强相关性，充分考虑不同参与方在数据流动和价值创造中的贡献；通过联邦学习、隐私计算、区块链等技术手段，保障工业数据在流通过程中的安全性、隐私性和完整性；推动相关标准、制度与国际接轨，提升我国在全球工业数字经济中的竞争力与话语权。

提升 AI 赋能的精准性，提高各类 AI 技术与工业脱碳场景的适配度。一是加强 AI 赋能工业脱碳的潜力识别。设立跨学科专项研究计划，深入分析不同工业部门、工业场景和生产环节的碳排放特点，识别 AI 技术在各类细分场景下的脱碳潜力、成本效益和现实瓶颈。二是科学设计“AI+工业脱碳路线图”，积极开展相关项目示范。细化各区域、各行业的工业脱碳路线图，将高潜力 AI 技术纳入对应的最优适配场景中。具体而言，可优先推进 AI 技术在“低垂的果实”场景中的应用，着力开发使用 AI 助力能效提升、工况优化、供应链管理和数据获取等方面的流程化应用模式，促进跨工业部门的应用迁移；积极探索行业特异的AI技术应用模态，针对钢铁、水泥、化工等重点行业开展针对性的AI融合试点示范项目；稳步探索AI在“减排瓶颈”场景中的应用潜力，识别各类难减排环节对应的技术需求清单，发挥AI在材料设计、技术研发等方面的优势。三是优化支持机制。对不同场景、不同行业的“AI+工业脱碳项目”给予针对性资金、政策支持，过程中要强化审核机制，持续完善相关项目的评估标准与审查规范，尽可能避免“AI形式主义”问题。

加强AI赋能的系统性，以产业链视角推进AI在工业脱碳领域的深度应用。一是推进AI与“基础研究—应用研究—产业应用”链的深度结合。设立专项研究项目，系统识别工业脱碳重大基础科学问题和关键核心技术清单，重点支持使用AI技术解决清单问题的相关研究，例如，使用AI开展碳利用反应催化剂的基础理论研究等；瞄准“AI+关键产业链”设立系列重大科技项目，例如，瞄准“AI+绿色钢铁链”，统筹风光发电、新型储能、智能电网、电解水制氢、绿氢炼钢等环节，探索AI在“电-热-冷-气”综合能源调度和炼钢工艺实时调控中的一体化应用，着力推进成果转化与推广应用，构建以产业链协同为核心的AI赋能体系。二是立足生命周期视角，使用AI强化工业产业链的“绿链”属性。使用AI助力工业基础LCA（life cycle assessment，生命周期分析）数据库建设，利用生成式AI高效、准确提取来自学术文献、企业报告和环评报告的关键信息，使用机器学习算法校验核准相关参数、提升数据质量；将AI与区块链等技术结合，提升各项工业过程的碳排放透明度和可追溯性，搭建开源平台，支撑产业链绿色认证和工业产品绿色认证。三是推进跨区域合作。统筹东部地区的人才、技术及AI基础设施等优势和西部地区的低成本清洁电力等优势，协同推动数据的跨区域运算和AI用电的跨区域传输，促进相关资源的高效配置；强化跨区域政策协同，打好政策引导、市场配置和科技创新的“组合拳”，构建多区域协作、多产业联动的“AI+工业产业集群”。四是构建多层次教育体系，强化高素质人才支撑。优化高等教育布局，针对AI赋能工业脱碳相关的基础科学与应用研究问题，调整学科体系与人才培养模式；构建职普融通、产教融合的职业教育体系，强化校、企、培训机构等多主体合作，针对不同岗位需求开发定制化的培训计划，例如，碳排放数据分析、智能设备操作等。

辩证看待AI赋能工业脱碳的“双刃剑”效应，着力建设提升转型均衡性的制度体系。一是通过转移支付体系缓解工业脱碳项目区域发展不均衡问题。设立相关的专项基金和产业项目，对经济欠发达地区及其中小企业给予“AI+工业脱碳项目”专项补贴；根据区域“AI+工业产业集群”的实际建设情况，将对应的转移支付需求纳入整体的区域转移支付方案设计中，着力缓解区域不均衡问题。二是加强反垄断监管。加快工业数据反垄断的法律法规建设，推进相关制度与工业大数据要素交易平台的结合；加强对主要的工业集团、科技巨头的反垄断监管，避免相关数据和技术的过度集中。三是加大教育和技能培训投资。发挥国资央企引领作用，带头开展“劳动者 AI 赋能”计划，积极稳妥推进 AI 在工业领域的深入应用；在劳动密集型工业部门集中的地区设立专项技能提升计划，重点支持中小企业，以职业教育为抓手，“因岗制宜”提高劳动者综合素养，助力劳动者岗位升级或再就业。四是积极引领、参与相关的国际合作和国际规则制定。依托“一带一路”倡议、金砖合作机制等框架，充分关注其他国家的治理诉求和治理逻辑，通过产业与技术投资、基础设施建设、产品贸易合作等方式加强国际合作，凝聚共识、整合资源，加强优势互补，协同推进“AI+工业全球价值链”建设；引导企业、智库、高校等主体积极参与国际规则构建，例如，国际共识谈判、国际会议筹备及参与等，针对绿色工业品贸易、工业数据多边流通、相关资金支持与技术转让等议题提出中国方案，贡献中国智慧。

5.3.3 新质生产力视角下人工智能助力实现“双碳”目标①

习近平强调，“新质生产力本身就是绿色生产力。我们必须加快发展方式绿色转型，助力碳达峰碳中和”②。当前，新一轮科技革命和产业变革与我国发展方式转型实现了历史交汇，新质生产力应运而生，并与“双碳”目标密切联系、相互作用。首先，绿色是“双碳”目标和新质生产力的共同底色。实现碳达峰碳中和不是“就碳论碳”，而是一场广泛而深刻的经济社会系统性变革。发展新质生产力需要摆脱传统经济增长方式、生产力发展路径，两者均要求实现发展方式绿色转型（刘磊和姜克筑，2024）。其次，“双碳”目标是驱动新质生产力涌现的催化剂。新质生产力由技术革命性突破、生产要素创新性配置、产业深度转型升级催生而来。推进“双碳”目标将有效加速上述驱动因素的发展进

---

①观点文章：甄紫涵，周胜，王灿. 2024. 人工智能助力实现“双碳”目标：新质生产力视角下的机制与对策. 阅江学刊, 16(5): 65-76, 173.

② 《习近平：发展新质生产力是推动高质量发展的内在要求和重要着力点》，https://www.gov.cn/yaowen/liebiao/202405/content_6954761.htm，2024 年 5 月 31 日。

程（刘磊和姜克筑，2024），驱动新质生产力持续涌现。最后，新质生产力将为“双碳”目标注入新动能。“生产力是人类社会发展的决定性力量”，而新质生产力代表先进生产力的演进方向，能够引领创造新的社会生产时代，以强大动能推动发展方式绿色转型，助力“双碳”目标顺利实现。

人工智能的应用是新质生产力赋能“双碳”目标的重要体现。广义上，人工智能指的是“用于执行与人脑相关的任务，特别是学习和解决问题等认知任务的各种技术和方法的集合”（Lyu and Liu，2021），具体包括机器视觉、自然语言处理、机器学习、聚类分析等技术（孙艺，2024）。一方面，人工智能作为新质生产力中极具代表性的新型生产要素，已经在低碳综合能源系统、智慧工业园区等应用场景（Cowls et al.，2023）中展现出巨大潜力。另一方面，人工智能还作用于其他生产要素，通过促进低碳技术创新等方式，间接放大新质生产力为“双碳”目标注入的发展动能（胡熠和靳曙畅，2022）。图5-38展示了新质生产力视角下，人工智能助力实现“双碳”目标的作用途径。

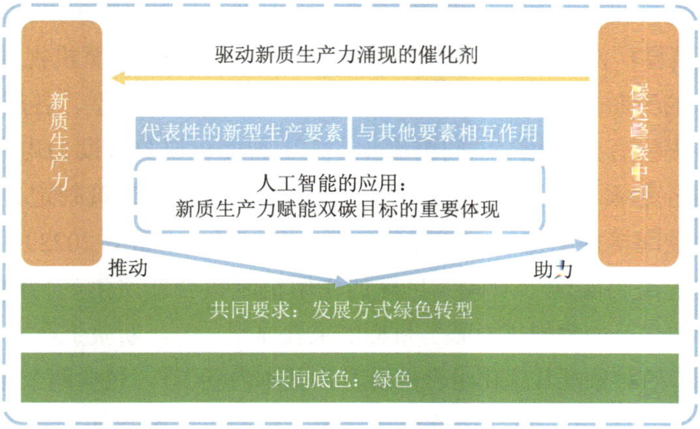

图5-38 人工智能助力实现“双碳”目标的作用途径

由图5-38可见，科学推进人工智能深入应用的前提是明确其助力实现“双碳”目标的作用机制。然而，上述机制目前仍然不甚明晰。国外部分研究者对“AI for climate change”（气候变化中的人工智能）相关话题进行了系统性综述，侧重梳理应对气候变化进程中人工智能的各类应用场景，但并未总结、凝练和揭示其具体作用机制（Rolnick et al.，2022）。而国内相关研究则侧重梳理特定领域内人工智能的应用，如电力系统（王继业，2022）、城市规划（潘浩之等，2022）、智慧农业（何可等，2023）等。胡熠和靳曙畅（2002）进一步从促进技术创新、完善信息披露、降低碳排放的外部性三个方面总结了数字技术和人工智能助力实现“双碳”目标的理论机制。但由于缺乏一致的理论框架指导和微观层面的应用场景梳理，上述机制的覆盖面有待进一步拓宽，研究层次有待深化。

习近平总书记关于新质生产力的系列重要论述，丰富和深化了中国式现代化建设的理论内涵和实践要求，为加快推进经济社会高质量发展、积极稳妥推进碳达峰碳中和提供了科学指引。人工智能的出现，催生了一批以绿色、智能、融合为特征的新产品、新技术、新业态，也是我国建设现代化产业体系的应有之义。围绕培育和形成新质生产力，探讨人工智能助力实现“双碳”目标的作用机制与关键对策具有重要的理论价值与实践意义。

1. 新质生产力视角下，人工智能助力实现“双碳”目标的作用机制

人工智能在推动发展方式绿色转型过程中拥有广阔的应用空间，技术选择丰富，应用范围广泛。横向维度上，随着自然语言处理、计算机视觉、机器学习等各类技术的不断丰富和发展，人工智能已经可以对各类型、各层次的绿色转型相关任务提供有力支撑。纵向维度上，人工智能可以直接助力电力、交通、建筑、工业等各个领域的脱碳进程，还可以通过辅助相关政策制定、增进相关科学认知等途径间接推动发展方式绿色转型。（Rolnick et al.，2022）

人工智能助力实现“双碳”目标的作用机制符合新质生产力的基本内涵，其应用是新质生产力赋能“双碳”目标的重要体现之一。新质生产力“以劳动者、劳动资料、劳动对象及其优化组合的跃升为基本内涵”[①]，包含两个层面。层面一是生产要素本身的跃升，包括传统要素升级变革和生产函数加入新要素两个部分（崔云，2023）。层面二是各生产要素优化组合的跃升，体现在要素的组成、结构、利用率、配置的大幅优化等方面（盛朝迅，2024）。基于上述逻辑，梳理人工智能助力实现“双碳”目标的作用机制，具体包含四个层面，如图 5-39 所示。

---

① 《习近平：发展新质生产力是推动高质量发展的内在要求和重要着力点》，https://www.gov.cn/yaowen/liebiao/202405/content_6954761.htm，2024 年 5 月 31 日。

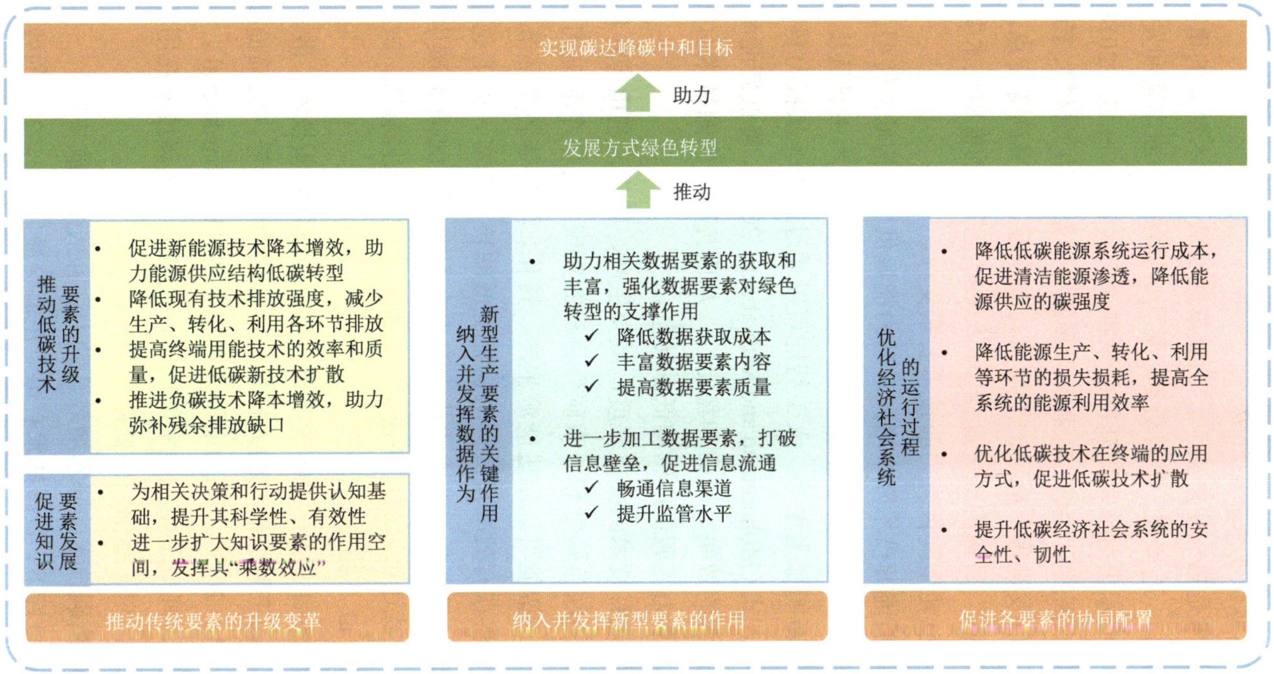

图 5-39 人工智能助力实现“双碳”目标的作用机制

1）推动低碳技术要素的升级

“科学技术是第一生产力”，工业革命以来，技术要素的重要性不断凸显（周宇英，2023）。近年来，随着数据、算力、算法的不断丰富和发展，人工智能已经在实践中展示出对技术创新的强劲推动力（Tabor et al.，2018）。人工智能通过数据挖掘、高通量筛选、机器学习预测等方法推动了材料、药物、能源等各个领域的技术研发进程，展示出周期短、成本低、效率高等特点。（Chen et al.，2023a）在“双碳”目标的推进过程中，人工智能将推动低碳技术要素升级变革，为发展方式绿色转型提供有力的技术要素支撑。

（1）促进新能源技术降本增效，助力能源供应结构低碳转型。

发展方式的绿色转型要求能源结构从以化石能源为主导逐步转向以风电、光伏、核电等新能源为主导。人工智能可以通过助力光伏板材料研发、优化风机叶片设计等方式（Mohammad and Mahjabeen，2023），降低新能源技术的成本，提高新能源技术的效率、寿命和稳定性，从而打破新能源技术对化石能源技术的替代壁垒，助力能源供应结构低碳转型。

（2）降低现有技术的排放强度，减少生产、转化、利用等各环节排放。

发展方式的绿色转型和“双碳”目标的实现都是循序渐进的过程，不可能一蹴而就。人工智能可以推进能源生产、转化、利用等各个环节中现有技术的更新升级，这将在有效减排的同时保证更低的转型成本。以工业部门为例，人工智能可以通过机器学习技术优化水泥生产配方，助力水泥低碳生产（Zhu et al.，2022）。人工智能还可以通过高通量筛选助力合成高效催化剂，减少化工行业的碳排放（Lai et al.，2023）。

（3）提高终端用能技术的效率和质量，促进低碳新技术扩散。

近年来，人工智能通过助力材料研发和结构设计等，大幅提高了节能家电（Mehmood et al.，2019）、动力电池和燃料电池（Lombardo et al.，2022）等方面的效率和质量，降低了相关技术的成本，这将促进低碳技术在用能终端的广泛应用，为建筑、交通等部门的低碳转型提供有力支撑。

（4）推进负碳技术的降本增效，助力弥补残余排放缺口。

在碳中和目标下，负碳技术有可能在消除最后 10%~20%的残余排放过程中扮演关键角色（Buck et al.，2023）。然而，目前 CCUS 技术和 DAC 技术的成本和性能仍然需要进一步优化（Chen et al.，2023a）。人工智能可以通过高通量筛选材料和优化设备结构等方式，提高相关设备的碳捕集效率，降低运营成本，助力负碳技术发挥“托底”作用。

2）促进相关知识要素发展

知识要素是生产力系统中具有间接性、渗透性的生产要素，通过改善实体因素的质或它们之间的联系而发挥作用（韩喜平和马丽娟，2024）。在新质生产力的视角下，知识要素的高品质增值是生产力提质的重要发力点（龙宝新，2024）。近年来，可解释机器学习、因果推断、自然语言处理等技术的发展使人工智能在逻辑推断、机制识别、影响评估等方面取得了可媲美甚至超越人类的表现，这促使人工智能成为促进知识要素增值的有力工具。人工智能的应用将增进低碳转型相关问题的科学认识，并进一步扩大其作用空间，间接地、渗透式地助力发展方式绿色转型，实现“双碳”目标。

（1）增进低碳转型相关问题的科学认知，提高相关决策和行动的科学性、有效性。

在宏观层面，人工智能通过可解释机器学习、因果推断等技术，在气候变化归因（Bone et al.，2023）、气候风险评估（Zennaro et al.，2021）、低碳政策评估（Dong et al.，2024）等方面已经展现出分析、理解复杂非线性系统的优势，有力增进了对相关关键科学问题的认识，这将为相关政策的制定奠定科学认知基础。在微观层面，人工智能在低碳行为驱动因素识别（Chen et al.，2022）、用户画像分析（Xu et al.，2021）等方面的应用也将为引导生产生活方式低碳转型奠定认知基础。

（2）进一步扩大知识要素的作用空间，发挥知识要素的“乘数效应”。

对于已有的知识要素，人工智能还可以将其再次融入模型，提高性能，进一步赋能相关作用机制。例如，随着以 ChatGPT 为代表的大语言模型的兴起，一些研究开始尝试将已有的专家知识嵌入大语言模型（Liu et al.，2024）。此举显著提高了模型助力完成材料研发、药物研发等任务的能力，意味着人工智能将有可能借助“乘数效应”进一步提升知识要素的作用力、渗透力。

3）纳入并发挥数据作为新型生产要素的关键作用

21 世纪以来，数字经济蓬勃发展，数据正在逐步成为新型生产要素（李海舰和赵丽，2021）。与知识要素类似，数据要素既直接创造社会价值，又通过与其他生产要素的融合进一步放大价值创造效应。需要说明的是，人工智能的应用本身就依赖数据要素的投入。从这个角度讲，本节所阐述的所有作用机制均是人工智能赋能数据要素并放大其作用的体现。下面我们仅侧重回答在“双碳”目标背景下，人工智能如何助力相关数据要素的纳入和初步加工这一问题。

（1）助力相关数据要素的获取和丰富，强化对绿色转型的支撑作用。

一是降低相关数据的获取成本。随着机器视觉和智能遥感等技术的发展，数据获取渠道进一步拓宽，对人力的依存度进一步降低，这使得低成本、大批量地获得城市、工厂、农林等场景的数据成为可能（Ibrahim et al.，2020；Benbarrad et al.，2021；Ouhami et al.，2021）。二是丰富相关数据要素的内容，通过不同的任务设计，基于人工智能的数据获取方法将大幅提高相关数据的分辨率、颗粒度，提供多层次的数据支持。三是提高相关数据要素的质量，通过聚类分析等技术，人工智能已经在填补空缺气候数据（Kadow et al.，2020；Sattari et al.，2020）、提升相关数据精度（Kajbaf et al.，2022）等任务中展示出巨大的应用潜力。通过上述机制，人工智能将助力相关数据要素的获取和丰富，这将为相关科学研究、政策制定、生产活动优化奠定全方位、多层次的数据要素基础，从而助力推动发展方式绿色转型。

（2）进一步加工数据要素，打破信息壁垒，促进信息流通。

在助力相关数据要素获取和丰富的过程中，人工智能往往会同时对数据要素进行初步加工，实现从数据到信息的价值转换。例如，在智慧园区（杨凯瑞等，2019）、智慧农业（何可等，2023）、智慧城市（姜艳和戚忠淼，2024）等场景中，人工智能往往在获取数据的同时完成智能监测、预警等相关任务，促进关键信息的有效流通。此外，人工智能将与其他数据技术耦合，通过文本挖掘、语义识别等技术，打破信息壁垒，拓展相关信息披露的广度和深度（胡熠和靳曙畅，2022），这将进一步赋能监管体系的信息化、智能化，保障相关政策、规定的有效落实。

4）促进生产要素的优化组合、协同配置

近年来，人工智能在优化社会经济系统运行过程中展示出巨大潜力（Li et al.，2017）。从生产力理论看，上述现象的核心机制是以人工智能为代表的数字技术促进了生产要素的协同配置，强化了社会再生产过程中各要素的协同（崔云，2023）。随着强化学习、可解释机器学习等技术的进步，人工智能展现出优越的决策、控制和规划能力，具有对各类生产要素优化组合、协同配置的巨大潜力。使用人工智能优化经济社会系统运行过程将有助于推动发展方式的绿色转型，助力“双碳”目标实现。

（1）降低低碳能源系统运行成本，促进清洁能源渗透，降低能源供应碳强度。

对于可再生能源，人工智能可以通过优化风电光伏的区域部署（Bilgili et al.，2024）和风光储的协同调度（Huang et al.，2021）等方式，显著降低新能源系统的运行成本，加速可再生能源在能源系统中的渗透。对于传统化石能源，人工智能可以通过优化综合能源系统调度（Blackburn et al.，2022）识别优质碳封存地址（Yao et al.，2023）以及优化封存与注入策略等手段，以较低的经济成本减少化石能源的使用规模，并降低使用过程中产生的碳排放。

（2）降低能源生产、转化、利用等环节的损耗，提高全系统能源利用效率。

一方面，在时间序列分析、不确定性分析等技术的发展和支持下，人工智能可以有效预测能源生产、转化、利用等各个环节的能源服务需求，促进各环节能源供给和需求的有效匹配（Antonopoulos et al.，2020），减少非必要能源服务供给。另一方面，人工智能可以通过改进工艺过程条件（Fang et al.，2022）、优化工业用能结构（Gao et al.，2021）等方式，大幅降低各类能源转化过程的用能需求，进而提高全系统的能源利用效率，降低经济社会系统运行的碳强度。

（3）优化低碳技术在终端的应用方式，促进低碳技术扩散。

近年来，越来越多的研究关注交通、建筑等部门的需求侧管理（Huang et al.，2019），聚焦电车与电网的交互、微网与全网的交互等场景。人工智能可以优化各类场景的需求响应策略，通过合理利用峰谷价差等方式（Antonopoulos et al.，2020），降低低碳技术的终端应用成本，促进新能源汽车、家用储能电池等低碳技术扩散，进而推进生活方式的绿色转型。

（4）提升低碳经济社会系统的安全性和韧性。

一直以来，经济、低碳和安全被视作低碳转型进程中的“不可能三角”（Jia et al.，2024）。推进发展方式绿色转型和实现“双碳”目标的过程中需要统筹发展与安全，人工智能为应对这一挑战提供了新的契机。得益于多目标规划、不确定性规划等技术的发展，人工智能在提供要素优化配置策略的过程中可以更好地兼顾经济性、低碳性、安全性，例如，设计具有鲁棒性的能源生产与供给策略（Moret et al.，2020）、部署具有气候韧性的城市基础设施（Argyroudis et al.，2022）等。这将有效降低各类不确定性对低碳经济社会系统造成的冲击，助力发展方式绿色转型。

（5）人工智能在促进生产要素组合优化、协同配置的机制中存在双向反馈过程。

人工智能属于计算密集型行业，近年来，相关电力需求及引发的温室气体排放呈现指数级增长。在前述机制的作用下，人工智能将有效助力实现“双碳”目标、推进电力系统脱碳，这将反过来促进人工智能本身的绿色发展，从而实现双向反馈、正向协同。

2. 使用人工智能助力实现“双碳”目标的潜在挑战

1）计算密集型人工智能引起的碳排放将迅速增长

近年来，人工智能的算力需求呈指数级增长，平均每3.4个月翻一番（Lohn and Musser，2024）。2021年，人工智能等信息通信技术产生的温室气体已经占全球总排放的2.1%~3.9%。至2022年，相关技术能耗已经接近全球电力总需求的2%（IEA，2024d）。在未来社会经济活动数智化的大背景下，人工智能的能耗增速和排放增速可能会进一步升高。以2023年的ChatGPT3.5等大语言模型为例，模型单次调用的能耗是Google检索的10倍以上（Cowls et al.，2023），类似模型的深入应用将大幅提高相关排放。据IEA预测，2026年全球相关能耗将达到600~1000太瓦时（IEA，2024d）。此外，由于排放边界的定义不一致等问题，相关技术的排放规模仍然具有高度不确定性（Freitag et al.，2021），许多研究呼吁开展覆盖硬件生产、模型训练、应用部署、推理过程的全生命周期排放核算（Xu and Song，2023）。人工智能自身的碳足迹将在一定程度上阻碍“促进生产要素优化组合、协同配置”的机制发挥作用。在实现“双碳”目标的进程中，需要以系统思维权衡人工智能带来的积极影响与额外排放。在有限的碳预算中，人工智能与其他电力终端需求构成竞争关系，其用能空间、碳排放空间存在上限。从市场机制看，更高的电力成本、更高的碳税在中短期内对人工智能的大规模应用有一定的负面影响。在人工智能算力需求较高且产生的经济、社会效益相对有限的场景中，上述负面影响将更加显著，阻碍人工智能在相关场景的落地应用，进而阻碍其对“各类生产要素优化组合、协同配置”的促进作用。

2）数据要素的流通渠道不畅

在推进发展方式绿色转型的进程中，数据要素将为相关科学研究、政策制定、生产活动的优化提供全方位、多层次的基础支撑。然而，尽管目前数据要素已经获得一定的发展和充实，但数据资源分散程度高、数据口径不统一、数据要素流通难等客观困境依然存在（刘子妮等，2024）。此外，利用数据要素时也存在着流通性和安全性的权衡。例如，美国的“保密基础设施”法律体系对可用于训练人工智能的数据类型、范围进行了严格规定（张涛和朱莉欣，2024），大量敏感数据无法公开流通。

数据要素流通不畅将对前述作用机制产生两方面负面影响。一方面，纳入并发挥数据作为新型生产要素的关键作用这一机制将受到直接负面影响，大量高质量数据集将无法进行有效的后续处理加工和再流通。另一方面，数据要素作为人工智能模型的主要输入信息，是相关技术发挥作用的核心基础（刘征驰等，2023）。数据要素流通不畅将间接影响其他机制的作用效果，难以释放数据要素的“乘数效应”和人工智能的应用效能。

3）数据伦理问题还未得到高度重视

在助力生活方式低碳转型的过程中，人工智能将可能调取个体用户信息、家庭能源使用情况、交通出行模式、低碳行为偏好等多类涉及个人隐私和偏好的信息，相关数据获取可能并未得到充分的知情同意。更重要的是，人工智能在优化相关要素配置的过程中很可能会受到数据的用户异质性的影响，导致决策结果存在偏见或歧视（Cowls et al.，2023）。

在涉及消费者、用户的场景中，数据伦理问题或将对前述机制的作用效果产生负面影响。在“推动相关知识要素的丰富发展”方面，人工智能在识别低碳行为驱动因素等场景中的应用，可能提供包含敏感信息和个人偏见的结论、认识。这些结论和认识倘若应用于社会活动中，则有可能带来价格歧视、地域歧视、性别歧视、隐私泄露等一系列伦理风险（Ferrer et al.，2021），导致公众对人工智能产品的接受度下滑，使得人工智能难以有效“促进生产要素优化组合、协同配置”。

4）人工智能助力实现“双碳”目标存在“产-学-研”链条脱节风险

近年来，相关话题的学术研究保持高速增长，人工智能已经对相关知识要素的丰富发展起到了高效推动作用。同时，相关实证研究也表明，人工智能对低碳技术要素的升级变革已产生显著的积极影响，主要表现为提高相关技术的效率（Yin et al.，2023）。然而，针对现实产业开展评估的实证研究却指出，实际落地的人工智能产业及其产生的低碳绩效仍十分有限（Liang et al.，2022），这体现了当前人工智能助力实现“双碳”目标存在一定的“产-学-研”链条脱节现象。

人工智能对经济社会系统运行过程的优化是其减排潜力的直接、主要来源

（Chen et al.，2023b），这些功能的实现依赖人工智能技术在智能制造、智能交通、智慧电网等场景的具体部署与实际落地。上述脱节现象将阻碍人工智能发挥“促进生产要素优化组合、协同配置”的关键作用，从而限制其减排潜力的有效发挥。

3. 使用人工智能助力实现“双碳”目标的关键对策

1）加快推进绿色人工智能建设进程，加强相关碳排放的监测、披露、核算

第一，建设绿色数据中心，投资节能基础设施，提高绿电使用比例，降低模型运算的碳足迹。着力研发能源效率高的人工智能模型，通过迁移学习、剪枝等技术（Cowls et al.，2023）减少人工智能模型的计算负担和相关能耗。第二，加强人工智能模型的能耗信息披露，针对商业应用及学术研究涉及的人工智能模型，要求其提供硬件类型、训练时长、计算区域以及私有基础设施等信息。构建完善的人工智能全生命周期排放核算体系，持续开展有关能耗、排放的量化核算研究。第三，统筹考虑人工智能带来的发展机遇和额外排放挑战，从全产业链、经济社会系统性优化的视角，加强人工智能相关的效益和风险评估，支撑相关政策、标准的制定。

2）加快建设数据要素市场，统筹考虑数据流通与数据安全

第一，构建完善的数据要素交易平台，建立数据质量评估、数据定价、数据审计体系，鼓励政府、企业、个人等主体进行数据共享。第二，推进相关基础设施建设，例如，建设数据中心、云平台等设施支持大规模数据交换和处理，使用区块链等技术推进数据确权、限制灰色流通。第三，建立健全数据要素相关标准体系，明确数据要素的分类标准、定义方法。借鉴全球“保密基础设施”相关法律体系，对不同类型数据的存储、处理、传输建立分级保护制度，根据不同级别采取有针对性的保护措施，从立法角度建立涉密数据安全监管和风险防控机制。

3）建立并完善数据伦理相关标准规范和审查机制

第一，针对涉及用户端的“AI+双碳”项目，增强数据收集过程的透明度，明晰可能产生数据伦理问题的各类场景，保证用户知情同意。第二，加强相关项目的披露和审计机制，要求项目主体披露数据类别、应用方式、可能造成的伦理风险等关键问题，构建针对披露信息的审查机制和标准体系。

4）加快推进关键人工智能技术的研究攻关

第一，加强针对人工智能各细分领域的技术现状评估，理清国内外相关技术的现实差距，评估各类技术的发展趋势和应用场景。第二，加大对硬件、算法等底层基础技术和大语言模型等前瞻性应用技术的研究支持力度，设立专项资金，开发科技项目，充分激发企业、高校、研究机构等各主体的创新能力，加快培育人工智能领域的复合型人才队伍。第三，加快相关技术、模型的本土化进程，使用具备本土应用场景和本国语言体系的训练数据集，提高相关人工智能技术对“双碳”目标的支撑能力。

5）着力推进“AI+双碳”的成果转化与产业应用

第一，搭建产学研合作平台，促进企业、高校、研究机构的交流与合作，通过联合实验室、技术孵化器和产业联盟等形式（张瑜，2020），推动科研成果的快速转化和产业化。第二，设立“AI+双碳”相关的专项项目与支持计划，加强政策支持与资金支持，建立具有针对性的项目盘查和管理机制。第三，在重点区域和行业推进“AI+双碳”试点建设，开展示范项目的应用工作。通过多种宣传渠道提升“AI+双碳”项目的社会认可度，加强国际合作。

5.3.4 低碳产业链协同创新助力“双碳”目标实现[①]

党的二十届三中全会《中共中央关于进一步全面深化改革 推进中国式现代化的决定》提出，要健全绿色低碳发展机制，积极稳妥推进碳达峰碳中和。2025 年国务院《政府工作报告》明确将“协同推进降碳减污扩绿增长，加快经济社会发展全面绿色转型”[②]列为重点工作任务之一。在绿色低碳战略引领下，我国相关技术和产业发展取得显著成绩。特别是在可再生能源领域，装机规模持续突破。2024 年，全国可再生能源发电新增装机达 3.73 亿千瓦，同比增长 23%，占电力新增装机的 86%。同时，外贸“新三样”（光伏产品、锂电池、新能源汽车）加速拓展国际市场，确立了全球领先地位。截至 2024 年底，光伏产品、锂电池、新能源汽车的年出口突破万亿元，市场遍及 200 多个国家和地区。然而，显著成绩的背后，低碳产业链协同创新的深层次矛盾依然突出：一是关键技术创新面临瓶颈，氢能炼钢、CCUS 等领域的核心技术尚未完全突破；二是

① 观点文章：王灿. 2025-05-07. 低碳产业链协同创新助力“双碳”目标实现. 学习时报, (7).

② 《政府工作报告》，https://www.gov.cn/yaowen/liebiao/202503/content_7013163.htm?s_channel=5&s_trans=7824452999_，2025 年 3 月 12 日。

区域间产业布局同质化现象严重，不同地区差异化的资源禀赋优势未能充分发挥；三是产业链上下游协同不足，原材料获取、废弃物处理和设备更新面临巨大压力；四是政策与市场机制不完善，未能充分调动各方参与的积极性。系统推进"双碳"目标实现，亟须从"单点突破"转向"全产业链协同创新"，通过关键技术攻关、因地制宜布局、全生命周期管理以及政策标准完善，充分激发全产业链创新活力，提升低碳产业协同效应。

（1）清单式布局，创新链牵引，突破低碳产业技术瓶颈。打造低碳产业链，技术创新是关键。IEA指出，近50%的碳减排依赖尚处于示范或原型阶段的技术。需聚焦关键瓶颈问题，加快技术攻关与成果转化。一是制定低碳技术攻关清单，聚焦钢铁、水泥、化工、交通等高碳行业，针对氢能炼钢、水泥行业CCUS、二氧化碳制化学品、超低排放船舶、燃气轮机等前沿技术，集中资源，精准攻坚，突破核心技术难题。二是设立重大科技项目，瞄准"绿色产业链"，针对相互依存的关键技术开展联合攻关，推动上下游创新成果协同增效。例如，统筹风光发电、新型储能、智能电网、电解水制氢、绿氢炼钢、绿色醇氨航运等技术研发，构建从能源生产到终端应用的全链条创新技术体系。三是构建"产学研用"深度融合的创新平台，支持企业联合高校、科研院所建立低碳技术创新联合体，贯通"理论探索—基础研究—工程化中试—产业化"全流程，加速关键技术攻关与成果转化。发挥链主企业带动作用，依托其在技术、资金和市场方面的优势，整合上下游资源，推动产业链协同创新，形成以链主企业为核心的低碳技术研发与应用生态。四是加强国际合作，推动建立全球低碳创新网络，加强技术引进与输出，开展联合研发、技术转让和投资合作，促进国际低碳技术市场的快速发展。

（2）央地联动，因地制宜，推动低碳产业集群化发展。碳中和目标下，预计我国2060年需部署超过6000吉瓦可再生能源、1000吉瓦储能设施和700吉瓦电解槽，80%以上的工业生产将依赖绿电、绿氢或配备CCUS设施。庞大的新兴产业需求对产业布局和区域合作提出了更高要求。在国家层面，需坚持全国一盘棋，统筹考虑各地区产业基础、资源禀赋与环境承载力，推动形成集群化、差异化的绿色低碳转型新格局。例如，东南地区可依托海上风电资源和制造业基础，推动海上风电装备制造、电动汽车、先进储能、绿色远洋航运等产业协同发展；华北和东北地区可结合煤炭资源，通过清洁利用、耦合绿氢等手段，推动煤化工等传统重工业低碳转型；西部地区则可依托风光资源，建设风光储一体化能源基地，结合“西电东送”“东数西算”等国家战略，形成跨区域、多产业联动的“新质生产力”集群。在地方层面，需处理好“重点建设”与“协同互补”的关系。一方面，根据国家战略及本地资源禀赋、产业基础和科研条件，制定符合实际的“双碳”规划和低碳产业发展模式，避免盲目跟风和同质化竞争；另一方面，加强产业链上下游联动和跨区域合作，发挥区域互补优势。例如，通过“宁电入湘”工程，将宁夏新能源资源与湖南制造业基础结合，推动绿色电力和新能源装备制造联动发展，探索跨区域合作新模式。

（3）前瞻性规划，全周期管理，构建低碳产业链生态系统。低碳技术的广泛应用将推动关键金属需求激增，预计到2040年，锂、镍、钴等金属的需求将是当前的6倍以上。与此同时，低碳产业设备更新和废弃物处理也面临重大挑战。据估计，到“十四五”末，运行时长超过20年的老旧风电场规模将超过1.2吉瓦；到2030年和2050年，需回收的光伏组件将分别达到150万吨和2000万吨。为应对这些挑战，需贯彻全周期管理理念，结合循环经济，从源头到末端实现资源的高效利用和低碳化转型。在技术产品研发阶段，优化产品材料选择和结构设计，延长设备使用寿命，降低拆解难度，从源头减少资源消耗和环境影响。在原材料供应阶段，推动清洁供应与“绿色矿山”建设，研发绿色开采技术，减少采矿过程中的碳排放与生态影响，提升资源开采与转化效率，确保低碳原材料的持续供应。在产业链规划阶段，以“零碳园区”建设为载体，推动能源绿色转型、资源梯次利用和智能化调度管理，构建循环经济下的低碳产业集群示范样板。在废旧设备回收阶段，完善回收、拆解和循环再造体系，最大限度地实现资源再利用，减少废弃物对环境的压力，发挥循环经济的巨大作用。

（4）制度保障，市场激励，完善低碳产业链发展机制。打造低碳产业链不仅需要技术创新和产业升级，还需要完善的制度保障和市场机制。其一，标准体系是产业链协同创新的重要支撑，通过提供清晰的技术指引和准入规则、共同的发展框架促进产业链内部各环节的有效衔接和协同发展，有助于降低交易成本、促进跨界合作，提升产业链的协同效率。应统筹考虑产业链各环节及跨链协同关系，系统构建绿色低碳标准，确保跨区域、跨部门标准的有效衔接与互通。例如，在新能源领域，统一风电、光伏设备的技术标准与认证要求，避免重复检测和资源浪费。优化认证体系，将碳足迹认证从单一的“产品认证”扩展为全面的“产业链认证”。例如，零碳电力产业链的认证，可为该产业链中关键支撑环节智能电网、储能等提供低碳贡献认证，提高认证效率的同时为整个产业链的绿色低碳发展提供激励机制。其二，政策支持是推动低碳产业链协同创新的关键保障。围绕“零碳综合能源系统”“低碳大农食系统”“绿色建筑循环系统”等关键产业链，制定专项支持政策，推动低碳技术的协同发展以及与供应链各环节的有效衔接。针对不同地区产业集群的短板，通过科技支持、税收优惠等政策的精准实施，提升区域低碳产业竞争力。鼓励地方政府结合本地资源禀赋和产业基础，制定差异化支持政策，避免“一刀切”和同质化竞争。其三，市场机制是推动低碳产业链协同创新的核心动力。需完善市场机制，激发企业创新活力。例如，创新气候投融资工具、转型金融工具，吸引社会资本参与低碳项目建设，为低碳技术研发与产业化提供资金支持；扩大碳市场覆盖范围，逐步将更多高碳行业纳入碳排放交易体系，为产业链低碳转型提供有效的市场信号。

5.4 气候投融资专题

5.4.1 中国气候投融资试点面临的挑战与对策研究①

1. 引言

实现全球温控目标与应对气候变化是当下全球面临的紧迫挑战，也是国际社会共同关注的重要议题之一。2015 年签署的《巴黎协定》提出要引导资金流入面向低碳排放和增强气候适应能力的领域，以促进全球气候行动。根据《联合国气候变化框架公约》的定义，气候投融资指公共部门和私人部门在地方、国家或跨国层面提供资金，旨在支持应对气候变化的减缓和适应行动。随着气候变暖趋势的加剧，气候变化对经济金融体系的影响日益显著。气候变化导致的物理风险和转型风险可能会给个人、企业乃至整个经济体造成直接或间接的负面影响，进而威胁经济金融系统的稳定（钱思佳，2022）。因此，投资者开始将气候因素纳入其投资决策分析框架，气候投融资理念逐渐受到业界的广泛认可（谭林和高佳琳，2022）。与此同时，学术界和实践界对气候投融资的研究兴趣日益增长，研究焦点主要集中在气候变化影响、气候融资机制、适应融资策略以及金融市场的响应等方面（Care and Weber，2023；Suwan et al.，2022）。

① 观点文章：王芬芬，曹媛，王灿. 2024. 中国气候投融资试点面临的挑战与对策研究. 中国环境管理，16(6): 52-60.

应对气候变化、减缓气候变暖、推动低碳转型等关键行动均需依赖大规模的资金支持。Boehm 等（2021）估计，到 2030 年气候投融资每年将需要 5 万亿美元，才能将全球变暖控制在 1.5℃以内。柴麒敏等（2019）研究表明，在 2016~2030 年，中国实现 NDC 的总资金需求规模将达 56 万亿元左右，年均约 3.7 万亿元，其中，平均每年减缓和适应气候变化的资金需求分别约占 57%和 43%。长期以来，应对气候变化一直被认为是公共部门的责任，面对巨额资金需求，仅依靠公共部门的财政资金是远远不够的。因此，私营部门的参与变得至关重要。私营部门不仅能够通过其资产和业务的气候适应性转型来应对气候变化，还能在投资活动中实现商业价值的增长（Shang and Jin，2023）。

近年来，气候投融资一直是国际气候谈判中的关键议题。2021 年的 COP26 动员各国每年提供 1000 亿美元来实现 2050 年的净零排放；2022 年的《联合国气候变化框架公约》第 27 次缔约方大会（27th Conference of the Parties，COP27）为适应基金提供了总计 2.3 亿美元的新捐款（Monica et al.，2023）。2023 年的 COP28 中，各国政府、企业、投资者等承诺了 570 亿美元的气候投融资资金，其中，世界银行承诺将其至少 45%的资金用于气候项目，比之前的承诺多出 90 亿美元（McKinsey Sustainability，2023）。此外，COP28 还决议通过了一项新的融资机制，通过建立损失与损害基金，帮助受到气候变化负面影响的脆弱国家，截至 2023 年 12 月，部分国家已经对损失与损害基金做出了出资的承诺，总金额超过 7.2 亿美元。

气候投融资是气候行动的关键支柱，对于实现深度减排与增强气候韧性具有重大意义（谢璨阳等，2022）。中国高度重视气候投融资，近年来大力推动相关工作开展，并取得了显著成效。2020 年 10 月，生态环境部、国家发展和改革委员会、中国人民银行等多部门联合印发《关于促进应对气候变化投融资的指导意见》，提出以实现国家自主贡献目标和低碳发展目标为导向，以政策标准体系为支撑，以模式创新和地方实践为路径，大力推进气候投融资发展。2021 年 12 月，生态环境部牵头启动了气候投融资试点工作，旨在引导和撬动各类资金支持应对气候变化领域。这充分体现了中国正在积极推动气候投融资工作，也彰显了中国在应对气候变化中的大国责任与担当。中国气候投融资试点开展以来，取得了诸多实践进展，对其进行系统的梳理，总结可复制推广的经验及模式，并进一步识别实践中面临的挑战，对下一步推动试点工作持续落地及中国气候投融资快速发展具有重大意义。在此背景下，本节旨在综合分析国际气候投融资现状和中国气候投融资试点实践进展的基础上，识别出中国气候投融资面临的主要挑战，并提出针对性的应对策略，助力推动中国气候投融资实现更高质量发展，为低碳经济转型和增强气候适应性提供研究依据。

2. 全球气候投融资进展

近年来，全球气候投融资得到了高度重视，取得了快速发展。2011~2020 年，全球气候融资总额从 3640 亿美元增长到 6650 亿美元，CAGR 达到 7%，增长极其显著（Naran et al.，2022）。根据气候政策倡议（Climate Policy Initiative，CPI）组织的统计，全球气候融资总额在 2021~2022 年均达到了 1.265 万亿美元，较 2019~2020 年均额大幅增长，涨幅高达 94%，达到历史峰值（图 5-40）。

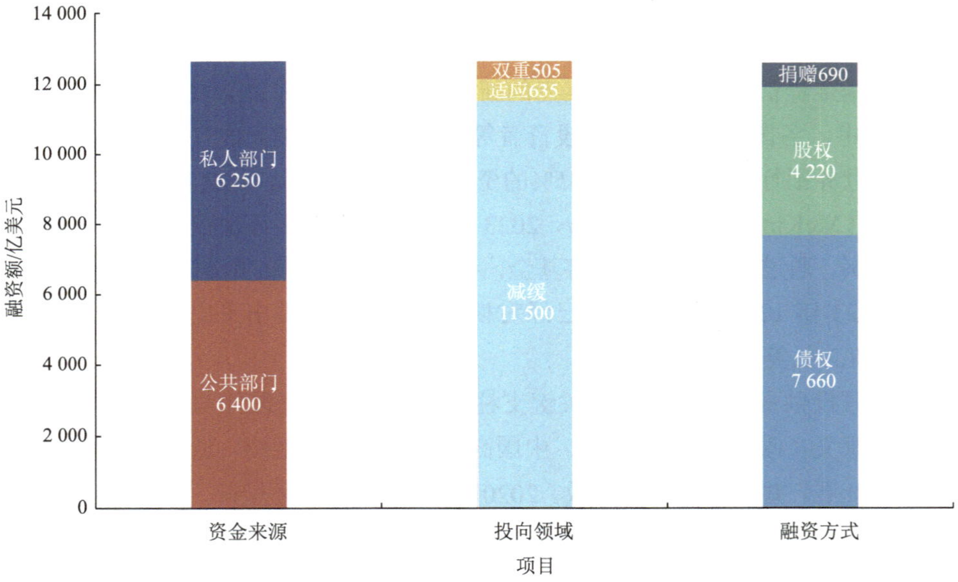

图 5-40 2021~2022 年全球气候资金结构

资料来源：Global Landscape of Climate Finance 2023

在资金来源上，2021~2022 年全球气候资金呈现出公私基本平衡的特点，公共部门和私营部门各贡献了 50.59%和 49.41%，较前几年无显著变化，2019~2020 年公共部门和私营部门各贡献了 51.3%和 48.7%（Naran et al.，2023，2021）。在公共部门中，开发性金融机构贡献最大，提供了 28.77%的气候资金；其次是国有企业和政府，分别贡献了 8.74%和 7.87%。私人部门中，商业性金融机构、公司、家庭和个人是主要的资金供给方，分别贡献了 18.58%、15.22%、14.58%（图 5-41）。

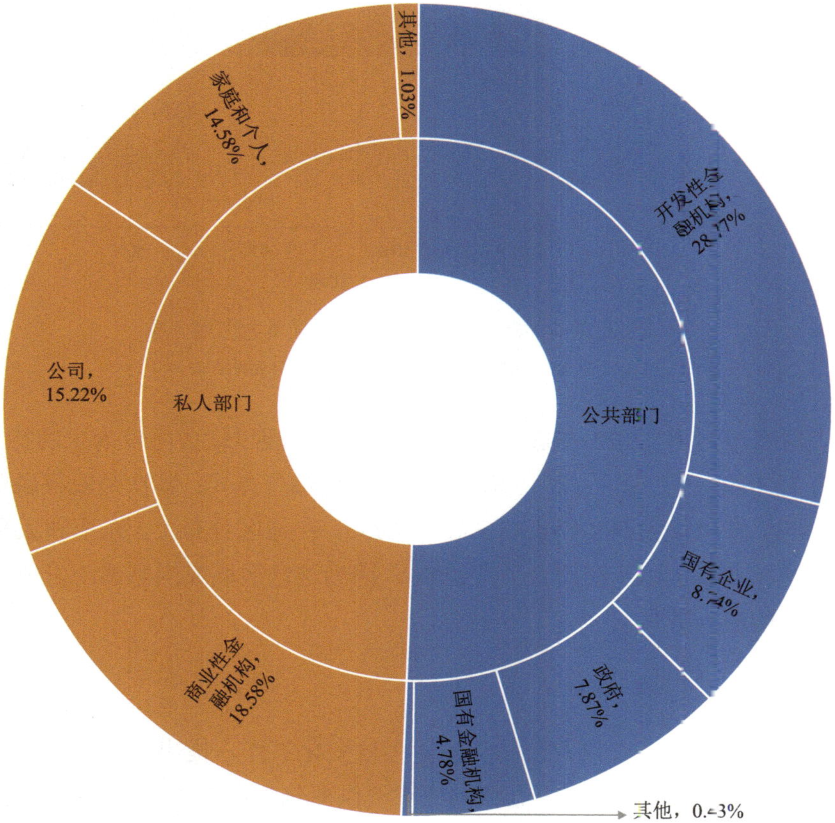

图 5-41 2021~2022 年全球气候资金来源分布

资料来源：Global Landscape of Climate Finance 2023

在资金用途上，2021~2022 年全球气候资金呈现出重减缓、轻适应的特点，高达 91%的气候资金流向气候减缓领域，流向气候适应领域的仅占 5%，还有 4%流向具有气候减缓和适应双重效应的领域。气候减缓资金重点用于支持能源、交通及建筑和基础设施，占比分别为 44%、29%和 21%；气候适应资金重点投向水和污水处理、农林渔和土地，占比分别为 49%、11%；具有减缓和适应双重效应资金重点投向农林渔和土地、能源，占比分别为 57%、8%（图 5-42）。

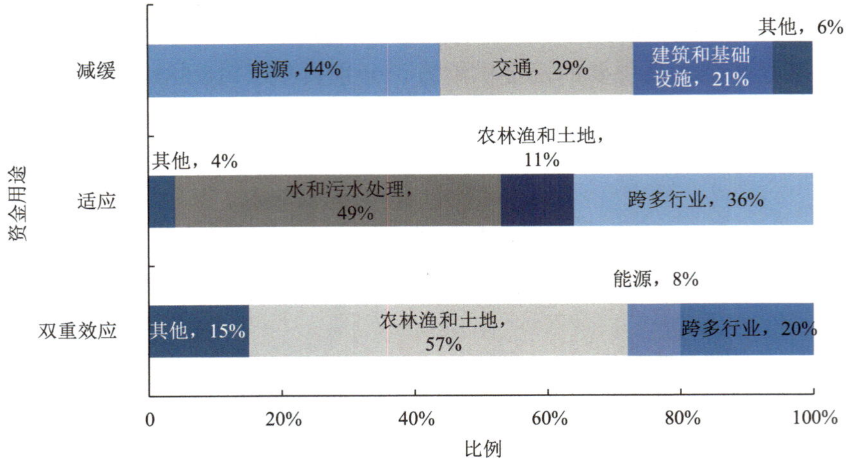

图 5-42 2021~2022 年全球气候资金用途分布

资料来源：Global Landscape of Climate Finance 2023

在融资方式上，2021~2022 年全球气候资金呈现以债务融资为主的特点，债务融资为 7660 亿美元，占比为 61%，远超其他融资方式；其次是股权融资，占比为 34%；捐赠仅占 5%（Naran et al.，2023）。在地区分布上，东亚和太平洋地区、美国和加拿大以及西欧合计占 84%，因为这些区域或国家调动资金支持气候投融资的能力较强。

3. 中国气候投融资试点实践进展

近年来，中国一直致力于推动应对气候变化工作，提出开展气候投融资试点，旨在引导和撬动更多的资金流向应对气候变化和实现“双碳”目标的领域。气候投融资是绿色金融的重要组成部分，目前仍处于初始发展阶段，绿色金融的发展为推动气候投融资工作提供了诸多经验借鉴（张娣等，2019）。目前，中国气候投融资的资金来源主要有财政资金、金融机构、国际资金、社会资本等。其中，财政资金是气候投融资的主要来源，2010~2020 年，估计年均有 3.5 万亿元投向产业、能源、建筑、交通、资源环境等气候领域（吴昌华等，2013；刘强等，2020）。

2022 年 8 月，生态环境部牵头开展气候投融资试点，全国入选 23 个地区。试点实践开展以来，基本形成了“国家主导、试点先行、企业参与、金融支持”的四位一体传导路径，基本形成了以低碳发展目标为导向，以政策标准体系为支撑，以模式创新和地方实践为路径的总体布局。

1）统筹谋划，体制机制持续完善

通过统筹谋划，气候投融资试点地区建立上下联动、跨部门协同的工作机制，在政策体系、项目库标准体系、产融对接、探索创新等方面着重发力，推动实现经济、气候效益协同发展，助力地方实现绿色低碳转型和高质量发展。

一是建立多部门协同的工作机制。多数试点地区成立了气候投融资领导小组等，将相关政府部门纳入，强化部门间协同推进，基本形成跨部门协调合作的工作机制。试点工作开展以来，各试点地区结合当地产业特征，纷纷出台试点工作计划、实施方案等，明确提出试点阶段气候投融资发展目标、工作重点以及重点支持的产业领域等。结合试点目标、当地经济社会及产业发展基础，提出试点任务时间表、路线图，推动试点工作有序开展。

二是将气候投融资工作纳入地区发展规划。试点地区将试点任务作为地方应对气候变化的重要工作，并将其纳入试点地区发展规划，与当地经济社会发展深度融合，其中，有13个地区将试点工作纳入本地“十四五”总体规划，占比56.5%；有17个地区将试点工作纳入本地碳达峰碳中和工作方案，占比73.9%。

三是出台气候投融资配套激励政策。部分试点地区充分利用财政补贴、税收、金融等激励政策，在支持气候投融资工作中形成政策合力，例如，广州南沙新区出台了《广州南沙新区促进气候投融资发展若干措施》，明确提出气候投融资机构集聚、项目入库、开展气候贷款、设立气候基金等十个方面的支持举措。

2）多方发力，项目库建设成效显著

试点地区以气候投融资项目库建设为抓手，结合当地发展特色，制定标准体系，推动项目入库，搭建支撑平台，气候投融资项目库建设取得显著进展（表5-16）。

表5-16 试点地区项目库建设情况

试点地区	工作方案及配套政策等	项目库标准	项目库情况	支撑平台
北京市密云区	√	√	初步识别156个拟入库项目	√
北京市通州区	√	√	入库储备项目146个	—
河北省保定市	√	√	入库135个项目	√
山西省太原市	√	√	入库186个项目	√
山西省长治市	√	√	334家企业和19个金融机构	√

续表

试点地区	工作方案及配套政策等	项目库标准	项目库情况	支撑平台
内蒙古自治区包头市	√	√	收集一批低碳项目	√
辽宁省阜新市	√	—	入库重点项目 56 个	√
辽宁省大连市金普新区	√	—	筛选 18 个项目纳入项目库	—
上海市浦东新区	√	√	—	√
浙江省丽水市	√	√	入库重点项目 43 个	√
安徽省滁州市	√	√	入库重点项目 265 个	√
福建省三明市	√	√	入库 64 个项目	√
山东省青岛市西海岸新区	√	√	入库 51 个项目	—
河南省信阳市	√	—	入库 21 个重点项目	√
湖北省武汉市武昌区	—	—	入库 107 个项目	√
湖南省湘潭市	√	√	收集项目 600 余个，正在筛选	—
广东省广州市南沙新区	√	√	收集 138 个项目	√
深圳市福田区	√	√	入库 202 个项目	√
广西壮族自治区柳州市	√	√	共储备重点项目 234 个	√
重庆市两江新区	√	√	筛选入库项目 482 个	√
四川省成都市天府新区	√	√	入库 7 个项目和 26 个企业主体	√
陕西省西咸新区	—	√	拟入库 21 个项目	√
甘肃省兰州市	√	√	入库 67 个项目	√

注：作者根据公开信息整理

一是研究制定项目库标准体系。在《关于印发气候投融资试点地方气候投融资项目入库参考标准的通知》出台后，各试点地区结合当地的产业发展特色，制定气候投融资项目库入库标准体系，包括项目库管理办法、气候投融资项目分类、项目入库指南、项目评价指南等，为气候投融资项目库建设奠定了坚实的基础。其中，19 个试点地区发布了气候投融资项目库相关标准，占比 82.6%。

二是初步建立气候投融资项目库。项目库是推动气候投融资落地的重要基础，试点地区积极推动气候友好型项目入库工作，目前试点地区基本都初步建立了气候投融资项目库。截至2023年6月底，气候投融资试点地区储备气候友好型项目近2000个，涉及资金近2万亿元（绿色和平，2024）。其中，深圳分别在2023年3月和10月公布了项目库的入库名单，共计202个气候类项目，涵盖低碳能源、低碳工业、低碳交通等多个气候友好领域。

三是陆续上线气候投融资支撑平台。试点地区为了解决项目主体与金融机构信息不对称导致的项目融资落地难问题，联合多部门共同搭建气候投融资支撑平台，包括气候投融资促进平台、气候变化投融资产业促进中心等，推进气候投融资产业政策、项目、金融产品等大数据信息共享，为开展气候投融资工作提供有效支撑。其中，23个试点地区中有19个试点地区上线了气候投融资相关的支撑平台，占比为82.6%。此外，各试点地区还定期开展培训交流、政银企对接等，多途径、多渠道推动气候投融资项目真正落地。

3）创新驱动，气候投融资业务纷纷落地

应对气候变化需要大量、持续的资金支持，金融机构在其中发挥着不可或缺的作用。在试点地区的引导支持下，当地金融机构通过探索设立气候类专营机构、持续创新气候投融资金融产品、不断引入多元化资金等方式，助力气候投融资工作开展。

一是探索设立气候类专营机构。大多数气候类项目需要的资金规模大，建设周期长，预期收益偏低，因此，气候投融资项目的最终落地需要金融机构的大力支持。部分试点地区积极推动当地金融机构设立气候类或绿色类专门机构（部门），更快、更精准地支持气候投融资项目落地。例如，广州市南沙新区设立了广州南沙气候支行，是全国首家气候投融资特色支行；河南省信阳市的中信银行信阳羊山绿色支行，是河南省首家绿色支行；浙江省丽水市、山西省太原市等试点地区也设立了类似的气候类或绿色金融专营机构来加大对气候投融资项目的支持力度。

二是持续创新气候投融资金融产品。气候投融资试点以来，试点地区的金融机构积极开发适合当地气候投融资项目的创新金融产品，更精准地匹配气候类项目的资金需求。目前，试点地区落地的气候投融资产品主要有贷款类、债券类、保险类和基金类等。其中，贷款类金融产品是最主要的。各地均有绿色贷款创新产品落地，大多基于押品进行创新，包括与项目的碳排放量、可持续发展指标等气候效益指标相挂钩来给予一定的融资成本优惠，例如，北京市通州区的“京行碳 e 贷”、安徽省滁州市的“碳中和挂钩贷款”和林业碳汇权证质押贷款、浙江省丽水市的“浙丽碳效贷”等。债券类包括绿色债券、可持续发展挂钩债券、绿色票据及碳中和债等，其中，福建省三明市、广州市南沙新区等落地了可持续发展挂钩债券。值得一提的是可持续发展挂钩债券也是高碳行业进行低碳转型的重要融资工具（李瑞杰和王灿，2024）。保险类金融产品多用于农业、建筑、碳汇等领域，例如，北京市通州区、山西省长治市等分别落地了绿色建筑性能保险、气候指数保险、农业保险等。部分试点地区设立了气候投融资基金，如北京市通州区落地了绿色基础设施投资基金，内蒙古自治区包头市落地了气候友好产业政府引导基金等。气候投融资试点地区落地的部分金融工具及产品如表 5-17 所示。

表 5-17　气候投融资试点地区落地的部分金融工具及产品

类型	金融工具	基本特点	具体产品	落地试点地区
贷款类	绿色贷款	融资成本低、一般有标准化审批流程，部分要求有抵押物	光伏贷、京行碳 e 贷、绿贷通、绿色气候贷、碳贷通等	23 个试点地区均有
	挂钩类贷款	设置可衡量的挂钩指标，如碳排放量等，激励性更强	可持续发展双挂钩贷款、碳减排双挂钩贷款等	辽宁省大连市金普新区、安徽省滁州市等 4 个地区
	抵/质押类贷款	要求以借款人或第三人的动产或权利为质押物	碳排放权质押贷款、林业碳汇权证质押贷款等	浙江省丽水市、山东省青岛市西海岸新区等 9 个地区
	专项工具或支持计划	针对特定的领域进行专项资金支持	碳减排支持工具、煤炭清洁高效利用专项再贷款	福建省三明市、河南省信阳市等 5 个地区
	国际贷款	综合成本低；还款期长，无抵押；评估一般按国际标准	国际贷款	山西省太原市
债券类	绿色债券	发行主体种类多，风险低、稳定性强；对信息披露有要求	绿色债券、绿色金融债券、“碳中和”绿色金融债等	辽宁省阜新市、河南省信阳市、广西壮族自治区柳州市
	挂钩债券、碳中和债	对发行主体、发行方式、券种等不设限制；要求信息披露	可持续发展挂钩熊猫债、碳中和债等	广东省广州市南沙新区
	绿色票据	一般是企业或公司发行，具有门槛低、手续便捷等优势	绿色中期票据、公募碳中和资产支持商业票据等	辽宁省阜新市、湖南省湘潭市、广东省广州市南沙新区

续表

类型	金融工具	基本特点	具体产品	落地试点地区
基金类	绿色/气候基金	投资模式灵活，可以投资风险偏高的项目	北创绿色低碳科技基金、双碳基金等	山西省长治市、内蒙古自治区包头市等11个地区
	基础设施公募不动产投资信托基金（infrastructure public real estate investment trusts，REITs）	流动性较高、收益相对稳定等；要求项目正在运营	绿色基础设施投资基金等	北京市通州区
保险类	气象灾害类保险	对因发生自然灾害而可能造成的巨大财产、人员损失进行保障	蜂业气象指数、气候指数保险、虾蟹气象指数保险等	北京市密云区、北京市通州区、广东省广州市南沙新区
	绿色建筑类保险	为绿色建筑行业提供风险保障的保险	绿色建筑性能保险、“减碳保”建筑节能保险等	北京市通州区、山东省青岛市西海岸新区
	生态环境类保险	为生态种植业、林业、生态功能区等提供保险保障的险种	森林保险、农业保险、森林碳汇保险等	北京市密云区、山西省长治市等4个地区
	环境减污类保险	为可能产生环境污染的行业或项目提供保险保障	环境责任险等	山西省长治市
其他类	银团贷款、碳中和（汽车租赁）资产证券化、碳中和慈善信托等、组合式碳资产回购交易业务、融资租赁			深圳市福田区、四川省成都市天府新区等4个地区

注：作者根据公开信息整理

三是不断引入多元化资金。应对气候变化需要的资金规模大，仅依靠财政和银行等金融机构的资金难以满足，各试点地区通过设立气候基金、公募REITs、生态环境导向开发（eco-environment-oriented development，EOD）等途径鼓励引导社会资本参与到气候投融资工作中。气候基金是通过政府产业基金引导多元化的社会资金对气候变化重点领域提供资金支持。EOD模式是将生态环境治理带来的效益作为投入要素提前锁定，并转化为对生态环境项目的反哺，从而减少对财政资金的依赖（刘源等，2024）。例如，山西省长治市设立了4.5亿元的气候基金，北京市通州区设立了百亿元规模的绿色基础设施公募REITs，浙江省丽水市的百山祖国家公园生物多样性价值转换实践地EOD项目等。

4. 面临的挑战

（1）激励机制尚需优化完善。气候投融资试点开展以来，除个别地区外，国家或地方政府层面尚未出台针对气候投融资项目的财政、税收等方面的优惠政策，尚未形成针对气候变化领域项目的财政、金融等综合支持体系，参与主体的积极性难以激发。一是项目企业申报气候投融资项目库的积极性不高。试点开展以来，23 个试点地区均积极推动气候投融资项目库建设，但尚未出台针对气候投融资项目库的激励措施，在项目库建设中，部分入库项目并非企业的主动参与，而是当地政府部门的筛选和推荐。二是社会投资者参与的主观能动性不高。气候投融资项目大多具有资金需求规模大、建设周期长、投资收益率偏低等特点，短期内无法为投资者带来良好的收益，社会投资者参与度偏低，也就造成了该类项目更多地依赖财政资金支持，但从长期来看，财政资金难以满足气候投融资项目的资金需求，需要大量的社会资本参与。

（2）气候投融资标准体系亟待强化。气候资金统计、气候效益核算、信息披露等相关标准是开展气候投融资工作的基础支撑，但目前气候资金统计、气候效益核算标准、绩效评价等标准体系尚不健全，难以精准跟踪分析气候投融资效益。一是针对气候投融资的统计、核查制度尚未出台。目前各金融机构主要是针对绿色金融进行统计，并未对气候资金进行精准统计，导致气候投融资基础数据缺失。二是尚未出台国家层面的气候效益核算及信息披露等标准。目前，绿色产业和项目目录已经出台，但不能完全匹配气候投融资项目，导致项目识别难度大，需要进一步增加项目目录的颗粒度。在“双碳”目标提出后，有机构提出了气候效益核算方法学，但并不统一，还需要进一步完善核算方法学的一致性、可操作性。尚未出台气候投融资信息披露等相关评价标准，气候投融资项目的实施效益难以追踪评价。

（3）气候投融资模式尚需不断创新。当前气候类项目的投融资金融工具比较单一，无法完全匹配气候投融资项目多样性的资金需求。目前绿色信贷仍然是最主要的金融工具，根据中国人民银行的统计，截至 2023 年末，本外币绿色贷款余额 30.08 万亿元，其中，投向具有直接和间接碳减排效益项目的贷款分别为 10.43 万亿元和 9.81 万亿元，合计占绿色贷款的 67.3%。绿色信贷产品的创新多集中于押品的增加，如融资成本与碳减排量、ESG 指标挂钩等。股权类融资方式相对灵活，更适合进行创新来满足气候投融资项目，但由于气候投融资项目具有周期长、收益低等特点，基金等股权类金融产品应用较少，未来可通过建立补偿、担保等机制进一步引导基金等股权类融资扩大对气候投融资的支持。

5. 推动气候投融资发展的对策建议

中国气候投融资取得了诸多实践进展，也面临着激励机制有待完善、标准体系有待强化、投融资模式有待创新等一系列挑战，针对上述挑战，建议试点地区制定并实施激励引导政策，加快构建气候投融资标准体系，加快创新气候投融资金融产品，确保资金有效匹配并精准投向气候领域，助推中国气候投融资实现更快更好更高质量的发展，为中国应对气候变化、实现“双碳”目标提供坚实的基础。

1）试点地区制定并实施激励引导政策，激发参与主体积极性

一是出台财税补贴激励政策。科学有效的政策体系及系统有效的激励机制极其重要（王灿和张雅欣，2020），地方试点可发挥财政政策与金融政策协同作用，强化财政、税收政策等对气候投融资的支持，对气候投融资项目酌情给予税收优惠、政府优先采购、政府产业引导基金领投等激励性政策。二是适当改进入库方式和机制，激发企业入库积极性。丰富气候投融资项目库来源和渠道，鼓励更广泛的利益相关方参与，建议可给予入库的气候投融资项目名誉嘉奖，为其提供社会认可和声誉激励。探索建立适用于项目库长期管理的企业信用评价系统，将项目气候效益、企业信息披露义务、企业还款义务履行情况等作为评价因素，评价结果未达标的融资方将取消其入库资格及申请相关政策优惠的资格，并在相关平台进行公示。三是通过监管创新，鼓励和支持金融机构深化ESG 理念应用，积极开展气候投融资业务。金融监管部门应实施便利化和灵活化监管措施，优化气候投融资项目的培育与发展的政策环境，如给予气候信贷产品定向降准、赋予气候债券等产品优先受偿权。

此外，在公共信息服务上给予支持，比如，定期召开银企对接推介会、建立公共信息平台等，各相关部门之间协同形成合力进一步支持气候投融资项目落地。

2）加快构建气候投融资标准体系，确保资金精准投向高气候效益领域

一是积极探索建立气候投融资统计标准，精准量化和统计气候资金，识别应对气候变化资金需求，科学匹配供给与需求。研究建立气候效益评价体系，量化气候资金产生的气候效益，鼓励第三方机构将气候环境等因素纳入评级系

统，进一步推动气候投融资更好更快发展。二是探索出台国家层面的碳核算标准。目前气候投融资项目可研报告中的碳排放量等气候效益核算标准并不统一，金融机构无法精准评估并识别气候投融资项目。建议尽快出台统一的、可执行的核算标准、核算方法学，从而更快、更准确地核算气候投融资项目的环境效益，更好地支持气候投融资发展。三是加强气候信息披露制度建设。气候投融资重点关注融资项目的气候效益，只有项目气候效益显著，并且披露的相关信息明确、可测量、可核查，才符合气候投融资的要求。因此，建议加强气候信息披露制度建设，出台相应的气候信息披露要求及标准等相关制度，建立约束性和自愿性指标结合、气候效益突出的长期评估机制，跟踪评估气候投融资项目的效益，保障项目的落地成效。四是探索建立环境信息披露平台。目前，金融机构和项目企业之间还存在着信息不对称的问题，企业的环保信息分散，不好收集，建议政府探索搭建环境信息披露平台，统一管理企业环境信息，如环境处罚信息、整改信息等，同时可以开放端口给银行等金融机构，有利于银行在进行项目审批时查询企业的环境信息，进而更好地支持气候投融资项目。

3）加快创新气候投融资金融产品，有效匹配项目资金需求

一是强化市场资金投向气候投融资领域的引导机制和模式设计，建立风险补偿、损失分担等机制，加强股权投资、资产证券化等长期投融资模式的应用。二是创新气候投融资产品，不断丰富绿色气候信贷产品，扩大绿色气候债券发行，探索设立气候投融资基金、应对气候变化基金等引入社会资金参与气候投融资。同时，不断研发与气候项目相匹配的气候保险、气候并购投融资等气候投融资特色产品。三是建议试点地区发挥政府引导的作用，推广财政资金+社会资金的合作模式，其中财政资金作为母基金吸引更多的社会资金共同设立应对气候变化的专项股权投资基金，动员更多的社会资金流向应对气候变化的项目。

5.4.2 转型金融助力低成本实现中国气候目标①

1. 引言

应对气候变化已获得全球共识；然而，全球低碳资金存在明显缺口，阻碍

① 观点文章：Fan S T, Wang C. 2024. Transition finance facilitates lower-cost achievement of climate targets: a case study of China. Structural Change and Economic Dynamics, 71: 617-629.

了低碳转型进程。因此，必须将更多资金引导至低碳发展领域。绿色金融被视为引导资金、促进绿色和低碳经济转型以及应对气候变化的重要工具，其近年来的迅速发展已初见端倪（Sachs et al.，2019；Wu，2024）。与传统金融相比，绿色金融更注重社会和环境的可持续性，倾向投资于可再生能源、能源效率提升及其他环境保护项目，旨在降低人类对环境的影响，同时推动经济和社会的可持续发展（Wang and Zhi，2016；Zhou et al.，2020）。

目前，绿色金融主要支持纯绿色或接近纯绿色的项目。因此，在现有金融体系下，传统碳密集型行业的企业和项目难以获得其转型所需的资金（Su and Lian，2018）。在这一背景下，转型金融通过支持碳密集型及难以转型行业的低碳转型，契合了长期可持续发展的要求，为实现碳中和目标注入了重要动力。

2019 年 3 月，OECD 首次提出转型金融的概念，但其定义尚未达成全球共识。本节借鉴 G20 的研究，将转型金融定义为在符合《巴黎协定》及可持续发展目标的大背景下，促进经济向低排放、净零排放及气候韧性转型的金融服务。随后，欧盟委员会、气候债券倡议组织、国际资本市场协会、日本金融厅、中国人民银行以及全球其他政府和机构开始关注并探索这一领域。截至 2023 年第三季度末，全球绿色、社会及可持续（green，social，sustainability，GSS）债券以及可持续挂钩债券（sustainability-linked bonds，SLBs）的累计发行规模已达到 4.4 万亿美元（Climate Bonds Initiative，2024）。转型金融现已成为气候投资和融资的新焦点（Caldecott，2022；HSBC，2020）。然而，关于推广转型金融的潜在影响的研究仍然较少，对于如何实施转型金融以促进国家气候目标的实现也需要进一步探讨。

转型金融政策的实施将对经济、社会和金融体系产生重大影响。从实体经济角度看，转型金融的实施将通过差异化贷款利率影响不同行业企业的生产成本（Tong et al.，2022；Xu and Li，2020），从而影响其生产和利润（Fan et al.，2021；Wen et al.，2021；Yao et al.，2021）。这可能导致企业的投资决策发生变化，从而影响资本在各行业间的配置（Tong et al.，2022）。支持低碳转型的金融政策也将促进可再生能源的使用，进而改善能源结构（Alharbi et al.，2023；Cheng et al.，2023；Lee et al.，2023；Li et al.，2021）。产业结构也会随着资本配置的变化而发生变化，同时影响碳排放（Chen X and Chen Z，2021；Rasoulinezhad and Taghizadeh-Hesary，2022；Ren et al.，2020）。如果在转型金融的背景下，高污染企业在未完成转型任务的情况下获得低成本融资，可能会导致滞留资产和碳排放锁定风险，从而进一步阻碍转型进程。对企业的影响将进一步影响就业需求，从而影响居民福利（Yao et al.，2021）。同时，转型金融政策的推广也将影响金融机构的投资决策，如改变商业银行的资产组合，而不同的资产组合将带来不同的风险敞口（Dietz et al.，2016），影响金融机构的盈利能力，并可能通过金融网络效应进一步影响整个金融系统。现有研究中，仅有少量文献探讨了实施转型金融的影响。有研究观察到，推广转型金融对高污染及高能耗行业的绿色创新具有显著的促进作用，这种作用通过缓解融资约束和提升绿色管理水平实现（Liu et al.，2023a）。还有研究表明，转型金融虽可导致棕色企业的环保支出增加，但这一影响在政府引导下最为有效（Zhang and Zhou，2023）。

目前的研究主要聚焦于转型金融如何影响企业的微观机制，较少从宏观角度分析其影响，更少有定量研究。然而，宏观层面的分析对于国家政策的制定和实施至关重要。研究转型金融与实现气候目标之间关系的一大障碍在于现有的能源-环境-经济模型对金融体系的考虑不足（Espagne，2018；Mercure et al.，2019）。例如，在传统的 CGE 模型中，投资由储蓄决定，但储蓄如何转化为投资的过程未被考虑。为弥补这一缺陷，本节引入了存量-流量一致（stock-flow consistent，SFC）方法，该方法考虑了典型经济主体和金融工具，并扩展了 CGE 模型中的投资-储蓄模块，以详细描述经济体系内的资金流向。中国已成为全球能源消费大国和碳排放大国，其“煤炭充足、石油稀缺、天然气有限”的资源禀赋使得其经济发展中高碳行业比例较高，因此传统碳密集型行业的低碳转型对于中国实现碳中和目标至关重要。因此，中国迫切需要推广转型金融，为传统碳密集型行业的转型提供必要的金融支持。本节以中国为案例，定量探讨推广转型金融的宏观经济影响及其如何支持中国气候目标的实现。

本节主要在两个方面对现有文献做出贡献。首先，创新性地将 SFC 方法整合入 CGE 模型，从而详细描述了资金流向与分配，便于构建评估转型金融影响的宏观经济模型。其次，通过分析整体经济状况和产业关联影响，本节从宏观和中观两个层面对转型金融的影响进行了分析，为中国转型金融政策的制定提供了政策建议。中国的研究成果也可为其他国家和地区，尤其是国民经济中传统行业比例较高的地区提供宝贵经验。

本节余下部分组织结构如下：第 2 部分介绍方法、数据来源及情景设置；第 3 部分展示不同情景下的模拟结果及主要发现；第 4 部分讨论分析得出的主要结论；第 5 部分总结研究成果。

2. 方法

1）存量-流量一致性模型

SFC 建模是一种将实际市场动态与现金流分析相结合的宏观经济方法。值得注意的是，该方法成功预测了 2007~2009 年的大衰退，并在宏观经济研究者中获得了广泛关注（Bezemer，2010；Godley and Lavoie，2007）。SFC 模型侧重于会计原则，明确考虑经济中的存量与流量，将实体经济与虚拟经济部门整合。不同于依赖简化假设并侧重代表性主体和均衡条件的动态随机一般均衡（dynamic stochastic general equilibrium，DSGE）模型，SFC 模型侧重捕捉经济各部门间金融流量与存量的互动，从而精确追踪经济活动中资金的来源与用途。这种整合构成了统一的分析框架，解决了传统宏观经济模型常将实体经济与其货币及金融方面分离的问题。

我们假设经济中存在六个代表性部门：家庭、企业、商业银行、中央银行、政府以及国外。SFC 框架由两个矩阵构成，即资产负债表矩阵（表 5-18）和交易流量矩阵（表 5-19）。表 5-18 展示了各部门对应的资产和负债，其中正值表示资产项目，负值表示负债项目，下标表示相应的部门。显然，除资本和净财富外，每一行的和均为零，反映出金融资产有相应的负债；例如，贷款对银行是资产，而对企业则是负债。各部门在列出的项目上均满足会计恒等式。表 5-19 描述了这些部门之间通过不同货币流产生的相互作用。这里，正值和负值分别表示资金的流入和流出。

表 5-18 资产负债表矩阵

项目	家庭	企业	商业银行	中央银行	政府	国外	合计
货币	M0			–M0			0
存款	D_H		$-D_H-D_G$		D_G		0
储备			RR+ERR	–(RR+ERR)			0
中央银行贷款			$-L_B$	L_B			0
贷款		$-L_F$	L_F+L_E			$-L_E$	0
国债	B_H		B_B		$-(B_H+B_B)$		0
资本		NK					NK
净财富	WH	WF	WB	WCB	WG	WE	NK

表 5-19 交易流量矩阵

项目	家庭	企业	商业银行	中央银行	政府	国外	合计
货币	ΔM0			−ΔM0			0
存款	ΔD_H		$-\Delta D_H-\Delta D_G$		ΔD_G		0
储备			Δ(RR+ERR)	−Δ(RR+ERR)			0
中央银行贷款			$-\Delta L_B$	ΔL_B			0
贷款		$-\Delta L_F$	$\Delta L_F+\Delta L_E$			$-\Delta L_E$	0
国债	ΔB_H		ΔB_B		$-\Delta(B_H+B_B)$		0
资本			NINV				NINV
总储蓄	SAVH	SAVF	SAVB	SAVCB	SAVG	SAVE	NINV

在这一经济体系中，货币主要由居民持有。商业银行吸收家庭和政府的存款，向企业及国外发放贷款，并按比例向中央银行储备（可能包括超额准备金）。中央银行向商业银行发放再贴现贷款，家庭和银行均投资于政府债券。

资产负债表矩阵和交易流量矩阵的横向求和均为零，表明经济中资金流入与流出平衡。此外，资产负债表矩阵的纵向求和等于各部门的净财富，而交易流量矩阵的纵向求和则表示各部门的总储蓄。

2）CHEER-Finance 模型

基于一般均衡理论的 CGE 模型捕捉了经济中各产业间的相互联系，能够动态模拟各期的经济运行，为低碳政策的经济、社会和环境影响提供洞察（An et al.，2023a）。该模型考虑了生产者的生产决策和资源配置，同时也模拟了家庭或消费者在预算约束和偏好基础上做出的消费决策。这些模型遵循一般均衡理论，假设经济中的所有市场（如商品市场和劳动力市场）均达到均衡，从而整合生产者和消费者的行为并考虑其相互作用。CGE 模型可以模拟生产者和消费者在不同政策环境下的反应，并评估这些政策对整体经济的影响。为模拟转型金融实施的宏观经济影响，我们在原中国混合能源经济研究模型（China hybrid energy economic research model，CHEER 模型）（Mu et al.，2018）的基础上整合了 SFC 方法。这一改进使得各部门之间的资金流动得到了更为详细的描述，进而发展为增加了金融模块的中国混合能源经济研究模型（CHEER-Finance 模型）。

A. 模型的实体经济部分

CHEER-Finance 模型包含 42 个生产部门，包括 1 个农业部门、4 个采矿部门、18 个制造业部门、1 个建筑部门、14 个服务部门和 4 个能源部门。控制生产行为的优化问题旨在最小化生产成本，同时满足嵌套 CES 生产函数和零利润假设的约束。与原模型不同，我们将经济中的资本分为两类：能源系统资本（Energyk）和其他资本（Otherk）。能源系统资本代表用于将能源转化为可用形式的投资，假定增加能源系统资本投资可以替代化石燃料的使用；而其他资本则与化石燃料的使用互补，增加其投资会提高对化石燃料的需求。由于缺乏各行业能源系统资本的数据，我们参考了先前研究（Zimmermann et al.，2021），假设在能源密集型行业中，能源系统资本占比为 30%，而在其他行业中占比为 10%。能源密集型行业的划分依据国家统计局发布的《中华人民共和国 2010 年国民经济和社会发展统计公报》，其中包括化工原料及制品制造业，非金属矿产品制造业，黑色金属冶炼及轧制，有色金属冶炼及轧制，石油加工、焦化及核燃料加工，以及电力和热力的生产与供应。模型中的嵌套关系如图 5-43 所示。

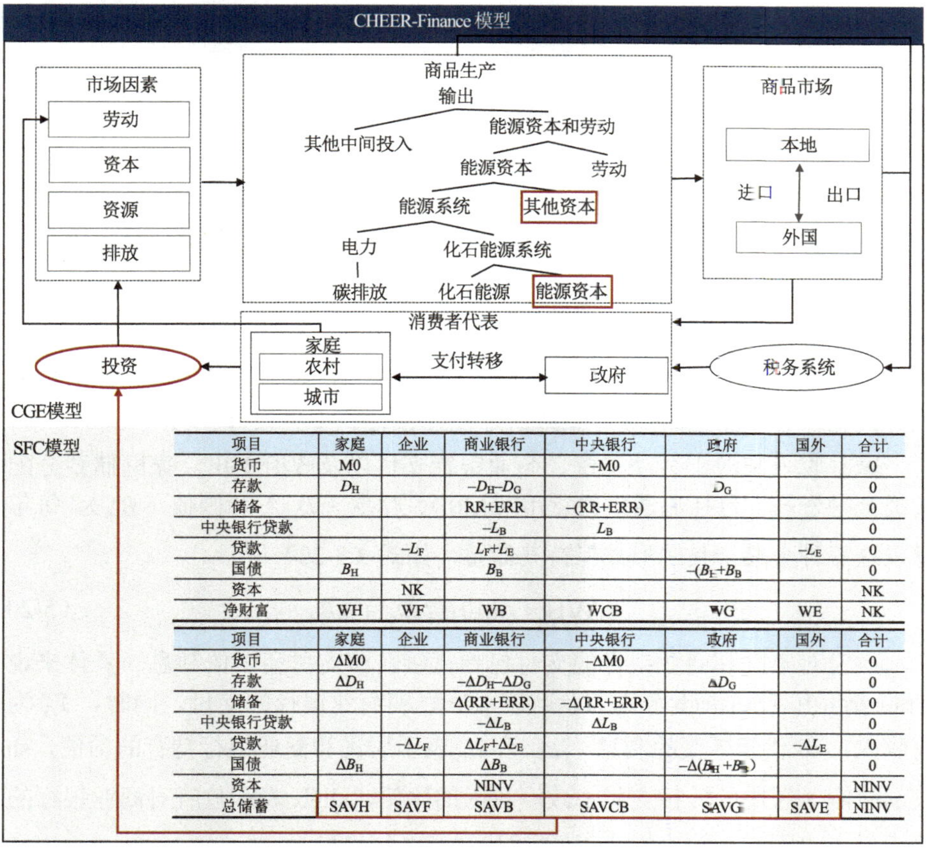

项目	家庭	企业	商业银行	中央银行	政府	国外	合计
货币	M0			–M0			0
存款	D_H		$-D_H-D_G$		D_G		0
储备			RR+ERR	–(RR+ERR)			0
中央银行贷款			$-L_B$	L_B			0
贷款		$-L_F$	L_F+L_E			$-L_E$	0
国债	B_H		B_B		$-(B_E+B_B$		0
资本		NK					NK
净财富	WH	WF	WB	WCB	WG	WE	NK

项目	家庭	企业	商业银行	中央银行	政府	国外	合计
货币	ΔM0			–ΔM0			0
存款	ΔD_H		$-\Delta D_H-\Delta D_G$		ΔD_G		0
储备			Δ(RR+ERR)	–Δ(RR+ERR)			0
中央银行贷款			$-\Delta L_B$	ΔL_B			0
贷款		$-\Delta L_F$	$\Delta L_F+\Delta L_E$			$-\Delta L_E$	0
国债	ΔB_H		ΔB_B		$-\Delta(B_H+B_B)$		0
资本			NINV				NINV
总储蓄	SAVH	SAVF	SAVB	SAVCB	SAVG	SAVE	NINV

图 5-43 CHEER-Finance 模型描述

在国际贸易方面，产品既进入国内市场也进入国际市场，采用阿明顿假设解释进口与本地生产商品之间的不完全替代性。在扣除本地生产商品中出口部分后，剩余产品与进口商品共同构成本地消费的商品。这两个过程分别由 CES 函数和常弹性转化（constant elasticity of transformation，CET）函数表示。这些商品既是各部门的中间投入，也是家庭和政府的消费对象，同时还构成资本存量投资。家庭收入来源于劳动工资、资本收入以及政府转移支付；政府收入来源于资本租金以及对生产部门和家庭征收的税收，支出包括消费、储蓄、补贴和转移支付。商业银行与中央银行的运作以及它们与其他部门的相互作用将在下文“B.模型的金融部分”中详细探讨。最终，企业、家庭、政府、商业银行、中央银行和国外的总储蓄必须等于总投资，从而使经济达到一般均衡。

各经济部门在 CGE 模型中的储蓄与 SFC 模型交易流量矩阵中的总储蓄一致，从而实现了这两种模型的整合。这一整合扩展了 CHEER 模型中的投资-储蓄模块，为储蓄转化为投资过程中各主体和行为提供了洞察。

在模型中，我们假设绿色金融的实施将通过改变企业贷款利率影响各行业的资本成本，从而对宏观经济产生影响[详见下文“B.模型的金融部分”]。CHEER-Finance 模型以 2017 年为基准年进行迭代，以避免新冠疫情带来的冲击，并能够递归地模拟国家能源与经济体系直至 2035 年，从而分析绿色金融在中国实施的宏观经济影响。

B. 模型的金融部分

为与 SFC 模型相衔接，模型的实体经济部分考虑了五个关键主体的行为和偏好：生产者（企业）、家庭、政府、商业银行和中央银行。

家庭收入来源于劳动工资、商业银行支付以及政府支出。家庭储蓄分配于各类金融资产，包括流通中的货币（M0）、存款（D_{H}）和国债（B_{H}）。每年家庭以这三种金融工具的形式保持其储蓄，如式（5-20）所示。

$$\mathrm{SAVH} = \Delta \mathrm{M0} + \Delta D_{\mathrm{H}} + \Delta B_{\mathrm{H}} \tag{5-20}$$

政府对家庭和商业银行的支付包括直接转移支付和国债利息。具体来说，Transfrgh 和 Transfrgb 分别表示政府对家庭和商业银行的支付。同时，Y_G 为政府收入，rb 代表国债的利息，B_{H} 和 B_{B} 表示居民和商业银行持有的国债，shgh 表示政府对居民的转移支付占政府收入的比例，shgb 表示政府对商业银行的转移支付占政府收入的比例［式（5-21）和式（5-22）］。

$$\text{Transfrgh}_t = \text{shgh} \times Y_{G,t-1} + \text{rb} \times B_{H,t-1} \tag{5-21}$$

$$\text{Transfrgb}_t = \text{shgb} \times Y_{G,t-1} + \text{rb} \times B_{B,t-1} \tag{5-22}$$

企业的收入来源于资本回报和政府支付。企业储蓄由企业税后收入减去贷款利息构成。企业对贷款的需求取决于贷款余额、企业储蓄和名义投资；而企业贷款的供应则取决于商业银行储蓄的规模。企业贷款金额由贷款需求和贷款供应中的较小值决定。企业向商业银行支付贷款利息，其中ITFB表示企业支付给商业银行的金额。企业贷款利率以rl表示，L_F代表企业贷款，k_j代表不同行业的资本总量。某一行业j的贷款与其杠杆率有关（LR_j）[式（5-23）和式（5-24）]。

$$\text{ITFB}_t = \text{rl} \times L_{F,t-1} \tag{5-23}$$

$$L_{F,j} = \frac{k_j \times \text{LR}_j}{\sum k_j \times \text{LR}_j} \times L_F \tag{5-24}$$

商业银行的收入来源于企业、中央银行和政府的支付以及国债利息收入，同时向居民和政府支付存款利息。商业银行向居民和政府支付的金额分别记为BTH和BTG；同时，rd和rdg表示居民和政府的存款利率，D_H和D_G表示居民和政府的存款。商业银行向中央银行支付再贷款利息，ITBCB表示商业银行向中央银行的支付，rrd表示再贷款利率，L_B表示商业银行的再贷款余额[式（5-25）~式（5-27）]。

$$\text{BTH}_t = \text{rd} \times D_{H,t-1} \tag{5-25}$$

$$\text{BTG}_t = \text{rdg} \times D_{G,t-1} \tag{5-26}$$

$$\text{ITBCB}_t = \text{rrd} \times L_{B,t-1} \tag{5-27}$$

中央银行的收入来自商业银行和政府的支付。商业银行向中央银行支付款项，政府也为中央银行贡献收入。此外，中央银行向商业银行支付准备金利息。如式（5-28）所示，ITCBB表示中央银行向商业银行的支付，ρ表示法定准备金率，rm表示存款准备金率，rmr表示超额存款准备金率，ERR表示超额准备金。

$$\text{ITCBB}_t = \text{rm} \times \left[\rho \times \left(D_{H,t-1} + D_{G,t-1}\right)\right] + \text{rmr} \times \text{ERR}_{t-1} \tag{5-28}$$

3）碳排放约束

某部门i在时期t的二氧化碳排放（$\text{Emit}_{i,t}$）根据不同化石燃料f的消费量（$\text{ene}_{f,i,t}$）和各能源的排放因子（$\text{EF}_{f,i}$）计算，如式（5-29）所示。总碳排放

（Total_Emit_t）则为各部门碳排放的总和，如式（5-30）所示。

$$\text{Emit}_{i,t} = \sum_f \text{ene}_{f,i,t} \times \text{EF}_{f,i} \tag{5-29}$$

$$\text{Total\_Emit}_t = \sum_i \text{Emit}_{i,t} \tag{5-30}$$

本节确立了中国未来的碳排放减少目标（Emit_Cap_t），要求年度碳排放低于该目标。碳排放上限使各部门在进行生产决策时追求成本最小化，从而生成了代表碳减排边际成本的碳影子价格（cp_t）。我们将二氧化碳视为生产要素，并对各部门征收碳税（$\text{etax}_{f,i,t}$），所有税收均上缴政府［式（5-31）和式（5-32）］。

$$\text{Emit}_t \leqslant \text{Emit\_Cap}_t \tag{5-31}$$

$$\text{etax}_{f,i,t} = \text{cp}_t \times \text{EF}_{f,i} \tag{5-32}$$

4）模型中绿色金融和转型金融的表征

绿色金融和转型金融均通过影响不同企业的贷款利率来调整资本配置，从而影响各行业的发展。绿色金融倾向于支持环保和可持续发展项目，因此，符合绿色标准的行业和企业，如可再生能源及节能环保技术领域，通常享有较低的贷款利率；而高污染、高能耗行业，如传统制造业和煤炭行业，则可能面临较高的贷款利率。因此，本节首先设定了 Int 系列情景。在 Int 系列情景中，各行业企业的贷款利率依据碳排放强度设定，具体而言，高碳行业面临较高贷款利率，而低碳行业享有较低利率。该情景凸显了绿色金融在促进低碳产业发展方面的侧重。各行业的贷款利率按照式（5-33）设定。

$$\text{rlr}_{\text{int},j} = \text{rl0} + \eta_1 \times \left(\frac{\text{Emit}_j}{\text{Prod}_j} - \frac{\sum \text{Emit}_j}{\sum \text{Prod}_j} \right) \tag{5-33}$$

其中，rl0 表示基准利率，由实际贷款利率确定；$\text{rlr}_{\text{int},j}$ 表示在 Int 情景下各行业的实际贷款利率；Emit_j 表示各行业的碳排放量；Prod_j 表示各行业的产出；η 表示绿色金融和转型金融的影响程度，为确保两种情景对行业贷款利率的总体影响相似，我们通过 η_1 和 η_2 对实际贷款利率的范围进行了调整。

转型金融则特别关注高碳排放和高污染行业的转型过程。例如，传统能源和制造业若能展示明确的转型计划和措施，如降低碳排放和改善生产流程，可能获得较低的贷款利率。因此，本节设定了 Mit 系列情景以代表推广转型金融的情景。在 Mit 系列情景中，贷款利率由减排努力决定，在减排最为显著的行业中，企业可享受较低贷款利率。该情景反映了转型金融支持传统碳密集型行业低碳转型的作用。各行业的贷款利率依据式（5-34）确定。

$$\mathrm{rlr}_{\mathrm{mit},j}=\mathrm{rl0}+\eta_2\times\frac{\left[\left(\mathrm{Emit}_j-\mathrm{Emit}_{j,t-1}\right)-\frac{\left(\sum\mathrm{Emit}_j-\sum\mathrm{Emit}_{j,t-1}\right)}{n}\right]}{\sum\mathrm{Emit}_j} \tag{5-34}$$

其中，n 表示行业数。

此外，本节还考察了绿色金融和转型金融对各类资本的影响，如式（5-35）和式（5-36）所示。其中，pkt 表示总资本价格，pek_j 表示各行业能源系统资本的价格，而 pok_j 表示各行业其他资本的价格。变量 α 和 β 取值为 0 或 1，分别表示绿色金融和转型金融是否影响这两种资本。

$$\mathrm{pok}_j=\mathrm{pkt}+\alpha\times\left(\mathrm{rlr}_j-\mathrm{rl0}\right) \tag{5-35}$$

$$\mathrm{pek}_j=\mathrm{pkt}+\beta\times\left(\mathrm{rlr}_j-\mathrm{rl0}\right) \tag{5-36}$$

5）数据来源

本节研究的主要数据来源包括中国的投入产出表、能源平衡表及资金流量表，这些数据主要来自《中国统计年鉴》和《中国能源统计年鉴》。中国的投入产出表对 42 个行业进行了分类，为各主要行业的基本经济状况提供了信息。此外，通过将中国的储蓄、金融和转移支付数据相互关联，构建了中国社会会计矩阵，为经济分析提供了一个全面的框架。为捕捉能源生产、转换与消费之间的复杂关系，本节使用了最新的中国能源平衡表和终端能源消费数据，这些数据有助于描绘各化石燃料与电力之间的能源平衡关系，以及各行业的终端能源消费模式，从而丰富了中国的投入产出表。此外，能源向标准煤的换算系数和碳排放系数均取自 CEADs（Shan et al.，2020）。SFC 模型所用的数据主要来自 2017 年的中国资金流量表和存量表，并辅以 2017 年货币当局及其他吸收存款机构的资产负债表数据。基准利率数据则取自中国人民银行 2017 年年报，为建模和分析提供了必要参数。

6）情景设置

我们的分析主要围绕两个关键方面展开：一是绿色金融是主要支持低碳产业，还是也促进碳密集型行业的低碳转型；二是绿色金融是否能够有效降低能源系统资本或其他形式资本的融资成本。为系统探讨这些动态，我们设计了九种不同情景（表 5-20）。

表 5-20　基于绿色金融作用方式和受影响资本类型的情景设置

影响程度	绿色金融作用方式		
	贷款利率依据碳强度设定	贷款利率由减排努力决定	转型金融仅影响能源系统资本的贷款利率
低	Int-low	Mit-low	Mit_EK-low
中	Int-middle	Mit-middle	Mit_EK-middle
高	Int-high	Mit-high	Mit_EK-high

首先，我们设定了 Int 系列情景，其中各行业企业的贷款利率依据碳排放强度设定。因此，高碳行业的贷款利率较高，而低碳行业则较低。然而，我们先前的分析表明，该情景可能对传统碳密集型行业产生不成比例的影响。因此，我们引入了 Mit 系列情景，其中贷款利率取决于减排努力。在此情景下，积极减排的企业享有较低贷款利率，这体现了转型金融在促进传统碳密集型行业低碳转型中的作用。为探讨支持不同资本投资的影响，我们进一步引入了 Mit_EK 系列情景。在该情景中，转型金融仅影响能源系统资本的贷款利率。在每种情景中，又划分为三个子情景以描述不同程度的利率影响。

3. 结果

1）对宏观经济的影响

图 5-44 展示了不同情景下 GDP 相对于基准情景的变化。研究发现，在 Int 情景下，即贷款利率依据碳排放强度设定，绿色金融的实施在短期内对经济产生负面影响，而且这一负面效应会随着绿色金融影响程度的加深而加剧。在 Int-low 情景下，2025 年 GDP 较基准情景下降 0.01%，而在 Int-middle 和 Int-high 情景下，该值分别达到 0.09%和 0.20%。尽管到 2035 年在 Int-low 和 Int-middle 情景下可能对经济产生一些正面影响，但幅度微乎其微，不足 0.01%。这是因为在一定碳排放约束下，碳密集型行业被迫减少化石燃料的消费，从而需要更多的能源系统资本投资以提高设备效率；然而，由于此时绿色金融更侧重于支持低碳产业发展，碳密集型行业能源资本价格上升，增加了企业资本成本，从而对 GDP 产生负面影响。

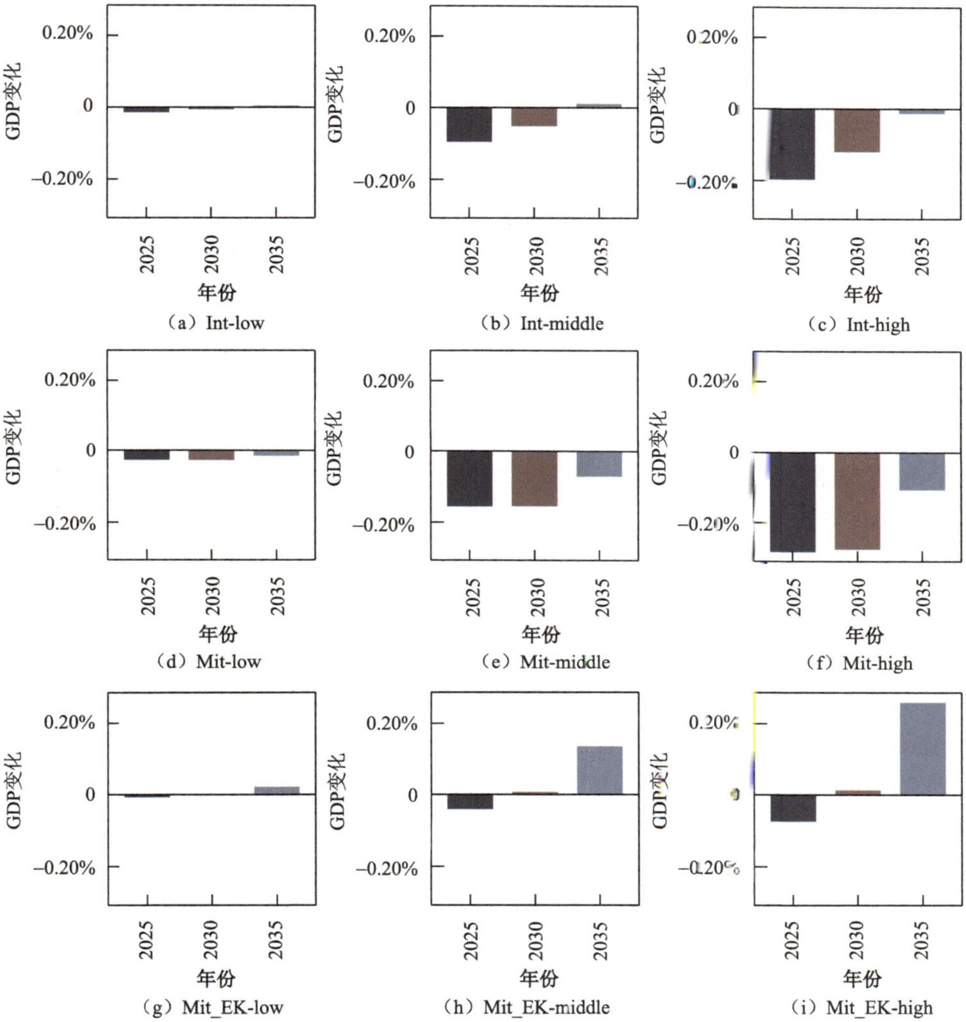

图 5-44 不同情景下 GDP 相对于基准情景的变化

我们进一步探讨了推广转型金融后的潜在结果。值得注意的是，如果按照减排努力设定差别化利率，并同时影响各行业所有资本类型，将会对经济产生显著的不利影响。在 Mit-low 情景下，2025 年 GDP 较基准情景下降 0.03%，而在 Mit-middle 和 Mit-high 情景下，该值分别达到 0.16%和 0.28%。尽管这一负面影响预期会随着时间推移而减小，但到 2035 年对经济仍存在一定程度的不利影响：在 Mit-low 情景下，2035 年 GDP 较基准情景下降 0.01%，而在 Mit-middle

和 Mit-high 情景下，分别下降 0.07%和 0.11%。显然，如果转型金融仅支持碳密集型行业的减排而不考虑资金流向的具体问题，那么为实现更高的碳减排目标将产生经济成本。

如果转型金融仅推动能源系统资本的投资，情况则大为不同。当贷款利率依据减排努力设定时，虽然能源资本价格的差异化在 2025 年和 2030 年对 GDP 的改善作用不显著，但到 2035 年却能显著改善 GDP。在 Mit_EK-low 情景下，2035 年 GDP 预计增长 0.02%；随着转型金融推广程度的提高，经济改善幅度逐步增加：在 Mit_EK-middle 情景下，2035 年 GDP 比基准情景增长 0.14%，而在 Mit_EK-high 情景下，增长幅度达到 0.26%。因此，可以看出，实施转型金融支持碳密集型行业的低碳转型有助于降低实现碳排放目标的经济成本。

2）对能源结构的影响

如图 5-45 所示，在各情景中，能源消费结构存在差异。在 Int 系列情景下，即贷款利率依赖于碳排放强度，与基准情景相比，煤炭消费略有上升，而电力消费则略有下降。预计到 2035 年，电力消费所占比例相比基准情景将下降 0.04%~0.47%。

相反，在 Mit 情景下预测电力消费将显著上升。具体而言，在 Mit-low、Mit-middle 和 Mit-high 情景中，到 2035 年电力消费所占比例预计分别比基准情景上升 0.04%、0.22%和 0.38%，这一趋势主要是由于碳排放目标要求对化石燃料使用的限制及能源资本价格的提高，迫使企业在生产活动中更多地依赖电力。

此外，在 Mit_EK-low、Mit_EK-middle 和 Mit_EK-high 情景中，到 2035 年电力消费比例的上升均不足 0.01%。这表明短期内转型金融在抑制化石能源使用、改善能源结构方面发挥了作用。

3）对碳密集型行业的影响

碳密集型行业在实现与气候目标相符的减排目标中起着关键作用。为全面探讨在不同绿色金融政策下这些行业的发展路径，本节选取了中国八个具有代表性的碳密集型部门进行分析。这八个典型的高碳行业包括化学产品、煤炭采选产品、电力、金属矿采选产品、金属冶炼和压延加工品、非金属矿采选产品、非金属矿物制品，以及石油、炼焦产品和核燃料加工品。

图 5-46（a）~图 5-46（c）展示了 Int 情景下的情况。总体而言，绿色金融在转型早期倾向于更多支持低碳产业，对碳密集型行业产生了相对负面的影响，

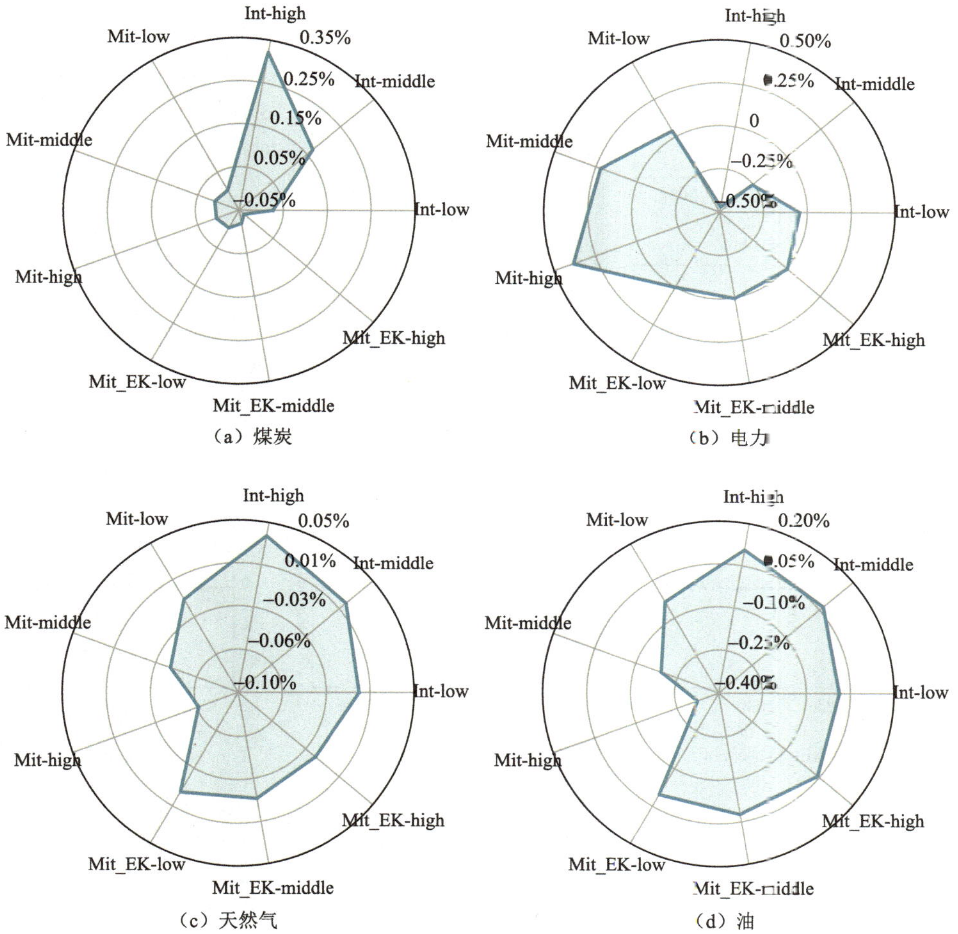

图 5-45 2035 年不同情景下的能源消费结构

但这种负面效应会随着时间的推移而减弱，表明碳密集型行业在转型初期面临更大的减排压力和资金负担。只有当绿色金融倾向于支持能源系统资本的融资时，才能缓解对碳密集型行业产出的不利影响。从行业角度看，电力行业受到的影响最大，到 2035 年，其产出在三个情景中相比基准情景下降幅度在 0.31%~3.21%。

值得注意的是，在该情景下，碳密集型行业碳排放强度的降低并未产生正面效应，反而可能产生负面影响。到 2035 年，大多数碳密集型行业预计相较于基准情景碳排放强度增加约 1%，这表明当绿色金融更多地支持低碳产业发展

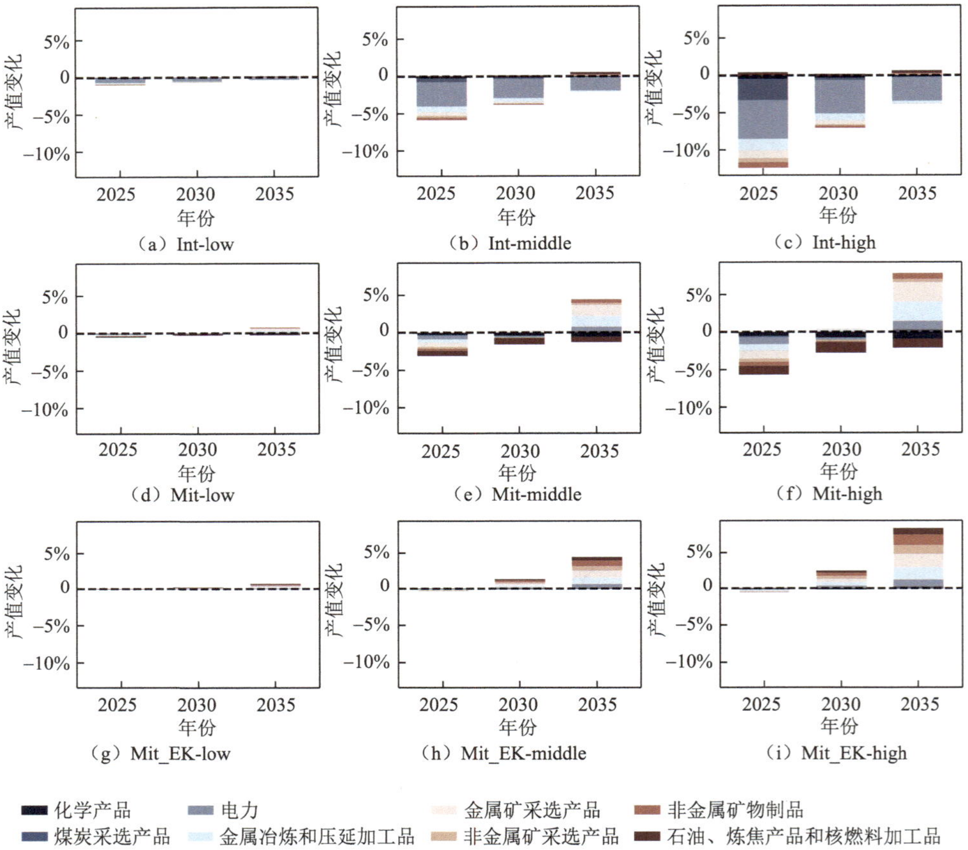

图 5-46　不同情景下典型碳密集型行业的产出变化

时，碳密集型行业面临显著的资金约束，可能导致企业难以维持当前生产水平，资产迅速贬值或亏损，从而增加滞留资产风险，同时也阻碍了企业投资于更清洁的设备或低碳转型。因此，在此情景下，碳密集型行业未能实现有效转型，经济只能通过降低产出来实现气候目标，这对整体经济发展是不利的。

图 5-46（d）~图 5-46（f）展示了 Mit 情景下的情况。虽然在 2025 年和 2030 年大多数行业的影响略为负面，但到 2035 年，除个别行业出现产出负面影响外，大部分碳密集型行业的产出较基准情景均有所增加，不同行业之间的改善幅度在 0.04%至 2.61%之间。特别是在金属矿采选产品、金属冶炼和压延加工品等行业，产出改善尤为明显。在 Mit_EK 情景下［图 5-46（g）~图 5-46（i）］，这一变化更为显著。在 Mit_EK-high 情景下，近乎所有行业的产出均较基准情景有

所增加，增幅介于 0.26%至 1.83%之间。在推广转型金融的情景中，短期内碳密集型行业无须像基准情景那样迅速退出市场，碳排放限制对碳密集型行业及宏观经济的影响得到了有效缓解。

同时可以观察到，在实施转型金融的情景下，碳密集型行业的碳排放强度有了显著改善。从图 5-47（d）~图 5-47（f）可以看出，到 2035 年碳密集型行业的碳排放强度较基准情景有所降低；而在支持能源系统资本的情景下，降幅更为明显，介于 0.06%至 2.34%之间［图 5-47（g）~图 5-47（i）］。这表明转型金融为碳密集型行业向低碳生产方式转型提供了金融支持，鼓励采用更清洁、低碳的生产技术，从而降低碳排放强度，并减缓传统碳密集型行业的萎缩风险，

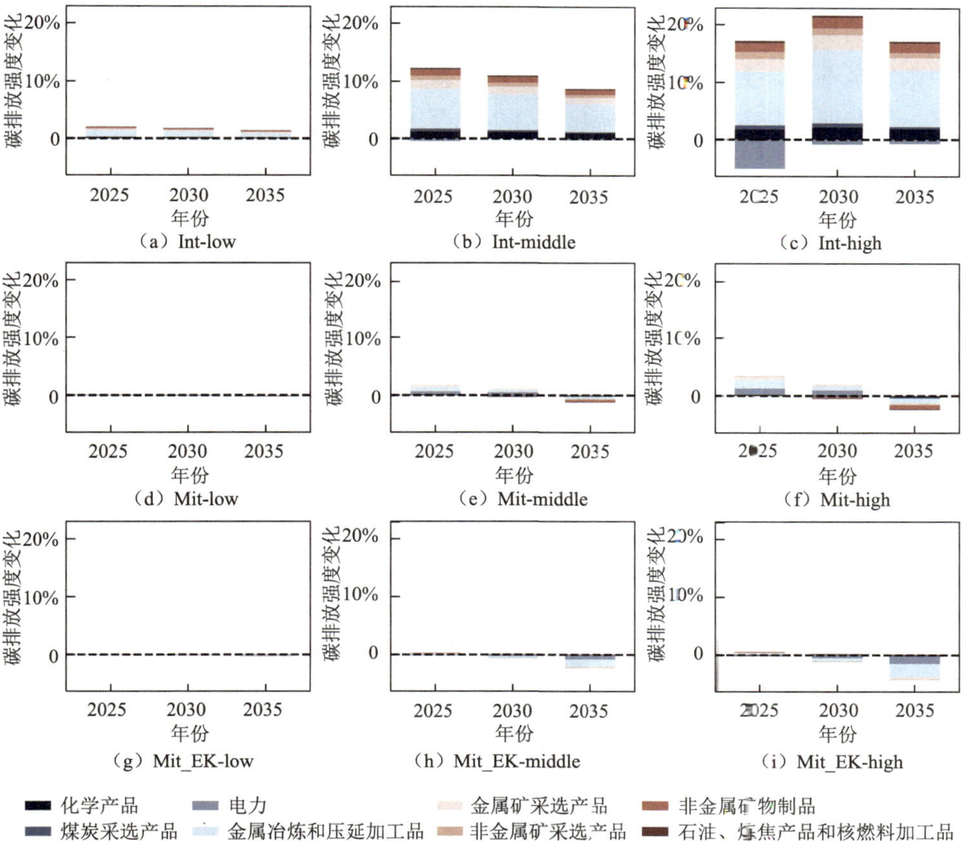

图 5-47 不同情景下典型碳密集型行业的碳排放强度变化

降低气候目标对其的影响。这一结果凸显了转型金融在引导碳密集型产业走上更可持续发展轨道方面的潜力，从而在增强经济韧性的同时与更广泛的气候目标保持一致。

4）对企业贷款需求的影响

随着对气候相关金融风险的关注日益加剧，能源密集型行业面临着显著的转型风险。如果不能及时调整其商业模式以适应不断变化的市场环境，将可能导致市场份额和盈利能力下降，进而加剧其财务脆弱性。

在 Int 情景下，能源密集型行业的贷款需求与基准情景相比变化不大（图 5-48），但电力行业的贷款需求略有下降，这归因于当前电力系统的不洁净性及较高的碳排放强度导致的较高贷款利率。在 Int-high 情景下，到 2035 年其他行业的贷款需求增加幅度在 1.28%至 2.39%之间。然而，在推广转型金融情景中则完全不同。到 2035 年，各行业的贷款需求将显著增加；在 Mit-high 情景下，各行业的贷款需求增加幅度在 3.74%至 11.48%之间，而在 Mit_EK-high 情

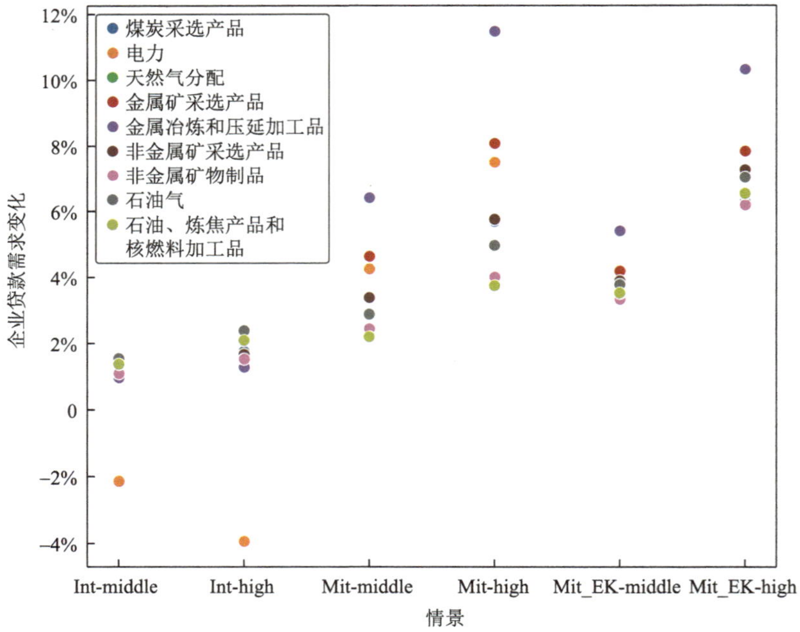

图 5-48　不同情景下能源密集型行业的贷款需求

景下，这一数字介于 6.19%至 10.32%之间。其中，金属冶炼和压延加工品行业的贷款需求增幅最为显著，而石油、炼焦产品和核燃料加工品行业的贷款变化则相对较小。

值得强调的是，在以减排为基础设定贷款利率的情景下，能源密集型行业企业的贷款需求将大幅上升。在低碳转型过程中，商业银行等金融机构必须充分考虑气候风险，以防范由不良贷款增加而引发的系统性金融风险。

5）敏感性分析

本节聚焦于两个重要弹性参数：σ_{elec}，代表不同电力生产部门之间的弹性系数；以及σ_{fes}，代表能源系统资本与化石能源之间的弹性系数（表 5-21）。研究发现，当不同电力生产部门之间的弹性系数变化 10%时，在 Int-high 和 Mit-high 情景下的 GDP 变化为 0.004%，而在 Mit_EK-high 情景下的 GDP 变化略大，但仍小于 0.3%。同样，能源系统资本与化石能源之间的弹性系数变化对 GDP 的影响也比较相似。我们进一步考察了对企业贷款需求变量的影响，当这两个弹性系数变化 10%时，在 Int-high 和 Mit-high 情景下企业贷款需求的变化小于 0.05%，而在 Mit_EK-high 情景下，企业贷款需求的变化幅度在 4%以内。敏感性分析表明，弹性变化对不同情景下经济损失和企业贷款需求的研究结果有一定影响，但总体影响较为无弹性。准确评估不同电力生产部门之间的弹性以及能源系统资本与化石能源之间的弹性系数对于转型金融的宏观经济评估仍至关重要。

表 5-21 敏感性分析结果

参数		σ_{elec}		σ_{fes}	
		+10%	–10%	+10%	–10%
2035 年的 GDP 变化	Int-high	0.0016%	–0.0023%	–0.0001%	0.0001%
	Mit-high	–0.0033%	0.0034%	0.0005%	–0.0006%
	Mit_EK-high	–0.2112%	–0.2195%	–0.2155%	–0.2150%
2035 年的企业贷款需求变化	Int-high	–0.0489%	0.0486%	0.0064%	–0.0065%
	Mit-high	0.0329%	–0.0346%	0.0480%	–0.0491%
	Mit_EK-high	–3.9367%	–3.9115%	–3.9179%	–3.9305%

4. 讨论

1）转型金融对宏观经济的影响途径

转型金融对宏观经济的影响通过多种途径展开。首先，它重塑了资本和资源的分配。通过将资金从传统碳密集型资产转移到高污染行业的节能减排项目中，转型金融不仅促进了这些行业的重组，从而降低了其对环境的影响，而且优化了资源配置，增强了经济效率和竞争力（G20 Sustainable Finance Group，2022；Zeng et al.，2023）。此外，转型金融缓解了碳密集型行业的融资约束和滞留资产问题，从而在转型阶段确保了金融稳定（Tandon，2021）。借助转型金融的支持，碳密集型行业可以通过提升生产技术和降低碳排放，而非突然退出市场，实现适应性转型。

其次，转型金融有望影响企业的投资和创新活动（Wang et al.，2022a）。借助转型金融的资金支持，高污染和高能耗行业的企业将加大对清洁技术和绿色创新的投资（Xiang et al.，2023a），这些投资将推动清洁技术的研发和推广，从而降低碳密集型行业的碳排放（Yang et al.，2022）。同时，这些投资还将促进产业链的互联互通。尤其是清洁能源和环保产业的投资与创新将催生新技术，提升传统产业的竞争力和效率，进而推动整体经济的创新与进步。

最后，转型金融政策还可能影响就业水平、消费模式和经济增长等关键宏观经济指标。转型金融的支持有助于缓解碳密集型行业的失业问题，从而影响居民收入水平；同时，向绿色和低碳实践转变的社会趋势将塑造消费习惯和偏好，增加环保产品和服务的供给，进而可能刺激消费者对绿色商品和生态友好型服务的需求（Hua and Pang，2024）。随着消费者对环境可持续和低碳产品的意识及采用率提升，消费行为和购买选择也会相应发生转变，从而推动经济走向更绿色、更可持续的发展轨迹。

2）转型金融能否在支持碳密集型行业方面维持正面的经济影响？

尽管转型金融旨在促进碳密集型行业的低碳转型，但其能否维持正面的宏观经济影响尚不确定。首先，本节强调转型金融必须谨慎配置资金，指出正面经济成果取决于是否将支持重点放在通过投资能源资本提升碳密集型行业的能源效率上。其次，碳密集型行业转型的轨迹也需要予以考虑。目前，中国的碳减排工作主要针对能源密集型行业，急需大量资金注入；但未来对这些企业资金支持的可持续性，则取决于技术进步和转型进程。随着日益严格的碳排放监管的临近，化石燃料的逐步淘汰似乎不可避免，从而使得长期对碳密集型行业持续投资难以为继。在未来低碳背景下，继续扶持碳密集型行业或将不再推动经济增长。

3）局限性与未来工作

虽然本节对转型金融可能带来的宏观经济影响进行了深入探讨，但仍存在若干局限性。首先，本节仅探讨了转型金融对宏观经济的短期影响，未考虑随着碳中和目标临近而产生的长远影响。由于本节研究的时间范围仅延伸到2035年，因此在此之后产业间投入产出关系的重大变化需要通过其他模型进一步研究。其次，受数据可获得性限制，本节以2017年作为基准年，这一基准年的选择可能在结果解读上引入一定的变数，进而增加未来情景预测的不确定性。最后，模型中包含了关于替代弹性的一些假设，而不同的弹性参数可能会对结果产生不同影响。

5. 结论

本节创新性地将SFC方法整合入CGE模型，更详细地描述了经济系统内的资金流动，并据此评估了支持中国气候目标的转型金融的宏观经济影响。主要有以下三点结论。

首先，如果转型金融促进能源系统资本的投资，可缓解实现碳减排目标的经济成本。在Mit_EK-high情景下，到2035年GDP相较于基准情景可能增长0.26%；但如果资金未能准确支持高碳行业低碳转型所需的能源资本，则将对经济产生显著负面影响，到2035年GDP可能较基准情景下降0.11%。因此，需要加强信息披露要求和对转型金融相关项目的监管，确保资金真正流入支持低碳发展的领域。

其次，转型金融在缓解碳减排目标对碳密集型行业产出负面影响的同时，还能激励生产技术进步以降低碳排放强度。研究表明，当绿色金融主要将资金导向纯绿色项目时，碳密集型行业会面临严重融资约束，导致产出下降以符合减排目标；而转型金融的支持则有助于企业采用清洁低碳生产技术，使碳强度降低。在Mit_EK-high情景下，到2035年，各碳密集型行业相较于基准情景的产出增加幅度介于0.26%至1.83%，而碳强度则降低0.06%至2.34%。因此，推广转型金融有助于延缓传统行业的衰退，并降低碳减排目标对其的不利影响。

最后，转型金融的实施需要严格监管以降低信贷风险。其会影响企业贷款需求，尤其在转型金融大力推广时，碳密集型行业的贷款需求明显上升。在 Mit_EK-high 情景下，各行业的贷款需求增加幅度介于 6.19%至 10.32%，这可能增加不良贷款风险。金融机构必须将气候风险纳入评估中，以防范可能由此引发的系统性金融风险。

上述研究结果全面评估了推广转型金融对宏观经济的影响，为政府政策制定提供了有价值的见解。首先，在现有绿色金融框架下，处于转型中的企业未能获得足够支持。鉴于中国经济中能源密集型行业占比较大，急需大量金融支持以推动其转型，因此加快推进转型金融进程至关重要，以降低金融风险并稳步实现碳减排目标。其次，转型金融的成功实施依赖于严格监管，亟须尽快建立明确的转型金融标准和评价机制，为企业和金融机构提供明确的框架和准则，同时加快构建信息披露制度，明确披露范围、方法、标准及时间，以有效防范“漂绿”现象并提高转型投资效率。适当的激励措施也十分必要，例如，对达到一定环境绩效目标的金融机构和企业给予奖励或优惠，以鼓励更多资金流入符合可持续发展目标的项目。最后，加强金融机构的风险识别与管理能力，完善气候风险评估框架，增强风险意识，保持警惕，并针对各种潜在风险情景制定应对策略，这些措施将有助于构建能够应对低碳经济转型挑战与机遇的韧性金融生态系统。

5.4.3 转型金融标准体系建设①

应对气候变化关乎人类生命福祉和前途命运已成为全球共识。我国正在加快构建碳达峰碳中和“1+*N*”政策体系。碳达峰碳中和目标实现的资金需求巨大，现已动员的资金距离全球实现《巴黎协定》气候目标所需的资金还相差甚远（谢璨阳等，2023）。根据多家研究机构的估算结果，2020~2060 年我国实现碳中和所需投资规模在百万亿元以上，绿色低碳领域投资面临的巨大资金缺口制约了减排进程（全球能源互联网发展合作组织，2021；项目综合报告编写组，2020）。绿色金融是引导资金流向低碳领域的重要工具，为我国碳达峰碳中和目标的实现不断注入动力。在新发展理念的指引下，我国绿色金融发展态势良好（朱民等，2021，2022）。截至 2023 年末，我国绿色贷款余额 30.08 万亿元，同

① 观点文章：范淑婷，李瑞杰，王灿. 2025. 转型金融标准体系建设：存在问题与对策建议. 国际金融，(3): 51-58.

比增长 36.5%；境内绿色债券累计发行规模达到了约 3.62 万亿元。但目前，绿色金融仅支持纯绿或接近纯绿的项目，而大部分企业在低碳转型过程中需要关注和支持的活动和项目难以满足此类绿色标准（顾宝志等，2023），尤其是传统高碳行业的企业和项目很难获取到其转型所需要的资金支持（高波，2021；刘瑶等，2024）。

在此背景下，OECD 在 2019 年 3 月首先提出了转型金融概念，即在经济主体向可持续发展目标转型的进程中，为它们提供融资以帮助其转型的金融活动（Emilio，2019）。随后许多国家政府和中央银行开始围绕转型金融进行了相关实践。2023 年 11 月，中国人民银行研究局发布专栏文章《推动绿色金融与转型金融有效衔接》，提出要总结提炼绿色金融发展的有效做法和有益模式，并将其运用到转型金融领域。在大力发展绿色低碳产业的同时，推动传统行业稳妥有序低碳转型对我国“双碳”目标的实现至关重要。清晰明确的标准与强制的信息披露要求是发展转型金融的前提和关键，但目前转型活动的分类目录还不够完善（何起东等，2024；许建军，2022），转型金融标准体系还未能有效支持资金流向低碳转型领域。因此，本节将在明确完善转型金融分类标准的必要性的基础上，总结分析国内外现有标准的实践经验与存在的不足，并提出对应的政策建议。

1. 完善转型金融分类标准的必要性

转型金融已成为全球气候投融资新焦点，但目前国际上和国内都还未形成完整统一的标准框架（Tandon et al.，2021）。完善转型活动分类标准不仅是提升投资者信心、防范转型风险的关键途径，也是出台相关政策和激励机制的重要前提（马骏等，2023），其必要性主要有以下三个方面。

一是对转型活动的界定与分类是支持转型金融实施的前提和关键。传统高碳排放行业的低碳转型是我国碳中和目标实现过程中的重中之重（徐洪峰和伊磊，2023），转型金融有助于缓解高碳行业转型进程中的融资困境，对于我国“双碳”目标的实现至关重要（马骏，2022；王遥和张广道，2024）。在转型金融实施的过程中，需要明确不同行业的转型路径，在高碳行业的生产活动中精确识别有助于减排的技术。清晰的转型活动分类标准有助于转型金融实施流程的规范化，有助于提升投资者信心，保证资金持续流向符合行业最佳实践的低碳技术。

二是转型金融标准不完善导致资金供需双方信息不对称，制约企业转型战略规划和金融机构投资决策的制定，导致资源配置效率低下。企业在缺乏清晰标准的情况下，难以确定哪些项目和转型措施能够获得金融支持，从而在制定长期转型战略时面临困惑和不确定性。同时，金融机构在评估和选择投资项目时，也因标准不明确而难以准确判断项目的真实转型效益和风险（王韧，2022）。这种信息不对称使得资金无法高效流向最具转型潜力和需求的项目，导致资源配置效率低下，转型金融的实际效用和推动力大打折扣。清晰明确的转型金融标准能够提供清晰的指引，可以帮助企业确定减排目标下的技术发展方向，也将帮助投资者确定符合转型目标的项目和经济活动，减少“漂绿”行为，增强投资者对转型金融产品的信任与投资动力（任纪英等，2022）。

三是转型金融标准不完善阻碍监管措施的制定与实施，导致有效激励机制的缺位。标准的不完善使得监管机构在监督资金的使用和项目的转型效果时，缺乏统一的衡量依据和核查工具，导致监管效力不足，难以有效防止虚假申报或不当使用资金的行为。转型金融分类目录也是相关部门制定激励机制和支持政策的基础和参考标准，分类标准的缺失导致相关部门和机构难以确定哪些项目或企业应该获得支持和奖励，从而无法明确有效引导资金流向的政策信号。而在激励机制缺位的情况下，投资者会优先选择支持“纯绿”的项目，以防出现政策不支持、技术不成熟、转型目标不满足等问题。这不仅削弱了政策对企业转型的推动力，也可能导致资源的错配和浪费。因此，转型金融标准的缺失不仅影响了激励措施的准确性和效率，也使得监管体系难以发挥其应有的保障和引导作用，从而阻碍了整个转型金融生态系统的健康发展。

2. 国内外转型金融分类标准实践

目前国际和国内都已有一些探索转型金融界定标准或包括转型金融内容的规范性文件，其发布主体主要有国际组织、经济体、政府部门、银行业金融机构等（表 5-22）。国际组织一般基于全球视角，提出关于转型金融标准的倡议和指导意见，以推动国际合作和标准统一。在国家或地区层面，政府部门通常通过制定政策和规范建立转型金融框架，为转型活动提供指引和监管支持。金融机构则结合自身业务范围，制定具体的转型金融标准或解决方案，为金融产品和服务的实施提供操作性依据，从而在实践中促进低碳转型和可持续发展目标的实现。这些文件对转型活动的界定可以包含两个层面，一是识别转型经济活动

表 5-22 国际代表性转型活动分类目录

发布主体	时间	发布人	文件名称	基本原则	行业目录	活动目录	具体减排标准	信息披露要求
经济体、政府部门	2019.6	欧盟委员会	《欧盟可持续金融分类方案》	√	√	√	×	√
	2021.11	东盟分类委员会	《东盟可持续金融分类方案》	√	√	×	×	×
	2021.5	日本经济产业省和环境省	《气候转型金融基本指引》	√	×	×	×	√
	2021.4	马来西亚国家银行	《气候变化和基于原则的分类法》	√	×	×	×	×
	2021.12	韩国环境部	《韩国绿色分类体系指南》	√	√	√	×	×
	2022.6	可持续金融国际平台	《可持续金融共同分类目录报告——气候变化减缓》（更新版）	√	√	√	√	×
	2023.12	新加坡金融管理局	《新加坡-亚洲可持续金融分类法》（2023 年版）	√	√	√	√	√
国际组织	2020.9	气候债券倡议组织	《为可信赖的低碳转型提供金融支持》	√	×	×	×	√
	2020.12	国际资本市场协会（International Capital Market Association，ICMA）	《气候转型融资手册 2020》	√	×	×	×	√
	2022.11	G20	《G20 转型金融框架》	√	×	×	×	√
银行业金融机构	2020.6	新加坡星展银行	《可持续发展和转型融资框架与分类法》	√	√	√	×	√
	2021.5	英国渣打银行	《渣打银行转型金融框架（2021）》	√	√	√	×	×
	2024.2	英国巴克莱银行	《巴克莱银行转型金融框架》	√	√	√	×	×
	2024.4	加拿大蒙特利尔银行	《蒙特利尔银行金融集团可持续债券框架》	√	√	√	×	×
	2024.5	日本三井住友银行	《三井住友银行转型金融手册 2.0》	√	√	√	√	×

的原则性标准，二是包含具体转型活动的目录式标准。在指引原则和行业目录之外，信息披露的要求也被认为是决定转型金融能否长期规范发展的重要因素（马骏，2022）。欧盟在其《可持续发展融资行动计划》基础上建立起的可持续金融框架主要包括这三个方面的内容：可持续活动的分类体系（《欧盟分类法》）、针对不同类别企业的信息披露制度和促进可持续投资的一系列工具（包括基准、标准、标签等）。因此，本节从不同发布主体的角度总结了国内外现有的转型金融分类标准，并从是否包含转型活动的界定原则、是否有行业目录、是否有转型活动目录、是否有具体的减排标准和是否有配套的信息披露要求等多方面对已有的转型金融分类标准进行了分析。

1）国际转型金融分类标准进展

（1）经济体、政府部门出台的分类标准。

经济体、政府部门出台的转型金融分类标准一般用于国（地区）内转型活动的识别、转型项目的认证与相关金融工具资金的核实发放。国际上多将绿色活动和转型活动统一纳入可持续活动的范畴内，并形成欧盟和东盟两大分类体系。其中，《欧盟可持续金融分类方案》是目前被广泛参考的可持续金融分类法，其识别出七大类经济行业中的 67 项经济活动技术标准（钱立华等，2020），包含建筑、能源、制造业等五个部门的 28 项转型活动，并制定了转型活动的技术筛选标准。《东盟可持续金融分类方案》是东盟成员国可持续发展融资的重要指引，主要聚焦于四个环境目标：气候变化缓解、气候变化适应、保护与恢复生物多样性、促进资源循环和废弃物管理。这两个分类方案在环境目标方面相似度较大，也都涵盖了成员国内排放量大、具有较大转型需求和潜力的重要行业。但与《欧盟可持续金融分类方案》不同，《东盟可持续金融分类方案》目前只针对环境影响进行了规定，并没有考虑社会治理和人权保障等方面。同时欧盟还以此为基础进行了立法，其《分类法条例》是目前仅有的转型金融法律文件（潘晓滨和刘尚文 2024），而东盟的方案目前主要作为自愿性指南，提供指导和实践参考，东盟成员国可以选择是否以及如何采用。同时，欧盟还建立了较为完善的转型金融信息披露框架（孙雅雯，2024），发布了《企业可持续报告指令》《可持续金融披露条例》等参考文件，丰富完善了转型金融实施的标准体系。中欧等经济体共同发起的可持续金融国际平台也于 2022 年 6 月更新了编制的中欧《可持续金融共同分类目录报告——减缓气候变化》，增加了 16 项与制造业相关的减碳经济活动和 1 项与建筑业相关的减碳经济活动。该报告还针对不同的减碳经济活动制定了具体的减排标准，细化了技术要求（马骏和王博璐，2021）。此外，一些国家也对转型活动的分类进行了探索，其中比较典型的国家有日本、韩国等。日本经济产业省和环境省在2021年5月联合发布了《气候转型金融基本指引》，并在此基础上陆续发布了钢铁、化工、水泥、电力等多个重点领域的转型金融路线图。韩国环境部于2021年发布了《韩国绿色分类体系指南》，将绿色经济活动区分为“绿色”（对碳中和与环境改善至关重要的绿色经济活动）以及“转型”（指实现碳中和目标的过程阶段）两类，但没有提供不同技术的减排标准和相应的信息披露要求。

（2）国际组织划定的分类标准。

国际组织划定的转型活动标准以方向指引为主，一般为基于原则的转型活动标准。OECD提出转型金融的概念后，气候债券倡议组织、ICMA等国际组织对转型金融的原则标准开展了有益探索。气候债券倡议组织提出转型的五项原则分别是：符合1.5℃温控目标的碳排放轨迹；以科学为基础设定减排目标；不计入碳抵消；技术可行性优于经济竞争性；刻不容缓的行动优于承诺（CBI，2020）。ICMA（2020）发行的《气候转型融资手册2020》旨在为进行气候转型的融资主体开展信息披露提供指引和建议。该手册提出的披露内容要求包括：发行人气候转型战略和公司治理；业务模式对环境和社会是否会造成显著的气候影响；气候转型战略应参考具有科学依据、可量化的目标和路径；定性、定量地披露公司转型策略的相关支出及其产生的气候相关的影响。转型路径倡议组织（Transition Pathway Initiative，TPI）为评估对气候变化有重大影响企业的低碳转型进程提供了碳排放绩效基准（《巴黎协定》承诺下NDC情景，2℃温控情景和低于2℃温控情景）。TPI还对电力、油气、交通等重点行业的脱碳路径进行了分析，为投资者提供了重要的信息参考。评估低碳转型倡议（Assessing low-Carbon Transition Initiative，ACT倡议）也开发了一系列行业的转型技术路径，并向企业提供转型计划所需的趋势指标，评估企业对转型的准备程度。气候债券倡议组织（2022）已推出了电力、钢铁和水泥等众多高碳行业的气候债券认证标准。该标准涵盖了转型目标和转型技术路径，具备较强的可操作性，是国际上发行可持续发展挂钩债券的重要遵循。国际组织发布的一般为原则性标准，并为企业提供了碳信息披露要求，供相关国家和金融机构参考使用。

（3）金融机构发布的分类标准。

除国际组织和政府部门外，许多金融机构也在政府转型金融标准体系的基础上探索制定了转型金融的分类标准，以指导与相关客户的合作贷款资金的发放。由于金融机构是转型金融资金落实过程中需要进行实际操作的重要主体，因此金融机构出台标准一般较为翔实，都是基于分类法的转型金融活动目录（表5-22）。新加坡的星展银行是全球首个推出《可持续发展和转型融资框架与分类法》的商业银行，并对转型活动和企业分别提出了认定标准。英国渣打银行与IEA 2050 年净零能源情景保持一致，参考了气候债券倡议组织报告和讨论文件、欧盟可持续金融分类法和分类法扩展选项咨询报告，以及渣打银行的行业转型手册，制定了转型金融框架。但银行业金融机构出台的标准一般只包含行业或活动目录，缺乏出台具体减排技术标准的能力。

2）国内转型金融分类标准进展

目前，我国政府正通过自上而下和自下而上结合的方式推进转型金融分类标准的探索实践，并遵循重点行业先行推进、逐步向全部高碳产业覆盖的原则开展标准建设。国家层面，中国人民银行正在加快推进煤电、钢铁、建筑建材和农业四大领域转型金融标准建设，并已启动新一批包括铜、铝及纺织等七个产业的目录制定。地方政府也结合自身经济结构和行业发展典型特征，先行先试制定“地方标准”（表 5-23）。例如，浙江湖州是我国绿色金融改革创新试验区，湖州市政府制定了《湖州市转型金融支持活动目录（2023 年版试行）》，将转型金融定义为应对气候变化影响，以碳密集行业低碳转型、高碳高效企业发展、低碳转型技术应用的金融需求为重点，运用多样化金融工具为市场实体、经济活动和资产项目向低碳排放转型提供的金融服务。这一分类目录根据湖州本地产业结构特征，纳入纺织业、造纸和纸制品业、化学原料和化学制品制造业等行业的实体及项目。该目录中规定了较为详细的低碳转型技术路径，并设立了低碳转型基准值与目标区间等量化指标。商业银行等金融机构积极对接政府标准，开展转型金融标准和业务实践。例如，2021 年 1 月中国银行依据 ICMA《气候转型融资手册 2020》的披露建议发布了《中国银行股份有限公司转型债券管理声明》。中国建设银行也于 2021 年 4 月发布了《中国建设银行转型债券框架》，这一框架确立转型项目应符合“避免碳锁定”和“无重大损害”两大原则，并设置了包括煤炭、生物燃料、核燃料、采矿和矿石等领域的明确排除项目。在该框架中，中国建设银行列举了转型金融项目的类别、子类别及合格条件，主要涉及电力、燃气、蒸汽及空调、建材、有色、钢铁、石化、化工、造纸、航空等行业。

表 5-23 我国已发布的转型活动分类目录汇总

发布主体	地区/机构	发布时间	文件
政府部门	天津	2023.10	《天津市化工行业重点领域转型金融实施指南》
	上海	2023.12	《上海市转型金融目录（试行）》
	河北	2023.12	《河北省钢铁行业转型金融工作指引（2023—2024 年版）》
	重庆	2023.3	《重庆市转型金融支持项目目录（2023 年版）》
	新疆昌吉	2023.4	《昌吉州降碳转型升级项目目录（2023 年）》
	安徽淮北	2023.6	《淮北市转型发展金融支持目录》
	浙江湖州	2023.7	《湖州市转型金融支持活动目录（2023 年版试行）》
	江西	2024.2	《铜产业转型金融支持项目目录》
	浙江	2024.2	《纺织行业转型金融支持经济活动目录》
	贵州	2024.3	《贵州省化工、建材、有色行业转型金融支持技术目录（2024 年版）》
	山西	2024.5	《山西省焦化、有色行业转型金融支持目录（试行）》
商业银行	中国银行	2021.1	《中国银行股份有限公司转型债券管理声明》
	中国建设银行	2021.4	《中国建设银行转型债券框架》
	江苏银行	2023.11	《江苏银行转型金融框架》

3. 现有转型金融分类标准存在的问题

1）转型活动覆盖范围不全面

虽然国际组织、政府和金融机构都对转型金融的分类目录和标准进行了一定的探索，但现有的分类目录对转型活动的定义还存在一定争议，转型项目的覆盖范围仍不明晰。一是国际、国家和地方层面上的标准缺乏统一性。不同地区的转型金融标准和分类目录各有侧重，导致全球范围内难以形成统一的评估和应用体系。二是高碳行业的定义和覆盖范围不明确。在现有的转型金融分类目录中，钢铁、水泥、化工等主要的高碳行业被认为是转型的重点对象，但对其他高碳行业如农业、交通和能源供应链的覆盖与指导却相对较少，这些行业在全球排放中也占有重要地位。三是转型金融项目的分类不够系统和全面。目前的转型金融标准主要关注设备的效率提升或特定的技术更新，如低排放设备的更换和生产技术的变化，而忽视了整个生产流程的优化和系统性减排措施。因此许多潜在的转型项目未被目录覆盖，如生产流程改进、管理模式创新等。同时，各地方出台的分类目录大部分仍以绿色项目为主，虽然部分已经将转型项目纳入考虑，但分类笼统不清晰，大多只有概念说明和项目举例，缺乏按具体行业分类的项目目录。

2）转型标准与长期路径不明晰

一是转型活动的分类仅与当前的排放或能耗等标准相关，并未设定实现长期目标的转型路径。例如，《欧盟可持续金融分类方案》中指出，灰水泥熟料生产活动在满足对其他环境目标无重大损害原则和最低社会保障原则的基础上，若其温室气体排放强度低于 0.722 吨二氧化碳当量/吨水泥，则属于转型活动。二是转型活动的分类既考虑了当前的排放或能耗等标准，也设定了转型活动的目标值，但这个目标值却不够长期。例如《湖州市转型金融支持活动目录（2023年版试行）》中，将碳排放强度 5.73 吨 CO_2/万元设定为水泥转型活动的基准值，设定水泥转型活动 2025 年的碳排放强度目标值 4.58 吨 CO_2/万元，以及对应的转型技术路径。三是转型活动的制定并非基于同一目标或原则。理论上，国际通用的转型活动目标应与《巴黎协定》一致（气候债券倡议组织，2022），但目前仅有气候债券倡议组织等国际组织制定的转型路径与其一致，多数转型路径主要是基于行业基准或者国家与区域政策制定。

3）缺乏配套的信息披露要求

企业的信息披露是政府、银行业金融机构了解企业活动信息和转型进程的主要渠道，转型潜力的判断和转型成果的衡量需要以企业的相关数据做支撑，因此信息披露要求对于转型活动分类目录的实施而言必不可少。《中国上市公司碳中和信息披露质量报告（2020—2022）》中显示，我国企业碳中和信息披露的数量和质量还有待提高，对碳信息披露重要性的认识也还不到位。从国际上来看，欧盟已出台较为完善的可持续信息披露制度，《G20 转型金融框架》也着重探讨了信息披露问题，但总体而言全球范围内转型金融的信息披露要求仍不规范，亟须尽快出台碳中和信息披露的规范性标准。

4）转型活动分类目录与地方发展产业目录不匹配

不同地区的优势产业与重点发展产业差异巨大，因此对转型活动分类目录的需求也不尽相同。但目前各地方的转型活动分类目录与地方产业发展规划目录还存在不匹配的问题。地方产业发展规划目录一般以新能源、新材料、生物医药等具体行业为分类，但气候投融资项目分类目录一般以减缓、适应或低碳能源、低碳工业为分类标准，这种分类方法之间的不匹配增加了项目筛选和评估的识别成本。例如，《山西省“十四五”14个战略性新兴产业规划》中提到的发展重点包括信息技术应用创新产业、半导体产业、大数据融合创新产业等，但《太原市气候投融资项目申报指南（试行）》是以低碳工业、低碳农业、低碳建筑及建筑节能、低碳交通等进行概括，在项目实际实施过程中难以对应，提高了项目识别和审批的难度。

4. 完善转型金融分类标准体系的建议

1）推动建立“行业-类别-技术-标准”多层次分类标准

为了促进重点行业的低碳转型，建立全面而精细的“重点行业-转型类别-关键技术-减排标准”多层次转型金融分类标准至关重要，具体如图5-49所示。

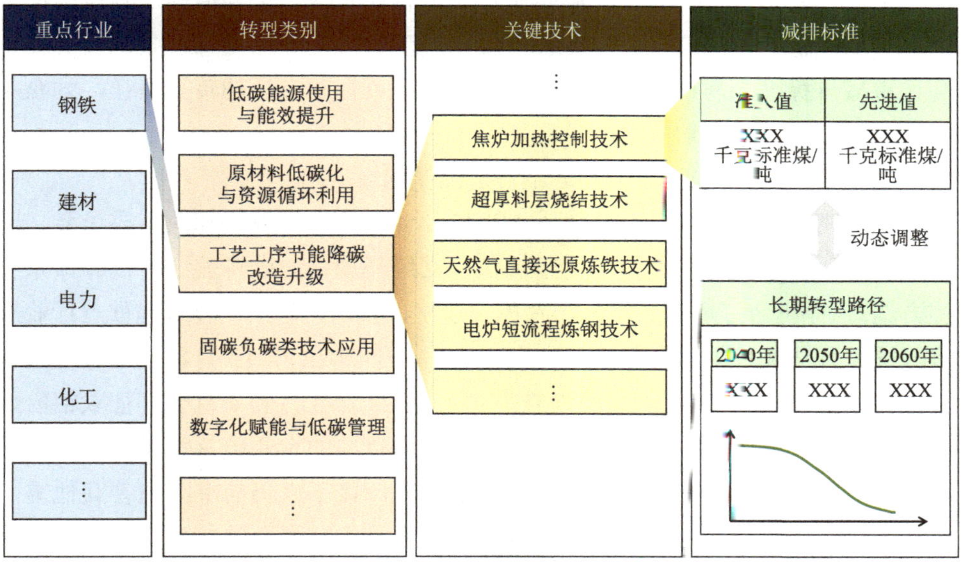

图5-49 “重点行业-转型类别-关键技术-减排标准”多层次转型金融分类标准

首先，要识别和确定碳排放量较大且转型潜力巨大的关键行业，如钢铁、建材、电力和化工等，对这些行业进行详细分类和分析有助于明确各个行业的转型方向和重点。重点行业需要根据不同地方的发展阶段和产业特征进行确定，便于转型目录在地方顺利实施。

其次，要明确和细分高碳行业的转型类别。每个行业的转型路径各不相同，需要根据其独特的生产流程和能源消耗特点进行分类。总体而言，转型活动主要包括低碳能源使用与能效提升、原材料低碳化与资源循环利用、工艺工序节能降碳改造升级、固碳负碳类技术应用以及数字化赋能与低碳管理等五个部分。这些类别涵盖了从能源使用到生产工艺优化再到管理提升的全方位转型需求。

再次，需要针对不同行业和转型类别进行关键技术的识别。以钢铁行业为例，在工艺工序节能降碳改造升级类别中，有焦炉加热控制技术、超厚料层烧结技术、天然气直接还原炼铁技术和电炉短流程炼钢技术等，这些都是推动该行业生产过程低碳转型的关键技术。在技术选择的过程中，需要同时考虑不同技术的经济效益、碳减排效益和技术成熟度等多维因素，在为企业提供转型路径参考的同时也便于金融机构的识别和判断。

最后，制定具体的减排标准是确保转型目标实现的重要措施。减排标准可以包括准入值和先进值，并需要根据技术进步和政策变化动态调整，及时更新和调整减排标准。与此同时，需要面向碳中和目标制定长期转型路径，为企业提供清晰的方向和规划依据。

2）完善碳核算与资金使用等信息披露要求

一是完善企业碳核算标准体系。2022 年 4 月，国家发展和改革委员会、国家统计局、生态环境部印发《关于加快建立统一规范的碳排放统计核算体系实施方案》，提出修订电力、钢铁、有色、建材、石化、化工、建筑等重点行业碳排放核算方法及相关国家标准。生态环境部已于 2022 年 12 月印发《企业温室气体排放核算与报告指南 发电设施》，并在 2024 年 3 月和 4 月公开征求铝冶炼行业和水泥熟料生产行业相关指南的意见。但目前的企业碳核算标准体系依然存在覆盖范围不够全面、普适性不够强等问题。接下来仍需继续完善其他重点行业的企业碳核算标准，提高企业碳核算能力，为转型金融的资金落实与后续的内部监督夯实数据基础。

二是完善转型资金使用的信息披露要求。企业获得转型活动的资金后，应将资金用于具有环境可持续性的项目投资中。为了确保企业的资金使用过程符合转型金融的要求，需要加强企业在资金使用过程中的信息披露，企业应定期报告投资环境可持续以及转型类项目的比例，保证企业没有偏离转型路径。

三是鼓励地方建立企业碳信息披露平台。建立公开的信息披露平台，集中发布企业的碳核算、减排进展和资金使用情况等信息，方便企业信息的收集汇总公开，提高信息获取的便捷性和透明度，为金融机构与企业之间的对接搭建桥梁，促进公众监督和市场监督。

3）增强不同层级标准之间的链接与协同

不同主体制定标准之间的链接与协同对转型金融的实施推广至关重要。国际组织可制定框架性指南，明确核心概念和评估指标，并推动建立多方合作机制，推动国家和机构间标准的对接与统一。政府部门根据本国国情制定符合国家低碳转型目标的政策法规和激励机制，形成本地化的转型金融框架。金融机构则可以结合自身业务特点设计和退出符合转型目标的金融产品和服务，建立针对性的风险评估和监控机制，加强转型项目资金使用和实施效果的信息披露，提升市场信任度和增强投资者信心。目前我国已发布《绿色产业指导目录》《绿色债券支持项目目录》等绿色金融分类目录，也有地方出台转型金融的支持项目目录，如果不同目录和标准之间难以对应或相互排斥，则会严重影响标准实际应用过程中影响项目识别的效率和准确度，阻碍转型金融的实施与推广。因此，在出台新的转型金融分类目录时需明晰与现存目录的对应关系，为金融机构与政府部门在实际操作过程中对项目的识别和审批提供便捷条件。与此同时，也应鼓励各地方先行先试，因地制宜，出台符合地方产业布局和发展方向的转型金融分类目录，为国家标准的制定提供实践经验。

参考文献

柴麒敏，傅莎，温新元，等. 2019. 中国实施2030年应对气候变化国家自主贡献的资金需求研究. 中国人口·资源与环境，29(4): 1-9.

陈冬梅，王俐珍，陈安霓. 2020. 数字化与战略管理理论：回顾、挑战与展望. 管理世界, 36(5): 220-236.

崔云. 2023. 数字技术促进新质生产力发展探析. 世界社会主义研究, 8(12): 97-109.

董战峰，葛察忠，毕粉粉，等. 2021. 碳达峰政策体系建设的思路与重点任务. 中国环境管理, 13(6): 106-112.

樊霞，陈娅，贾建林. 2019. 区域创新政策协同：基于长三角与珠三角的比较研究. 软科学, 33(3):70-74.

付加锋，庄贵阳，高庆先. 2010. 低碳经济的概念辨识及评价指标体系构建. 中国人口·资源与环境, 20(8):38-43.

高波. 2021. 推动转型金融在我国实施有必要性. 清华金融评论, (11): 55-59.

顾宝志，李卓宇，郑梦婷. 2023. “双碳”目标下我国转型金融的发展现状与实践路径. 国际经济合作, (2): 70-81.

国家能源局. 2024. 国家能源局发布 2023 年全国电力工业统计数据. https://www.nea.gov.cn/2024-01/26/c_1310762246.html [2024-11-04].

韩喜平，马丽娟. 2024. 新质生产力的政治经济学逻辑. 当代经济研究, (2): 20-29.

何可，吴昊，曾杨梅. 2023. “双碳”目标下的智慧农业发展. 华中农业大学学报, 42(3): 10-17.

何起东，严心怡，兰王盛. 2024. 转型金融界定方法研究. 中国金融, (6): 89-90.

洪银兴，任保平. 2023. 数字经济与实体经济深度融合的内涵和途径. 中国工业经济, (2): 5-16.

胡熠，靳曙畅. 2022. 数字技术助力“双碳”目标实现：理论机制与实践路径. 财会月刊, (6): 111-118.

姜艳，戚忠淼. 2024. 智慧城市的数据管理. 数据通信, (2): 39-43.

李海舰，赵丽. 2021. 数据成为生产要素：特征、机制与价值形态演进. 上海经济研究, (8): 48-59.

李瑞杰，王灿. 2024. 挂钩类转型金融工具支持企业低碳转型的挑战及对策研究. 中国环境管理, 16(1): 57-62.
刘磊, 姜克筑. 2024. "双碳"战略与新质生产力的耦合机制、要素解构与共生路径. 电子科技大学学报(社科版), 26(4): 19-27.
刘强, 王崇举, 李强. 2020. 抓好"六个体系"建设推动我国气候投融资发展. 宏观经济管理, (5): 70-77.
刘涛雄, 张亚迪, 戎珂, 等. 2024. 数据要素成为中国经济增长新动能的机制探析. 经济研究, 59(10): 19-36.
刘瑶, 张斌, 张明. 2024. 中国式转型金融: 典型事实、发展动力与现存挑战. 国际经济评论, (3): 151-176.
刘源, 孙雪妍, 白雨鑫. 2024. 生态环境导向的开发(EOD)投融资模式创新需求. 中国环境管理, 16(2): 15-23.
刘征驰, 陈文武, 魏思超. 2023. 技术解构视域下人工智能对经济增长路径的影响研究. 管理学报, 20(10): 1506-1514.
刘子妮, 刘雪婷, 张若愚, 等. 2024. 中国数据要素市场发展现状与问题研究综述. 中国市场, (13): 21-24.
龙宝新. 2024. 知识生产赋能新质生产力的机理与路径. 湖北民族大学学报(哲学社会科学版), 42(4): 46-57.
绿色和平. 2024. 中国气候投融资试点进展及案例分析. https://www.sohu.com/a/778029755_121503203[2024-07-30].
马骏. 2022. 转型金融框架与市场实践. 现代金融导刊, (8): 10.
马骏, 程琳, 沙孟维. 2023. 转型金融呼唤标准体系、激励措施和技术准备. 清华金融评论, (9): 71-74.
马骏, 王博璐. 2021. 《可持续金融共同分类目录》的应用. 中国金融, (24): 34-35.
潘浩之, 施睿, 杨天人. 2022. 人工智能在城市碳达峰、碳中和规划与治理中的应用. 国际城市规划, 37(6): 26-34.
潘晓滨, 刘尚文. 2024. 应对气候变化背景下我国转型金融法制化路径探析. 气候变化研究进展, 20(4): 465-474.
彭纪生, 仲为国, 孙文祥. 2008. 政策测量、政策协同演变与经济绩效: 基于创新政策的实证研究. 管理世界, (9):25-36.
气候债券倡议组织. 2022. 中国转型金融研究报告. 北京: 气候债券倡议组织.
钱立华, 方琦, 鲁政委. 2020. 《欧盟可持续金融分类方案》精要与启示. 现代金融导刊, (2): 22-27.
钱思佳. 2022. 气候变化对金融稳定的影响及应对政策研究: 基于央行视角. 海南金融, (8): 56-65.
乔岳. 2023. 碳中和目标下中国制造业绿色发展之路. 人民论坛·学术前沿, (5): 59-70.
清华大学气候变化与可持续发展研究院. 2021. 中国长期低碳发展战略与转型路径研究: 综

合报告. 北京: 中国环境出版社.
全球能源互联网发展合作组织. 2021. 中国碳中和之路. 北京: 中国电力出版社.
任纪英, 董白桦, 肖倩. 2022. 国家气候投融资项目分类标准研究. 环境保护, 50(19): 32-36.
盛朝迅. 2024. 新质生产力的形成条件与培育路径. 经济纵横, (2): 31-40.
孙静, 马海涛, 王红梅. 2019. 财政分权、政策协同与大气污染治理效率:基于京津冀及周边地区城市群面板数据分析. 中国软科学, (8):154-165.
孙雅雯. 2024. 欧盟转型金融的政策经验与启示. 国际金融, (3): 8-16.
孙艺. 2024. 人工智能赋能新质生产力: 理论逻辑、实践基础与政策路径. 西南民族大学学报(人文社会科学版), 45(2): 108-115.
谭林, 高佳琳. 2020. 气候变化风险对金融体系的作用机理及对策研究. 金融发展研究, (3): 13-20.
王灿, 孙若水, 张九天. 2021. 中国实现碳中和的支撑技术与路径. China Economist, 16(5): 32-70.
王灿, 张雅欣. 2020. 碳中和愿景的实现路径与政策体系. 中国环境管理, 12(6):58-64.
王继业. 2022. 人工智能赋能源网荷储协同互动的应用及展望. 中国电机工程学报, 42(21): 7667-7682.
王韧. 2022. "双碳"背景下我国转型金融的发展路径探究. 理论学刊, (4): 100-108.
王遥, 张广逍. 2024. 转型金融: 内涵、框架与未来展望. 当代经济科学, 46(3): 1-17.
吴昌华, 蔡含多, 任姗, 等. 2013. 中国气候融资管理体制机制研究. 中国市场, (39): 8-17.
西桂权, 谭晓, 靳晓宏, 等. 2023. 挑战与应对: 大型语言模型(ChatGPT)的多样态安全风险归因及协同治理研究. 新疆师范大学学报(哲学社会科学版), 44(6): 131-139.
项目综合报告编写组. 2020. 《中国长期低碳发展战略与转型路径研究》综合报告. 中国人口・资源与环境, 30(11): 1-25.
肖仰华. 2024. 人工智能大模型发展的新形势及其省思. 人民论坛・学术前沿, (13): 33-43.
谢璨阳, 董文娟, 王灿. 2023. 从千亿向万亿: 全球气候治理中的资金问题. 气候变化研究进展, 19(5): 653-662.
谢璨阳, 郭凯迪, 王灿. 2022. 全球气候投融资进展及对中国实现碳中和目标的启示. 环境保护, 50(15): 25-31.
新质生产力的内涵特征和发展重点. 2024. 学习月刊, (3): 10-12.
徐洪峰, 伊磊. 2023. 构建中国转型金融体系: 必要性、定位及建议. 西南金融, (3): 27-40.
许建军. 2022. 商业银行有序推进转型金融的策略探讨. 国际金融, (11): 48-53.
薛澜. 2023. 新兴科技领域国际规则制定: 路径选择与参与策略. 人民论坛・学术前沿, (19): 15-21.
杨凯瑞, 张毅, 何忍星. 2019. 智慧园区的概念、目标与架构. 中国科技论坛, (1): 115-122.
张国兴, 高秀林, 汪应洛, 等. 2015. 我国节能减排政策协同的有效性研究: 1997—2011. 管理评论, 27(12):3-17.

张涛, 朱莉欣. 2024. 体系化构造: 美国保密基础设施立法及启示. 西安交通大学学报(社会科学版), 44(4): 144-154.

张瑜. 2020. 优化新型高新技术孵化器运行机制及技术转移公共政策研究. 现代营销(信息版), (5): 68-71.

张媛, 朱黎阳, 李浩铭. 2019. 国家相关绿色金融试验区经验对气候投融资试点建设的启示. 环境保护, 47(24): 31-35.

中国电力企业联合会. 2024. 中国电力行业年度发展报告 2024.

周宇英. 2023. 中国技术要素市场体系构建的问题和对策. 科技管理研究, 43(5): 45-51.

朱民, 亓艳, 宗喆. 2021. 构建全球领先的碳中和转型金融(上). 中国金融, (24): 31-33.

朱民, 亓艳, 宗喆. 2022. 构建全球领先的碳中和转型金融(下). 中国金融, (2): 20-21.

Acemoglu D, Johnson S. 2024. Power and progress: our thousand-year struggle over technology and prosperity. Asian-Pacific Economic Literature, 38(1): 7-7.

Agrawala S, Matus Kramer A, Prudent-Richard G, et al. 2012. Incorporating climate change impacts and adaptation in environmental impact assessments: opportunities and challenges. Climate and Development, 4(1): 26-39.

Alharbi S S, Al Mamun M, Boubaker S, et al. 2023.Green finance and renewable energy: a worldwide evidence. Energy Economics, 118: 106499.

An K, Wang C, Cai W. 2023b. Low-carbon technology diffusion and economic growth of China: an evolutionary general equilibrium framework. Structural Change and Economic Dynamics, 65: 253-263.

An K, Zhang S, Zhou J, et al. 2023a. How can computable general equilibrium models serve low-carbon policy? A systematic review. Environmental Research Letters, 18(3): 33002.

Antonopoulos I, Robu V, Couraud B. 2020. Artificial intelligence and machine learning approaches to energy demand-side response: a systematic review. Renewable and Sustainable Energy Reviews, 130: 109899.

Argyroudis S A, Mitoulis S A, Chatzi E, et al. 2022. Digital technologies can enhance climate resilience of critical infrastructure. Climate Risk Management, 35: 100387.

Battiston S, Mandel A, Monasterolo I, et al. 2017. A climate stress-test of the financial system. Nature Climate Change, 7: 283-288.

Benbarrad T, Kenitar S B, Arioua M. 2021. Intelligent machine vision model for defective product inspection based on machine learning. Journal of Sensor and Actuator Networks, 10(1): 7.

Bezemer D J. 2010. Understanding financial crisis through accounting models. Accounting, Organizations and Society, 35(7): 676-688.

Bilgili A, Arda T, Kilic B. 2024. Explainability in wind farm planning: a machine learning framework for automatic site selection of wind farms. Energy Conversion and Management, 309: 118441.

Bistline J E T, Blanford G J. 2021. Impact of carbon dioxide removal technologies on deep decarbonization of the electric power sector. Nature Communications, 12: 3732.

Bistline J E T, Blanford G J, Grant J, et al. 2022. Economy-wide evaluation of CO_2 and air quality impacts of electrification in the United States. Nature Communications, 13: 6693.

Bistline J E T, Young D T. 2022. The role of natural gas in reaching net-zero emissions in the electric sector. Nature Communications, 13: 4743.

Blackburn L D, Tuttle J F, Andersson K, et al. 2022. Development of novel dynamic machine learning-based optimization of a coal-fired power plant. Computers & Chemical Engineering, 163: 107848.

Boehm S, Lebling K, Levin K, et al. 2021. State of climate action 2021: systems transformations required to limit global warming to 1.5°C. World Resources Institute.

Bogdanov D, Farfan J, Sadovskaia K, et al. 2019. Radical transformation pathway towards sustainable electricity via evolutionary steps. Nature Communications, 10: 1077.

Bone C, Gastineau G, Thiria S, et al. 2023. Detection and attribution of climate change using a neural network. Journal of Advances in Modeling Earth Systems, 15(10): e2022MS003475.

Buck H J, Carton W, Lund J F, et al. 2023. Why residual emissions matter right now. Nature Climate Change, 13(4): 351-358.

Caldecott B. 2022. Defining transition finance and embedding it in the post-Covid-19 recovery. Journal of Sustainable Finance & Investment, 12(3): 934-938.

Care R, Weber O. 2023. How much finance is in climate finance? A bibliometric review, critiques, and future research directions. Research in International Business and Finance, 64: 101886.

Cashore B, Howlett M. 2007. Punctuating which equilibrium? Understanding thermostatic policy dynamics in Pacific Northwest forestry. American Journal of Political Science, 51(3): 532-551.

CBI. 2020. Financing Credible Transitions. Climate Bonds Initiative.

Chalmers H, Gibbins J, Leach M. 2012. Valuing power plant flexibility with CCS: the case of post-combustion capture retrofits. Mitigation and Adaptation Strategies for Global Change, 17: 621-649.

Chen H, Zheng Y, Li J, et al. 2023a. AI for nanomaterials development in clean energy and carbon capture, utilization and storage (CCUS). ACS Nano, 17(11): 9763-9792 .

Chen L, Chen Z, Zhang Y, et al. 2023b. Artificial intelligence-based solutions for climate change: a review. Environmental Chemistry Letters, 21(2): 2525-2557.

Chen P, Wu Y, Zhong H, et al. 2022. Exploring household emission patterns and driving factors in Japan using machine learning methods. Applied Energy, 307: 118251.

Chen X, Chen Z. 2021. Can green finance development reduce carbon emissions? Empirical evidence from 30 Chinese provinces. Sustainability, 13(21): 12137.

Chen X, Liu Y, Wang Q, et al. 2021. Pathway toward carbon-neutral electrical systems in China by mid-century with negative CO_2 abatement costs informed by high-resolution modeling. Joule,

5: 2715-2741.

Cheng Z, Kai Z, Zhu S. 2023. Does green finance regulation improve renewable energy utilization? Evidence from energy consumption efficiency. Renewable Energy, 208: 63-75.

Climate Bonds Initiative. 2024. Sustainable debt global state of the market 2023.

Cowls J, Tsamados A, Taddeo M, et al. 2023. The AI gambit: leveraging artificial intelligence to combat climate change: opportunities, challenges, and recommendations. AI & Society, 38(1): 283-307.

Cui R, Hultman N, Cui D, et al. 2021. A plant-by-plant strategy for high-ambition coal power phaseout in China. Nature Communications, 12: 1468.

Dhar P. 2020. The carbon impact of artificial intelligence. Nature Machine Intelligence, 2(8): 423-425.

Dietz S, Bowen A, Dixon C, et al. 2016. Climate value at risk of global financial assets. Nature Climate Change, 6(7): 676-679.

Dong X, Wang C, Zhang F, et al. 2024. China's low-carbon policy intensity dataset from national-to prefecture-level over 2007-2022. Scientific Data, 11: 213.

Du K, Cheng Y, Yao X. 2021. Environmental regulation, green technology innovation, and industrial structure upgrading: the road to the green transformation of Chinese cities. Energy Economics, 98: 105247.

du Pont Y R, Jeffery M L, Gütschow J, et al. 2017. Equitable mitigation to achieve the Paris Agreement goals. Nature Climate Change, 7(1): 38-43.

Emilio C. 2019. Transition finance: introducing a new concept.

Eskander S M, Fankhauser S. 2020. Reduction in greenhouse gas emissions from national climate legislation. Nature Climate Change, 10(8): 750-756.

Espagne E. 2018. Money, finance and climate: the elusive quest for a truly integrated assessment model. Comparative Economic Studies, 60(1): 131-143.

Fabrizi A, Guarini G, Meliciani V. 2018. Green patents, regulatory policies and research network policies. Research Policy, 47(6): 1018-1031.

Fan H, Peng Y, Wang H, et al. 2021. Greening through finance? Journal of Development Economics, 152: 102683.

Fan J, Fu J, Zhang C, et al. 2023. Co-firing plants with retrofitted carbon capture and storage for power-sector emissions mitigation. Nature Climate Change, 13: 807-815.

Fan J, Li Z, Huang X, et al. 2023. A net-zero emissions strategy for China's power sector using carbon-capture utilization and storage. Nature Communications, 14 5972.

Fan J, Xu M, Li F, et al. 2018. Carbon capture and storage (CCS) retrofit potential of coal-fired power plants in China: the technology lock-in and cost optimization perspective. Applied Energy, 229: 326-334.

Fan J, Xu M, Yang L, et al. 2019. Benefit evaluation of investment in CCS retrofitting of coal-fired power plants and PV power plants in China based on real options. Renewable and Sustainable Energy Reviews, 115: 109350.

Fang H, Zhou J, Wang Z, et al. 2022. Hybrid method integrating machine learning and particle swarm optimization for smart chemical process operations. Frontiers of Chemical Science and Engineering, 16(2): 274-287.

Ferrer X, van Nuenen T, Such J, et al. 2021. Bias and discrimination in AI: a cross-disciplinary perspective. IEEE Technology and Society Magazine, 40(2):72-80.

Fiebrandt M, Röder J, Wagner H J. 2022. Minimum loads of coal-fired power plants and the potential suitability for energy storage using the example of Germany. International Journal of Energy Research, 46: 4975-4993.

Freitag C, Berners-Lee M, Widdicks K, et al. 2021. The real climate and transformative impact of ICT: a critique of estimates, trends, and regulations. Patterns, 2(9): 100576.

Fu Y, Bai H, Cai Y, et al. 2024. Optimal configuration method of demand-side flexible resources for enhancing renewable energy integration. Scientific Reports, 14: 7658.

G20 Sustainable Finance Group. 2022. 2022 G20 sustainable finance report.

Gao Y, Li J, Hong M. 2021. Machine learning based optimization model for energy management of energy storage system for large industrial park. Processes, 9(5):825.

Godley W, Lavoie M. 2007. Monetary Economics: An Integrated Approach to Credit, Money, Income, Production and Wealth. New York: Palgrave Macmillan.

Gonzalez-Salazar M A, Kirsten T, Prchlik L. 2018. Review of the operational flexibility and emissions of gas- and coal-fired power plants in a future with growing renewables. Renewable and Sustainable Energy Reviews, 82: 1497-1513.

Guan Y, Shan Y, Huang Q, et al. 2021. Assessment to China's recent emission pattern shifts. Earth's Future, 9(11): e2021EF002241.

Gulagi A, Ram M, Bogdanov D, et al. 2022. The role of renewables for rapid transitioning of the power sector across states in India. Nature Communications, 13: 5499.

Hall P A. 1993. Policy paradigms, social learning, and the state: the case of economic policymaking in Britain. Comparative Politics, 25: 275-296.

He G, Lin J, Sifuentes F, et al. 2020. Rapid cost decrease of renewables and storage accelerates the decarbonization of China's power system. Nature Communications, 11: 2486.

Henneman L, Choirat C, Dedoussi I, et al. 2023. Mortality risk from United States coal electricity generation. Science, 382: 941-946.

Heptonstall P J, Gross R J K. 2021. A systematic review of the costs and impacts of integrating variable renewables into power grids. Nature Energy, 6: 72-83.

Howlett M, Cashore B. 2009. The dependent variable problem in the study of policy change:

understanding policy change as a methodological problem. Journal of Comparative Policy Analysis, 11(1): 33-46.

HSBC. 2020. Why transition finance is essential.

Hua K, Pang X. 2024. Investigation into the factors affecting the green consumption behavior of China rural residents in the context of dual carbon. Sustainability, 16(13): 5797.

Huang C, Yang C, Su J. 2018. Policy change analysis based on "policy target-policy instrument" patterns: a case study of China's nuclear energy policy. Scientometrics, 117(2): 1081-1114.

Huang S, Li P, Yang M, et al. 2021. A control strategy based on deep reinforcement learning under the combined wind-solar storage system. IEEE Transactions on Industry Applications, 57(6): 6547-6558.

Huang W, Zhang N, Kang C, et al. 2019. From demand response to integrated demand response: review and prospect of research and application. Protection and Control of Modern Power Systems, 4(2): 1-13.

Ibrahim M R, Haworth J, Cheng T. 2020. Understanding cities with machine eyes: a review of deep computer vision in urban analytics. Cities, 96: 102481.

ICMA. 2020. Climate transition finance handbook. International Capital Market Association.

IEA. 2023a. Greenhouse gas emissions from energy.

IEA. 2023b. World energy employment 2023.

IEA. 2024a. Global EV Outlook 2024. Paris.

IEA. 2024b. The future of heat pumps in China.

IEA. 2024c. Hydrogen production and infrastructure projects database.

IEA. 2024d. Electricity 2024 - analysis.

IRENA. 2022. Renewable energy statistics 2022.

Jabir H J, Teh J, Ishak D, et al. 2018. Impacts of demand-side management on electrical power systems: a review. Energies, 11: 1050.

Jaffe A M. 2016. The role of the US in the geopolitics of climate policy and stranded oil reserves. Nature Energy, 1: 1-4.

Jia Z, Liu Y, Lin B. 2024. The impossible triangle of carbon mitigation policy. Energy Policy, 189: 114107.

Johnstone N, Haščič I, Popp D. 2010. Renewable energy policies and technological innovation: evidence based on patent counts. Environmental and Resource Economics, 45(1): 133-155.

Kadow C, Hall D M, Ulbrich U. 2020. Artificial intelligence reconstructs missing climate information. Nature Geoscience, 13(6): 408-413.

Kajbaf A A, Bensi M, Brubaker K L. 2022. Temporal downscaling of precipitation from climate model projections using machine learning. Stochastic Environmental Research and Risk Assessment, 36(8): 2149-2173.

Kemfert C, Präger F, Braunger I, et al. 2022. The expansion of natural gas infrastructure puts energy transitions at risk. Nature Energy, 7: 582-587.

Knill C, Schulze K, Tosun J. 2012. Regulatory policy outputs and impacts: exploring a complex relationship. Regulation & Governance, 6(4):427-444.

Kruse T, Dechezleprêtre A, Saffar R, et al. 2022. Measuring environmental policy stringency in OECD countries. OECD Economics Department Working Papers, 1703. https://www.oecd-ilibrary.org/economics/measuring-environmental-policy-stringency-in-oecd-countries_90ab82e8-en[2024-07-18].

Lai N, Tew Y, Zhong X, et al. 2023. Artificial intelligence (AI) workflow for catalyst design and optimization. Industrial & Engineering Chemistry Research, 62(43): 17835-17848.

Lee C, Wang F, Chang Y. 2023. Does green finance promote renewable energy? Evidence from China. Resources Policy, 82: 103439.

Li B, Hou B, Yu W, et al. 2017. Applications of artificial intelligence in intelligent manufacturing: a review. Frontiers of Information Technology & Electronic Engineering, 18(1): 86-96.

Li J, Cai W, Li H, et al. 2020. Incorporating health cobenefits in decision-making for the decommissioning of coal-fired power plants in China. Environmental Science & Technology, 54: 13935-13943.

Li M, Hamawandy N M, Wahid F, et al. 2021. Renewable energy resources investment and green finance: evidence from China. Resources Policy, 74: 102402.

Li M, Shan R, Abdulla A, et al. 2024b. The role of dispatchability in China's power system decarbonization. Energy & Environmental Science, 17: 2193-2205.

Li S, Meng J, Hubacek K, et al. 2024a. Revisiting Copenhagen climate mitigation targets. Nature Climate Change, 14: 468-475.

Liang S, Yang J, Ding T. 2022. Performance evaluation of AI driven low carbon manufacturing industry in China: an interactive network DEA approach. Computers & Industrial Engineering, 170: 108248.

Lin B, Liu J. 2011. Principles, effects and problems of differential power pricing policy for energy intensive industries in China. Energy, 36(1): 111-118.

Liu C, Yang Y, Chen S. 2023a. How does transition finance influence green innovation of high-polluting and high-energy-consuming enterprises? Evidence from China. Environmental Science and Pollution Research, 31(5): 8026-8045.

Liu H X, Yin H Y, Luo Z Y, et al. 2024. Integrating chemistry knowledge in large language models via prompt engineering. Synthetic and Systems Biotechnology, 10(1): 23-38.

Liu J, Chen H, Zhao S, et al. 2023b. Evaluation and improvements on the flexibility and economic performance of a thermal power plant while applying carbon capture, utilization & storage. Energy Conversion and Management, 290: 117219.

Lo K, Li H, Wang M. 2015. Energy conservation in China's energy-intensive enterprises: an empirical study of the Ten-Thousand Enterprises Program. Energy for Sustainable Development, 27: 105-111.

Lohn A, Musser M. 2024. AI and compute: how much longer can computing power drive artificial intelligence progress? Center for Security and Emerging Technology.

Lombardo T, Duquesnoy M, El-Bouysidy H, et al. 2022. Artificial intelligence applied to battery research: hype or reality? Chemical Reviews, 122(12): 10899-10969.

Lu Y, Cohen F, Smith S M, et al. 2022. Plant conversions and abatement technologies cannot prevent stranding of power plant assets in 2°C scenarios. Nature Communications, 13: 806.

Luderer G, Pehl M, Arvesen A, et al. 2019. Environmental co-benefits and adverse side-effects of alternative power sector decarbonization strategies. Nature Communications, 10: 5229.

Lyu W, Liu J. 2021. Artificial intelligence and emerging digital technologies in the energy sector. Applied Energy, 303: 117615.

Martínez P C I, Silveira S. 2013. Energy efficiency and CO_2 emissions in Swedish manufacturing industries. Energy Efficiency, 6(1): 117-133.

McKinsey Sustainability. 2023. COP28: Climate finance.

Mehmood M U, Chun D, Zeeshan, et al. 2019. A review of the applications of artificial intelligence and big data to buildings for energy efficiency and a comfortable indoor living environment. Energy and Buildings, 202:109383.

Mercure J F, Knobloch F, Pollitt H, et al. 2019. Modelling innovation and the macroeconomics of low-carbon transitions: theory, perspectives and practical use. Climate Policy, 19(8): 1019-1037.

Mercure J F, Pollitt H, Viñuales J E, et al. 2018. Macroeconomic impact of stranded fossil fuel assets. Nature Climate Change, 8: 588-593.

Mirzania P, Gordon J A, Balta-Ozkan N, et al. 2023. Barriers to powering past coal: implications for a just energy transition in South Africa. Energy Research & Social Science, 101: 103122.

Mohammad A, Mahjabeen F. 2023.Revolutionizing solar energy with AI-driven enhancements in photovoltaic technology. BULLET: Jurnal Multidisiplin Ilmu, 2(4): 1174-1187.

Monica S, Gurmani C, Renuka P. 2023. Sustainable finance research: review and agenda. Finance & Economics, 29(4): 4010-4045.

Moret S, Babonneau F, Bierlaire M, et al. 2020. Overcapacity in European power systems: analysis and robust optimization approach. Applied Energy, 259:113970.

Mu Y, Cai W, Evans S, et al. 2018. Employment impacts of renewable energy policies in China: a decomposition analysis based on a CGE modeling framework. Applied Energy, 210: 256-267.

Muttitt G, Price J, Pye S, et al. 2023. Socio-political feasibility of coal power phase-out and its role in mitigation pathways. Nature Climate Change, 13: 140-147.

Nacke L, Vinichenko V, Cherp A, et al. 2024. Compensating affected parties necessary for rapid coal

phase-out but expensive if extended to major emitters. Nature Communications, 15: 3742.
Naran B, Connolly J, Rosane P, et al. 2021. Global landscape of climate finance 2021.
Naran B, Connolly J, Rosane P, et al. 2022. Global landscape of climate finance: a decade of data.
Naran B, Connolly J, Rosane P, et al. 2023. Global landscape of climate finance 2023.
Oshiro K, Fujimori S. 2024. Limited impact of hydrogen co-firing on prolonging fossil-based power generation under low emissions scenarios. Nature Communications, 15: 1778.
Ouhami M, Hafiane A, Es-Saady Y, et al. 2021. Computer vision, IoT and data fusion for crop disease detection using machine learning: a survey and ongoing research. Remote Sensing, 13(13): 2486.
Pan A, Zhang W, Shi X, et al. 2022. Climate policy and low-carbon innovation: evidence from low-carbon city pilots in China. Energy Economics, 112: 106129.
Peng K, Feng K, Chen B, et al. 2023. The global power sector's low-carbon transition may enhance sustainable development goal achievement. Nature Communications, 14: 3144.
Peng L, Mauzerall D L, Zhong Y, et al. 2023. Heterogeneous effects of battery storage deployment strategies on decarbonization of provincial power systems in China. Nature Communications, 14: 4858.
People's Bank of China. 2018. People's Bank of China annual report 2017.
Rasoulinezhad E, Taghizadeh-Hesary F. 2022. Role of green finance in improving energy efficiency and renewable energy development. Energy Efficiency, 15(2): 14.
Ren X, Shao Q, Zhong R. 2020. Nexus between green finance, non-fossil energy use, and carbon intensity: empirical evidence from China based on a vector error correction model. Journal of Cleaner Production, 277: 122844.
Rolnick D, Donti P L, Kaack L H, et al. 2022. Tackling climate change with machine learning. ACM Computing Surveys, 55(2): 1-96.
Sachs J D, Woo W T, Yoshino N, et al. 2019. Handbook of Green Finance: Energy Security and Sustainable Development. Singapore: Springer.
Sattari M T, Falsafian K, Ahmetlrvem, et al. 2020. Potential of kernel and tree-based machine-learning models for estimating missing data of rainfall. Engineering Applications of Computational Fluid Mechanics, 14(1): 1078-1094.
Schaffrin A, Sewerin S, Seubert S. 2015. Toward a comparative measure of climate policy output. Policy Studies Journal, 43(2): 257-282.
Schmidt O, Hawkes A, Gambhir A, et al. 2017. The future cost of electrical energy storage based on experience rates. Nature Energy, 2: 17110.
Semieniuk G, Holden P B, Mercure J F, et al. 2022. Stranded fossil-fuel assets translate to major losses for investors in advanced economies. Nature Climate Change, 12: 532-538.
Shan Y, Huang Q, Guan D, et al. 2020. China CO_2 emission accounts 2016-2017. Scientific Data, 7(1): 54.

Shang Q, Jin X. 2023. A bibliometric analysis on climate finance: current status and future directions. Environmental Science and Pollution Research, 11: 119711-119732.

Shrestha S, Dhakal S. 2019. An assessment of potential synergies and trade-offs between climate mitigation and adaptation policies of Nepal. Journal of Environmental Management, 235: 535-545.

Smith C J, Forster P M, Allen M, et al. 2019. Current fossil fuel infrastructure does not yet commit us to 1.5°C warming. Nature Communications, 10: 101.

Su D, Lian L. 2018. Does green credit policy affect corporate financing and investment? evidence from publicly listed firms in pollution-intensive industries. Journal of Financial Research, 12: 123-137.

Su Z, Guo Q, Lee H. 2022. Green finance policy and enterprise energy consumption intensity: evidence from a quasi-natural experiment in China. Energy Economics, 115: 106374.

Sun Y. 2018. China's target responsibility system and convergence of CO_2 emissions. Singapore Economic Review, 63(2): 431-445.

Suwan L, Brian L, Satish K, et al. 2022. Climate finance: what we know and what we should know? Journal of Climate Finance, 12: 100005.

Tabor D P, Roch L M, Saikin S K, et al. 2018. Accelerating the discovery of materials for clean energy in the era of smart automation. Nature Reviews Materials, 3(5): 5-21.

Tandon A. 2021. Transition finance: investigating the state of play: a stocktake of emerging approaches and financial instruments. OECD Environment Working Papers.

Tang K, Qiu Y, Zhou D. 2020. Does command-and-control regulation promote green innovation performance? Evidence from China's industrial enterprises. Science of the Total Environment, 712: 136362.

Tong D, Geng G, Zhang Q, et al. 2021. Health co-benefits of climate change mitigation depend on strategic power plant retirements and pollution controls. Nature Climate Change, 11: 1077-1083.

Tong D, Zhang Q, Zheng Y, et al. 2019. Committed emissions from existing energy infrastructure jeopardize 1.5°C climate target. Nature, 572(7769): 373-377.

Tong J, Yue T, Xue J. 2022. Carbon taxes and a guidance-oriented green finance approach in China: path to carbon peak. Journal of Cleaner Production, 367: 133050.

Turken N, Carrillo J, Verter V. 2017. Facility location and capacity acquisition under carbon tax and emissions limits: to centralize or to decentralize?. International Journal of Production Economics, 187: 126-141.

UNCTAD. 2023. World investment report 2023.

van der Wijk P C, Brouwer A S, van den Broek M, et al. 2014. Benefits of coal-fired power generation with flexible CCS in a future northwest European power system with large scale wind power. International Journal of Greenhouse Gas Control, 28: 216-233.

Victor D G, Lumkowsky M, Dannenberg A. 2022. Determining the credibility of commitments in international climate policy. Nature Climate Change, 12(9):793-800.

Wang P, Wei Y, Yang B, et al. 2020. Carbon capture and storage in China's power sector: optimal planning under the 2°C constraint. Applied Energy, 263: 114694.

Wang R, Li H, Cai W, et al. 2022b. Alternative pathway to phase down coal power and achieve negative emission in China. Environmental Science & Technology, 56: 16082-16093.

Wang X, Sun X, Zhang H, et al. 2022a. Does green financial reform pilot policy promote green technology innovation? Empirical evidence from China. Environmental Science and Pollution Research, 29(51): 77283-77299.

Wang X, Zou H, Zheng Y, et al. 2019. How will different types of industry policies and their mixes affect the innovation performance of wind power enterprises? Based on dual perspectives of regional innovation environment and enterprise ownership. Journal of Environmental Management, 251:109586.

Wang Y, Wang R, Tanaka K, et al. 2023. Accelerating the energy transition towards photovoltaic and wind in China. Nature, 619: 761-767.

Wang Y, Zhi Q. 2016. The role of green finance in environmental protection: two aspects of market mechanism and policies. Energy Procedia, 104: 311-316.

Wei N, Jiao Z, Ellett K, et al. 2021. Decarbonizing the coal-fired power sector in China via carbon capture, geological utilization, and storage technology. Environmental Science & Technology, 55: 13164-13173.

Wen H, Lee C C, Zhou F. 2021. Green credit policy, credit allocation efficiency and upgrade of energy-intensive enterprises. Energy Economics, 94: 105099.

Wiser R, Rand J, Seel J, et al. 2021. Expert elicitation survey predicts 37% to 49% declines in wind energy costs by 2050. Nature Energy, 6: 555-565.

Wu J. 2024. Role of green finance and carbon accounting in achieving sustainability. Humanities and Social Sciences Communications, 11(1):1-7.

Xiang C, Zheng X, Song F, et al. 2023b. Assessing the roles of efficient market versus regulatory capture in China's power market reform. Nature Energy, 8: 747-757.

Xiang W, Lan Y, Qi Q, et al. 2023a. The impact mechanism of China's green finance on the transformation and innovation of high-energy-consumption enterprises. PLoS One, 18(10): e0293022.

Xu R, Tong D, Davis S J, et al. 2023. Plant-by-plant decarbonization strategies for the global steel industry. Nature Climate Change, 13: 1067-1074.

Xu X, Li J. 2020. Asymmetric impacts of the policy and development of green credit on the debt financing cost and maturity of different types of enterprises in China. Journal of Cleaner Production, 264: 121574.

Xu X, Song Y. 2023. Is there a conflict between automation and environment? Implications of artificial intelligence for carbon emissions in China. Sustainability, 15(16):12437.

Xu Y, Hu S, Yu R. 2021. Study on the willingness of energy conservation and emission reduction of university students in Wuhan under the background of "carbon peak" and "carbon neutral" strategy-based on K-means clustering and principal component analysis. IOP Conference Series: Earth and Environmental Science, 827: 012003.

Yan X, Tong D, Zheng Y, et al. 2024. Cost-effectiveness uncertainty may bias the decision of coal power transitions in China. Nature Communications, 15: 2272.

Yang Y, Su X, Yao S. 2022. Can green finance promote green innovation? The moderating effect of environmental regulation. Environmental Science and Pollution Research, 29(49): 74540-74553.

Yao P, Yu Z, Zhang Y, et al. 2023. Application of machine learning in carbon capture and storage: an in-depth insight from the perspective of geoscience. Fuel, 333:126296.

Yao S, Pan Y, Sensoy A, et al. 2021. Green credit policy and firm performance: what we learn from China. Energy Economics, 101: 105415.

Yin K, Cai F, Huang C. 2023. How does artificial intelligence development affect green technology innovation in China? Evidence from dynamic panel data analysis. Environmental Science and Pollution Research, 30(10): 28066-28090.

Yu J, Shi X, Guo D, et al. 2021. Economic policy uncertainty (EPU) and firm carbon emissions: evidence using a China provincial EPU index. Energy Economics, 94:105071.

Yu Y, Wang J, Chen Q, et al. 2023. Decarbonization efforts hindered by China's slow progress on electricity market reforms. Nature Sustainability, 6: 1006-1015.

Zeng S, Fu Q, Haleem F, et al. 2023. Carbon-reduction, green finance, and high-quality economic development: a case of China. Sustainability, 15(18): 13999.

Zennaro F, Furlan E, Simeoni C, et al. 2021. Exploring machine learning potential for climate change risk assessment. Earth-Science Reviews, 220:103752.

Zhang C, Zhou B. 2023. Where should the money go? The green effect of governmental guidance when sustainable finance impacts brown firms. Pacific-Basin Finance Journal, 78: 101961.

Zhang G, Gao Y, Li J, et al. 2022. China's environmental policy intensity for 1978-2019. Scientific Data, 9(1): 75.

Zhang J, Liang G, Feng T, et al. 2020. Green innovation to respond to environmental regulation: how external knowledge adoption and green absorptive capacity matter? Business Strategy and the Environment, 29(1): 39-53.

Zhang S, Chen W. 2022. Assessing the energy transition in China towards carbon neutrality with a probabilistic framework. Nature Communications, 13: 87.

Zhang Y, Fu B. 2023. Impact of China's establishment of ecological civilization pilot zones on carbon dioxide emissions. Journal of Environmental Management, 325:116652.

Zhao X, Ma X, Chen B, et al. 2022. Challenges toward carbon neutrality in China: strategies and countermeasures. Resources, Conservation and Recycling, 176:105959.

Zheng Z, Zhang O, Borgs C, et al. 2023. ChatGPT chemistry assistant for text mining and the prediction of MOF synthesis. Journal of the American Chemical Society, 145(32): 18048-18062.

Zhou X, Tang X, Zhang R. 2020. Impact of green finance on economic development and environmental quality: a study based on provincial panel data from China. Environmental Science and Pollution Research, 27(16): 19915-19932.

Zhu F, Wu X, Zhou M, et al. 2022. Intelligent design of building materials: development of an AI-based method for cement-slag concrete design. Materials, 15(11): 3833.

Zhu J, Fan Y, Deng X, et al. 2019. Low-carbon innovation induced by emissions trading in China. Nature Communications, 10(1):4088.

Zhu L, Zhang X, Li Y, et al. 2017. Can an emission trading scheme promote the withdrawal of outdated capacity in energy-intensive sectors? A case study on China's iron and steel industry. Energy Economics, 63: 332-347.

Zhuo Z, Du E, Zhang N, et al. 2022. Cost increase in the electricity supply to achieve carbon neutrality in China. Nature Communications, 13: 3172.

Zimmermann M, Vöhringer F, Thalmann P, et al. 2021. Do rebound effects matter for Switzerland? Assessing the effectiveness of industrial energy efficiency improvements. Energy Economics, 104: 105703.